连续与离散控制工程

主　编　王春民　栾　卉
副主编　随阳轶　刘长英　刘兴明

U0291026

北京邮电大学出版社
www. buptpress. com

内容简介

本书系统介绍了连续与离散控制系统的基本理论和方法，全书共分13章，内容包括系统模型的建立及转换、系统的基本性能及指标、频域特性法、根轨迹法、状态空间法、数据采集与数据保持、脉冲传递函数、状态空间和系统稳定性判定、离散控制系统的经典法设计、数字控制器的直接设计、状态空间分析与设计等，最后给出控制系统的设计实例。每章详细介绍了MATLAB对控制系统进行计算机分析和应用实例，并提供一定数量的习题。

本书可作为高等院校自动化、测控技术与仪器、电气工程及其自动化、电子信息等专业的本科教材和主要参考书，并且可为控制工程领域的专业技术人才自学和参考。

图书在版编目(CIP)数据

连续与离散控制工程 / 王春民，栾卉主编．--北京：北京邮电大学出版社，2015.8

ISBN 978-7-5635-4432-5

Ⅰ.①连…　Ⅱ.①王…②栾…　Ⅲ.①连续控制－控制系统－高等学校－教材②离散控制－控制系统－高等学校－教材　Ⅳ.①TP271

中国版本图书馆CIP数据核字(2015)第168754号

书　　名：连续与离散控制工程
著作责任者：王春民　栾　卉　主编
责 任 编 辑：满志文
出 版 发 行：北京邮电大学出版社
社　　址：北京市海淀区西土城路10号(邮编：100876)
发 行 部：电话：010-62282185　传真：010-62283578
E-mail：publish@bupt.edu.cn
经　　销：各地新华书店
印　　刷：北京鑫丰华彩印有限公司
开　　本：787 mm×1 092 mm　1/16
印　　张：21.5
字　　数：532千字
版　　次：2015年8月第1版　2015年8月第1次印刷

ISBN 978-7-5635-4432-5　　　　定　价：43.00元

·如有印装质量问题，请与北京邮电大学出版社发行部联系·

前　言

本书是为电气、测控与仪器、自动化、电子信息以及机电类本科各专业的教学需要而编写的。在计算机技术和相关学科推动下，控制技术得到飞速发展，并在许多领域里广泛应用。目前离散控制已经成为各个领域实现自动化的重要手段，因此对自动化专业或自动控制等相关专业掌握控制系统基础理论知识是十分必要的，对于从事控制方面的工程技术人员，掌握这些相关知识也是必须的。

本书第 1 章简要介绍连续与离散控制系统的基本结构和原理、各种类型、基本特点、发展概况及趋势。第 2～7 章介绍了连续控制系统的基本理论和方法，其中 2～4 章介绍了经典控制理论和现代控制理论的共性问题：系统模型的建立及相互转换，系统的基本性能要求及性能指标；本书对于附加奇点对系统的影响，复合控制系统稳态误差分析提出了一些新的见解和对公式的表述进行新的探索，并通过 MATLAB 仿真予以证明；第 5～7 章根据各种方法的个性介绍了经典控制理论的频域特性法和根轨迹法及现代控制理论的状态空间法。第 8～13 章介绍了离散控制系统的相关理论和设计方法，其中第 8 章介绍了数据采集与数据保持；第 9 章脉冲传递函数、状态空间和系统稳定性判定等方面知识；第 10 章介绍离散控制系统的经典法设计；第 11 章涉及数字控制器的直接设计；第 12 章侧重于状态空间分析与设计方面；第 13 章介绍了控制系统的设计举例，给出了温度控制设计实例。

本书的编写依据作者多年的教学经验，并参考国内外相关的优秀教材，为适应教育改革和教材建设的需要，将《自动控制原理》和《计算机控制原理与技术》两门课整合成具有一定创新尝试的一门课程，书中连续控制部分侧重基础理论，离散控制部分在兼顾基础理论的同时，强调向实践方面过渡。连续与离散控制的结合，使得控制理论和实践的脱节问题相对容易解决，学习的连续性加强，教师的处理空间增大、灵活性增强。在控制系统中，利用 MATLAB 仿真与各章节有机结合，使复杂问题简单化，理论问题直观化，增加了可读性和趣味性。通过教学实践将使两门课的整合变成两门课的真正的融合。

本书的编写过程中还注重控制系统体系结构和内在联系，采用共性问题汇总介绍，个性问题单独阐述的原则进行编写，并将连续系统的典型环节和非典型环节统一处理，力图在突破传统的写法方面做一些尝试。本书适于 80～90 学时的教学，含 16 学时的实验。

本书由吉林大学仪器科学与电气工程学院王春民教授、栾卉副教授任主编，吉林大学仪器科学与电气工程学院随阳轶、刘长英和刘兴明副教授任副主编。

本书的编写得到吉林大学仪器科学与电气工程学院院长、博士生导师林君教授鼎立支持、热心帮助和指导，同时得到了博士生导师程德福教授的帮助和指导。在此向所有为本书出版给与支持和帮助的同志深表谢意。

由于编者的水平有限，书中不妥之处在所难免，恳请广大读者和专家批评指正。

编　者

2015 年 3 月于长春

前言

目　　录

第1章 绪 论

1.1 概 述

控制技术是多学科相互渗透和结合而发展起来的。当今计算机具有强大的存储记忆能力、可靠灵活的逻辑判断推理能力、高效的科学计算和数据处理能力，计算机技术的应用已遍布各个领域。正是计算机技术的广泛应用，促使控制技术在各个领域的应用也越来越广泛，目前离散控制已成为各个领域实现自动化的最重要手段。控制技术的广泛应用和深入发展，促进了控制工程实践技术的不断发展、控制系统分析理论和设计方法的不断完善。本课程为从事自动化技术领域的工程技术人员提供了必备的专业知识，本书详细介绍连续与离散控制系统的分析设计的基本理论及方法。

1.2 自动控制系统的结构原理及基本要求

1.2.1 自动控制系统的结构原理

所谓自动控制就是能自动检测和处理信息，并按照筹划好的控制规律产生控制作用，无须人的干预使被控对象达到所要求的性能。这样的系统称为自动控制系统。

自动控制系统一般结构形式如图 1-1 所示，它是由比较装置、校正装置、放大装置、执行装置、被控对象、测量装置、参考输入、扰动输入和被控量组成。除校正装置外，其余装置称为系统固有部分，它体现了系统的固有特性。校正装置是为了提高系统性能而加入的。

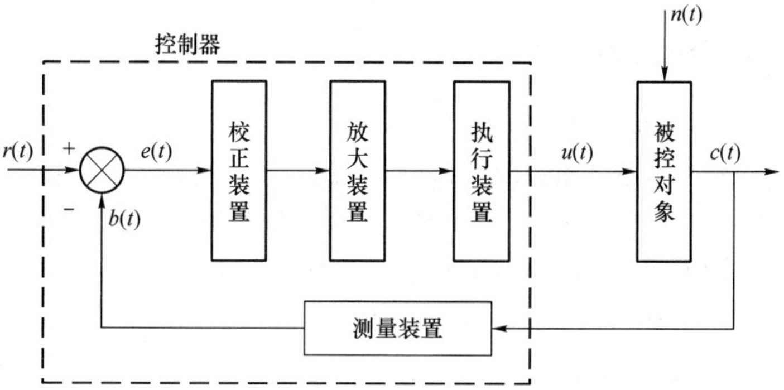

图 1-1 自动控制系统结构图

各部分信号介绍如下：

(1) $r(t)$是输入信号，又称参考输入；

(2) $c(t)$是被控对象的输出量，也称被控量；

(3) $b(t)$是反馈信号，也称反馈量；

(4) $e(t)$是反馈信号与参考输入的差值，称为偏差；

(5) $u(t)$是控制器的输出，称为控制量；

(6) $n(t)$是系统的扰动输入量，它起破坏作用，是需要抑制掉的。

控制过程是：$c(t)$通过传感器测量和转换为$b(t)$并与$r(t)$比较产生误差信号$e(t)$。误差信号$e(t)$经过控制器按照一定的控制规律处理产生控制量$u(t)$，控制量$u(t)$作用到被控对象上，在控制量$u(t)$的作用下使$c(t)$尽可能及时精确地与$r(t)$保持一致，$e(t)$趋于允许的误差范围之内。从而达到控制的目的。下面以一个液面控制系统为例具体说明如下：

如图1-2所示的液面控制系统是一个原理很简单的自动控制系统。在该系统中，只要阀门1的流量比阀门2大，不论阀门2是否打开，总能通过自动调整阀门1保证液位在期望的高度上。该系统被控制对象是水箱，被控制量是水箱液面的高度。参考输入是连杆的长度，由它设定液位高度。测量装置是浮子，它测得实际的液面高度。实际高度和设定高度进行比较，根据两者相差的状况通过杠杆来调节阀门1，改变注入水的流量，使液面停止于设定高度上(阀门2关闭)或者在设定高度上达到动态平衡(阀门2打开)。其执行装置是阀门1，比较装置和放大装置由杠杆来完成。注入水压的变化，杠杆的热胀冷缩都属于干扰因素。

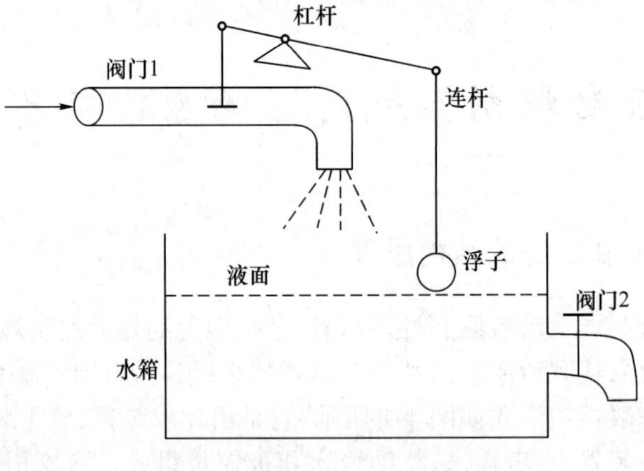

图1-2　液位控制系统原理图

1.2.2　控制系统的基本要求

一般而言对控制系统要求其性能稳、快、准。

(1) 稳定性："稳"指系统的稳定特性，它是对系统最基本的要求，如果一个系统不稳定，研究其他指标是没有任何意义的。所谓不稳定是说系统的被控量不是达到期望值而是趋于所达到的最大值或在两个较大量值之间剧烈波动和振荡，这样的系统不能正常运行，已经失控。如何判断系统稳定，如何使系统稳定及如何提高系统的稳定性将是连续控制理论重点讨论的内容之一。

(2) 快速性："快"是指系统反应速度的迅速性，它由动态性能来体现。当系统受到外界扰动偏离了原有的工作状态(平衡状态),系统能使其尽快平稳地回到平衡状态。

(3) 准确性:“准”是对稳态精度的要求,它由稳态误差加以衡量。要求系统尽量地达到理想输出值。

1.2.3　离散控制系统的组成

1. 离散控制系统的硬件组成

离散控制系统的硬件组成框图如图 1-3 所示。通常包括被控对象、过程输入和输出通道、计算机、人机对话设备、报警装置和通信设备等几部分组成,具体叙述如下:

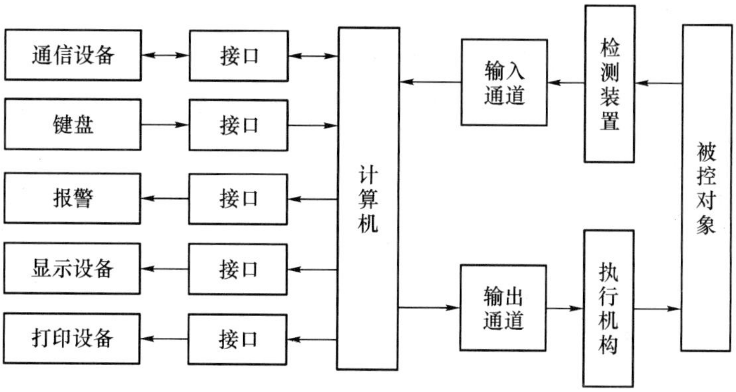

图 1-3　离散控制系统的组成

(1) 计算机:包括 CPU(中央处理器)、内存、I/O 接口和三总线(地址、数据和控制总线)等,计算机是控制系统的核心。计算机根据输入通道送来的命令和测量信息,按照预先选定的控制算法编制的控制程序来处理和计算相关的信息,产生控制量,通过输出通道由执行机构作用到被控对象上。

(2) 外部设备:通常包括:输入设备、输出设备、通信设备、声光报警设备。

输入设备:键盘通常是必备的输入设备,作用是录入或修改用户程序、数据和操作命令。

输出设备:通常包括打印设备、CRT 显示设备、LCD 液晶屏显示设备等。一般以动态图形、曲线、表格数据等形式显示控制系统的实际运行情况及其相关信息。

通信设备:是与外部和内部进行信息交流的设备。例如控制系统的前端机和上位机就是通过通信设备进行信息交流。分布式计算机控制系统就是网络功能很强、控制规模很大和控制功能复杂的控制系统,因此具有一定规模的控制系统一般会含有通信设备,通信总线的类型很多,可根据具体情况选择。

声光报警设备:当系统运行发生越限时,就会发出声光报警,并进行一系列处理,确保控制系统的安全运行。

(3) 过程输入/输出(I/O)通道设备:包括模拟量输入/输出通道和数字量输入/输出通道。它们的作用是将检测转换单元、执行机构、生产过程和被控对象联系起来,进行信息的传递和变换。

① 模拟量输入设备:包括模拟量输入通道,作用是将传感器测得的被控对象的模拟参数通过 A/D 转换成数字量,数字量被送入计算机处理。必要时考虑输入端隔离问题。

② 模拟量输出设备:包括模拟量输出通道,作用是将计算机根据算法产生的控制量通过 D/A 转换成模拟量,经过保持后送入执行机构,通过执行机构作用到被控对象上。一般输出端必须考虑强电和弱电的隔离问题。

③ 开关量输入设备:作用是将被控对象的开关量或数字量输入计算机。必要时要考虑隔离问题。

④ 开关量输出设备:作用是将计算机输出的开关控制量或数字控制量直接作用到相应的开关上。一般输出端必须考虑强电和弱电的隔离问题。

(4) 被控对象:在控制系统中,被控对象通常为连续环节,计算机控制系统的控制器由计算机编程实现,控制器(计算机)输出数字量,这种控制量必须通过 D/A 转换和保持后变成连续量,才能作用到被控对象上。

在硬件设计方面,设计者主要精力应放在面对用户的硬件设计上,具体工作为传感器(检测)电路、信号调理(规格化)电路、各种接口电路、各种 I/O 扩展电路、隔离电路和功放驱动等电路的设计与实现。

2. 离散控制系统的软件组成

计算机硬件系统通常称为裸机,不能独立工作,必须配备相应的系统软件和应用软件才能完成各种控制功能,因此计算机控制系统软件与硬件的配合以及软件控制算法优劣决定了整个控制系统的控制质量和水平。离散控制系统的软件可分为两部分:系统软件和用户应用软件。

(1) 系统软件:这类软件通常由计算机生产厂家或软件公司提供,也可以在市面上购买到。不需要用户编制这类软件,它们大致包括操作系统、数据结构、数据库系统、监控程序、程序设计语言、编译程序和调试诊断程序等。

(2) 面对用户的应用软件:是用户根据控制系统的需要按照一定的控制算法、规律和数学模型而编制的应用程序。通常包括控制算法程序、I/O 过程通道的接口程序、人机对话接口程序、实时动态画面显示程序及打印程序和报警程序等。要求设计者将主要精力放在面对用户的应用软件设计上。

1.3 控制系统的分类和特点

控制系统的分类有多种方法,可以按照控制方式分类,也可以按照控制规律分类,还可以按照功能分类。

1.3.1 控制系统按照控制方式的分类

控制系统按照控制方式分类,可以分为三种类型:开环控制,闭环控制及复合控制系统。

1. 开环控制系统

开环控制系统结构如图 1-4 所示。其结构特点是被控量对系统的控制没有作用,开环控制的优点是控制简单,设备量少,控制稳定,即不产生不稳定现象。但是其控制精度低,抑制干扰的能力差。

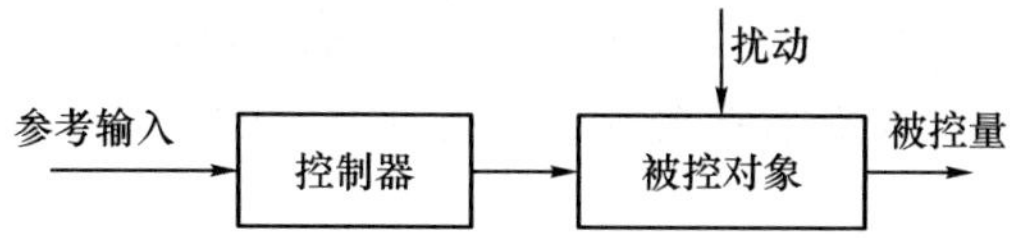

图 1-4 开环控制系统

2. 闭环控制系统

闭环控制系统结构如图 1-5 所示。如果系统的被控量直接或间接地参与控制作用称该系统为闭环控制系统，又称为反馈控制系统。反馈分为正反馈和负反馈，自动控制系统多为负反馈系统，故后面均以负反馈系统为例研究问题。

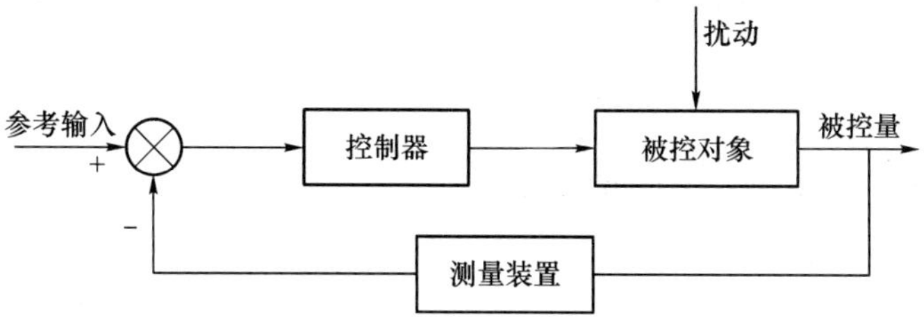

图 1-5 闭环控制系统

负反馈控制系统控制精度高，对各种扰动都具有抑制作用。但如果设置不合理可能造成系统不稳定及设备量多。由于其优点明显，故在控制系统中得到广泛应用。

3. 复合控制系统

集中开环和闭环之优点，在控制系统中将两者结合起来，既有开环控制又有闭环控制称为复合控制系统，框图如图 1-6 所示。

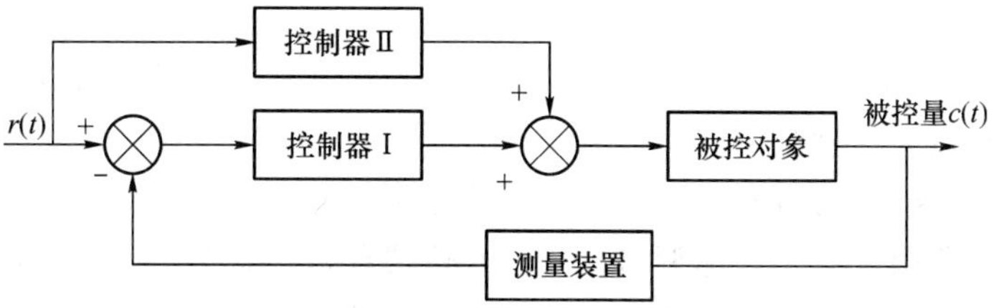

图 1-6 复合控制系统的框图

1.3.2 控制系统按照控制规律分类

1. 程序和顺序控制

在程序控制中，被控量按照预定时间函数变化，被控量是时间的函数。顺序控制在各时段给出的设定值可以是不同的物理量，设定值的给出，不仅取决于时间，而且还与对以前的控制结果的逻辑判断有关。

2. PID 控制

PID 控制是控制工程技术人员熟知的技术，应用最广泛。该技术简单易学，参数调整容易，一般控制效果令人满意(大滞后系统和随机扰动系统除外)。

3. 最小拍控制

所谓最小拍控制，就是控制系统在尽可能短的时间里完成调节过程，最小拍控制方法通常用在数字随动控制系统中。

4. 复杂规律的控制

实际的控制系统所处的环境可能存在大量的随机干扰，控制系统不仅跟踪给定指标，还要抑制各种扰动。另外性能指标可能是一类最优化性能指标，这时仅用一般的控制算法很难满足要求，可根据具体情况采用各种复杂的控制算法。例如前馈、串级、大滞后补偿、最优和自适应控制等。

5. 智能控制

智能控制大体上涵盖如下几个方面的内容：

(1) 递阶控制系统；

(2) 专家控制系统；

(3) 模糊控制系统；

(4) 神经控制系统；

(5) 学习控制系统；

(6) 其他智能控制(包括：仿人控制、进化控制和免疫控制)。

1.4 控制系统的发展概况和展望

自动控制理论是工程控制论的一个分支，是自动控制技术的基础理论，是研究自动控制系统组成、分析与设计的理论。

追溯控制技术源头，自古有之。古罗马人就运用反馈原理构成简单的水位控制装置，公元 1086—1089 年我国发明了反馈调节装置—水位仪象台，到 1787 年瓦特利用反馈的原理，发明了离心式调速器，在蒸汽机转速自动调节上获得成功并得到广泛的应用。1868 年 J. C 麦克斯韦首先解释了瓦特速度控制系统中出现不稳定的问题，导出系统的稳定与代数方程根的分布之间的关系，开辟了用数学方法研究控制问题的先河。1877 年和 1895 年分别由英国数学家 E. J 劳斯和德国数学家 A. 霍尔维茨分别建立了直接根据代数方程的系数判别系统稳定性的准则。到了 1892 年，俄国的数学家李雅普诺夫用数学分析的方法全面的论述了稳定问题。从 20 世纪 20 年代到 40 年代经典控制论涵盖了时域法、频域法和根轨迹法三部分；在 1948 年维纳发表了《控制论》，标志经典控制理论体系的诞生，到了 60 年代随着航天技术的发展，又出现了状态空间法，即现代控制理论部分。随着控制技术的发展出现了最优控制和自适应控制，最优控制是用数学的方法使性能指标达到最优(它们包括变分法、极大值原理和动态规划法求极值)，自适应控制实时辨识对象或环境的变化，自动在线实时调整控制策略，使系统一直保持良好的控制状态。控制技术的发展，导致新的控制策略和控制方法的出现，例如非线性控制、预测控制、稳定控制和智能控制等方法相继出现。

尽管出现了以现代控制理论为代表的许多控制理论和控制方法，能解决更多更复杂的问题，但是经典控制理论仍然是最基本，也是最重要的，它是连续控制理论中最核心的部分，也是连续控制理论教学的重点。

随着连续控制理论和计算机技术的发展，促进离散控制理论的产生和发展。离散控制技术（即计算机控制技术）的发展经历了20世纪50年代的起步阶段，60年代的试验阶段和70年代的推广应用阶段，到目前计算机控制已经成为控制的重要手段广泛用于各个领域。

目前，离散控制系统的发展趋势大体上有四个方向：

(1) 可编程控制器(PLC，Programmable Logic Controller)

PLC(可编程控制器)不仅仅用于顺序控制，也实现了对工业的过程控制，甚至实现了运动控制，出现了控制模块。PLC的系列化和功能的逐步完善将作为通用控制设备出现。

(2) 集散控制系统(DCS，Distributed Control System)

高性能的新型集散控制系统也是计算机控制系统的发展方向之一。

(3) 现场总线控制系统(FCS，Fieldbus Control System)

由于现场总线可靠性高、成本低、设计和安装调试以及维护简单方便，已成为计算机控制系统发展的潮流。

(4) 计算机集成制造系统(CIMS，Computer Integrated Manufacturing System)

CIMS是自动化程度极高，集中各种先进技术的高级自动化控制系统。在高校中清华大学早已有此类系统。

本书连续控制部分以讨论控制的基本理论为重点，离散控制部分则在强调离散控制的基本控制理论的同时向控制理论的应用方面过渡，连续与离散控制的结合，将连续的控制理论与实际应用紧密联系起来，离散控制技术为连续控制理论的实践提供一个平台，再结合MATLAB/SIMULINK仿真，将控制理论用于工程实践变得容易。

连续与离散控制系统的这种体系是教育改革和教材建设创新的一种新尝试。

习 题

1.1 简述什么是自动控制系统。

1.2 简述自动控制系统的结构原理。

1.3 简述自动控制系统的基本要求。

1.4 简述离散控制系统的硬件组成。

1.5 简述离散控制系统的软件组成。

1.6 控制系统有几种分类方法？简述每一种分类的具体类型。

1.7 简述控制系统的发展概况。

1.8 试述离散控制系统大体的发展趋势。

第2章 连续控制系统的机理建模

2.1 概 述

2.1.1 控制系统的数学模型

无论是对控制系统进行分析还是进行综合、校正，无论是使用经典控制理论的研究方法，还是现代控制理论研究方法，都首先要建立控制系统的数学模型，因此说模型是研究系统的最一般形式，是至关重要的一个环节。模型并非是面向一个个具体的物理系统，它具有对物理系统普遍的指导意义。

系统中各变量的变化状况称为系统的运动。描述系统运动的数学表达形式称为该系统的数学模型，简称模型。通常人们将其模型就称为该系统。

系统的数学模型有多种表达方式，它们各有特点和所适应的场合。

2.1.2 系统的建模

获得系统数学模型的过程称为系统的建模。建立系统模型主要有下述几种方法。

1. 机理建模

机理建模是利用系统的具体结构和其所遵循的内在规律（物理的、化学的规律等）经严格的推导而获得最终数学模型的方法。

机理建模务必对系统的结构、联接方式、各部分所遵循的数学公式有全面的了解和掌握，或者说系统是透明的，因而又称为“白箱”建模。这种建模方法是人们最常用而又愿意采用的方法，它可使人们对系统获得最充分、透彻的了解。

人们希望对系统的所有性能都知道，但这往往是困难的。因此一般模型应反映系统最重要的特性，而且使研究起来比较容易，实现起来比较方便。

2. 辨识建模

有的系统或者由于过分复杂而难于机理建模，或者由于对其结构、内部机理无从了解而不能进行机理建模，则采用另一种方法——辨识建模，又称为“黑箱”建模。

辨识建模是利用实验的方法或者通过系统正常运行而获得其输入/输出的数据，从而采用能近似替代的模型。

辨识建模要求该系统已经存在且可实验。它所获得的模型只反映系统输入/输出间的关系而不能反映系统的内在信息，故难以描述系统的本质。

3. "灰箱"建模

"灰箱"建模是将上述两种建模方法相结合的一种建模方法。

实际上人们对一个系统不一定一点都不了解，只不过是不能准确地描述其定量关系，但尚了解系统的一些特性。建模时利用对系统的了解，由机理分析提出模型结构，再利用观测数据估计出模型的参数，从而建立该系统的模型。

2.1.3　机理建模的模型形式

数学模型分为下述几种方式。

1. 系统的微分方程表述方式

微分方程表述方式又称为系统的微分方程描述。严格地讲，实际系统不可能不存在惰性因素，因而在数学上都体现为微分方程。微分方程描述了系统输出和各类输入之间的相互关系。

一个系统的微分方程描述是唯一的，不因建立微分方程过程中所选择的中间变量不同而不同。

2. 系统的传递函数表述方式

由于实际系统往往可以在一定条件下表示成线性微分方程。而拉普拉斯变换是处理线性微分方程的一种有效而又简便的方法。在初始松弛条件下定义的传递函数概念充分地体现了系统的固有的属性而与具体的输入信号无关，因而传递函数描述是系统模型方法中最常用且最实用的一种方式。经典控制理论中是以它为核心对系统进行研究的，既使在现代控制理论中也很有用处。

一个系统的传递函数是唯一的。

3. 系统的结构图(框图)表述方式

框图形式虽然不能独立地对系统进行分析或综合，但由于其具有极强的直观性，非常明晰地表示了系统各部分的关系和作用的性能，因而也作为一种模型方式。

一个系统由于所设中间变量不同，所列原始方程不同可以有不同的框图，即框图不是唯一的，但由其所求得的传递函数、微分方程是唯一的。

4. 系统的状态方程表述方式

状态方程方式是现代控制理论的基本表述方式。它是状态变量的一阶导数方程组。由于状态变量是系统内部深层次的表述，因而采用状态方程方式使控制系统的分析和设计建立在一个更高、更深的层次上。

由于所选的状态变量不同，同一系统的状态方程可能是不同的，但其最终结果是一致的。状态变量描述不像经典控制理论中的变量那样具有明显的物理含义。

2.2 控制系统的微分方程描述

2.2.1 系统微分方程的建立步骤

复杂的控制系统不可能直接将其微分方程写出，一般通过下述步骤来完成。

(1) 列写原始方程组

对于复杂的系统可以将其按物理属性分解成若干子系统，如机械子系统、电气子系统、电子子系统、机电子系统，等等。依据各子系统自身的物理规则列写方程组，再列写子系统接口的方程组。当然也可以由输入依次列写。

显然在列写原始方程组时，由于所设中间变量不同，研究问题的方法不同，同一系统原始方程组可能是不一样的，但对最终结果是没有影响的。

(2) 解原始方程组

消除中间变量，获得输出和输入变量间的微分方程。

(3) 化成标准形式

将含有输出变量及其导数项依降幂排列于方程左侧，将含有输入变量及其导数的项依降幂排列于方程的右侧。

设系统的输入变量为 $r(t)$，输出变量为 $c(t)$ 则系统微分方程具有一般形式为

$$\begin{aligned} &a_n \frac{\mathrm{d}^n c(t)}{\mathrm{d}t^n}+a_{n-1}\frac{\mathrm{d}^{n-1}c(t)}{\mathrm{d}t^{n-1}}+\cdots+a_1\frac{\mathrm{d}c(t)}{\mathrm{d}t}+a_0c(t) \\ &=b_m\frac{\mathrm{d}^m r(t)}{\mathrm{d}t^m}+b_{m-1}\frac{\mathrm{d}^{m-1}r(t)}{\mathrm{d}t^{m-1}}+\cdots+b_1\frac{\mathrm{d}r(t)}{\mathrm{d}t}+b_0r(t)\end{aligned} \tag{2-2-1}$$

实际系统总有 $n\geqslant m$，n 称为微分方程的阶数或系统的阶数。

2.2.2 建立系统微分方程举例

【例 2.1】 如图 2-1 所示无源网络，求其微分方程。

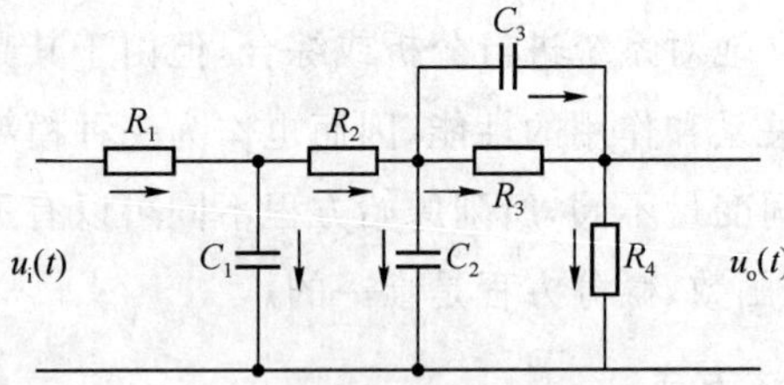

图 2-1 无源网络电路图

解:流过各元件电流如图 2-2 所示，则有

$$u_i(t)=u_{R_1}(t)+u_{C_1}(t) \tag{1}$$

$$u_{R_1}(t)=R_1\left[C_1\frac{\mathrm{d}u_{C_1}(t)}{\mathrm{d}t}+i_{R_2}(t)\right] \tag{2}$$

$$i_{R_2}(t)=\frac{1}{R_2}[u_{C_1}(t)-u_{C_2}(t)] \quad (3)$$

$$C_2\frac{du_{C_2}(t)}{dt}=i_{R_2}(t)-i_{R_4}(t) \quad (4)$$

$$u_{C_3}(t)=u_{C_2}(t)-u_o(t) \quad (5)$$

$$i_{R_4}(t)=\frac{1}{R_3}u_{C_3}(t)+C_3\frac{du_{C_3}(t)}{dt} \quad (6)$$

$$u_o(t)=R_4 i_{R_4}(t) \quad (7)$$

如果使用回路电流法或节点电压法则所列原始方程组个数和形式将不同于本方程组。

解该方程组得系统的微分方程为

$$a_3\frac{d^3u_o(t)}{dt^3}+a_2\frac{d^2u_o(t)}{dt^2}+a_1\frac{du_o(t)}{dt}+a_0u_o(t)=b_1\frac{du_i(t)}{dt}+b_0u_i(t)$$

其中：

$$a_3=R_1R_2R_3R_4C_1C_2C_3$$

$$a_0=R_3+R_4$$

$$a_1=(R_1R_3+R_1R_4)C_1+(R_2R_3+R_2R_4)C_2+R_3R_4C_3$$

$$a_2=(R_1R_2R_3+R_1R_2R_4)C_1C_2+R_1R_3R_4C_1C_3+R_2R_3R_4C_2C_3$$

$$b_1=R_3R_4C_3$$

$$b_0=R_4$$

【例 2.2】 随动系统如图 2-2 所示，求其微分方程。

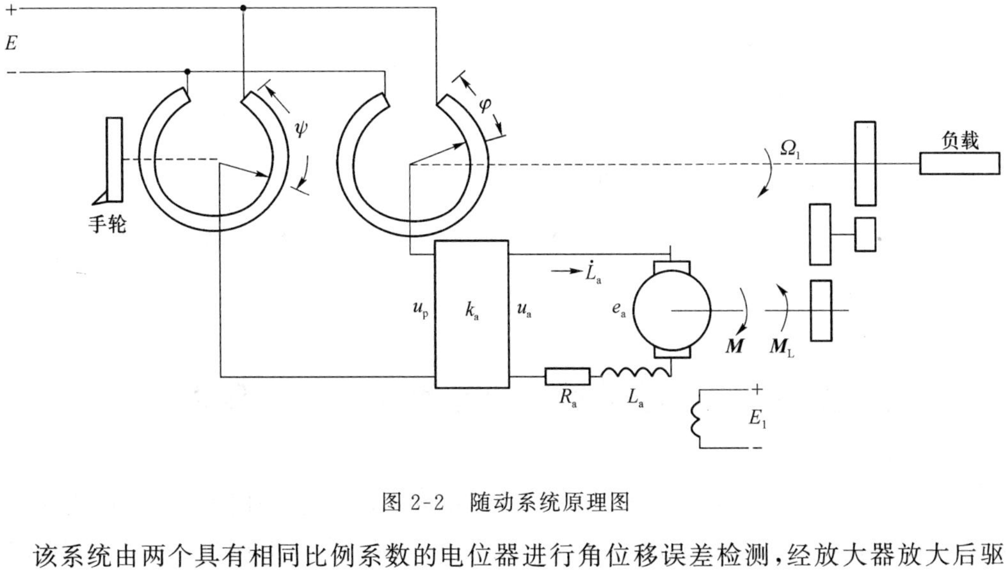

图 2-2　随动系统原理图

该系统由两个具有相同比例系数的电位器进行角位移误差检测，经放大器放大后驱动电动机旋转，经变速装置后带动负载。当输入角 ψ 和随动角 φ 一致时停止转动。

该系统可分为由电位器、放大器构成的电子子系统；由电动机构成的机—电子系统；由变速器和负载构成的机械子系统三部分。

解：对于电子子系统有

$$u_p=k_p(\psi-\varphi) \quad (1)$$

式中k_p为电位器的电压比例系数。

$$u_a = k_a u_p \tag{2}$$

式中k_a为放大器的电压放大倍数。

对于电动机子系统有

$$e_a = k_d \Omega \tag{3}$$

式中k_d为电动机的反电势系数，e_a为电枢的反电动势，Ω为转子的角速度。

$$M = k_m i_a \tag{4}$$

式中 i_a为电枢电流，k_m 为电动机的力矩系数，M 为电动机的转动力矩。

对于机械子系统有

$$\Omega_1 = k_t \Omega \tag{5}$$

式中k_t为变速器的变速比，Ω_1为负载的转动角速度。

电子与电动机接口有

$$u_a = R_a i_a + L_a \frac{\mathrm{d}i_a}{\mathrm{d}t} + e_a \tag{6}$$

式中 R_a、L_a为电枢线圈的电阻和电感。

电动机和机械的接口有

$$M - M_L = J \frac{\mathrm{d}\Omega}{\mathrm{d}t} \tag{7}$$

其中 M_L为电动机轴上的反相力矩（阻力矩）它包括负载、摩擦、风阻等所有因素的共同作用。J 为总转动惯量。

机械和电子的接口有

$$\Omega_1 = \frac{\mathrm{d}\varphi}{\mathrm{d}t} \tag{8}$$

解方程组(1)～(8)，消去中间变量得微分方程

$$JL_a \frac{\mathrm{d}^3\varphi}{\mathrm{d}t^3} + JR_a \frac{\mathrm{d}^2\varphi}{\mathrm{d}t^2} + k_d k_m \frac{\mathrm{d}\varphi}{\mathrm{d}t} + k_p k_a k_m k_t \varphi = k_p k_a k_m k_t \psi - \left[k_t L_a \frac{\mathrm{d}M_L}{\mathrm{d}t} + k_t R_a M_L \right]$$

该系统是一个三阶系统。

2.3 控制系统的框图和传递函数

传递函数是经典控制理论中最重要的数学模型形式，在现代控制理论中也占有重要的地位。传递函数和具体的输入信号无关，因而它反映了系统的固有属性。它可以方便地研究系统结构、参数变化对系统性能的影响，因而使系统分析过程大为简化，使综合校正问题易于实现。

框图又称为结构图，它是系统的图形形式的模型，因此它具有直观性。可以直观地体现信息在系统中的流动状况，各环节在系统中所处的位置及作用。另外，由于梅森公式的提出，框图成为求取传递函数的一种重要手段，它使传递函数的求取被规范化、格式化。鉴于此，本书将两者一同叙述。

2.3.1　基本概念

1. 传递函数

传递函数是在用拉普拉斯变换方法求解微分方程的过程中建立的一种系统的外部模型。

设线性定常系统的微分方程为

$$a_n \frac{\mathrm{d}^n y(t)}{\mathrm{d}t^n}+a_{n-1}\frac{\mathrm{d}^{n-1}y(t)}{\mathrm{d}t^{n-1}}+\cdots+a_1\frac{\mathrm{d}y(t)}{\mathrm{d}t}+a_0 y(t)$$

$$=b_m \frac{\mathrm{d}^m r(t)}{\mathrm{d}t^m}+b_{m-1}\frac{\mathrm{d}^{m-1}r(t)}{\mathrm{d}t^{m-1}}+\cdots+b_1\frac{\mathrm{d}r(t)}{\mathrm{d}t}+b_0 r(t)$$

将其进行拉普拉斯变换得

$$a_n\left[s^nY(s)-\sum_{l=1}^{n}s^{n-l}y^{(l-1)}(0)\right]+a_{n-1}\left[s^{n-1}Y(s)-\sum_{l=1}^{n-1}s^{n-1-l}y^{(l-1)}(0)\right]+\cdots$$

$$+a_1[sY(s)-y(0)]+a_0Y(s)=$$

$$b_m\left[s^mR(s)-\sum_{h=1}^{m}s^{m-h}r^{(h-1)}(0)\right]+b_{m-1}\left[s^{m-1}R(s)-\sum_{h=1}^{m-1}s^{m-1-h}r^{(h-1)}(0)\right]$$

$$+\cdots+b_1[sR(s)-r(0)]+b_0R(s)$$

令初始条件为零，即

$$y^{(n-1)}(0)=y^{(n-2)}(0)=\cdots=y(0)=0$$

$$r^{m-1}(0)=r^{(m-2)}(0)=\cdots=r(0)=0$$

得

$$\frac{Y(s)}{R(s)}=\frac{b_ms^m+b_{m-1}s^{m-1}+\cdots+b_1s+b_0}{a_ns^n+a_{n-1}s^{n-1}+\cdots+a_1s+a_0} \tag{2-3-1}$$

式(2-3-1)称为该系统的传递函数。

定义：线性定常系统在初始条件为零时，输出的拉普拉斯变换和输入的拉普拉斯变换之比称为该系统的输出和输入间的传递函数。

由上述过程和定义可见：

传递函数的前提条件是初始状态为零或称为初始松弛。可见它是在对系统进行简化条件下的结果。初始松弛有两层含义：一是输入信号是在研究的时刻(0^+)才加入的，二是输出在研究时刻之前(0^-)是静止的或称为平衡状态。这种简化是符合系统的实际工作状况的。

传递函数是比值，因而和具体的输入信号无关，仅与系统自身的结构和参数有关，体现了系统的固有属性。控制理论着重研究的内容就是系统的结构、参数和系统性能的关系，因而传递函数的地位是显见的。

传递函数只是指定的输出变量和指定的输入变量之间的拉普拉斯变换比，因而它只能表明这两者之间的关系，而不能反映中间变量的作用，它是系统外部性能的体现，这也是其缺陷。

2. 框图的基本要素和基本联接

一个系统的框图无论多么复杂，都是由基本要素和基本连接构成的。

(1) 传输线

传输线由带箭头的直线表示：

它表示了信息的流动方向。信息只能沿箭头所指方向流动而不能反方向流动。

(2) 增益

增益是系统某部分(可以是一个元件、部件、环节或更广义的一个整体)输出和输入之间的传递函数。用一个方框并将具体的增益书写在框内加以表述,这也是框图名称的由来,形式如下：

$$\boxed{G_i(s)}$$

每个方框只能有一个入口(其输入信号),一个出口(其输出信号)。$G_i(s)$是该增益的表达式。

(3) 比较环节

比较环节是表示两个或多个信号算术运算关系的一种符号。该符号为

参与比较的信号运算关系用＋、－号加以表示。如 $Y(s)=A(s)-B(s)$表示为

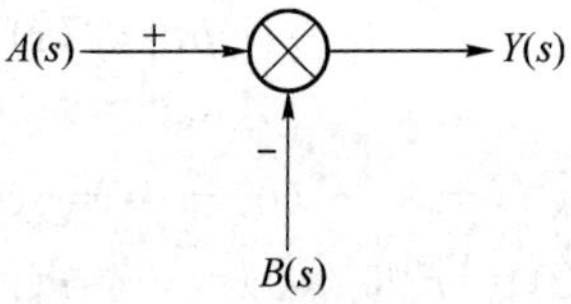

比较符号可以有多个输入,但只能有一个输出。

(4) 分支

当一个信号送往多处作为输入时,用分支形式表示。

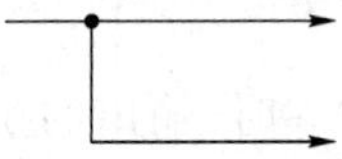

(5) 增益的串接

多个增益相串接如下图所示。

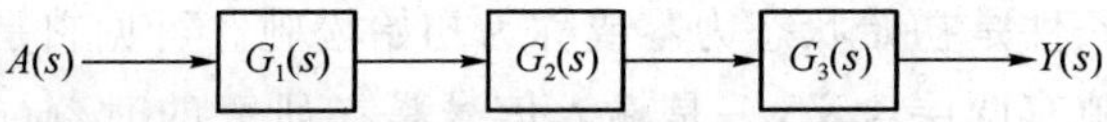

其总的增益为各增益之积,即

$$Y(s)=[G_1(s)\cdot G_2(s)\cdot G_3(s)]A(s)$$

(6) 增益的并接

增益的并接如下图所示。

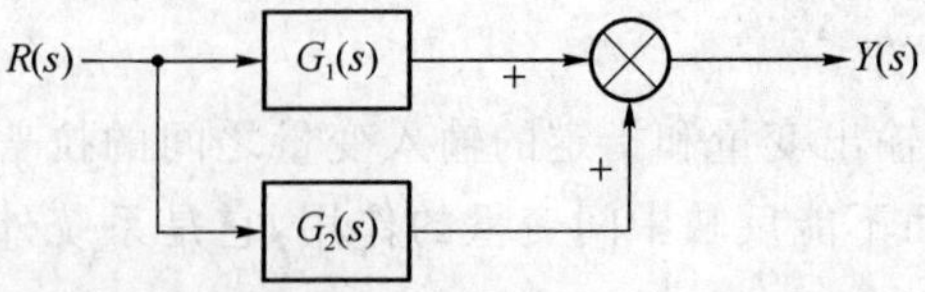

其总增益为各增益之和,即

$$Y(s)=[G_1(s)+G_2(s)]R(s)$$

注意:在框图中是不允许两个输出信息短接的,这和电路中的并接是不同的。

(7) 反馈

反馈的基本形式如下图所示。

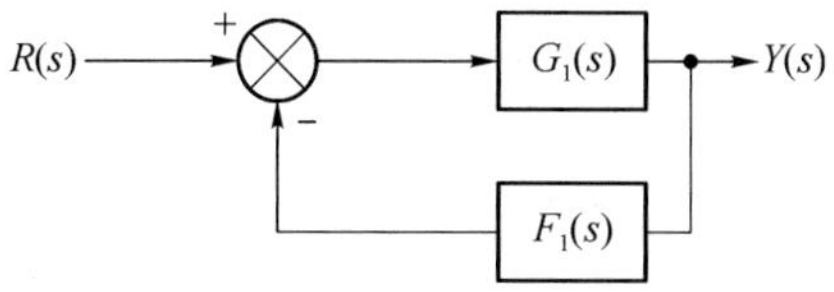

其总的增益为

$$Y(s)=\left[\frac{G_1(s)}{1+G_1(s)F_1(s)}\right]R(s)$$

2.3.2　系统框图的建立

1. 建立系统框图的步骤

(1) 根据所给系统的联接方式和各部分的物理规律列写原始方程组。

(2) 将原始方程组进行拉普拉斯变换。

(3) 对每个方程指定其输出变量并画出其对应的子框图。

(4) 将各子框图联接成总框图。

2. 注意事项

在制作框图的过程中下述问题是应注意的。

(1) 原始方程组中每个方程用且仅用一次。

(2) 除输入变量外,每个变量一定且只能一次作为增益的输出变量。

若某变量在其前处理过的方程中一直作为输入变量处理,而在其后未处理的方程中再不出现,则在此次处理的方程中它一定要设定为输出变量。

(3) 除输入变量外,最终框图一定是闭合的。如果出现某个变量不知其来源或不知其去向地悬在那里,方框图肯定是错误的。

3. 例题

【例 2.3】 做例 2.1 系统的框图。

解:将原始方程组进行拉普拉斯变换得

$$u_i(s)-u_{R_1}(s)=u_{C_1}(s) \tag{1}$$

$$u_{R_1}(s)=R_1[C_1su_{C_1}(s)+i_{R_2}(s)] \tag{2}$$

$$i_{R_2}(s)=\frac{1}{R_2}[u_{C_1}(s)-u_{C_2}(s)] \tag{3}$$

$$C_2su_{C_2}(s)=i_{R_2}(s)-i_{R_4}(s) \tag{4}$$

$$u_{C_3}(s)=u_{C_2}(s)-u_o(s) \tag{5}$$

$$i_{R_4}(s)=\frac{1}{R_3}u_{C_3}(s)+C_3su_{C_3}(s) \tag{6}$$

$$u_o(s)=R_4i_{R_4}(s) \tag{7}$$

由(1)式得

$$u_{C_1}(s)=u_i(s)-u_{R_1}(s)$$

其子框图为

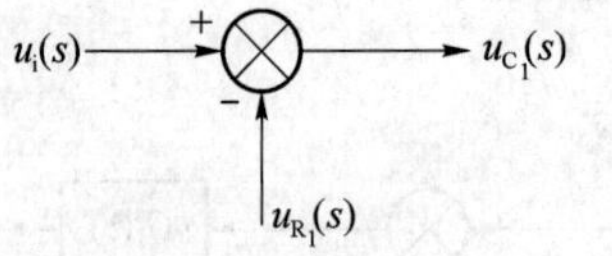

由(2)式得

$$u_{R_1}(s)=R_1[C_1 s u_{C_1}(s)+i_{R_2}(s)]$$

其子框图为

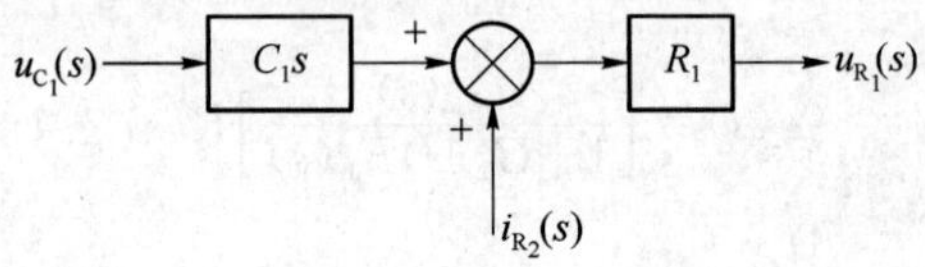

注意:在此方程中只能选 u_{R_1} 作为输出变量。因为在前面处理过的方程(1)中它是作为输入变量处理的,而在其后未处理过的方程(3)～(7)中不再含有变量 u_{R_1}。

由(3)式得

$$i_{R_2}(s)=\frac{1}{R_2}[u_{C_1}(s)-u_{C_2}(s)]$$

其子框图为

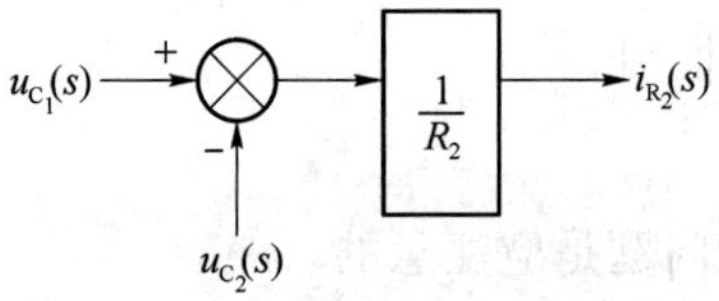

由(4)式得

$$i_{R_4}(s)=i_{R_2}(s)-C_2 s u_{C_2}(s)$$

其子框图为

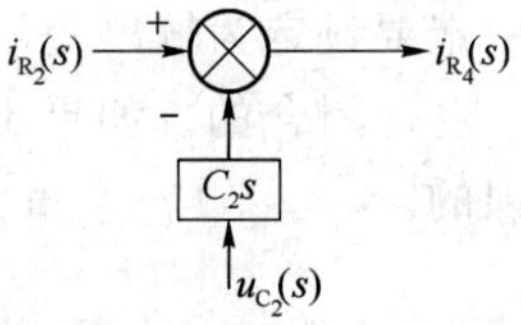

由(5)式得

$$u_{C_2}(s)=u_{C_3}(s)+u_o(s)$$

其子框图为

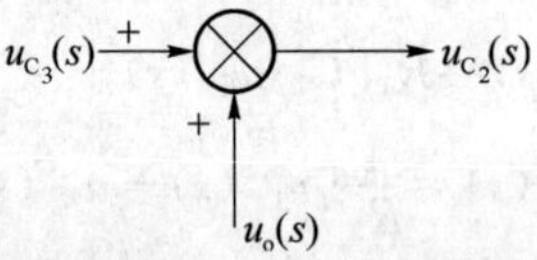

由方程(6)式知,只能以 u_{C_3} 作为输出变量,它有两种子框图形式。

若将方程(6)式写成

$$u_{C_3}(s)=\frac{R_3}{R_3 C_3 s+1}i_{R4}(s)$$

其子框图为

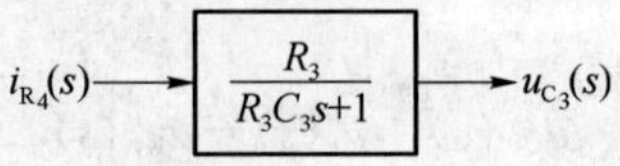

若将方程(6)式写为

$$u_{C_3}(s)=R_3[i_{R_4}(s)-C_3 s u_{C_3}(s)]$$

其子框图为

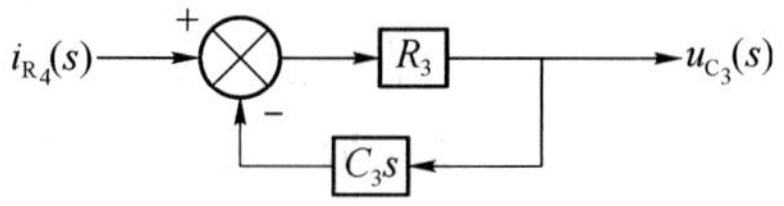

这就是负反馈形式。两者取哪个皆可，这里取负反馈形式。

由(7)式得

$$u_o(s)=R_4 i_{R_4}(s)$$

其子框图为

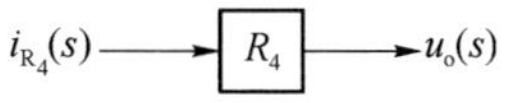

将上述诸子框图对应联接并整理，则该系统框图如图 2-3 所示。

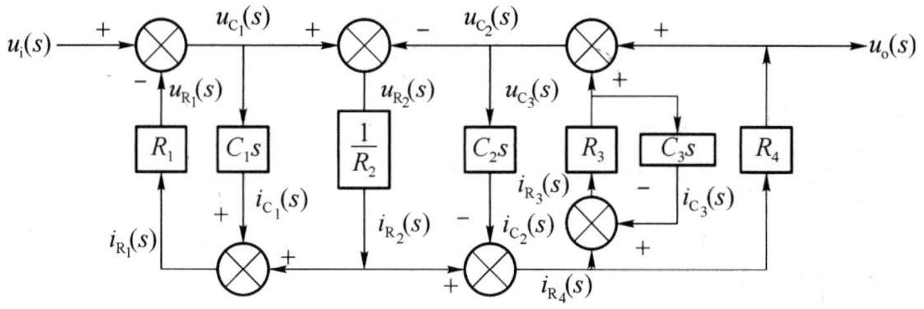

图 2-3　系统框图

由该框图可见各端子物理意义十分清楚。

【例 2.4】 制作例 2.2 系统的框图。

解: 将原始方程进行拉普拉斯变换得

$$u_p(s)=k_p[\psi(s)-\varphi(s)] \tag{1}$$

$$u_a(s)=k_a u_p(s) \tag{2}$$

$$e_a=k_d\Omega(s) \tag{3}$$

$$M(s)=k_m i_a(s) \tag{4}$$

$$\Omega_1(s)=k_t\Omega(s) \tag{5}$$

$$u_a(s)=R_a i_a(s)+L_a s i_a(s)+e_a(s) \tag{6}$$

$$M(s)-M_L(s)=Js\Omega(s) \tag{7}$$

$$\Omega_1(s)=s\varphi(s) \tag{8}$$

系统框图如图 2-4 所示。

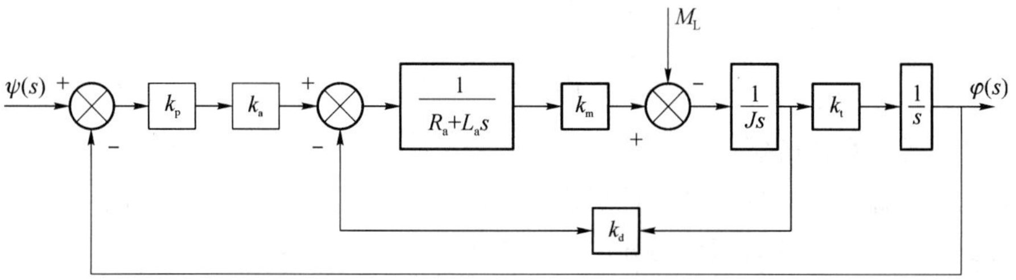

图 2-4　系统框图

2.3.3 梅森公式

梅森公式是梅森在创建流图中提出的求取传递函数的方法，由于信号流图和框图并无本质的差别，因此对框图是完全适用的，它使求取传递函数变得简单，过程完全格式化。

1. 基本概念

(1) 回路和回路增益

在框图中由任何一点出发，沿信息流动方向(箭头所指方向)经过不重复的路径(每点仅经过一次)回到该点，则该路径称为一个回路。该回路所经过的各增益、比较环节符号之积称为该回路的增益。

设系统方框图共有 α 个回路，其各回路增益为 L_β，则所有诸回路增益之和记为

$$N_1(s) = \sum_{\beta=1}^{\alpha} L_\beta$$

(2) 互不接触回路及其增益

如果两个回路没有任何公共点称为两个回路之间互不接触，简称两个互不接触回路。否则称为相接触。两个互不接触回路各回路增益之积称为该两个互不接触回路增益。

同理三个回路之间均无公共点称为三个互不接触回路，其各回路增益之积称为该三个互不接触回路增益。

依次类推，共计有 α 个回路的系统最多存在一个 α 个互不接触回路。

如果不存在 β 个互不接触回路，则一定不存在大于 β 的互不接触回路。

设系统共有 α 个回路，则：

若存在若干个两个互不接触回路，诸两个互不接触回路增益之和记为 $N_2(s)$。

若存在若干三个互不接触回路，诸三个互不接触回路增益之和记为 $N_3(s)$，如此类推。

约定：一个回路自身称为一个互不接触回路，其增益称为一个互不接触回路增益。诸一个互不接触回路增益之和记为 $N_1(s)$。

依照上述定义和约定得

$$\sum_{l=1}^{\alpha} N_l(s) \tag{2-3-2a}$$

表示具有 α 个回路的系统各种互不接触回路增益的总和。

(3) 系统的特征式 $\Delta(s)$

设系统有 α 个回路，其特征式 $\Delta(s)$ 由下式求出：

$$\Delta(s) = 1 + (-1)^l \sum_{l=1}^{\alpha} N_l(s) \tag{2-3-2b}$$

(4) 前向通道及其增益

由输入沿信息流动方向不重复地到达输出的一个途径称为一个前向通道。该途径所经诸增益及比较环节符号的乘积称为该前向通道增益，记为 $Q_i(s)$。

(5) 前向通道的余子式

对于某个前向通道，在特征式 $\Delta(s)$ 中令与其相接触的所有回路增益为零，则剩余的式

子称为该前向通道的余子式。记第 i 条前向通道的余子式为 $\Delta_i(s)$。

显见，如果一条前向通道和所有回路都接触，其余子式一定为 $\Delta_i(s)=1$。

如果一个前向通道和所有回路都不接触，其余子式一定等于特征式，即 $\Delta_i(s)=\Delta(s)$。只有和部分回路相接触的前向通道余子式才按定义去计算。

2. 梅森公式

设框图的输入为 $R(s)$，输出为 $C(s)$，则 $C(s)$ 和 $R(s)$ 的传递函数为

$$\frac{C(s)}{R(s)}=\frac{1}{\Delta(s)}\sum_{i=1}^{h}Q_i(s)\Delta_i(s) \tag{2-3-3}$$

$$\Delta(s)=1+(-1)^j\sum_{j=1}^{\alpha}N_j(s)$$

式中，h 为前向通道个数，α 为回路个数。上述公式称为梅森公式。

3. 使用梅森公式求取传递函数的步骤

(1) 确定框图的回路及其增益；

(2) 确定互不接触回路及其增益；

(3) 求取特征式 $\Delta(s)$；

(4) 确定前向通道增益及其余子式；

(5) 代入梅森公式并整理。

重要结论：

对于同一个框图，若所指定的输出变量为框图内部的不同变量，但指定的输入变量均为外输入变量，则其特征式不变，均为该框图所求得的特征式。

使用梅森公式求取传递函数的过程见例 2.6。

4. 梅森公式和框图的等效变换

有时为了简化框图或者为了使框图中只存在串、并、反馈基本联接形式，需要对原有框图进行等效变换，即不改变系统特性而改变框图的画法称为框图等效变换。

这种变换从本质上讲是梅森公式在框图内部的使用。

规则：

如果要求取框图内部两变量间传递函数，则只要将其有效框图截出，仍然可以使用梅森公式进行计算和变换。

(1) 截取有效框图

将所求传递函数指定作为输入信号的内部变量点断开(即不考虑系统是如何形成这个信号的，只认为该信号已经存在)，将形成该输入信号的相关框图去除，若在去除过程中发现有分支对指定输出有作用则保留该断点。如此所剩余的框图称为有效框图。

(2) 对有效框图使用梅森公式求取包括断点在内的所有传递函数。断点作为有效框图的多输入信号。

(3) 直接使用梅森公式结果作为增益或将其进行数学变换成所希望的形式。

【例 2.5】 系统框图如图 2-5 所示，求$\dfrac{A(s)}{B(s)}$。

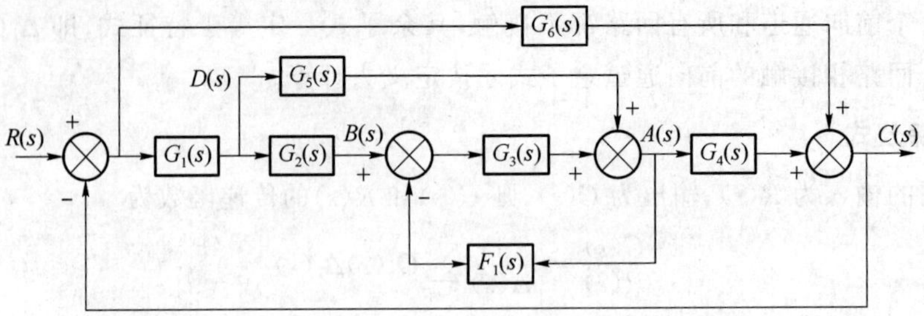

图 2-5 系统框图

解:获取有效框图

将 $B(s)$点断开。去除形成 $B(s)$的框图：

$G_2(s)$去除。$G_1(s)$去除，但有一分支经 $G_5(s)$对 $A(s)$有作用，故保留该断点 $D(s)$。去除比较环节(含 $R(s)$的比较环节)，但有一分支径 $G_6(s)$送出，由于它对 $A(s)$无作用故去除。去除比较点(经 $G_6(s)$进入的比较点)。去除 $G_4(s)$。则有效框图如图 2-6 所示。

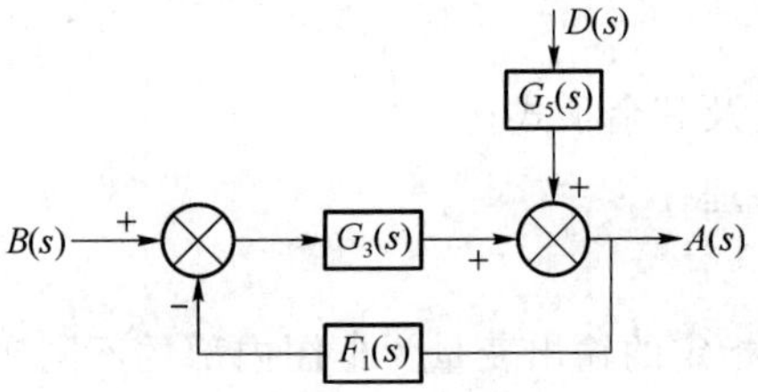

图 2-6 $A(s)$、$B(s)$间的有效框图

对其使用梅森公式得

$$\frac{A(s)}{B(s)}=\frac{G_3(s)}{1+G_3(s)F_1(s)}$$

$$\frac{A(s)}{D(s)}=\frac{G_5(s)}{1+G_3(s)F_1(s)}$$

$$A(s)=\frac{G_3(s)}{1+G_3(s)F_1(s)}\quad B(s)+\frac{G_5(s)}{1+G_3(s)F_1(s)}D(s)$$

原框图其余不动，相关部分可改画为图 2-7 形式。

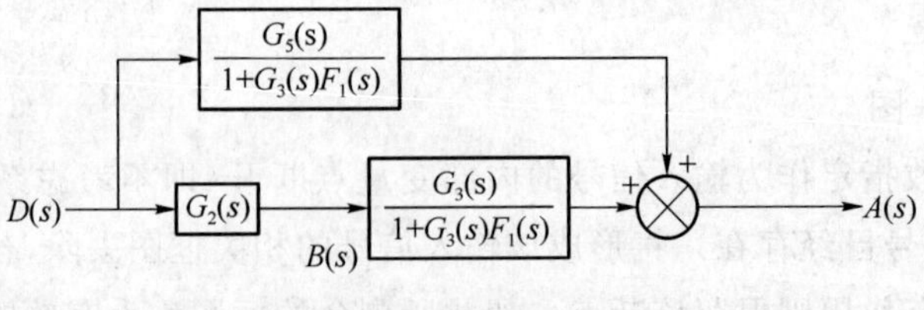

图 2-7 等效变换后相关框图

也可以进行恒等变换表达成其他形式，如：

$$A(s)=\frac{1}{1+G_3(s)F_1(s)}[G_3(s)B(s)+G_5(s)D(s)]$$

画成图 2-8 形式。

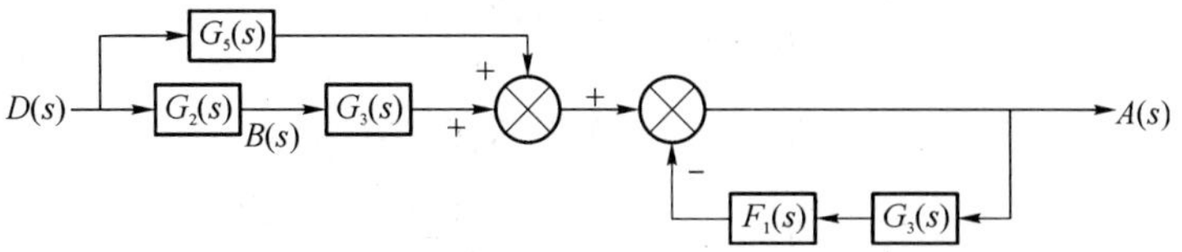

图 2-8　等效变换后的另一种框图

2.3.4　系统传递函数的获取

系统的传递函数可以用多种方法求取。

(1) 由原始方程组进行拉普拉斯变换后求取,这是求解方程组的代数方法。

(2) 由微分方程组求取。将所获得的系统微分方程进行拉普拉斯变换,之后求比值。这是根据定义去求取。

(3) 由框图使用梅森公式求取。由前述可知,此种方法对于研究系统中其他变量(非输出且在框图中表示出的变量)与输入信号之间的传递函数,不需要进行过多的重复运算。

其他方法不再举例,只用梅森公式去具体地求取几个传递函数。

【例 2.6】 将例 2.3 系统框图重绘于图 2-9 中,求取输出 $u_o(s)$对于输入 $u_i(s)$的传递函数;求取电容 C_2上的电压 $u_{C_2}(s)$和输入信号 $u_i(s)$间传递函数。

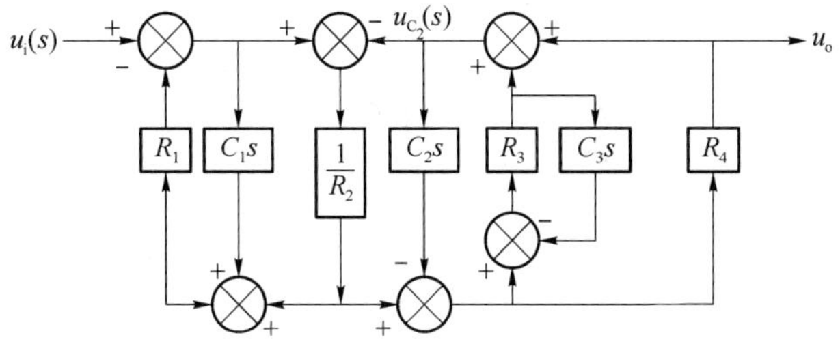

图 2-9　系统框图

解:回路及其增益为

$$L_1=-R_1C_1s \qquad L_2=-\frac{R_1}{R_2} \qquad L_3=-\frac{R_3}{R_2} \qquad L_4=-\frac{R_4}{R_2}$$

$$L_5=-R_3C_2s \qquad L_6=-R_4C_2s \qquad L_7=-R_3C_3s$$

两个互不接触回路及其增益

$$L_{1,3}=\frac{R_1R_3C_1s}{R_2} \qquad L_{1,4}=\frac{R_1R_4C_1s}{R_2} \qquad L_{1,5}=R_1R_3C_1C_2s^2$$

$$L_{1,6}=R_1R_4C_1C_2s^2 \qquad L_{1,7}=R_1R_3C_1C_3s^2$$

$$L_{2,5}=\frac{R_1R_3C_2s}{R_2} \qquad L_{2,6}=\frac{R_1R_4C_2s}{R_2} \qquad L_{2,7}=\frac{R_1R_3C_3s}{R_2}$$

$$L_{4,7}=\frac{R_3R_4C_3s}{R_2} \qquad L_{6,7}=R_3R_4C_2C_3s^2$$

三个互不接触回路及其增益为

$$L_{1,4,7}=-\frac{R_1R_3R_4C_1C_3s^2}{R_2}$$

$$L_{1,6,7}=-R_1R_3R_4C_1C_2C_3s^3$$

$$L_{2,6,7}=-\frac{R_1R_3R_4C_2C_3s^2}{R_2}$$

则

$$\begin{aligned}\Delta(s)=&1-(L_1+L_2+L_3+L_4+L_5+L_6+L_7)+(L_{1,3}+L_{1,4}+L_{1,5}+L_{1,6}+L_{1,7}\\&+L_{2,5}+L_{2,6}+L_{2,7}+L_{4,7}+L_{6,7})-(L_{1,4,7}+L_{1,6,7}+L_{2,6,7})\\=&\frac{1}{R_2}\{R_1R_2R_3R_4C_1C_2C_3s^3+[(R_1R_2R_3+R_1R_2R_4)C_1C_2+(R_1R_2R_3+R_1R_3R_4)C_1C_3\\&+(R_1R_3R_4+R_2R_3R_4)C_2C_3]s^2+[(R_1R_2+R_1R_3+R_1R_4)C_1+(R_1R_3+R_1R_4+R_2R_3\\&+R_2R_4)C_2+(R_1R_3+R_2R_3+R_3R_4)C_3]s+R_1+R_2+R_3+R_4\}\\=&\frac{1}{R_2}(a_3s^3+a_2s^2+a_1s+a_0)\end{aligned}$$

(1) 求$\frac{u_o(s)}{u_i(s)}$

前向通道增益及其余子式：

$$Q_{11}(s)=\frac{R_4}{R_2}\quad \Delta_{11}(s)=1+R_3C_3s$$

则

$$\frac{u_o(s)}{u_i(s)}=\frac{R_3R_4C_3s+R_4}{a_3s^3+a_2s^2+a_1s+a_0}$$

(2) 求$\frac{u_{C_2}(s)}{u_i(s)}$

前向通道增益及其余子式为

$$Q_{21}(s)=\frac{R_3}{R_2}\qquad \Delta_{21}(s)=1$$

$$Q_{22}(s)=\frac{R_4}{R_2}\qquad \Delta_{22}(s)=1+R_3C_3s$$

则

$$\frac{u_{C_2}(s)}{u_i(s)}=\frac{R_3R_4C_3s+R_3+R_4}{a_3s^3+a_2s^2+a_1s+a_0}$$

【例 2.7】 将例 2.4 框图绘于图 2-10 中，求$\frac{\varphi(s)}{\psi(s)}$、$\frac{\varphi(s)}{M_L(s)}$。

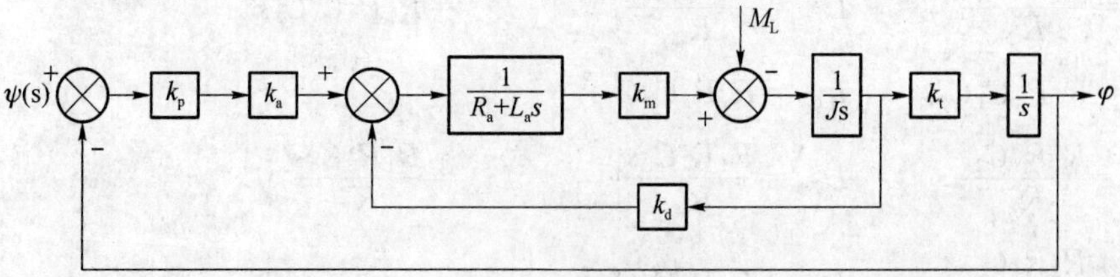

图 2-10 系统框图

解:系统特征式为

$$\Delta(s)=1+\frac{k_m k_d}{J(R_a+L_a s)s}+\frac{k_p k_a k_m k_t}{J(R_a+L_a s)s^2}$$

则

$$\frac{\varphi(s)}{\psi(s)}=\frac{\dfrac{k_p k_a k_m k_t}{J(R_a+L_a s)s^2}}{1+\dfrac{k_m k_d}{J(R_a+L_a s)s}+\dfrac{k_p k_a k_m k_t}{J(R_a+L_a s)s^2}}$$

$$=\frac{k_p k_a k_m k_t}{JL_a s^3+JR_a s^2+k_m k_d s+k_p k_a k_m k_t}$$

$$\frac{\varphi(s)}{M_L(s)}=\frac{-k_t(L_a s+R_a)}{JL_a s^3+JR_a s^2+k_m k_d s+k_p k_a k_m k_t}$$

2.3.5　典型系统的框图及传递函数

1. 典型系统框图

典型系统框图如图 2-11 所示。

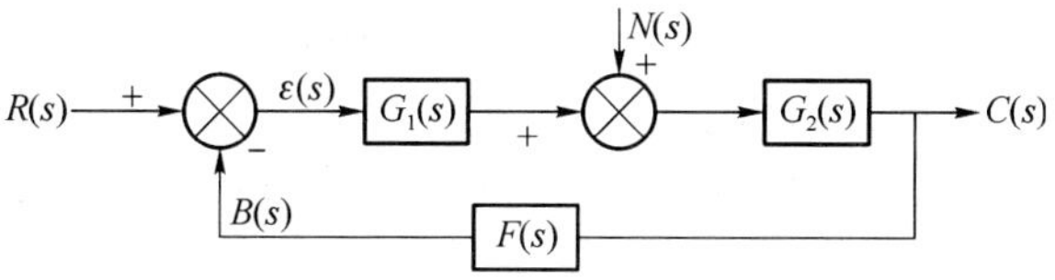

图 2-11　典型控制系统框图

该系统是负反馈系统,其中:

$R(s)$为参考输入的拉普拉斯变换;

$N(s)$为扰动信号的拉普拉斯变换;

$C(s)$为输出的拉普拉斯变换;

$\varepsilon(s)$为偏差的拉普拉斯变换;

$B(s)$为反馈信号的拉普拉斯变换;

$G_2(s)$为被控对象的传递函数;

$G_1(s)$为控制器的传递函数;

$F(s)$为反馈的传递函数。

由输入$R(s)$到输出的通道称为前向通道或主通道。由输出到参考输入所在比较环节的通道称为反馈通道。将反馈接至比较环节称为系统闭环,由该处断开称为开环。若$F(s)=1$称为单位反馈,此时该处方框用直线短接。

控制理论的结果均是建立在典型系统框图形式下的。

2. 系统的传递函数

(1) 闭环传递函数

用图 2-11 框图求取内部变量(常用$C(s)$、$\varepsilon(s)$)与外部输入变量间传递函数称为闭环传递函数,特别地将$\dfrac{C(s)}{R(s)}$称为系统的闭环传递函数,记为$H(s)$。

$$H(s)=\frac{C(s)}{R(s)}=\frac{G_1(s)G_2(s)}{1+G_1(s)G_2(s)F(s)} \tag{2-3-4}$$

$$=\frac{P(s)}{Q(s)} \tag{2-3-5}$$

$$=\frac{b_m s^m+b_{m-1}s^{m-1}+\cdots+b_1 s+b_0}{a_n s^n+a_{n-1}s^{n-1}+\cdots+a_1 s+a_0} \tag{2-3-6}$$

$$=\frac{k\prod_{i=1}^{m}(s-z_i)}{\prod_{j=1}^{n}(s-s_j)} \tag{2-3-7}$$

$$=\frac{K\prod_{\alpha=1}^{\rho}(\tau_\alpha s+1)\prod_{\beta=1}^{\mu}(\tau_\beta^2 s^2+2\xi_\beta\tau_\beta s+1)}{\prod_{l=1}^{p}(T_l s+1)\prod_{h=1}^{q}(T_h^2 s^2+2\xi_h T_h s+1)} \tag{2-3-8}$$

式(2-3-8)中 $\mu=\frac{1}{2}(m-\rho)$，$q=\frac{1}{2}(n-p)$。式(2-3-5)，式(2-3-6)称为传递函数的既约分式形式，式(2-3-5)为简化表示式。式中，$a_n s^n+a_{n-1}s^{n-1}+\cdots+a_1 s+a_0$ 称为系统的特征多项式，令其等于零所得方程称为特征方程。特征方程的根(特征多项式的因子)称为系统的闭环极点，记为 s_j。分子多项式的因子称为系统的闭环零点，记为 z_i。式(2-3-7)称为传递函数的零、极点形式。式(2-3-8)称为传递函数的时间常数形式。ξ_β、ξ_h 称为阻尼系数，其值大于零而小于 1。

传递函数$\frac{C(s)}{N(s)}$称为输出对于扰动的闭环传递函数。

$$H_{CN}(s)=\frac{C(s)}{N(s)}=\frac{G_2(s)}{1+G_1(s)G_2(s)F(s)} \tag{2-3-9}$$

传递函数$\frac{\varepsilon(s)}{R(s)}$称为偏差对输入的闭环传递函数。

$$H_{\varepsilon R}(s)=\frac{\varepsilon(s)}{R(s)}=\frac{1}{1+G_1(s)G_2(s)F(s)} \tag{2-3-10}$$

传递函数$\frac{\varepsilon(s)}{N(s)}$称为偏差对扰动的闭环传递函数。

$$H_{\varepsilon N}(s)=\frac{\varepsilon(s)}{N(s)}=-\frac{G_2(s)F(s)}{1+G_1(s)G_2(s)F(s)} \tag{2-3-11}$$

根据叠加原理，系统响应的拉普拉斯变换为

$$C(s)=\frac{C(s)}{R(s)}\cdot R(s)+\frac{C(s)}{N(s)}N(s) \tag{2-3-12}$$

$$=H(s)R(s)+H_{CN}(s)N(s)$$

$$=\frac{G_1(s)G_2(s)}{1+G_1(s)G_2(s)F(s)}R(s)+\frac{G_2(s)}{1+G_1(s)G_2(s)F(s)}N(s) \tag{2-3-13}$$

系统偏差的拉普拉斯变换为

$$\varepsilon(s)=\frac{\varepsilon(s)}{R(s)}R(s)+\frac{\varepsilon(s)}{N(s)}N(s)$$

$$=H_{\varepsilon R}(s)R(s)+H_{\varepsilon N}(s)N(s) \tag{2-3-14}$$

$$=\frac{1}{1+G_1(s)G_2(s)F(s)}R(s)-\frac{G_2(s)F(s)}{1+G_1(s)G_2(s)F(s)}N(s) \tag{2-3-15}$$

(2) 开环传递函数

实际系统多由基本环节联接而成,因而开环传递函数的零、极点容易获得,这使得利用开环传递函数成为经典控制理论中进行分析、设计的重要手段。

闭环系统开环后框图如图 2-12 所示。

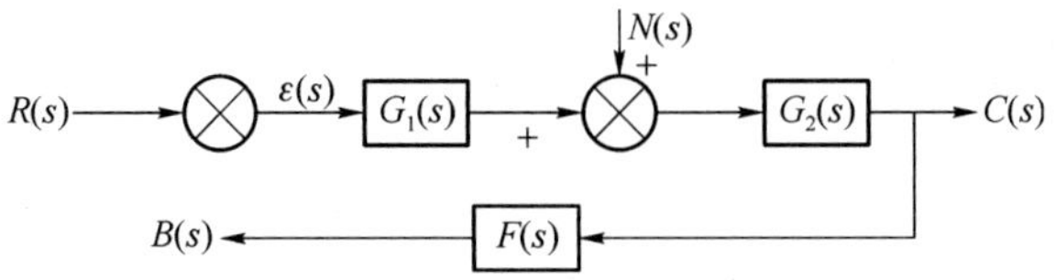

图 2-12　系统开环框图

定义:

在开环情况下,反馈 $B(s)$ 对偏差 $\varepsilon(s)$ 间传递函数称为系统的开环传递函数,记为 $G(s)$。

$$G(s)=G_1(s)G_2(s)F(s) \tag{2-3-16}$$

与闭环传递函数相同,开环传递函数亦可表示成既约分式形式、零极点形式和时间常数形式。开环传递函数既约分式中分母的因子称为开环极点,记为 p_j,分子的因子称为开环零点,亦记为 z_i。开环极点一定不是闭环极点,开环的零点不一定是闭环零点,这和该零点的位置有关。

设典型系统中前向通道增益为

$$G_1(s)G_2(s)=\frac{M(s)}{N(s)}$$

反馈通道增益为

$$F(s)=\frac{P(s)}{Q(s)}$$

则开环传递函数为

$$G(s)=\frac{M(s)P(s)}{N(s)Q(s)} \tag{2-3-17}$$

其闭环传递函数为

$$H(s)=\frac{\dfrac{M(s)}{N(s)}}{1+\dfrac{M(s)P(s)}{N(s)Q(s)}} \tag{2-3-18}$$

$$=\frac{M(s)Q(s)}{M(s)P(s)+N(s)Q(s)} \tag{2-3-19}$$

显见:前向通道的零点($M(s)$的因子)既是开环零点又是闭环零点,而反馈通道的零点($P(s)$的因子)只是开环零点而不是闭环零点。反馈通道的开环极点($Q(s)$的因子)是闭环零点。这说明当研究系统闭环后零点的影响时,单位反馈和非单位反馈可能有差别。

由式(2-3-17)、式(2-3-18)、式(2-3-19)可见:

系统的特征式 $\Delta(s)=1+G(s)$

系统的特征多项式 $M(s)P(s)+N(s)Q(s)$ 是开环传递函数 $G(s)$ 的分子、分母之和。

系统的特征方程为

$$1+G(s)=0 \tag{2-3-20}$$

2.4 控制系统的状态空间描述

2.4.1 基本概念

1. 状态

系统在时间域中运动信息的集合称为状态。

2. 状态变量

确定系统状态的一组独立且具有最少个数的变量称为状态变量。这组变量缺一不能完全描述系统,多一则显多余。这组变量能够保证一旦给定了系统的初始状态和初始时刻的输入就可以完全确定系统未来的状态。

3. 状态向量

将状态变量视为一个向量的分量,则该向量称为状态向量。

4. 状态空间

由状态向量所构成的坐标系称为状态空间。系统的任何一种状态都可以用状态空间的一个相应点来表示。

5. 状态空间方程

描述系统状态之间及与系统输入变量之间关系的一阶微分方程组称为系统的状态方程。注意:状态方程中任一方程只能含一个状态变量的导数而且只能是一阶导数。

描述系统输出和状态变量及输入变量之间关系的代数方程组称为系统的输出方程。注意:输出方程是代数方程,故不能含有任何变量的导数。

状态方程和输出方程统称为系统的状态空间方程。

状态空间方程是对系统运动的完整描述。

2.4.2 状态空间方程的建立

状态空间方程可以由系统的微分方程或传递函数来求取,也可以由原始方程组求取。这里只介绍由原始方程组求取的方法。

一般说来状态变量的个数与系统中独立惰性元件个数相同,因而在原始方程组中凡有导数的变量设为状态变量是一种较有效的方法。

1. 建立状态空间方程的步骤

(1) 列写原始方程组。在原始方程组列写时尽量使用导数的形式。

(2) 考查原始方程组,凡有一阶导数的变量设为状态变量,若有高阶导数则增设状态变量。

(3) 将原始方程组中各方程利用状态变量改写成只含一个变量导数的形式。

(4) 消掉中间变量使每个方程的左侧为状态变量的一阶导数,方程右侧为状态变量和输入信号，则获得系统的状态方程。

（5）将方程左侧列写输出变量，右例列写状态变量和输入变量，则获得输出方程。

2. 例

【例 2.8】 列写图 2-1 所示系统的状态空间方程。

解：考查例 2.1 所列原始方程组，有三个一阶导数，被求导的变量分别为 $u_{C_1}(t)$、$u_{C_2}(t)$、$u_{C_3}(t)$故设状态变量为 $u_{C_1}(t)$、$u_{C_2}(t)$、$u_{C_3}(t)$。

将含有状态变量的一阶导数的方程整理得

$$\dot{u}_{C_1}(t)=\frac{1}{R_1C_1}[u_{R_1}(t)-R_1 i_{R_2}(t)] \tag{1}$$

$$\dot{u}_{C_2}(t)=\frac{1}{C_2}[i_{R_2}(t)-i_{R_4}(t)] \tag{2}$$

$$\dot{u}_{C_3}(t)=\frac{1}{C_3}\left[i_{R_4}(t)-\frac{1}{R_3}u_{C_3}(t)\right] \tag{3}$$

求出中间变量表达式为

$$i_{R_4}(t)=\frac{1}{R_4}[u_{C_2}(t)-u_{C_3}(t)] \tag{4}$$

$$i_{R_2}(t)=\frac{1}{R_2}[u_{C_1}(t)-u_{C_2}(t)] \tag{5}$$

$$u_{R_1}(t)=u_i(t)-u_{C_1}(t) \tag{6}$$

将式(4)、式(5)、式(6)代入式(1)、式(2)、式(3)得

$$\dot{u}_{C_1}(t)=-\frac{R_1+R_2}{R_1R_2C_1}u_{C_1}(t)+\frac{1}{R_2C_1}u_{C_2}(t)+\frac{1}{R_1C_1}u_i(t)$$

$$\dot{u}_{C_2}(t)=\frac{1}{R_2C_2}u_{C_1}(t)-\frac{R_2+R_4}{R_2R_4C_2}u_{C_2}(t)+\frac{1}{R_4C_2}u_{C_3}(t)$$

$$\dot{u}_{C_3}(t)=\frac{1}{R_4C_3}u_{C_2}(t)-\frac{R_3+R_4}{R_3R_4C_3}u_{C_3}(t)$$

这就是该系统的状态方程，表示成矩阵形式为

$$\begin{pmatrix}\dot{u}_{C_1}(t)\\ \dot{u}_{C_2}(t)\\ \dot{u}_{C_3}(t)\end{pmatrix}=\begin{pmatrix}-\frac{R_1+R_2}{R_1R_2C_1} & \frac{1}{R_2C_1} & 0\\ \frac{1}{R_2C_2} & -\frac{R_2+R_4}{R_2R_4C_2} & \frac{1}{R_4C_2}\\ 0 & \frac{1}{R_4C_3} & -\frac{R_3+R_4}{R_3R_4C_3}\end{pmatrix}\begin{pmatrix}u_{C_1}(t)\\ u_{C_2}(t)\\ u_{C_3}(t)\end{pmatrix}+\begin{pmatrix}\frac{1}{R_1C_1}\\ 0\\ 0\end{pmatrix}[u_i(t)]$$

列写输出方程为

$$u_o(t)=u_{C_2}(t)-u_{C_3}(t)$$

表示成矩阵形式为

$$[u_o(t)]=[0\quad 1\quad -1]\begin{pmatrix}u_{C_1}(t)\\ u_{C_2}(t)\\ u_{C_3}(t)\end{pmatrix}+[0][u_i(t)]$$

【例 2.9】 已知系统的原始方程组为

$$\begin{cases} F_1(t)=k\,c(t) \\ F_2(t)=f\dfrac{\mathrm{d}c(t)}{\mathrm{d}t} \\ F(t)-F_1(t)-F_2(t)=m\dfrac{\mathrm{d}^2c(t)}{\mathrm{d}t^2} \end{cases}$$

式中，$F(t)$为输入，$c(t)$为输出，列写其状态空间方程。

解：考查原始方程组中含有输出 $c(t)$的一阶导数，故令状态变量为 ξ_1 且 $\xi_1=c(t)$。方程中还有 $c(t)$的二阶导数，故令状态变量为 ξ_2 且 $\xi_2=\dot{c}(t)=\dot{\xi}_1$，得

$$\dot{\xi}_1=\xi_2 \tag{1}$$

$$\dot{\xi}_2=-\frac{k}{m}\xi_1-\frac{f}{m}\xi_2+\frac{1}{m}F \tag{2}$$

$$c(t)=\xi_1$$

表示成矩阵形式为

$$\begin{pmatrix}\dot{\xi}_1\\ \dot{\xi}_2\end{pmatrix}=\begin{pmatrix}0 & 1\\ -\dfrac{k}{m} & -\dfrac{f}{m}\end{pmatrix}\begin{pmatrix}\xi_1\\ \xi_2\end{pmatrix}+\begin{pmatrix}0\\ \dfrac{1}{m}\end{pmatrix}[F]$$

$$[c(t)]=[1\quad 0]\begin{pmatrix}\xi_1\\ \xi_2\end{pmatrix}$$

【例 2.10】 需要指出，状态变量的选取不是唯一的，特别地状态变量不一定有明确的物理含义。同一系统的状态空间方程不是唯一的，但其结果是相同的。列写图 2-13 电路的状态空间方程。

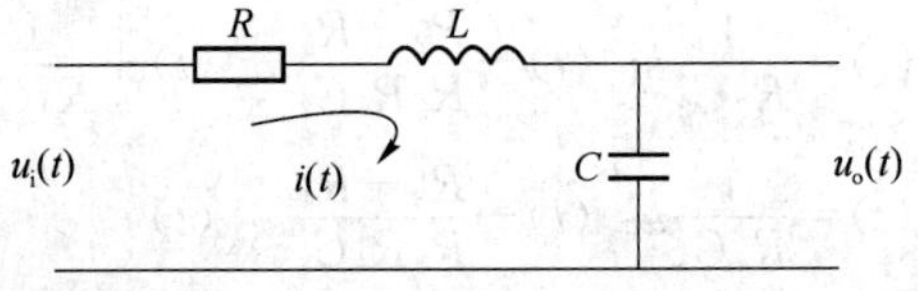

图 2-13　电路原理图

解：

(1) 根据基尔霍夫电压定律列写方程

$$u_i(t)=Ri(t)+L\frac{\mathrm{d}i(t)}{\mathrm{d}t}+u_c(t) \tag{1}$$

$$i(t)=C\frac{\mathrm{d}u_c}{\mathrm{d}t} \tag{2}$$

$$u_o(t)=u_c(t) \tag{3}$$

令 $\xi_1=i(t)$　$\xi_2=u_c(t)$，则得

$$\dot{\xi}_1=-\frac{R}{L}\xi_1-\frac{1}{L}\xi_2+\frac{1}{L}u_i$$

$$\dot{\xi}_2=\frac{1}{C}\xi_1$$

$$u_o(t)=\xi_2$$

(2) 列回路方程为

$$u_i(t) = Ri(t) + L\frac{\mathrm{d}i(t)}{\mathrm{d}t} + \frac{1}{C}\int i(t)\mathrm{d}t \tag{1}$$

$$u_o(t) = \frac{1}{C}\int i(t)\mathrm{d}t \tag{2}$$

令 $\xi_1 = Li(t) + R\int i(t)\mathrm{d}t \qquad \xi_2 = \int i(t)\mathrm{d}t$

对 ξ_1 求导有

$$\dot{\xi}_1 = L\frac{\mathrm{d}i(t)}{\mathrm{d}t} + Ri(t)$$

故式(1)式变为

$$u_i(t) = \dot{\xi}_1 + \frac{1}{C}\xi_2 \tag{3}$$

对 ξ_2 求导有

$$\dot{\xi}_2 = i(t)$$

由 $\xi_1 = Li(t) + R\int i(t)\mathrm{d}t$ 得

$$i(t) = \frac{1}{L}\xi_1 - \frac{R}{L}\int i(t)\mathrm{d}t$$

即

$$\dot{\xi}_2 = \frac{1}{L}\xi_1 - \frac{R}{L}\xi_2 \tag{4}$$

由式(2)、式(3)、式(4)得状态空间方程为

$$\dot{\xi}_1 = -\frac{1}{C}\xi_2 + u_i(t)$$

$$\dot{\xi}_2 = \frac{1}{L}\xi_1 - \frac{R}{L}\xi_2$$

$$u_o(t) = \frac{1}{C}\xi_2$$

这里状态变量 $\xi_1 = Li(t) + R\int i(t)\mathrm{d}t$ 既无明确的物理意义又是不可测量的量，但它完全符合状态变量所具备的条件，因而是正确的。一般说来状态方程中状态变量的物理含义我们是不十分清楚的，这也是该方法瑕不掩瑜的一个缺点。

2.4.3　状态空间方程的一般形式

设系统的输入向量为　$\boldsymbol{u} = [u_1 \quad u_2 \quad \cdots \quad u_m]^{\mathrm{T}}$

输出向量为　$\boldsymbol{Y} = [Y_1 \quad Y_2 \quad \cdots \quad Y_k]^{\mathrm{T}}$

状态向量为　$\boldsymbol{X} = [X_1 \quad X_2 \quad \cdots \quad X_n]^{\mathrm{T}}$

则系统的状变空间方程一般形式为

$$\dot{\boldsymbol{X}} = \boldsymbol{AX} + \boldsymbol{Bu} \tag{2-4-1}$$

$$\boldsymbol{Y} = \boldsymbol{CX} + \boldsymbol{Du} \tag{2-4-2}$$

式(2-4-1)称为状态方程,式(2-4-2)称为输出方程。

其中 **A** 称为系统矩阵,它为一个 $n\times n$ 矩阵。它表述了系统内部状态变量之间的关系。矩阵 **A** 的一般形式为

$$\boldsymbol{A}=\begin{pmatrix} a_{11} & a_{12} & \cdots & a_{1n} \\ a_{21} & a_{22} & \cdots & a_{2n} \\ \vdots & \vdots & & \vdots \\ a_{n1} & a_{n2} & \cdots & a_{nn} \end{pmatrix} \tag{2-4-3}$$

B 称为输入矩阵,为一个 $n\times m$ 矩阵。它表明输入对内部状态变量的作用情况。矩阵 **B** 的一般形式为

$$\boldsymbol{B}=\begin{pmatrix} b_{11} & b_{12} & \cdots & b_{1m} \\ b_{21} & b_{22} & \cdots & b_{2m} \\ \vdots & \vdots & & \vdots \\ b_{n1} & b_{n2} & \cdots & b_{nm} \end{pmatrix} \tag{2-4-4}$$

C 称为输出矩阵,为一个 $p\times n$ 矩阵。它表述了输出与内部状态变量之间的关系。矩阵 **C** 的一般形式为

$$\boldsymbol{C}=\begin{pmatrix} c_{11} & c_{12} & \cdots & c_{1n} \\ c_{21} & c_{22} & \cdots & c_{2n} \\ \vdots & \vdots & & \vdots \\ c_{p1} & c_{p2} & \cdots & c_{pn} \end{pmatrix} \tag{2-4-5}$$

D 称为前馈矩阵,为一个 $p\times m$ 矩阵。它表述了输出与输入的直接传递关系。矩阵 **D** 的一般形式为

$$\boldsymbol{D}=\begin{pmatrix} D_{11} & D_{12} & \cdots & D_{1m} \\ D_{21} & D_{22} & \cdots & D_{2m} \\ \vdots & \vdots & & \vdots \\ D_{p1} & D_{p2} & \cdots & D_{pm} \end{pmatrix} \tag{2-4-6}$$

状态空间方程可用如图 2-14 表示。

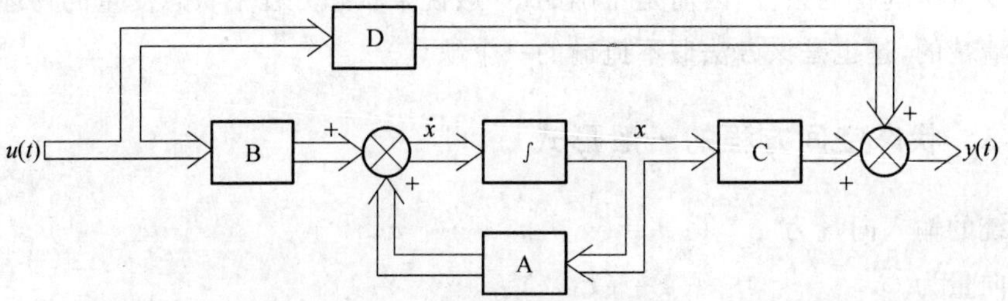

图 2-14 状态空间方程的框图

图中$\int$为积分器。

2.5　各种模型间的转换

上述诸种方法去描述同一系统其必然存在着相互联系，读者从前述例题中也应看到这一点，下面介绍其一般关系。由于微分方程转换为传递函数及其反变换十分简单，在此不予叙述。

2.5.1　状态空间方程的框图表示

状态方程由于是一阶微分方程且每个方程仅有一个状态变量的微分，因而用一个积分器来表示该状态变量及其导数。积分器是状态空间方法框图的核心部件。积分器的个数等于状态变量的个数。

积分器的画法如图 2-15 所示。

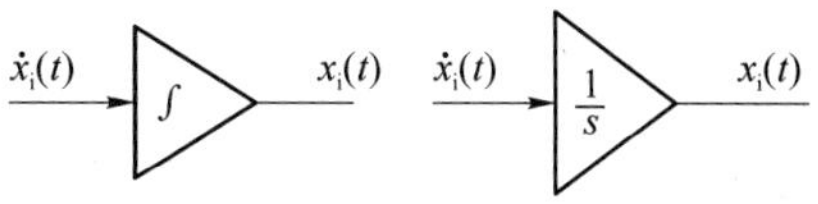

图 2-15　积分器的框图表示

由于一般表达形式的框图过于复杂，仅举几例以作说明。

【例 2.11】　绘出下面状态空间方程的框图。

$$\dot{\boldsymbol{X}}=\begin{pmatrix}1 & 0 & -1\\0 & -2 & 1\\3 & 0 & 2\end{pmatrix}\boldsymbol{X}+\begin{pmatrix}2\\-1\\1\end{pmatrix}\boldsymbol{u}$$

$$\boldsymbol{Y}=\begin{pmatrix}0 & 0 & 1\\1 & 0 & 0\end{pmatrix}\boldsymbol{X}$$

解：由于有三个状态变量，故设置三个积分器，其输入分别为 $\dot{x}_1$、$\dot{x}_2$、$\dot{x}_3$ 输出为 x_1、x_2、x_3。

由方程知

$$\dot{x}_1=x_1-x_3+2u$$

对应子框图为图 2-16 所示。

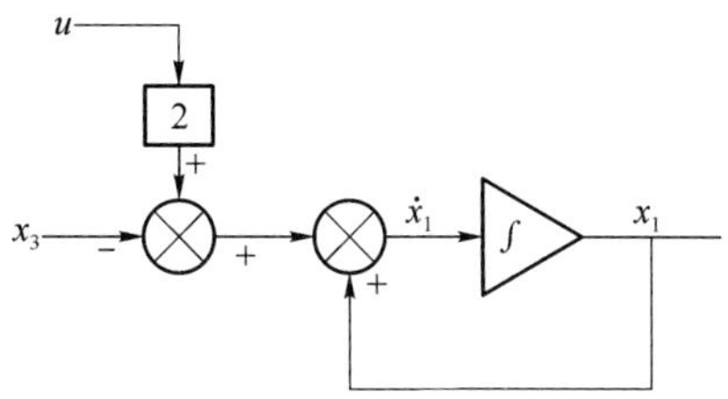

图 2-16　$\dot{x}_1=x_1-x_3+2u$ 框图

各子框图联接后即得该系统框图如图 2-17所示。

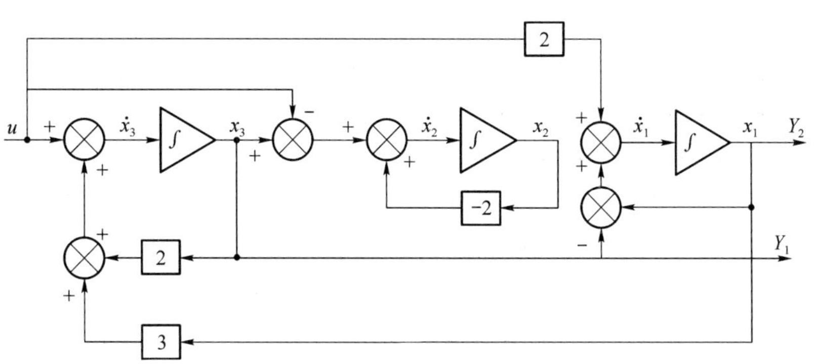

图 2-17　系统框图

2.5.2 状态空间方程和传递矩阵

1. 传递函数矩阵的概念

单输入单输出系统称为SISO系统，多输入多输出系统称为MIMO系统。对于线性定常系统，设其输入为$U_1(t)$、$U_2(t)$、$\cdots U_r(t)$，其输出为$Y_1(t)$、$Y_2(t)\cdots Y_m(t)$。

则在初始条件为零时，可求得其传递函数为

$\frac{Y_1(s)}{U_1(s)}=H_{11}(s)$；$\frac{Y_1(s)}{U_2(s)}=H_{12}(s)$；$\cdots\frac{Y_1(s)}{U_r(s)}=H_{1r}(s)$

$\frac{Y_2(s)}{U_1(s)}=H_{21}(s)$；$\frac{Y_2(s)}{U_2(s)}=H_{22}(s)$；$\cdots\frac{Y_2(s)}{U_r(s)}=H_{2r}(s)$

………

$\frac{Y_m(s)}{U_1(s)}=H_{m1}(s)$；$\frac{Y_m(s)}{U_2(s)}=H_{m2}(s)$；$\cdots\frac{Y_m(s)}{U_r(s)}=H_{mr}(s)$

其输出的拉普拉斯变换式为

$Y_1(s)=H_{11}(s)U_1(s)+H_{12}(s)U_2(s)+\cdots+H_{1r}(s)U_r(s)$

$Y_2(s)=H_{21}(s)U_1(s)+H_{22}(s)U_2(s)+\cdots+H_{2r}(s)U_r(s)$

$\cdots\quad\cdots\quad\cdots$

$Y_m(s)=H_{m1}(s)U_1(s)+H_{m2}(s)U_2(s)+\cdots+H_{mr}(s)U_r(s)$

显然这可以表述为矩阵形式：

$$\begin{pmatrix}Y_1(s)\\Y_2(s)\\\vdots\\Y_m(s)\end{pmatrix}=\begin{pmatrix}H_{11}(s)&H_{12}(s)&\cdots&H_{1r}(s)\\H_{21}(s)&H_{22}(s)&\cdots&H_{2r}(s)\\\vdots&\vdots&&\vdots\\H_{m1}(s)&H_{m2}(s)&\cdots&H_{mr}(s)\end{pmatrix}\begin{pmatrix}U_1(s)\\U_2(s)\\\vdots\\U_r(s)\end{pmatrix}\tag{2-5-1}$$

简记为

$$\boldsymbol{Y}(s)=\boldsymbol{\Phi}(s)\boldsymbol{U}(s)\tag{2-5-2}$$

式(2-5-1)中的闭环传递函数所构成的矩阵$\boldsymbol{\Phi}(s)$称为系统的传递函数矩阵，简称为传递矩阵。

2. 由状态空间方程求取传递矩阵

设系统状态空间方程为

$$\dot{\boldsymbol{X}}=\boldsymbol{AX}+\boldsymbol{B}u$$
$$\boldsymbol{Y}=\boldsymbol{CX}+\boldsymbol{D}u$$

在零初始条件下进行拉普拉斯变换有

$$s\boldsymbol{X}(s)=\boldsymbol{AX}(s)+\boldsymbol{BU}(s)\tag{1}$$

$$\boldsymbol{Y}(s)=\boldsymbol{CX}(s)+\boldsymbol{DU}(s)\tag{2}$$

由(1)得

$$\boldsymbol{X}(s)=(s\boldsymbol{I}-\boldsymbol{A})^{-1}\boldsymbol{BU}(s)\tag{3}$$

将(3)代入(2)，得

$$\boldsymbol{Y}(s)=[\boldsymbol{C}(s\boldsymbol{I}-\boldsymbol{A})^{-1}\boldsymbol{B}+\boldsymbol{D}]\boldsymbol{U}(s)\tag{2-5-3}$$

则传递函数矩阵为

$$\boldsymbol{\Phi}(s)=\boldsymbol{C}(s\boldsymbol{I}-\boldsymbol{A})^{-1}\boldsymbol{B}+\boldsymbol{D}\tag{2-5-4}$$

由式(2-5-4)可知,通过矩阵运算即可求出传递矩阵。

2.6　非线性系统的偏微线性化

2.6.1　非线性因素和偏微线性化

实际的物理系统总是不同程度地存在着非线性因素。如:一般放大器、执行元件、限幅、限位装置都具饱合特性,当输入信号超出其动态范围时,其输出趋于一个常量。某些测量元件对于小于某值的输入量不敏感,伺服电机只有输入达到一定程度后才会动作,这是死区特性。齿轮传动的齿隙等称为间隙特性。死区、饱合、间隙、磁滞、继电器等特性统称为非线性特性。

严格地说,所有的实际系统都是非线性的,其数学模型是非线性微分方程。在数学上至今还没有非线性方程通用的一般解法,这给系统理论研究造成很大困难。线性微分方程有十分完善的一般解法,特别地线性方程满足叠加原理,这使理论研究变得非常方便。因而在条件允许的情况下,人们总把非线性系统视为线性系统,即用线性系统近似地表述非线性系统。

线性化的根本条件是非线性因素对系统的影响非常小而可以忽略不计。最常用的方法是在工作点附近近似线性化,称为偏微线性化。

2.6.2　非线性方程的线性化

若非线性函数 $y=f(x)$ 在期望工作点(x_0、y_0)的邻域内有连续导数存在,则该函数可以展开为偏差量 $\Delta x=x-x_0$ 的泰勒级数

$$y=f(x)=f(x_0)+\left.\frac{\mathrm{d}f}{\mathrm{d}x}\right|_{x_0}\Delta x+\frac{1}{2!}\left.\frac{\mathrm{d}^2 f}{\mathrm{d}x^2}\right|_{x_0}(\Delta x)^2+\cdots$$

略去$(\Delta x)^2$及更高幂次诸项,得

$$y=f(x)=f(x_0)+\left.\frac{\mathrm{d}f}{\mathrm{d}x}\right|_{x_0}\Delta x \tag{2-6-1}$$

或写成:

$$y=f(x)=f(x_0)+\left.\frac{\mathrm{d}f}{\mathrm{d}x}\right|_{x_0}x_0+\left.\frac{\mathrm{d}f}{\mathrm{d}x}\right|_{x_0}x \tag{2-6-2}$$

式(2-6-2)称为变量形式的线性化方程。

由于 $y_0=f(x_0)$,式(2-6-1)又可写为

$$y=y_0+\left.\frac{\mathrm{d}y}{\mathrm{d}x}\right|_{x_0}\Delta x$$

$$y-y_0=\left.\frac{\mathrm{d}y}{\mathrm{d}x}\right|_{x_0}\Delta x$$

$$\Delta y=\left.\frac{\mathrm{d}y}{\mathrm{d}x}\right|_{x_0}\Delta x \tag{2-6-3}$$

式(2-6-3)称为增量形式的线性化方程。

若非线性方程为多元函数，则采用多元函数的泰勒级数形式，即使用偏导数。

式(2-6-2)、式(2-6-3)便是非线性函数的线性化结果。它是在工作点附近的小范围内进行的，是对增量展开的，故称为增量线性化或偏微线性化。

显见：线性化是相对于某一预期工作点进行的，因而工作点不同，线性化后系数往往不同。

变量取增量形式，因而变量偏离工作点越小则线性化精度越高。

由于采用泰勒级数形式，因而非线性因素一定是非本质的，即在点(x_0、y_0)邻域内有连续的导数或偏导数存在。更明确地说是：非线性因素特性是没有间断点或折断点的单值函数。

增量方程的坐标原点若移至工作点(x_0、y_0)处即为初始状态为零，亦可使用传递函数概念。

如果使用状态方程模型，则非线性状态方程组中含有非线性一阶微分方程，其线性化处理如下。

设系统状态方程为

$$\frac{\mathrm{d}x}{\mathrm{d}t}=f[x,u] \tag{2-6-4}$$

x_0、u_0为预期工作状态和预期输入，则有

$$\frac{\mathrm{d}x_0}{\mathrm{d}t}=f[x_0,u_0] \tag{2-6-5}$$

对式(2-6-4)取预期工作点处的泰勒级数线性近似有

$$\frac{\mathrm{d}x}{\mathrm{d}t}=f[x_0,u_0]+\left.\frac{\partial f(x,u)}{\partial x}\right|_{[x_0,u_0]}(x-x_0)+\left.\frac{\partial f(x,u)}{\partial u}\right|_{[x_0,u_0]}(u-u_0) \tag{2-6-6}$$

令：$\tilde{x}=x-x_0$；$\tilde{u}=u-u_0$ 则

$$\dot{\tilde{x}}=\frac{\mathrm{d}\tilde{x}}{\mathrm{d}t}=\frac{\mathrm{d}x}{\mathrm{d}t}-\frac{\mathrm{d}x_0}{\mathrm{d}t}=\frac{\mathrm{d}x}{\mathrm{d}t}-f[x_0,u_0] \tag{2-6-7}$$

表示为矩阵形式有：

$$\dot{\tilde{\boldsymbol{x}}}=\boldsymbol{A}\,\tilde{\boldsymbol{x}}+\boldsymbol{B}\,\tilde{\boldsymbol{u}} \tag{2-6-8a}$$

其中：

$$\boldsymbol{A}=\left.\frac{\partial f[x,u]}{\partial u}\right|_{[x_0,u_0]}=\begin{pmatrix}\frac{\partial f_1}{\partial x_1} & \frac{\partial f_1}{\partial x_2} & \cdots & \frac{\partial f_1}{\partial x_n}\\ \frac{\partial f_2}{\partial x_1} & \frac{\partial f_2}{\partial x_2} & \cdots & \frac{\partial f_2}{\partial x_n}\\ \vdots & \vdots & & \vdots\\ \frac{\partial f_n}{\partial x_1} & \frac{\partial f_n}{\partial x_2} & \cdots & \frac{\partial f_n}{\partial x_n}\end{pmatrix}_{[x_0,u_0]} \tag{2-6-8b}$$

$$\boldsymbol{B}=\left.\frac{\partial f[x,u]}{\partial u}\right|_{[x_0,u_0]}=\begin{pmatrix}\frac{\partial f_1}{\partial u_1} & \frac{\partial f_1}{\partial u_2} & \cdots & \frac{\partial f_1}{\partial u_m}\\ \frac{\partial f_2}{\partial u_1} & \frac{\partial f_2}{\partial u_2} & \cdots & \frac{\partial f_2}{\partial u_m}\\ \vdots & \vdots & & \vdots\\ \frac{\partial f_n}{\partial u_1} & \frac{\partial f_n}{\partial u_2} & \cdots & \frac{\partial f_n}{\partial u_m}\end{pmatrix}_{[x_0,u_0]} \tag{2-6-8c}$$

式(2-6-8a)、式(2-6-9b)、式(2-6-9c)为线性化后的状态方程。

2.6.3　例题

【例 2.12】　单摆如图 2-18 所示，求其运动方程并线性化。

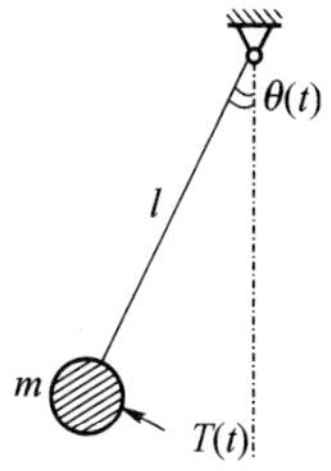

图 2-18　单摆

解：设单摆的质量 m，摆长为 l，摆角为 $\theta(t)$，施加力矩为 $T(t)$，则根据牛顿运动定律有

$$T(t)-[mg\sin\theta(t)]l=ml^2\frac{\mathrm{d}^2\theta(t)}{\mathrm{d}t^2} \tag{1}$$

这是一个非线性微分方程，非线性因素为 $\sin\theta(t)$，将其在 $\theta_0=0$ 点邻域展开为

$$\sin\theta(t)=\theta(t)-\frac{1}{3!}\theta^3(t)+\frac{1}{5!}\theta^5(t)-\cdots$$

当 θ 很小时高次幂诸项可忽略不计，则有

$$\sin\theta(t)=\theta(t) \tag{2}$$

将(2)代入(1)得

$$T(t)-mgl\theta(t)=ml^2\frac{\mathrm{d}^2\theta(t)}{\mathrm{d}t^2}$$

或

$$ml^2\frac{\mathrm{d}^2\theta(t)}{\mathrm{d}t^2}+mgl\theta(t)=T(t) \tag{3}$$

方程(3)即为该系统线性化后模型。

2.7　MATLAB 在建模中的应用

MATLAB 虽然不能自动建模，但其可以接受各种模型方式并能进行相互转换，可以进行相关处理和仿真。

(1) 将微分方程模型转换为传递函数及状态空间方程形式。

$$\frac{\mathrm{d}^3y}{\mathrm{d}t^3}+10\frac{\mathrm{d}^2y}{\mathrm{d}t^2}+10\frac{\mathrm{d}y}{\mathrm{d}t}+9y=\frac{\mathrm{d}^2r}{\mathrm{d}t^2}+5\frac{\mathrm{d}r}{\mathrm{d}t}+6r$$

执行下述程序：

```
%由微分方程(y''' + 10y'' + 10y' + 9y = r'' + 5r' + 6r)建立传递函数模型与状态空间模型
num = [1  5  6 ];
den = [1  10  10  9];
('传递函数')
H = tf(num,den)
('状态空间模型')
[A,B,C,D] = tf2ss(num,den)
```

取得结果如下：

传递函数：

```
    s^2 + 5 s + 6
```

```
---------------------------------
s^3 + 10 s^2 + 10 s + 9
```

状态空间模型：

$$A=\begin{pmatrix}-10 & -10 & -9\\ 1 & 0 & 0\\ 0 & 1 & 0\end{pmatrix}$$

$B=[1\quad 0\quad 0]^{T}$

$C=[1\quad 5\quad 6]$

$D=[0]$

(2) 已知系统闭环传递函数为

$H(s)=\dfrac{s^2+5s+6}{s^3+10s^2+10s+9}$，求取其闭环零点、极点位置。

执行下述程序得：

```
% 由传递函数求零、极点 H(s) = (s^2 + 5s + 6)/(s^3 + 10s^2 + 10s + 9)
num = [1  5  6];
den = [1  10  10  9];
('传递函数')
H = tf(num,den)
('零极点位置')
[z,p] = tf2zp(num,den)
传递函数
Transfer function:
     s^2 + 5 s + 6
---------------------------------
s^3 + 10 s^2 + 10 s + 9
零极点位置
```

$$z=\begin{pmatrix}-3.0000\\ -2.0000\end{pmatrix}$$

$$p=\begin{pmatrix}-9.0000\\ -0.5000+0.8660i\\ -0.5000-0.8660i\end{pmatrix}$$

(3) 用 MATLAB 实现典型连接：串接、并接和负反馈。

执行程序：

```
% 模型的典型连接：串联、并联和负反馈
```

$H_1(s)=\dfrac{s^2+5s+6}{s^3+10s^2+10s+9}$，$H_2(s)=\dfrac{s^2+10s+7}{s^3+10s^2+12s+7}$

```
num1 = [1  5  6];
den1 = [1  10  10  9];
sys1 = tf(num1,den1)
```

```
num2 = [1   10   7];
den2 = [1   10   12   7];
sys2 = tf(num2,den2)
('串联')
syss = sys1 * sys2
('并联')
sysp = sys1 + sys2
```

%m 模型的反馈连接(设 G1 为闭环前向通道传递函数；F1 为反馈通道传递函数；SIGN 为反馈方式，SIGN=1 为正反馈，SIGN=－1 为负反馈，SIGN 处空白默认负反馈(G1 和 F1 见程序)

```
G1 = tf(num1,den1)
F1 = tf(num2,den2)
('负反馈后的闭环传递函数')
H = feedback(G1,F1)
```

结果

```
Transfer function:
    s^2 + 5 s + 6
------------------------------
s^3 + 10 s^2 + 10 s + 9
Transfer function:

s^2 + 10 s + 7
-----------------------------
s^3 + 10 s^2 + 12 s + 7
```

串联

```
Transfer function:
          s^4 + 15 s^3 + 63 s^2 + 95 s + 42
----------------------------------------------------------------------
s^6 + 20 s^5 + 122 s^4 + 236 s^3 + 280 s^2 + 178 s + 63
```

并联

```
Transfer function:
  2 s^5 + 35 s^4 + 185 s^3 + 306 s^2 + 267 s + 105
----------------------------------------------------------------------
s^6 + 20 s^5 + 122 s^4 + 236 s^3 + 280 s^2 + 178 s + 63
```

负反馈后的闭环传递函数

```
Transfer function:
      s^5 + 15 s^4 + 68 s^3 + 127 s^2 + 107 s + 42
-----------------------------------------------------------------------
s^6 + 20 s^5 + 123 s^4 + 251 s^3 + 343 s^2 + 273 s + 105
```

习　题

2.1　求题图 2-1 图所示机械系统的运动微分方程式、传递函数、状态空间方程及绘制其框图。图中力 $F(t)$为输入量，位移 $y(t)$为输出量，m 为物体质量，k为弹簧刚度系数，f 为阻尼器的黏性摩擦系数。

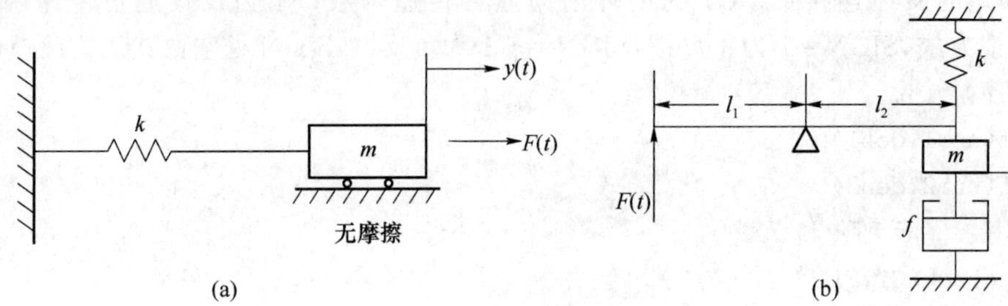

题图 2-1

2.2　列写题图 2-2 所示机械系统的运动微分方程式，图中力 $F(t)$是输入量，位移$y_1(t)$与 $y_2(t)$是输出量，f_1，f_2 为滚动摩擦系数。

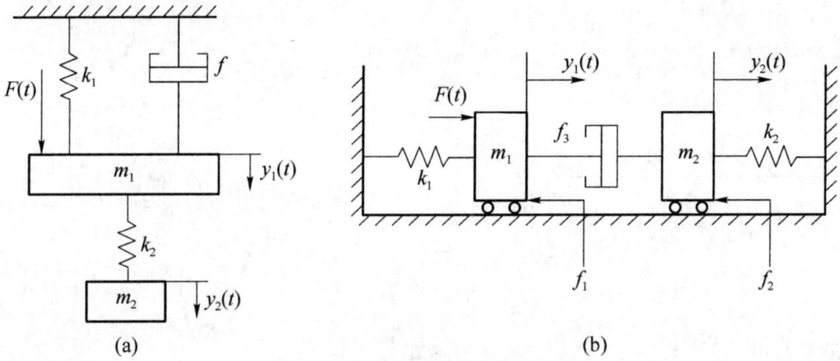

题图 2-2

2.3　设有一个弹簧—质量—阻尼器系统，安装在一个不计质量小车上，如题图 2-3 所示。在此系统中，$u(t)$表示小车的位移，是系统的输入量，假设 $t<0$ 时小车静止不动，当 $t=0$ 时，小车以定常速度运动，即$\dot{u}$为常量。质量 m 的位移 $y(t)$为系统输出量(该位移是相对于地面的位移)。m 表示小车上物体的质量，f 表示阻尼器的黏性摩擦系数，k表示弹簧刚度。假设阻尼器的摩擦力与$\dot{y}-\dot{u}$成正比，弹簧为线性弹簧，即弹簧力与 $y-u$ 成正比。

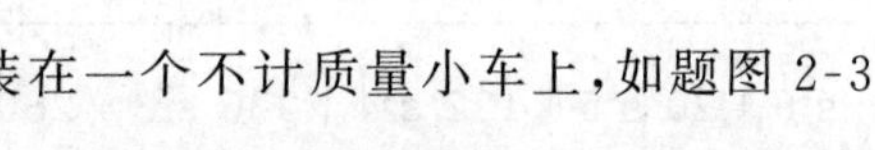

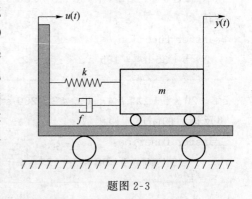

题图 2-3

(1) 求该系统的数学模型；

(2) 若令 $y(0)=0$，$\dot{y}(0)=0$，$u(0)=0$，求系

统的传递函数；

(3) 求系统的状态空间模型。

2.4　题图 2-4 是一个电动机轴转角的伺服系统原理图。SM 为直流伺服电动机，TG 为直流测速发电机，u_i为输入的电压量，θ 为输出的电动机轴角位移。直流电动机的机电时间常数为 τ_m，反电势系数为k_e，u_a为电动机电枢电压，忽略电动机的电磁时间常数有下述关系式：

$$u_T=\frac{k_5\,d\theta}{dt},u_{T1}=k_3u_T,u_o=k_4\theta,\tau_m d\theta/dt+\theta=K_1u_a+K_2M_L$$

M_L为电动机的阻力矩，绘制该系统的动态框图，并求传递函数 $H(s)=\theta(s)/u_i(s)$。

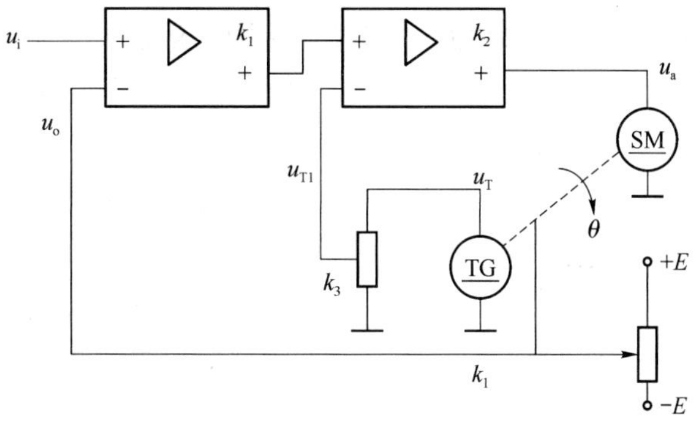

题图 2-4

2.5　试求题图 2-5 电路的状态空间模型。$u_i(t)$是输入，$u_o(t)$，$i_R(t)$是输出。

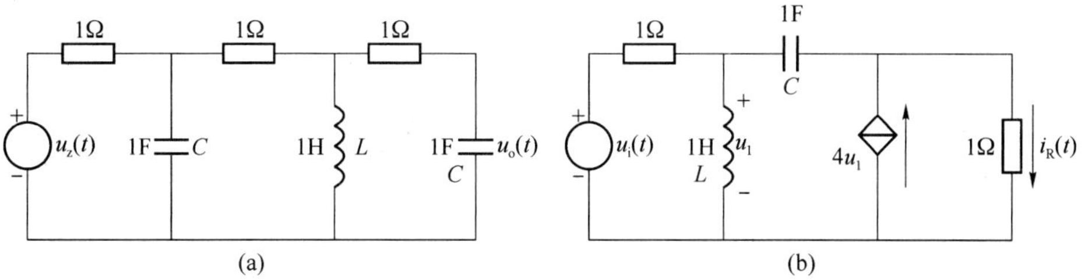

题图 2-5

2.6　无源网络如题图 2-6 所示，电压 $u_1(t)$为输入量，电压 $u_2(t)$为输出量，绘制动态框图并求传递函数。

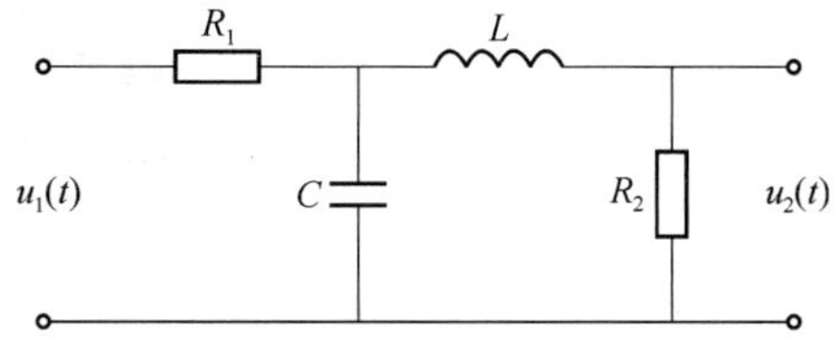

题图 2-6

2.7　求题图 2-7 所示无源网络的传递函数和框图，图中电压 $u_1(t)$是输入量，电压 $u_2(t)$是输出量。

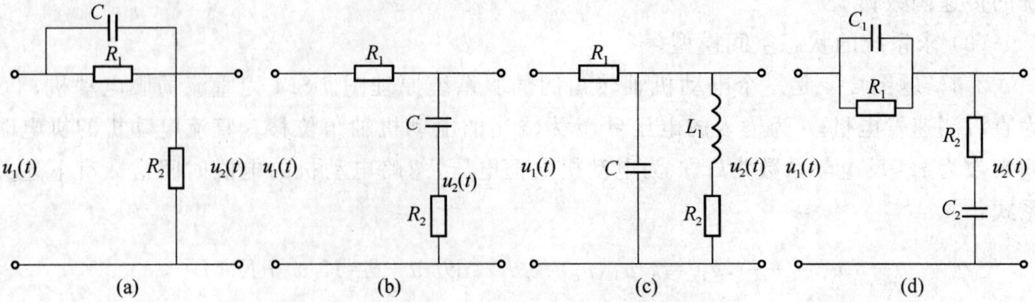

题图 2-7

2.8 求题图 2-8 所示有源网络的传递函数，图中电压 $u_1(t)$是输入量，电压 $u_2(t)$是输出量。

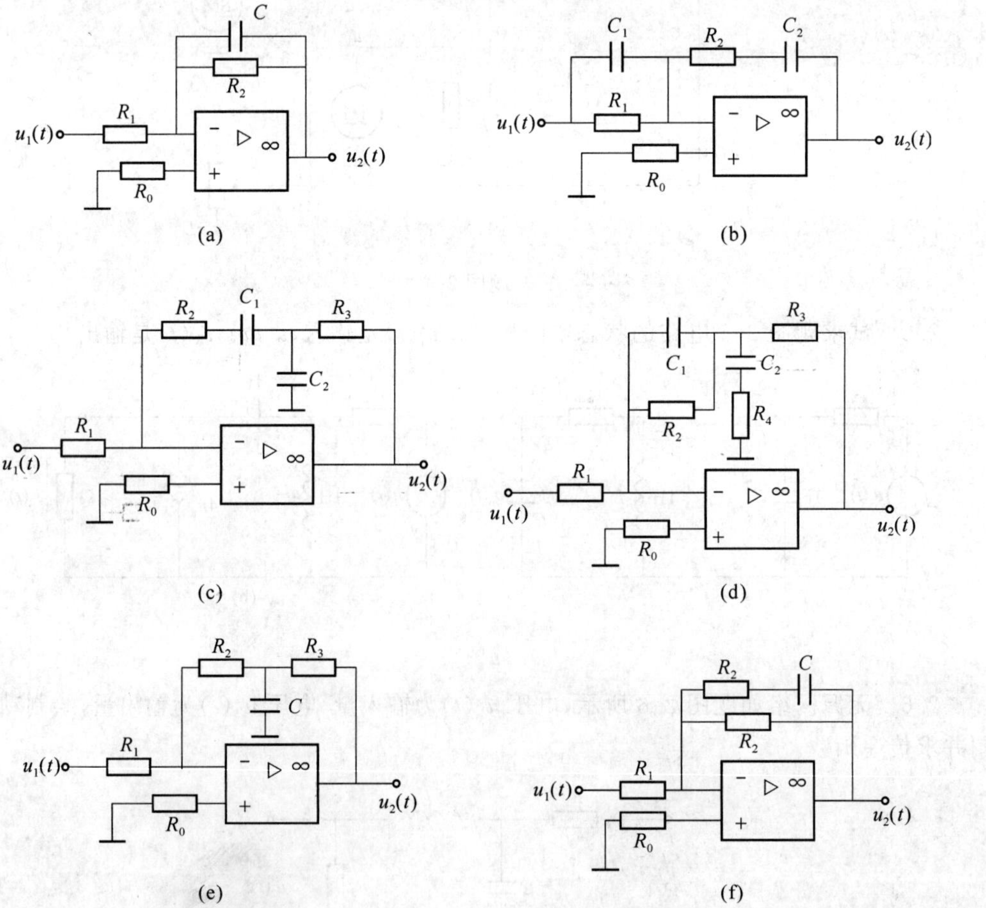

题图 2-8

2.9 设系统由下列状态空间表达式描述

$$\begin{pmatrix}\dot{x}_1\\ \dot{x}_2\end{pmatrix}=\begin{pmatrix}-4 & -1\\ 3 & -1\end{pmatrix}\begin{pmatrix}x_1\\ x_2\end{pmatrix}+\begin{pmatrix}1\\ 1\end{pmatrix}u \quad y=[1 \quad 0]\begin{pmatrix}x_1\\ x_2\end{pmatrix}+[1]u$$

试求该系统的传递函数。

2.10　试列写由下列微分方程所描述的线性定常系统的状态空间表达式。

(1) $y\ \dddot{y}(t)+2\dot{y}(t)+y(t)=0$

(2) $y\ \ddddot{y}(t)+3y\ \dddot{y}(t)+2\dot{y}(t)+2y(t)=u(t)$

(3) $y\ \ddddot{y}(t)+3y\ \dddot{y}(t)+2\dot{y}(t)+y(t)=u\ \dddot{y}(t)+2\dot{u}(t)+u(t)$

2.11　已知控制系统的传递函数如下，试列写状态空间表达式。

(1) $\dfrac{Y(s)}{U(s)}=\dfrac{1}{s^2(s+10)}$

(2) $\dfrac{Y(s)}{U(s)}=\dfrac{1}{s(s+1)(s+8)}$

(3) $\dfrac{Y(s)}{U(s)}=\dfrac{s^2+4s+5}{s^3+6s^2+11s+6}$

2.12　设系统的状态空间表达式为

$\begin{pmatrix}\dot{x}_1\\ \dot{x}_2\end{pmatrix}=\begin{pmatrix}-5 & -1\\ 3 & -1\end{pmatrix}\begin{pmatrix}x_1\\ x_2\end{pmatrix}+\begin{pmatrix}2\\ 5\end{pmatrix}u\qquad y=[1\quad 2]\begin{pmatrix}x_1\\ x_2\end{pmatrix}$ 试求系统的传递函数。

2.13　简化题图 2-9，写出传递函数。

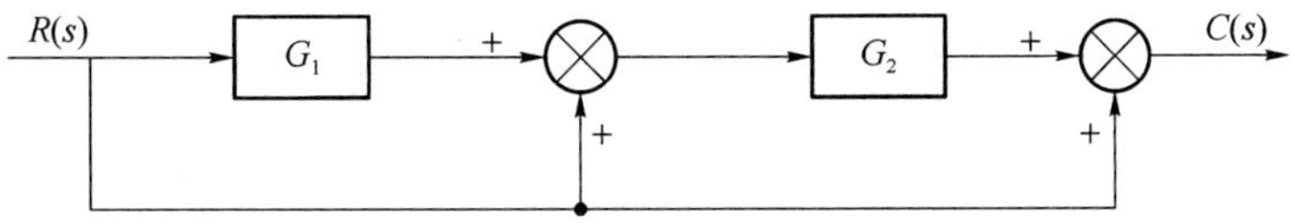

题图 2-9

2.14　已知题图 2-10，求传递函数

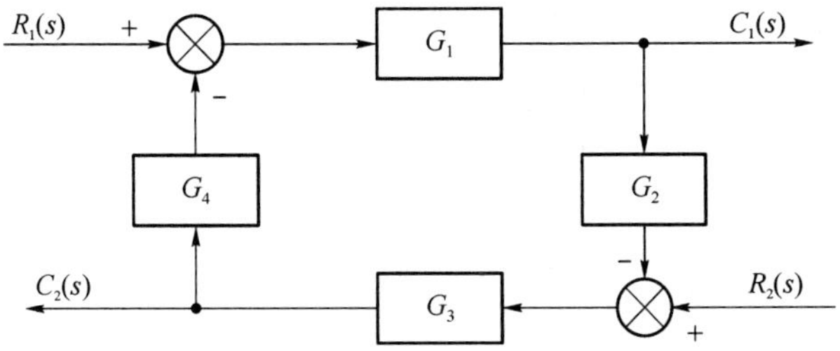

题图 2-10

2.15　求题图 2-11 所示交叉反馈系统的传递函数 $G(s)=\dfrac{C(s)}{E(s)}$ 和 $H(s)=\dfrac{C(s)}{R(s)}$。

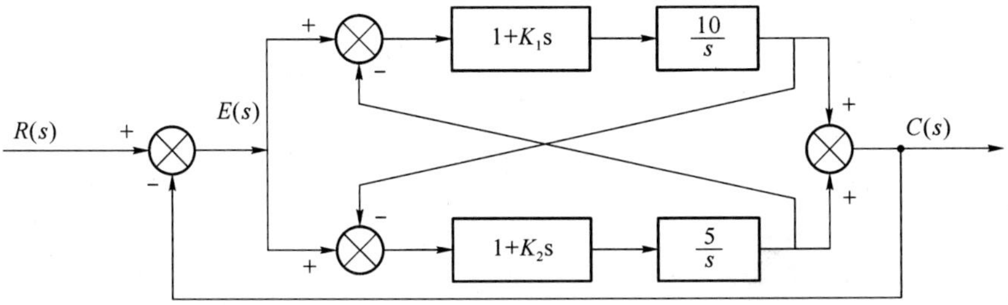

题图 2-11

2.16 求题图 2-12 所示系统的传递函数 $C(s)/R(s)$ 和 $E(s)/R(s)$。

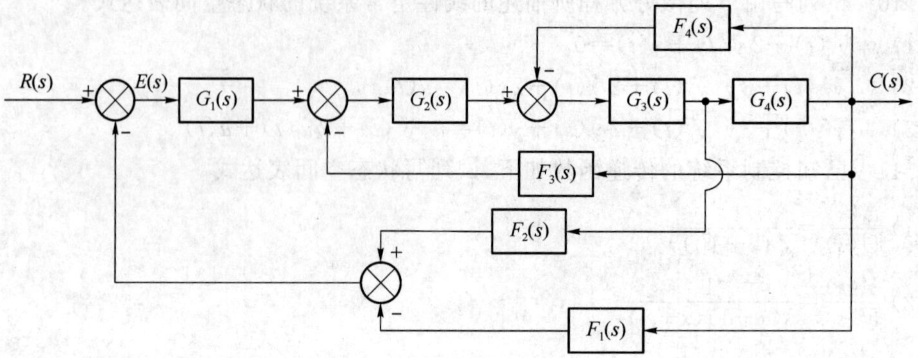

题图 2-12

第3章　控制系统的稳定性

3.1　稳定性的概念

3.1.1　研究系统稳定性的意义

无论是分析控制系统还是设计控制系统，无论是使用经典控制理论还是现代控制理论，首先都要研究系统的稳定性问题。控制系统的稳定性是对控制系统的最基本要求。更明确地说：如果一个控制系统是不稳定的，除了研究如何使其稳定下来（称为镇定）之外，研究其他一切性能都是没有意义的。

研究控制系统的稳定性包含有两重目的：一是判定控制系统是否具有稳定性及其稳定的程度；二是如果系统不稳定或稳定程度较差如何使其稳定及如何提高稳定程度。

3.1.2　稳定性的定义

1. 平衡状态

系统在没有输入作用和外部干扰（称为扰动）作用时，处于自由运动状态。当系统达到某一状态后会维持在该种状态下而不再发生变化，这样的状态称为该系统的平衡状态。

由平衡状态定义可知，系统处于平衡状态时其状态变量的变化率为零，因而使用状态方程可以很方便地求得平衡状态，记为 x_e，即在平衡状态下总满足下式：

$$\boldsymbol{A}x_e=\boldsymbol{0} \tag{3-1-1}$$

由式(3-1-1)知，若系统为线性系统且 $\boldsymbol{A}$ 为非奇异矩阵时系统只有一个平衡状态，若 $\boldsymbol{A}$ 为奇异矩阵系统将有无穷多个平衡状态。

若系统为非线性系统，可能有一个平衡状态，也可能有多个平衡状态。

【例3.1】 已知非线性系统有方程：

$$\dot{x}_1=-x$$

$$\dot{x}_2=x_1+x_2-x_2^3$$

求其平衡状态 x_e。

解：令 $\dot{x}_1=0$ 且 $\dot{x}_2=0$，有

$$x_{1e}=0$$

$$x_{1e}+x_{2e}-x_{2e}^3=0$$

即
$$x_{2e}(1+x_{2e})(1-x_{2e})=0$$
得
$$x_{2e_1}=0;x_{2e_2}=-1;x_{2e_3}=1$$

则该系统有三个平衡状态为

$$\boldsymbol{x}_{e_1}=\begin{bmatrix}x_{1e_1} & x_{2e_1}\end{bmatrix}^T=\begin{bmatrix}0 & 0\end{bmatrix}^T$$

$$\boldsymbol{x}_{e_2}=\begin{bmatrix}x_{1e_2} & x_{2e_2}\end{bmatrix}^T=\begin{bmatrix}0 & -1\end{bmatrix}^T$$

$$\boldsymbol{x}_{e_3}=\begin{bmatrix}x_{1e_3} & x_{2e_3}\end{bmatrix}^T=\begin{bmatrix}0 & 1\end{bmatrix}^T$$

2. 稳定性的定义

稳定性的定义有多种表述方式，在此仅给出较常用的定义方式。

控制系统受到外界扰动而偏离了原来的平衡状态，当扰动消失后，若系统能够逐渐地恢复到平衡状态，则称系统是渐近稳定的，简称稳定。若系统不能恢复到平衡状态则称系统是不稳定的。

上述定义可用图 3-1 加以形象地说明。

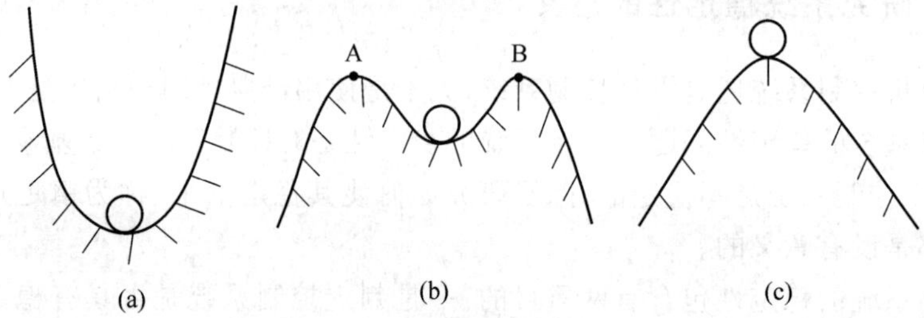

图 3-1　系统稳定性示意图

在图 3-1(a)系统中，小球只有一个平衡位置，在无外力作用的情况下是稳定的。如果有外力加于小球后并消失掉，则小球将偏离平衡位置并产生运动。如果考虑摩擦力的作用，小球要在平衡点两侧经若干次往复运动而逐渐停止在平衡位置，称这个系统是稳定的，小球产生了一个衰减的振荡运动。假如容器高度是无限的，即扰动使小球偏离平衡点无论多远总能渐近稳定故称为大范围渐近稳定。如果不考虑摩擦力的作用，则小球将在平衡点两侧做等幅振荡运动而永远不会停止于平衡位置，这种情况称为临界稳定。根据稳定性定义临界稳定属于不稳定范畴。

在图 3-1(b)系统中，扰动使小球偏离平衡位置只要不超出 A、B 两点，系统是渐近稳定的。如果超出了 A、B 点则小球不可能再回到平衡位置故是不稳定的。这样的系统称为局部渐近稳定。

在图 3-1(c)中只要有扰动使小球偏离了平衡点则小球就不可能回到平衡点且离平衡点越来越远，这个系统是不稳定的。

通过对图 3-1 诸系统稳定性能的分析可见：

系统的稳定性是系统在受到外界扰动并在扰动消失后恢复到平衡状态能力的体现。它是系统的一种固有属性。大范围稳定的系统和不稳定的系统其稳定性完全取决于系统自身的结构和参数，而和扰动的性质无关。局部稳定系统的稳定性不仅取决于系统自身的结构和参数而且和扰动的性质有关。

在控制工程中人们希望系统是大范围稳定的，因为系统若是局部稳定的就要确定稳定的最大范围，这往往是很困难的。线性系统如果是稳定的则一定是大范围稳定的。

3.2　系统稳定性的判定

判定系统稳定性的方法很多，这里仅介绍其中的几个。

3.2.1　闭环极点和稳定性的关系

线性系统总可以用线性微分方程来表述。可以证明，线性系统的稳定性完全由其闭环极点在复平面的位置所决定。闭环极点在复平面[S]上的位置只能有图 3-2 所示几类状况。

图 3-2 中情况 A、D 属于实极点。A 为负实极点，D 为正实极点。凡负实极点其响应必为单调收敛曲线，凡正实极点其响应必为单调发散曲线。情况 B、E 为共轭复极点，B 为具有负实部的复极点，E 为具有正实部复极点。凡具有负实部的复极点其响应必为衰减的正弦振荡，凡具有正实部的复极点其响应必为发散的正弦振荡。情况 C 为共轭虚极点，其响应必为等幅的正弦振荡。上述闭环极点的脉冲响应如图 3-3 所示，又称为振型。

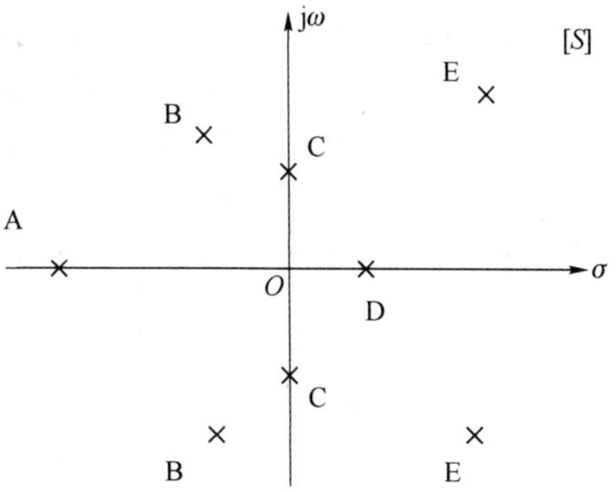

图 3-2　闭环极点位置分类图

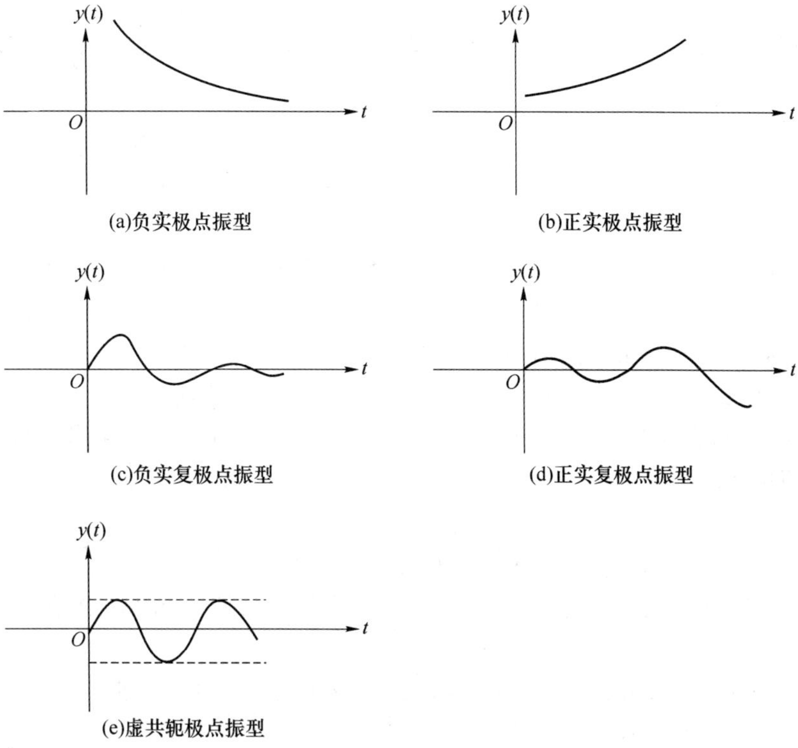

图 3-3　闭环极点位置之响应振型

综上所述，依据稳定性概念可获得用系统闭环极点分布判定稳定性的原则：

单输入单输出(SISO)线性定常系统稳定的充分必要条件是：系统所有的闭环极点都在S平面的左半平面。或者说：所有的闭环极点都具有负的实部。

多输入多输出(MIMO)系统稳定的充要条件是：系统矩阵 **A** 的全部特征值都具有负实部或都位于S平面的左半平面。

3.2.2 劳斯判据

利用系统闭环极点判断需要求出所有的闭环极点，但当系统阶次比较高时是有一定困难的。因此人们寻求不求解方程亦可判定系统稳定性的方法，其中一类方法就是代数判定，它是依据代数方程根与系数关系得到的结论，劳斯判定是该方法中最具代表性的方法。

代数方法是使用系统的闭环结果，即获得系统的特征方程或特征多项式。

系统稳定的必要条件是：系统特征方程的诸系数不能为零且同号。

这种判定只是必要条件而非充分条件，也就是说：特征方程中有任何一个系数为零或者与其他系数不同号则系统一定是不稳定的，但两者均被满足，系统不一定是稳定的。

劳斯判据对任何情况都是适用的，只要系统是线性定常系统。

1. 劳斯表及其制作

劳斯判定要根据系统的特征方程首先制作劳斯表，之后才能进行判定。劳斯表是一种表格形式。对于 n 阶系统它有 $n+1$ 行，有 $\mathrm{INT}\left(1+\dfrac{n}{2}\right)$ 列。其第一、二行称为表头，第三行至第 $n+1$ 行称为表体。虽然表面上看劳斯表是一个 $(n+1)\times\mathrm{INT}\left(1+\dfrac{n}{2}\right)$ 的表格，但实际上将省略画出一些值为零的单元，而实用表格并没有这样大。

设系统特征方程为

$$a_n s^n + a_{n-1} s^{n-1} + a_{n-2} s^{n-1} + \cdots + a_1 s + a_o = 0$$

(1) 表头的填法

第一行：第一列填入 a_n 值。第二列填 a_{n-2} 值，依此类推，后一列和前一列是 s 相差两次幂的对应系数。

第二行：第一列填入 a_{n-1} 值，后续诸列单元值依次为相差两次幂之系数。

(2) 表体的填法

设表体某单元的值为 $A_{i,j}$ $(i\geqslant 3)$，约定：表头第一行为行计数的起点，即 $i=1$

$A_{i,j}$ 的值由下式求出

$$A_{i,j} = -\frac{1}{A_{i-1,1}}\begin{vmatrix} A_{i-2,1} & A_{i-2,j+1} \\ A_{i-1,1} & A_{i-1,j+1} \end{vmatrix} \ (i\geqslant 3) \tag{3-2-1}$$

由式(3-2-1)可见，该式重要的是正确找到行列式中的四个元素。注意公式中有一个负号。

为使用方便计，在劳斯表诸行之前标出其第一列值所对应的 s 幂次。

【例 3.2】 设系统的特征方程为

$$12s^4 + 6s^3 + 32s^2 + 7s + 3 = 0$$

填出其劳斯表。

解：列劳斯表并填入值

s^4	12	32	3
s^3	6	7	
s^2	18	3	
s^1	6		
s^0	3		

表中 $s^4 \sim s^0$ 为各行第一列所对应的 s 幂次。未画出的单元值为零。

$$A_{3,1} = -\frac{1}{A_{2,1}}\begin{vmatrix} A_{1,1} & A_{1,2} \\ A_{2,1} & A_{2,2} \end{vmatrix}$$

$$= -\frac{1}{6}\begin{vmatrix} 12 & 32 \\ 6 & 7 \end{vmatrix}$$

$$= 18$$

$$A_{3,2} = -\frac{1}{6}\begin{vmatrix} 12 & 3 \\ 6 & 0 \end{vmatrix}$$

$$= 3$$

(3)几种情况的处理方法

在填写劳斯表时可能遇到下述情况，应加以相应解决。

① 某行各单元值的等效变换

若某行中所有单元值同乘或除以一个不为零的正整数，劳斯表结果不发生改变。

② 某行所有单元值为零

若出现某行各单元值全部为零，则无法按式(3-2-1)向下计算。此种情况系统肯定是不稳定的，但若为其他目的可按下述方法处理。

用该行的上一行对应单元值建立一个辅助方程。对辅助方程求一次导数获得一降阶方程。用降阶方程对应幂次的系数代替全零行各单元值并继续按式(3-2-1)计算。

重要性质：

若某行所有单元值全为零，则该系统必然具有关于[S]平面原点对称的闭环极点存在。其辅助方程的根一定是闭环极点。

③ 某行的第一列单元值为零

此种情况的存在系统一定是不稳定的，若需要进一步填写劳斯表，可按下述方法处理。

用一个无穷小的正数 ε 代替该行第一列的零值后继续按式(3-2-1)计算。

注意：②、③所叙情况是不同的。在情况③中除第一列为零外，该行其余各列单元值至少要有一个不为零。

【例 3.3】 已知系统特征方程为

$$s^7+4s^6+9s^5+10s^4-s^3-4s^2-9s-10=0$$

试填写其劳斯表。

解：虽然可由特征方程知该系统是不稳定的，但一则练习填写劳斯表过程，了解三种情况的处理方法，二则便于以后说明劳斯判据，故举此例。

填写其劳斯表

s^7	1	9	-1	-9
s^6	2	5	-2	-5
s^5	1	0	-1	
s^4	1	0	-1	
s^3	4	0		
s^2	ε	-1		
s^1	$\frac{4}{\varepsilon}$			
s^0	-1			

该表上述三种情况都发生了。

第二行(表头)本应填写 4、10、−4、−10 但同除以 2,故填写为 2、5、−2、−5,使其最小化。

第三行按式(3-2-1)计算应为$\frac{13}{2}$、0、$-\frac{13}{2}$,但同乘以$\frac{2}{13}$而填为 1、0、−1,使其整数化和最小化。这些都是为了使其后运算简单。

第五行按(3-2-1)计算将出现某行诸值全为零的情况。取其上一行值 1、0、−1 做辅助方程为 $s^4-1=0$,对其求导得 $4s^3=0$ 并将系数 4 和 0(s^1 的系数为 0)填入对应单元中。

第六行按式(3-2-1)计算填写为 0、−1,这就是某行第一列值为 0 的情况。用 ε 代替第一列的 0 值。

由辅助方程 $s^4-1=0$ 知有四根 $s_{1,2}=\pm1$;$s_{3,4}=\pm\mathrm{j}$;它们一定是该系统的闭环极点且关于 s 平面原点对称。由于对称性,无论有多少对这样的根,其构成的辅助方程一定是偶次幂的。反之所有对称于原点的闭环极点都可由辅助方程求出。

系统的另外三个闭环极点可由方程

$$s^3+4s^2+9s+10=0$$

求得

$$(s+2)(s^2+2s+5)=0$$

$$s_5=-2;s_{6,7}=-1\pm\mathrm{j}2$$

2. 劳斯判据

若系统劳斯表第一列的所有单元值均为正数则系统是稳定的,否则系统是不稳定的。

系统具有正实部的闭环极点个数等于劳斯表第一列诸值符号改变次数的总和。

在例 3.2 中第一列所有值均为正数,故系统是稳定的。在例 3.3 中由于出现了一行各列值全为零,故系统是不稳定的。由于第一列值变号次数为 1(由$\frac{4}{\varepsilon}$变为−1 为一次变号),该系统有一个闭环极点在 S 平面的右半平面($s_1=1$)。由辅助方程求得虚轴上有一对共轭闭环极点($s_{3,4}=\pm\mathrm{j}$),在左半平面有四个闭环极点($s_2=-1$;$s_5=-2$;$s_{6,7}=-1\pm\mathrm{j}2$)。

【例 3.4】 已知系统的特征方程为

$$s^6+2s^5+8s^4+12s^3+20s^2+16s+16=0$$

判定其稳定性及闭环极点的分布状况。

解:填劳斯表

s^6	1	8	20	16
s^5	1	6	8	
s^4	1	6	8	
s^3	1	3		
s^2	3	8		
s^1	1			
s^0	8			

由于第二行和第三行对应列值相等,故第四行值全部为零。做辅助方程 $s^4+6s^2+8=0$,求导得 $4s^3+12s=0$ 即 $s^3+3s=0$,对应填入表中。

由于出现一行各列值全为零情况故系统是不稳定的。

由于第一列诸值未改变符号故右半平面无闭环极点。

由辅助方程 $s^4+6s^2+8=0$ 解得:$s_{1,2}=\pm j\sqrt{2}$;$s_{3,4}=\pm j2$,知在虚轴上有四个闭环极点,左半平面有两个闭环极点。

注意本例:最终填完的劳斯表第一列诸值都为正数并不说明系统稳定,它只说明这个不稳定的系统在 S 平面的右半平面无闭环极点。

3. 劳斯判定的应用

由前诸例已经看到,劳斯判定可以确定系统的稳定性;可以确定系统闭环极点的分布状况;可以确定临界稳定时的振荡角频率等,更重要的应用是确定参数的稳定域。

【例 3.5】 设系统的开环传递函数为

$$G(s)=\frac{K(s+1)}{s(3s+1)(6s+1)}$$

试确定放大器放大倍数 K 的稳定域。

解:由 $G(s)$ 知系统特征方程为

$$s(3s+1)(6s+1)+K(s+1)=0$$

$$18s^3+9s^2+(1+K)s+K=0$$

填劳斯表

s^3	18	$1+K$
s^2	9	K
s^1	$1-K$	
s^0	K	

根据劳斯判据,若使系统稳定应有第一列诸值都大于零,则令

$$\begin{cases}1-K>0\\K>0\end{cases}$$

解得:$0<K<1$

可见负反馈系统开环放大倍数 K 对系统的稳定性是有影响的。一般 K 值越大稳定性越差。

【例 3.6】 系统开环传递函数为

$$G(s)=\frac{K(\tau s+1)}{s(s+1)(2s+1)}$$

试确定系统参数 K、τ 的稳定域。

解:由 $G(s)$ 得特征方程为

$$2s^3+3s^2+(K\tau+1)s+K=0$$

做劳斯表

s^3	2	$K\tau+1$
$2s^2$	3	K
s^1	$3(K\tau+1)-2K$	
s^0	K	

若使系统稳定令:

$$\begin{cases}3(K\tau+1)-2K>0\\K>0\end{cases}$$

作图如图 3-4 所示。

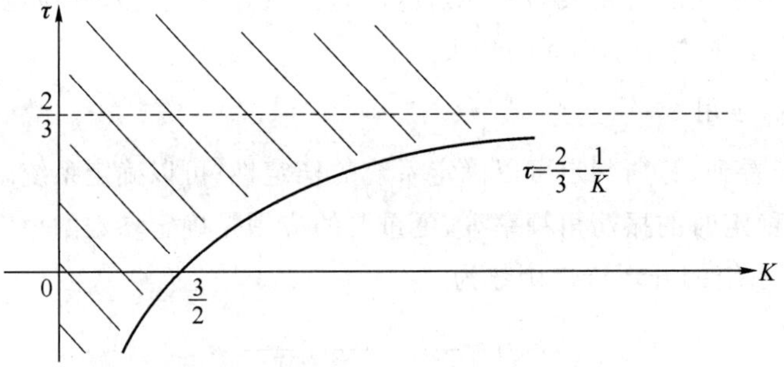

图 3-4 稳定域示意图

参数 K、τ 的定义域为图 3-4 中斜线所覆盖的区域。

由图 3-4 可见,当 $\tau\geqslant\frac{2}{3}$时,K 取大于零的任何值系统都是稳定的。当 $\tau<\frac{2}{3}$时,K 的取值范围受到限制,只能在曲线 $\tau=\frac{2}{3}-\frac{1}{K}$的上方范围内。

系统诸环节的时间常数对稳定性也有影响,当时间常数确定后,放大倍数就是唯一因素。

3.2.3 奈奎斯特判据

奈奎斯特判据是频域方法中的判定方法。它是通过图形来判定系统的稳定性,因而具有直观性。特别地,奈奎斯特判定不仅可以判定稳定性,还可以判断系统的稳定程度,这是劳斯判定办不到的,而在系统分析和设计中这又是十分重要的。

1. 奈奎斯特图

奈奎斯特图(又称为频率特性的极坐标图)和伯德图(又称为频率特性的对数坐标图)都是根据系统的频率特性制作的图形。奈奎斯特图虽然可以直观的在一张图上得到全部频率范围内的特性和较容易地对系统进行定性分析,但由于它将系统的各个环节统通作为一个整体处理,因而不能表现出各个环节对系统的作用和影响。伯德图将完整的系统分解成具有基本功能的若干环节,绘制了每个环节的特性,充分体现了各环节的作用和影响。虽然它需要两个图(幅频特性图和相频特性图),但在线性系统分析和综合中应用更为广泛。

(1) 频率特性

对系统施加各种频率的正弦信号研究系统的响应是频率特性研究方法的基本手段。和传递函数概念类比建立相关概念。

系统输出和输入的傅里叶变换之比称为系统的频率特性函数,简称为频率特性。记为

$$H(\mathrm{j}\omega)$$

开环频率特性函数记为

$$G(\mathrm{j}\omega)$$

式中,ω 为输入正弦信号的角频率,其范围为$-\infty\to+\infty$(双边傅里叶变换),实用中取为 $0\to+\infty$(单边傅里叶变换)。

求取系统的频率特性表达式可以直接在其传递函数中令 $s=\mathrm{j}\omega$ 代入后获得。

(2) 奈奎斯特图

奈奎斯特图是在复平面$[G(s)]$上画出频率特性函数 $G(\mathrm{j}\omega)$当 ω 由 $0\to+\infty$时的图像。在绘制奈奎斯特图时并不需要逐点精确,只要画出简图即可进行主要性能的分析。一般取$\omega=0$ 时、$\omega=\infty$时的 $G(\mathrm{j}\omega)$值;求图像与实轴的交点值,图像和虚轴的交点值。这些值应准确,其余无特殊需要的点只要有其粗略形状即可。如果将 ω 由$-\infty\to0$ 部分的图像也画出称为增补奈奎斯特图,两者之间可以根据图像关于实轴对称的原则方便地转换。

【例 3.7】 已知系统开环传递函数为

$$G(s)=\frac{5}{(s+1)(2s+1)}$$

试绘制其奈奎斯特图

解:令 $s=\mathrm{j}\omega$ 代入得

$$G(\mathrm{j}\omega)=\frac{5}{(1+\mathrm{j}\omega)(1+\mathrm{j}2\omega)}$$

则有

$$A(\omega)=|G(\mathrm{j}\omega)|=\frac{5}{\sqrt{1+\omega^2}\sqrt{1+4\omega^2}}$$

$$\varphi(\omega)=\arg G(\mathrm{j}\omega)=-\tan^{-1}\omega-\tan^{-1}2\omega=-\tan^{-1}\frac{3\omega}{1-2\omega^2}$$

当 $\omega=0$ 时得 $A(0)=5$　　$\varphi(0)=0^\circ$

$\omega\to\infty$时得 $A(+\infty)\to0$　　$\varphi(+\infty)\to0^\circ$

与实轴交点:

令$\frac{3\omega}{1-2\omega^2}=0$ 得 $\omega=0$ 则 $A(0)=5$　$\varphi(0)=0^\circ$

与虚轴交点:

令 $1-2\omega^2=0$ 得 $\omega=\pm\frac{\sqrt{2}}{2}$代入得

$$A\left(\frac{\sqrt{2}}{2}\right)=2.357\qquad\varphi\left(\frac{\sqrt{2}}{2}\right)=-\frac{\pi}{2}$$

画其奈奎斯特图如图 3-5(a)所示和增补奈奎斯特图如图 3-5(b)所示。

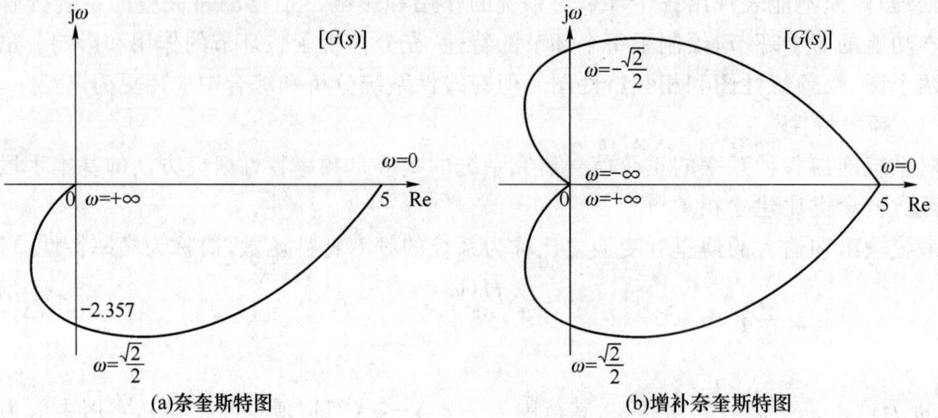

图 3-5　奈奎斯特图

【例 3.8】 系统开环传递函数为

$$G(s)=\frac{2}{s(3s+1)(5s+1)}$$

绘制其奈奎斯特图。

解:令 $s=\mathrm{j}\omega$ 并代入有

$$G(\mathrm{j}\omega)=\frac{2}{\mathrm{j}\omega(\mathrm{j}3\omega+1)(\mathrm{j}5\omega+1)}$$

$$=\frac{2}{\omega(1+9\omega^2)(1+25\omega^2)}[-8\omega+\mathrm{j}(15\omega^2-1)]$$

当 $\omega\to\infty$ 时得 $G(+\mathrm{j}\infty)=0$

$\omega=0^+$ 时得 $G(\mathrm{j}0^+)=-16-\mathrm{j}\infty$

可见在 $\omega=0$ 处是一个间断点故表示成 $\omega=0^+$ 即 ω 不能取 0 值,而取比 0 多一个无穷小的正值。

求与实轴交点:

令 $I_m=0$,即　$15\omega^2-1=0$ 得 $\omega=\pm\frac{1}{\sqrt{15}}$ 将 $\omega=\frac{1}{\sqrt{15}}$ 代入 $G(\mathrm{j}\omega)$ 得

$$G\left(\mathrm{j}\frac{1}{\sqrt{15}}\right)=-3.75$$

求与虚轴交点:

令 Re=0,即 $-8\omega=0$ 得 $\omega=0$ 可见与虚轴无交点。

画奈奎斯特图如图 3-6 所示。

2. 幅角定理

幅角定理是奈奎斯特判定的理论依据。

设复变函数 $W(s)$ 是一个在 S 平面具有有限个奇点且除了这些奇点外在 S 平面处处连续而又单值的正则函数。如果在 S 平面任取一条不穿越奇点的连续封闭曲线 Γ_s,则在 $W(s)$ 平面亦有一条封闭曲线 Γ_W 与之对应。

当 s 按顺时针方向沿 Γ_s 变化一周时,在 $W(s)$ 平面上的向量 $\|W(s)\|$ 围绕原点顺时针

方向旋转的周数 N 等于 Γ_s 内包含的 $W(s)$ 的零点数目 z 和极点数目 p 之差。即

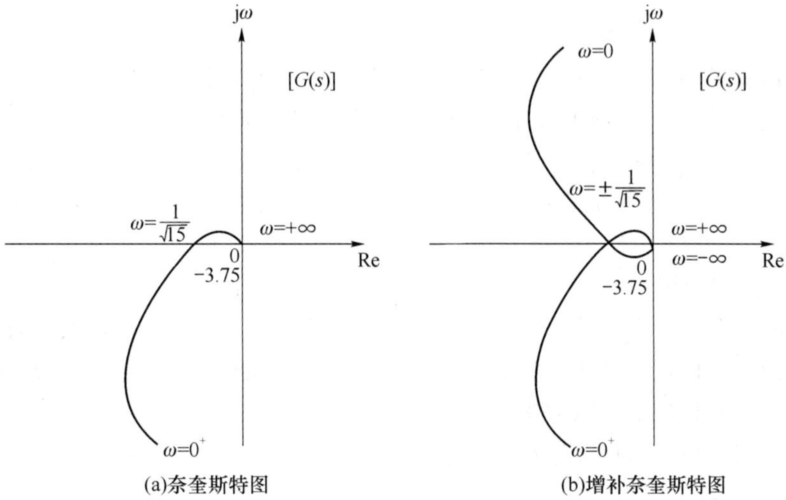

图 3-6　奈奎斯特图

$$N = z - p \tag{3-2-2}$$

有关 N 值的计算有简便的计算方法，后面另叙。

3. 奈奎斯特围线(D 围线)

显然要使用幅角定理，就要合理地确定 Γ_s 曲线。奈奎斯特所确定的 Γ_s 曲线称为奈奎斯特围线，因形状像字母 D，又称为 D 围线。

在 S 平面上自变量 s 取值为：由虚轴负无穷远处开始，沿虚轴至正无穷远处，再以无穷大为半径顺时针绕至虚轴负无穷远处而达到封闭。如图 3-7(a)所示。实际上奈奎斯特围线包含了 S 平面的全部右半平面。

约定：如果系统在虚轴上有奇点存在，则以无穷小正数 ε 为半径逆时针方向绕过该奇点。如图 3-7(b)所示。这样的约定使虚轴上的奇点不包含在 D 围线内。

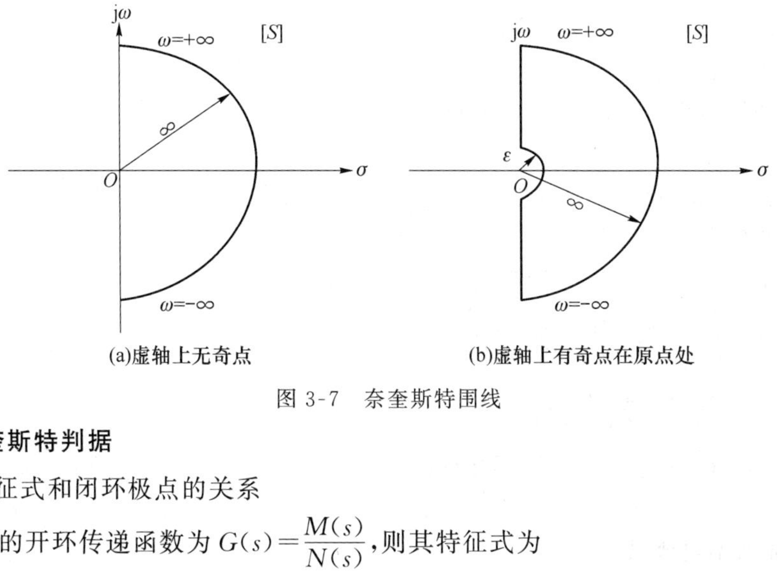

图 3-7　奈奎斯特围线

4. 奈奎斯特判据

(1) 特征式和闭环极点的关系

若系统的开环传递函数为 $G(s)=\dfrac{M(s)}{N(s)}$，则其特征式为

$$1+G(s)=1+\frac{M(s)}{N(s)}=\frac{M(s)+N(s)}{N(s)} \tag{3-2-3}$$

由式(3-2-3)得到下述启示。

特征式的分子即为特征多项式，就是说特征式的零点是系统的闭环极点。特征式的分母是开环传递函数的分母，即特征式的极点就是开环传递函数的极点(开环极点)。

特征式 $1+G(s)$ 的图像和开环传递函数的 $G(s)$ 的图像形状应该完全一致，只是坐标原点不同而已。$1+G(s)$ 坐标原点是 $G(s)$ 中的 $(-1,0)$ 点，以后用开环传递函数的频率特性解决闭环问题。

(2) 奈奎斯特判据

D 围线所包含的奇点是特征式 $1+G(s)$ 在 S 平面右半平面的闭环极点个数 Z 和在 S 平面右半平面的开环极点个数 P。根据幅角定理，若系统是稳定的必有 $Z=0$，故式(3-2-2)变为 $N=-P$。这就是奈奎斯特判据。其中 P 是看出来的，N 是算出来的。

奈奎斯特判据由于所用复平面不同表述是不同的。

① 使用 $1+G(s)$ 图像的判定：

若系统开环传递函数中处于 S 平面右半平面的开环极点个数为 P，图像围绕坐标原点绕行的周数为 N，系统稳定的充要条件是满足

$$N=-P$$

② 使用 $G(s)$ 图像的判定

系统位于 S 右半平面的开环极点个数为 P，$G(s)$ 图像围绕 $(-1,0)$ 点绕行的周数为 N，则系统稳定的充要条件是满足

$$N=-P \tag{3-2-4}$$

需要特别指出：上述定义都是依据增补奈奎斯特图，而且更广泛的是用 $G(s)$ 图像的判定。由于对称性，人们往往用奈奎斯特图判定，因此若使用奈奎斯特图判定应除以 2，故式(3-2-4)改为

$$N'=\frac{N}{2}=-\frac{P}{2} \tag{3-2-5}$$

我们后面均使用 $G(s)$ 图像的判定定义。

(3) N 和 P 值的获取

由上可知使用奈奎斯特判定务必取得 P、N 的值。

① P 值的确定

一般来讲系统的开环传递函数是容易获得的，而且多为基本环节的乘积形式，因此其 S 右半平面开环极点很容易看出来。

【例 3.9】 判断下列开环传递函数的 P 值

(1) $G(s)=\dfrac{k(10s+1)}{s(0.1s+1)(0.01s+1)}$

(2) $G(s)=\dfrac{k(5s+1)}{(3s-1)(0.2s+1)}$

解：(1) 由 $G(s)$ 知它有三个开环极点：

$P_1=0$；$P_2=-10$；$P_3=-100$

P_2、P_3 显然不符合条件。

P_1是处于虚轴上的奇点，由于约定逆时针绕行原则，故它不在 D 围线内，不能认为是右半平面的开环极点。则有 $P=0$。

(2) 由 $G(s)$知 $P_1=\frac{1}{3}$ $P_2=-5$，则 $P=1$。

② N 值的计算

在 $G(s)$平面中以$(-1,0)$点为起点沿负实轴做射线，研究奈奎斯特曲线对其穿越情况并以此计算 N'值。

约定：如果 $G(s)$曲线由上向下穿越射线一次记为-1；由下向上穿越一次记为$+1$。

需要说明一点：有的教材和我们的约定相反！这只是约定问题，对结果并无影响，但那样所用公式是 $N=P$ 或 $N'=\frac{P}{2}$。我们这种约定和由幅角定理推得公式 $N=-P$ 相一致。

计算方法：对该射线所有穿越值的代数和即为 N'值。

【例 3.10】 某系统奈奎斯特图如图 3-8 所示，求其 N'值。

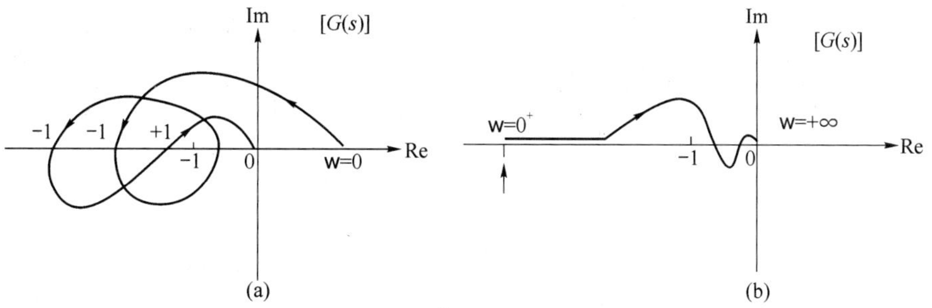

图 3-8　系统奈奎斯特图

解：

① 观查图 3-8(a)对射线的穿越情况。共有三次穿越，两次由上向下穿越，记为-2。一次由下向上穿越记为$+1$，故 $N'=-1$。

② 图 3-8(b)中由于有间断点存在，故要标明间断点处的封闭方向，即由 $\omega=0^-$ 和 $\omega=0^+$ 是如何联接的(见图中虚线所示)。该奈奎斯特图只在无穷远处有一次穿越，记为 $N'=+1$。

(4)具有间断点的增补奈奎斯特图

当系统含有积分环节时，其 $G(s)$中含有 0 值开环极点，D 围线要以 ε 为半径逆时针绕行。清楚此类函数的增补奈奎斯特图对于判定 N 值和 N'值十分重要，也可以避免发生错误。

设系统开环传递函数为

$$G(s)=\frac{K\prod(\tau s+1)}{s^{v}\prod(Ts+1)}\ v\text{ 为积分重数} \tag{3-2-6}$$

在原点 $\omega=0$ 处存在间断点，按 D 围线约定以无穷小正数 ε 为半径逆时针绕行，这可用下式表述

$$s=\varepsilon e^{j\theta}\quad\left(-\frac{\pi}{2}\leqslant\theta\leqslant\frac{\pi}{2}\right) \tag{3-2-7}$$

代入 $G(s)$得

$$G(\varepsilon e^{j\theta}) = \frac{K\prod(\tau\varepsilon e^{j\theta}+1)}{\varepsilon^{v} e^{jv\theta}\prod(T\varepsilon e^{j\theta}+1)} \tag{3-2-8}$$

当 $\varepsilon \to 0$ 时有

$$G(\varepsilon e^{j\theta}) = \frac{K}{\varepsilon^{v}} e^{-jv\theta} \tag{3-2-9}$$

当 $\theta = -\frac{\pi}{2}$ 时是变量在负虚轴上靠近原点位置，记为 $\omega = 0^-$，当 $\theta = \frac{\pi}{2}$ 时在正虚轴上靠近原点处，记为 $\omega = 0^+$。

式(3-2-9)说明 $\omega = 0^-$ 逆时针绕至 $\omega = 0^+$，$G(s)$ 曲线以∞为半径由 $G(j0^-)$ 顺时针绕行 $v \times 180°$ 到达 $G(j0^+)$。图 3-9 给出 $v=1$ 至 $v=4$ 时系统在间断点处的增补奈奎斯特图形状，这是具有普遍意义的。

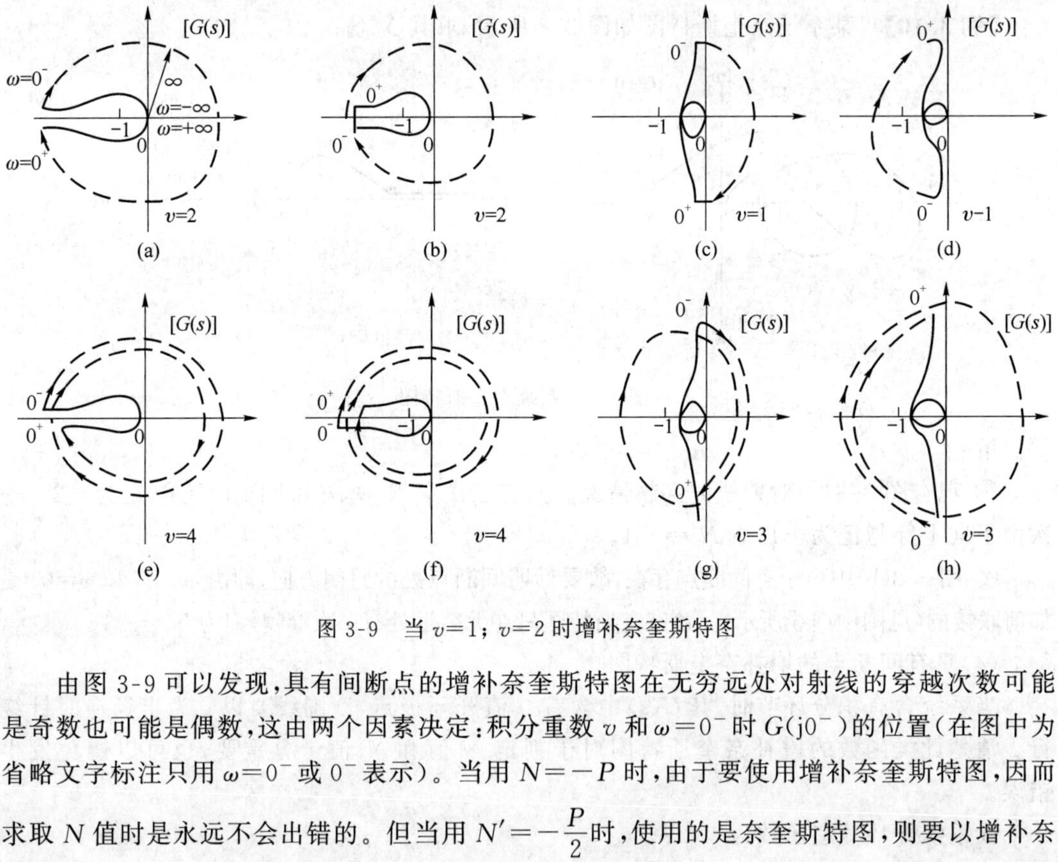

图 3-9　当 $v=1$；$v=2$ 时增补奈奎斯特图

由图 3-9 可以发现，具有间断点的增补奈奎斯特图在无穷远处对射线的穿越次数可能是奇数也可能是偶数，这由两个因素决定：积分重数 v 和 $\omega=0^-$ 时 $G(j0^-)$ 的位置(在图中为省略文字标注只用 $\omega=0^-$ 或 0^- 表示)。当用 $N=-P$ 时，由于要使用增补奈奎斯特图，因而求取 N 值时是永远不会出错的。但当用 $N'=-\frac{P}{2}$ 时，使用的是奈奎斯特图，则要以增补奈奎斯特图的每个穿越点穿越次数的一半来计算 N' 值，由图 3-9 可见不清楚 v 的值就有可能出错！

实用系统积分重数多为 1 与 2，故以此为例强调注意事项。

凡含有间断点的奈奎斯特图，首先依据由 0^- 顺时针绕行 $v \times 180°$ 至 0^+ 的原则，确定间断点处的运行方向。若与射线有穿越则 $v=2$ 时一定为 $+1$，$v=1$ 时一定为 $\frac{1}{2}$(因只能穿越一次并除 2)。

另外若增补奈奎斯特图在非无穷远处仅穿越射线一次，当使用奈奎斯特图判定时亦应记为$\frac{1}{2}$，符号由穿越方向确定。如图 3-10 所示。

由图 3-10(a)有 $N=-1$；由图 3-10(b)得 $N'=-\frac{1}{2}$

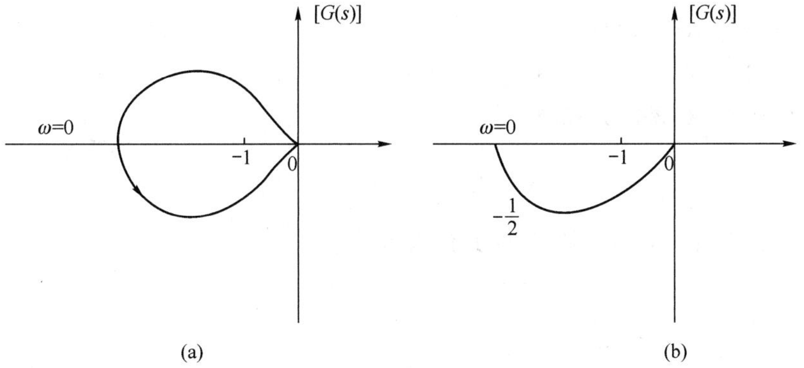

图 3-10　N 值计算特例

【例 3.11】　系统开环传递函数 $G(s)$的奈奎斯特图及其 P 值如图 3-11 所示，判定系统的稳定性。含有积分环节的不超过二重。

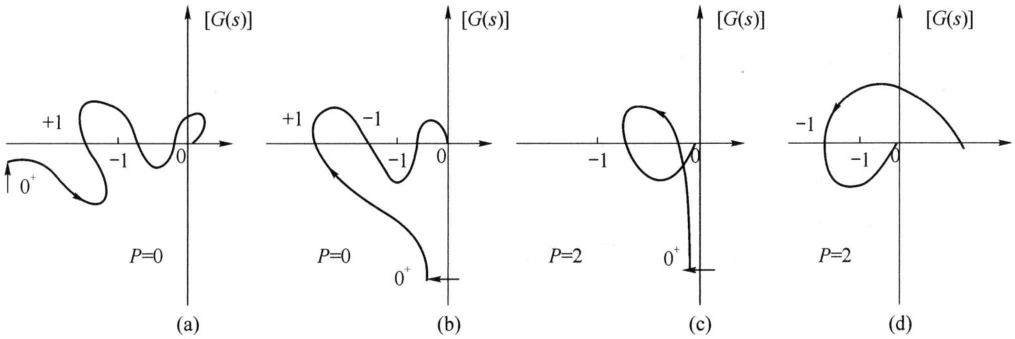

图 3-11　奈奎斯特图

解：在图 3-11(a)中，标出间断点 0^+ 处运动进入方向如图所示。

由对射线穿越知 $N'=1$，又$-\frac{P}{2}=0$，故系统不稳定。

在图 3-11(b)中，标出 0^+ 处进入方向如图。知：$N'=+1-1=0$，$-\frac{P}{2}=0$，故系统稳定。

在图 3-11(c)中，$N'=0$，$-\frac{P}{2}=-1$，故不稳定。

在图 3-11(d)中，$N'=-1$，$-\frac{P}{2}=-1$，系统稳定。

【例 3.12】　系统开环传递函数为

$$G(s)=\frac{-6(0.33s+1)}{s(-s+1)}$$

判定系统闭环稳定性。

解:由 $G(s)$ 知有一个 $s=1$ 的开环极点,故有 $p=1$。该系统含有一个积分环节则 $v=1$。

令 $s=j\omega$ 并代入得:

$$G(j\omega)=\frac{6}{\omega(1+\omega^2)}[-1.33\omega+j(1-0.33\omega^2)]$$

当 $\omega=+\infty$ 时,$G(j+\infty)=0$

当 $\omega=0^+$ 时,$G(j0^+)=-7.98+j\infty=+\infty$

令 $I_m=0$ 有 $(1-0.33\omega^2)=0$

$$\omega=\pm\sqrt{\frac{1}{0.33}}=\pm1.74$$

为与实轴交点所对应的角频率,将其代入得

$$G(\pm j1.74)=-1.98$$

令 Re=0 求与虚轴交点有

$$\frac{-7.98}{1+\omega^2}=0$$

得 $1+\omega^2=\infty$,知无交点。

绘制其奈奎斯特图如图 3-12 所示。在图 3-12 中补充 0^+ 的进入方向,如图中虚线所示。

由于 $v=1$ 故在无穷远处的穿越值为 $+\frac{1}{2}$。

在 -1.98 点处穿越值为 -1。

所以 $N'=-1+\frac{1}{2}=-\frac{1}{2}$

由于 $-\frac{P}{2}=-\frac{1}{2}$,和 N' 相等,故系统是稳定的。

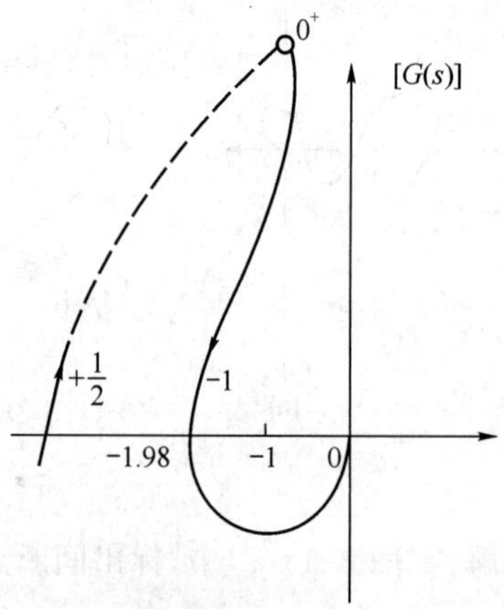

图 3-12　奈奎斯特图

5. 稳定裕量

奈奎斯特判定不仅可以判定系统稳定性,而且可以判断系统离不稳定相差的程度,称为稳定裕量或稳定裕度。稳定裕度体现了系统的相对稳定性,它能保证系统中参量的变化,离散化的情况下系统仍然能保持稳定,这些因素在实际系统运行中是不可避免的和客观存在的。劳斯判定的稳定性称为绝对稳定性,因为它没有考虑这些因素,是在参数绝对不变情况下获得的结果。稳定裕度分为相位裕度和幅值裕度。

(1) 临界稳定在奈奎斯特图中的位置

系统产生等幅振荡时称为临界稳定。产生等幅振荡的条件有二,称为模条件和角条件,两者同时被满足就要产生等幅振荡。

在正反馈系统中模值为 1,相角为 0°时将产生等幅振荡。在负反馈系统中模为 1。

相角为 -180°将产生等幅振荡(因负反馈本身有 -180°相移)。这正对应于复平面上的 (-1,0)点。

稳定裕量就是以与(-1,0)点的关系定义的。故在奈奎斯特图中以坐标原点画一个单位圆,用于和系统奈奎斯特曲线相比较,如图 3-13 所示。

(2) 相位裕度

相位裕量是在幅值满足振荡条件时,离等幅振荡相位条件相差的程度,它对应于函数奈奎斯特曲线和单位圆的交点。如图 3-13 所示,使 $G(s)$ 幅值为 1 的 ω 值记为 ω_c 称为剪切频率或幅值交越频率。ω_c 在伯德图中对应于幅频特性与 0dB 的交点处的角频率值。

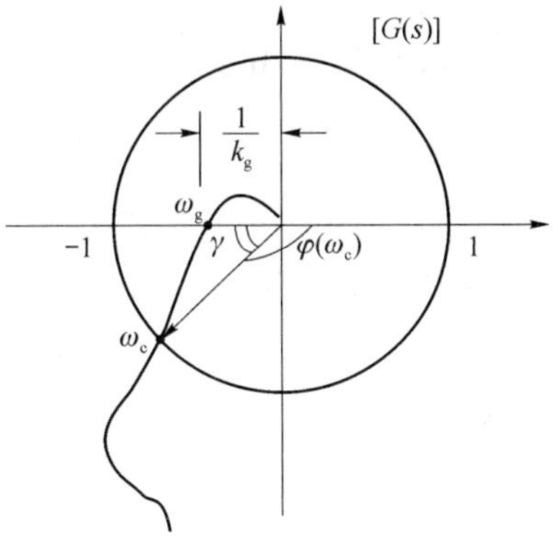

图 3-13　稳定裕量定义

以负实轴方向为基准(0°),原点和 $G(\mathrm{j}\omega_c)$ 连线间的夹角称为相位裕度,记为 γ。γ 的符号和一般角定义方式一致,逆时针为正,顺时针为负。图 3-13 中 γ 为正角度。作为一般关系有

$$\gamma=\varphi(\omega_c)+180° \tag{3-2-10}$$

相位裕度在伯德图中是 ω_c 所对应的相频特性度数和 -180° 线的距离。

对于开环稳定的系统($P=0$),欲使闭环稳定其 γ 应为正值。一个良好的控制系统通常要求 $\gamma=40°\sim60°$。

(3) 幅值裕度

幅值裕度是在满足振荡的相位条件时,距离等幅振荡幅值条件相差的程度,即奈奎斯特曲线和实轴的交点。见图 3-17,使 $G(s)$ 相角为 -180° 的 ω 值记为 ω_g,称为相角交越频率。

临界振荡的幅值 1 和 $|G(\mathrm{j}\omega_g)|$ 的比值称为系统的幅值裕度,记为 k_g,即

$$k_g=\frac{1}{|G(\mathrm{j}\omega_g)|} \tag{3-2-11}$$

它说明将 $G(\mathrm{j}\omega_g)$ 的幅值放大 k_g 倍,系统就会产生等幅振荡。

在伯德图中它对应于相角为 -180° 时的幅频特性值,但注意此处的分贝值为 $-20\lg k_g$。

对于开环稳定的系统,若使闭环稳定应有 $k_g>1$,一般要求 $k_g=2\sim3.16$ 或 $20\lg k_g=6\sim10\mathrm{dB}$。

注意:对于开环不稳定的系统及开环频率特性曲线中和单位圆不止一次相交或与负虚轴不止一次相交的系统,不能使用上述幅值裕度和相位裕度定义和结论处理,否则可能导致错误。

3.2.4　系统稳定性的改进

在前面已经知道,不仅要求系统一定是稳定的,而且希望系统具有一定的稳定裕量,因此应该了解哪些因素影响系统的稳定性及如何来改进系统的稳定性能。

系统不稳定可以分为两类:结构性不稳定和非结构性不稳定。从特征方程的角度看结构性不稳定的特征方程缺少项,即存在某些项系数为零的状况,而非结构性不稳定不缺项。

在劳斯判定的例题中看到非结构性不稳定系统中影响稳定性的因素主要是参数(开环放大倍数 K,时间常数 T、τ 等),因此通过改变参数一般可以使不稳定系统稳定下来,可以

使稳定的系统达到要求的稳定裕量。

结构不稳定系统，由于缺少某些幂次的项，是不能通过改变参数来改变其不稳定性的。其镇定的基本原则是：想办法补齐其缺少的项。

【例 3.13】 单位负反馈系统开环传递函数为

$$G(s)=\frac{K}{s(0.1s+1)(0.25s+1)}$$

判定 K 的稳定域及保证闭环极点全部位于 $s=-1$ 左侧时 K 的取值范围。

解：求取系统特征方程为

$$0.025s^3+0.35s^2+s+K=0 \tag{1}$$

做劳斯表

s^3	0.025	1
s^2	0.35	K
s^1	$-(0.25K-0.35)$	
s^0	K	

若使系统稳定应有

$$\begin{cases}-(0.025K-0.35)>0\\ K>0\end{cases}$$

解得：

$$0<K<14$$

可见如果系统原来 $K>14$ 则是不稳定的，通过改变 K 到 0～14 范围内，系统就可以稳定了。但系统的稳定裕量有多大由劳斯表中看不出来。闭环极点离虚轴越远稳定性越好一些。闭环极点全部在 $s=-1$ 的左侧就表明要求有一定的稳定裕量。知道劳斯判定可以通过第一列符号的改变判定右半平面闭环极点的个数。如果将 S 平面纵轴平移就可以判定在 $s=-a(a>0)$ 右侧闭环极点的个数了。

令 $s=s_1-1$ 代入式(1)得

$$0.025(s_1-1)^3+0.35(s_1-1)^2+(s_1-1)+K=0$$

$$s_1^3+11s_1^2+15s_1+(40K-27)=0$$

做劳斯表

s^3	1	15
s^2	11	$40K-27$
s^1	$-(K-4.8)$	
s^0	$40K-27$	

令

$$\begin{cases}-(K-4.8)>0\\ 40K-27>0\end{cases}$$

得

$$0.675<K<4.8$$

【例 3.14】 某系统框图如图 3-14 所示，使该系统镇定。

解：由图 3-14 知系统开环传递函数为

$$G(s)=\frac{K_pK_mK_1K_0}{s^2(T_ms+1)} \tag{1}$$

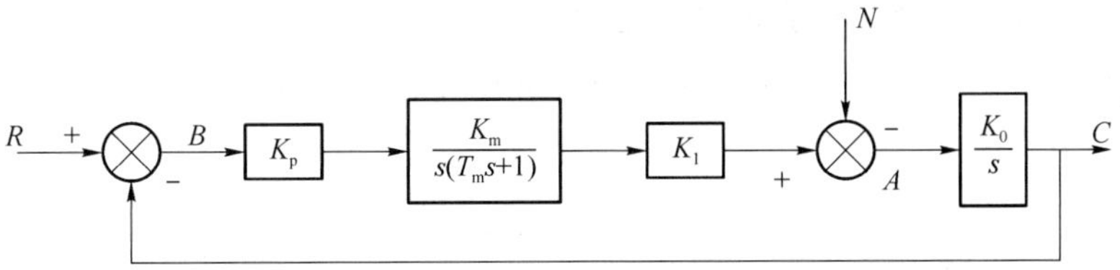

图 3-14　系统框图

其特征方程为

$$T_m s^3 + s^2 + K_p K_m K_1 K_0 = 0$$

显然系统是不稳定的，而且是结构不稳定，怎样改变参数 T_m, K_p, K_m, K_1, K_0 都不会使系统稳定下来。因而首先要想办法使 s^1 项添齐，之后再改变相关参数使之达到要求。

(1) 改变积分性质

由式(1)知，积分环节两个致使 s 的一次幂项系数为零，因而改变其中任何一个积分的性质使其不具备积分性，即可添补 s 的一次幂项。

如在 $\frac{K_0}{s}$ 环节中加入负反馈，如图 3-15 所示。

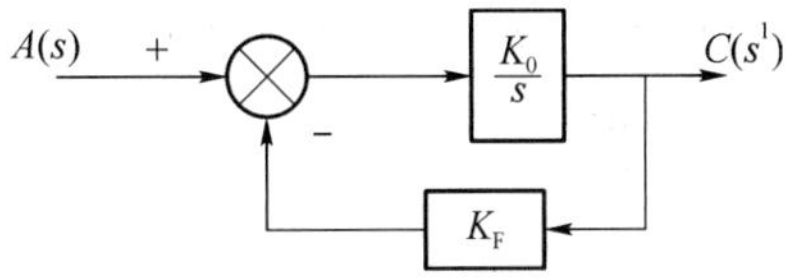

图 3-15　改变积分性质方法

这就使原来环节增益 $\frac{K_0}{s}$ 变为新增益：

$$\frac{C(s)}{A(s)} = \frac{K_0}{s + K_0 K_F}$$

将积分环节变成了惰性环节。特征方程变为

$$T_m s^3 + (T_m K_0 K_F + 1) s^2 + K_0 K_F s + K_p K_m K_1 K_0 = 0$$

(2) 引入串联校正环节

由式(1)可见，如果在其分子部分增加一个一次式则可解决，这就是在系统前向通道中串联一个比例-微分环节，如图 3-16 所示。

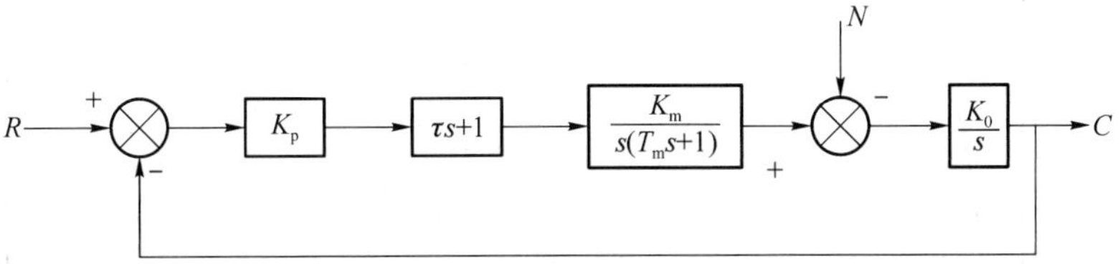

图 3-16　串入比例微分环节 $\tau s+1$

则特征方程变为

$$T_m s^3 + s^2 + K_p K_m K_1 K_0 \tau s + K_p K_m K_1 K_0 = 0$$

在不缺项的情况下总能合理地选择参数而使系统稳定下来。

3.3　系统稳定性的 MATLAB 仿真

MATLAB 可以很容易地对系统仿真，观测稳定性状况。

1. 判断闭环系统的稳定性并观测冲激响应

```
%判定闭环系统 H(s) = 1/(s^2 + 2s + 2)的稳定性并绘制冲激响应曲线
num3 = 1;
den3 = [1  2  2];
H3 = tf(num3,den3)
[z p] = tf2zp(num3,den3)
S3 = find(p> = 0);
N3 = length(S3)
if (N3>0),disp('系统是不稳定的')
else,disp('系统是稳定的')
end
impulse (H3)      %冲激响应
Transfer function:
    1
------
s^2 + 2 s + 2
z = Empty matrix: 0 - by - 1
p = - 1.0000 + 1.0000i
    - 1.0000 - 1.0000i
N3 =       0
```

系统是稳定的

冲激响应如图 3-17 所示。

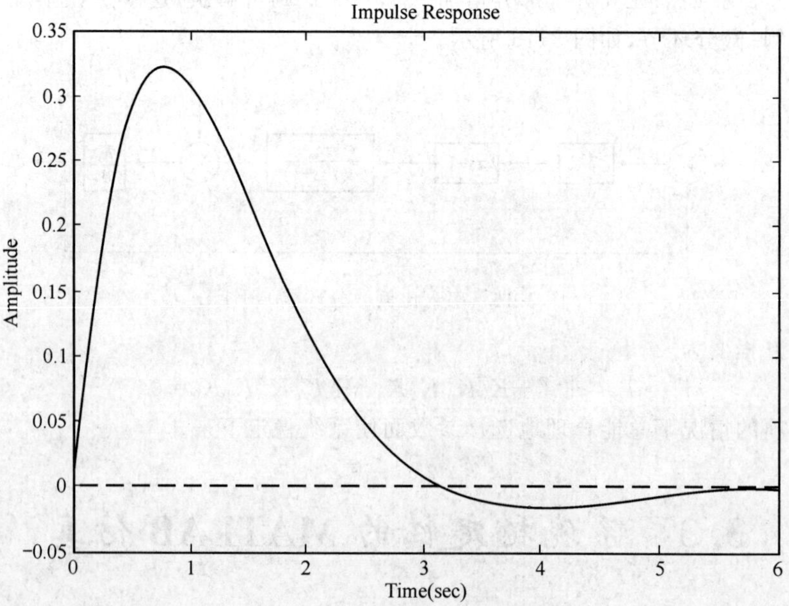

图 3-17　冲激响应曲线

2. 判断闭环系统的稳定性并观测冲激响应

```
% 判定闭环系统 H(s) = 1/(s^2 - 2s + 12)的稳定性并绘制冲激响应曲线
num4 = 1;
den4 = [1   -2   12];
H4 = tf(num4,den4)
[z p] = tf2zp(num4,den4)
S4 = find(p> = 0);
N4 = length(S4)
if (N4>0),disp('系统是不稳定的')
else,disp('系统是稳定的')
end
impulse (H4)      %冲击响应
transfer function:
       1
——————
s^2 - 2 s + 12
z = Empty matrix: 0 - by - 1
p = 1.0000 + 3.3166i
   1.0000 - 3.3166i
N4 = 2
```

系统是不稳定的。

冲激响应如图 3-18 所示。

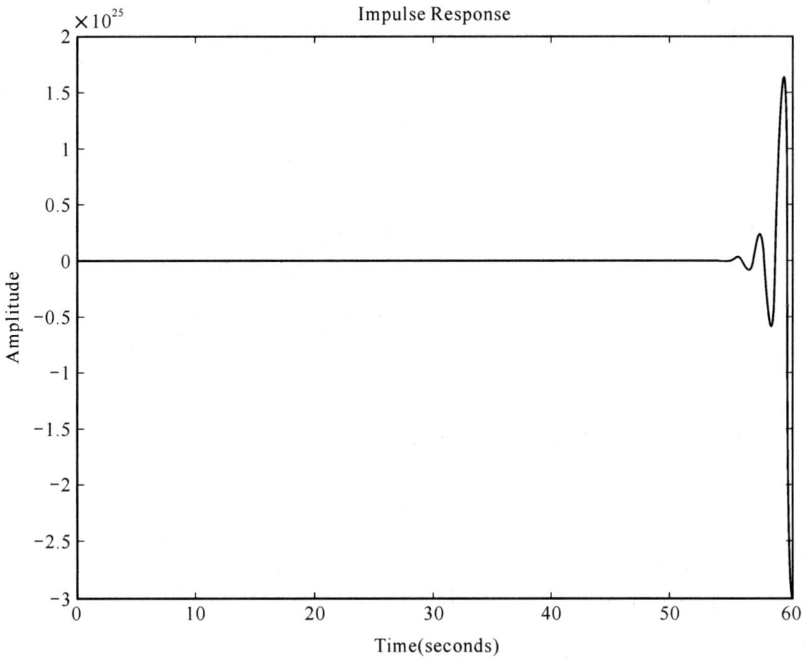

图 3-18　冲激响应曲线

习　题

3.1　利用劳斯判据，判断具有下列特征方程式的系统的稳定性。

(1) $s^3+20s^2+9s+100=0$　　(2) $s^3+20s^2+9s+200=0$

(3) $4s^4+10s^3+5s^2+s+2=0$　　(4) $s^4+3s^3+6s^2+8s+8=0$

3.2　确定题图 3-1 所示系统的稳定性。

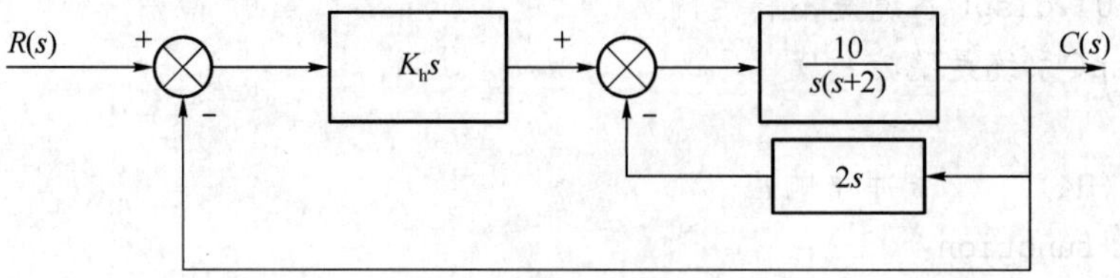

题图 3-1

3.3　设单位负反馈系统的开环传递函数分别为

(1) $G(s)=\dfrac{k(s+1)}{s(s-1)(s+5)}$　　(2) $G(s)=\dfrac{k}{s(s-1)(s+5)}$

试分别确定使系统稳定的k的允许调整范围。

3.4　题图 3-2 为高速列车停车位置控制系统的框图。已知参数：$K_1=1$，$K_2=1000$，$K_3=0.001$，$a=0.1$，$b=0.1$，试应用劳斯判据确定放大器 K 临界值。

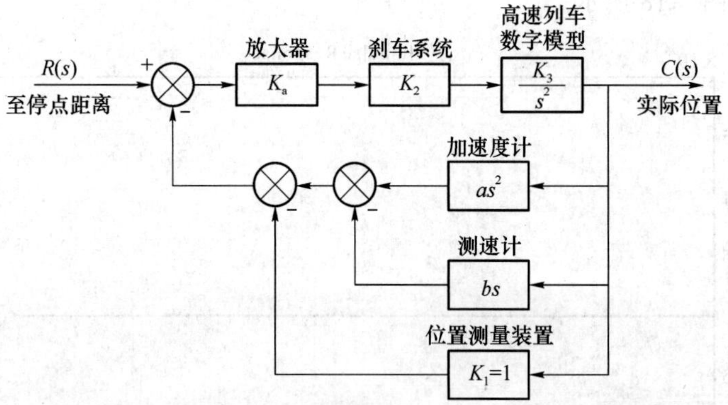

题图 3-2

3.5　已知单位负反馈系统开环传递函数为

$$G(s)=\frac{K}{(s+2)(s+4)(s^2+6s+25)}$$

试确定 K 为多大时使系统振荡，并求出其振荡频率。

3.6　题图 3-3 表示几个开环传递函数 $G(s)$ 的奈奎斯特图的正频部分。$G(s)$不含有正实部极点，判断其闭环系统的稳定性。

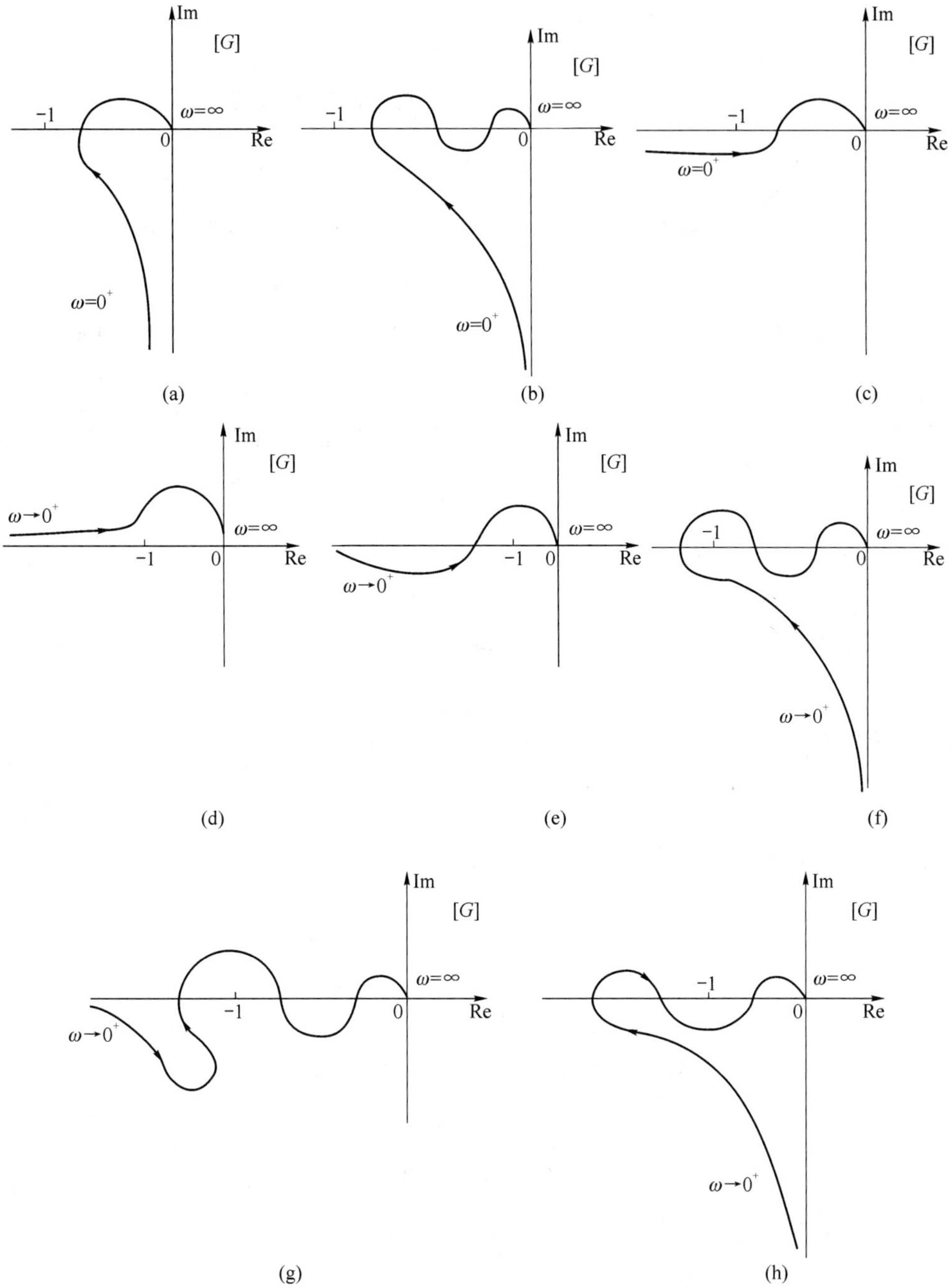

题图 3-3

3.7　题图 3-4 表示几个开环奈奎斯特图。图中 P 为开环正实部极点个数，判断闭环系统的稳定性。

3.8　题图 3-5 表示开环奈奎斯特图的负频部分，P 为开环正实部极点个数，判断闭环系统是否稳定。

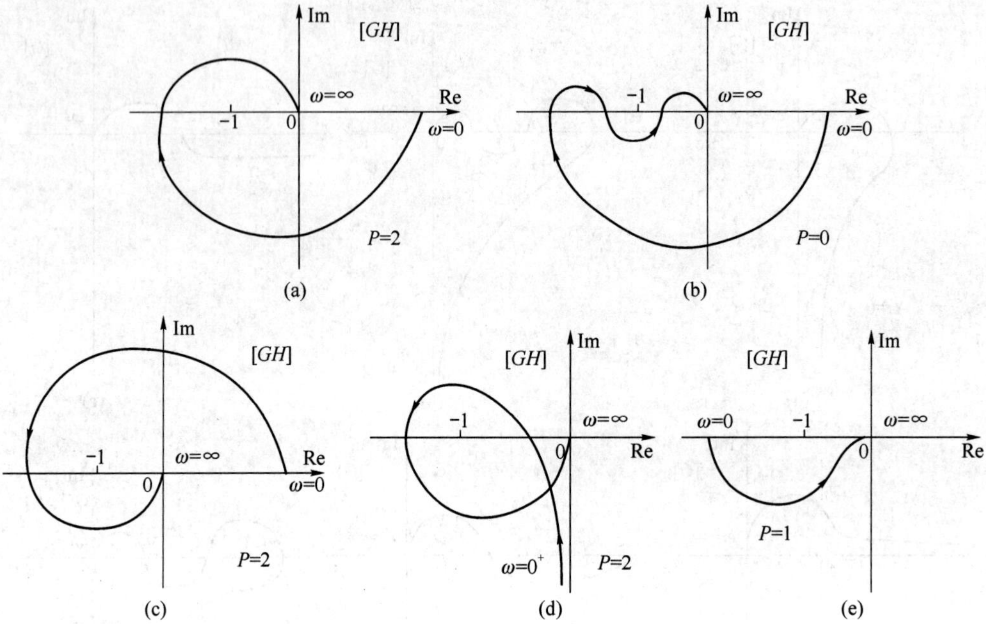

题图 3-4

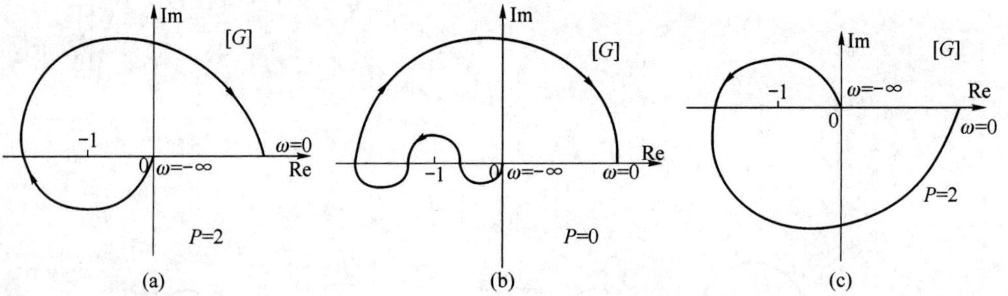

题图 3-5

3.9　题图 3-6 表示开环奈奎斯特图，其开环传递函数为

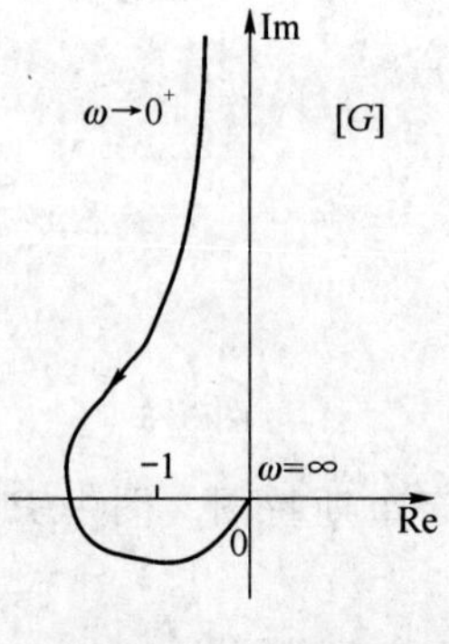

题图 3-6

$$G(s)=-\frac{K(\tau s+1)}{s(-Ts+1)}$$

判断闭环系统的稳定性。

3.10　一个最小相位系统的开环伯德图如题图 3-7 所示，图中曲线 1、2、3 和 4 分别表示放大系数 K 为不同值时的对数幅频特性，判断对应的闭环系统的稳定性。

3.11　最小相位系统的开环伯德图如题图 3-8 所示，判断闭环系统的稳定性。

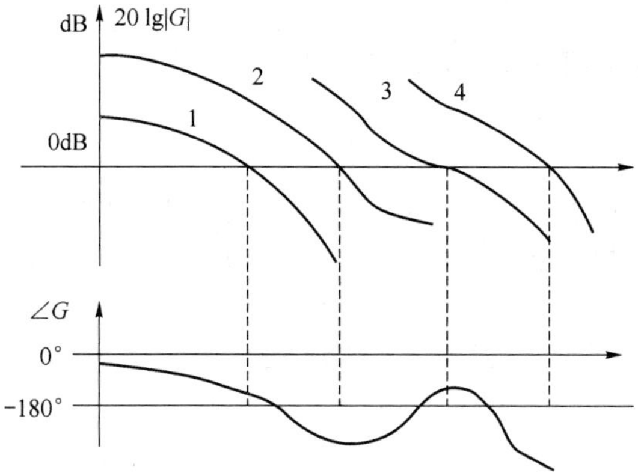

题图 3-7

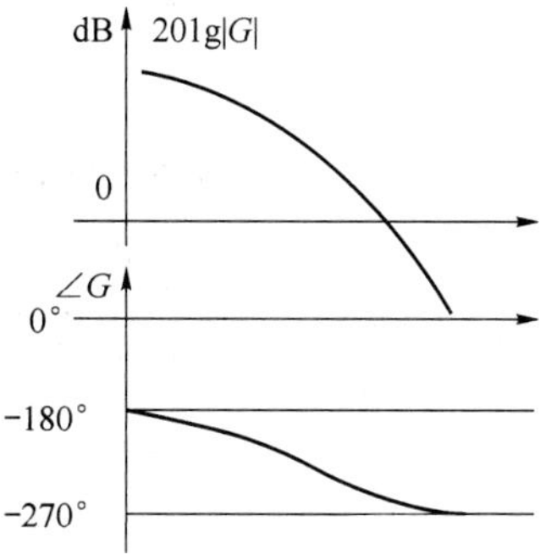

题图 3-8

3.12　系统的开环传递函数为

$$G(s)=\frac{10(0.56s+1)}{s(0.1s+1)(s+1)(0.028s+1)}$$

幅值穿越频率 $\omega_c=5.1267$ rad/s，求相位裕度。

3.13　系统的开环传递函数为

$$G(s)=\frac{K(s+3)}{s(s^2+20s+625)}$$

求下述两种情况下幅值穿越频率 ω_c 所对应的相位角 $\angle G(j\omega_c)$ 和相位裕度 γ：

(1) $\omega_c=15$ rad/s；　　(2) $\omega_c=50$ rad/s。

3.14　系统的开环传递函数为

$$G(s)=\frac{K(20s+1)}{s(400s+1)(s+1)(0.1s+1)}$$

求下列情况下的相位裕度 γ 及 ω_c 处对数幅频渐近线的斜率：

(1) 幅值穿越频率 $\omega_c=0.5$ rad/s；　　(2) $\omega_c=5$ rad/s；

(3) $\omega_c=15$ rad/s。

第4章　连续控制系统的时域分析

稳定性是对系统的最基本要求,但稳定的系统还要有良好的动态性能和稳态性能,这才是人们所期望的。动态又称为暂态或过渡过程,它是系统收到输入信号到稳定工作之间的过程,人们希望系统对输入信号的到来和变化有快的反应速度,希望过渡过程结束的快,这期间变化平稳。衡量过渡过程状况是通过所谓的动态指标来达到,它们就反映了系统的动态性能。稳态是指在输入信号作用下系统稳定工作的状态,它用误差来加以衡量,反映了输入信号对系统控制作用的准确性,人们希望误差越小越好。动态性能和稳态性能可以通过系统对输入信号的响应状态来加以研究,一种最常用的方法是时域分析方法。对系统施加一定的输入信号,通过研究系统的时间响应来评价系统性能的方法称为时间域分析方法。时域方法是根据系统的微分方程,以拉普拉斯变换为工具,直接解出系统的时间响应的表达式及其曲线来对系统性能进行分析的。

4.1　典型输入信号及动态性能指标

4.1.1　典型输入信号

控制系统的动态性能是通过输入信号作用下的系统过渡过程来评价。过渡过程不仅取决于系统本身的特性,而且与具体的输入信号有关。不同的系统可能其输入信号不同,有一些输入信号具有随机性而无法预先知道,有的瞬时输入可能是不能以解析形式表示的。为了对各种控制系统的性能进行比较,就要有一个共同的基础,为此,预先规定了一些特殊的实验信号作为系统的输入信号,然后比较各种系统对这些输入信号的响应。这样的信号称为典型信号。

典型信号的选取应保证能反映系统工作的大部分实际情况,形式应尽可能简单,便于分析处理,应先取那些能使系统工作在不利情况下的输入信号作为典型信号。总之,典型信号应是众多而复杂的实际输入信号的一种近视和抽象,它的选择应使数学运算简单,而且便于用实验来验证。理论工作者相信它,是因为它是一种实际情况的分析和近似;实际工作者相信它,是因为实验证明它确实是一种有效手段。

常用的典型信号有:冲激信号(脉冲函数),阶跃信号(阶跃函数),斜坡信号(速度函数),加速度信号(加速度函数)和正弦信号(正弦函数)。

1. 冲激信号 $\delta(t)$

冲激信号的数学形式为

$$\delta(t)=\begin{cases}\infty & t=0\\ 0 & t\neq 0\end{cases} \tag{4-1-1}$$

它是现实中不存在的信号，但在现实中如果信号作用时间极短，其作用面积等于 1，则认为是冲激信号。如实际系统的冲击作用、脉冲的电压等。

图 4-1 给出单位冲激函数 $\delta(t)$ 的理想信号和实用信号图形。

冲激信号有

$$\int_{-\infty}^{+\infty}\delta(t)\,\mathrm{d}t = 1 \tag{4-1-2}$$

其拉普拉斯变换为

$$L[\delta(t)]=1 \tag{4-1-3}$$

2. 阶跃信号

阶跃信号的数学形式为

$$r(t)=\begin{cases}a & t\geqslant 0 \quad a\text{ 为常量}\\ o & t<0\end{cases} \tag{4-1-4}$$

当幅值 $a=1$ 时称为单位阶跃信号，记为 $I(t)$，因此阶跃信号又可记为 $aI(t)$。其波形图如图 4-2 所示。

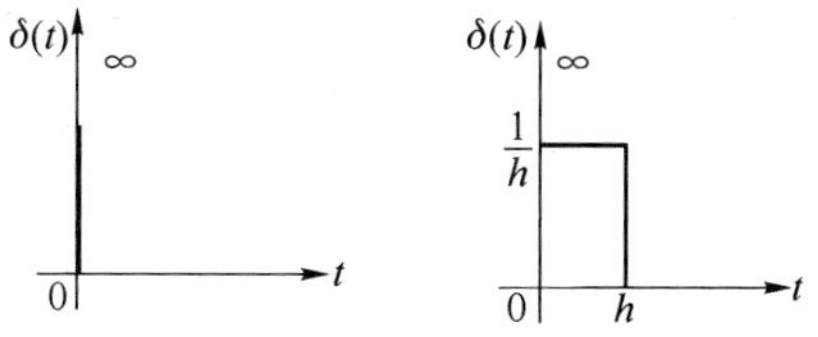

(a)单位冲激信号　(b)近似冲激信号

图 4-1　冲激信号波形图

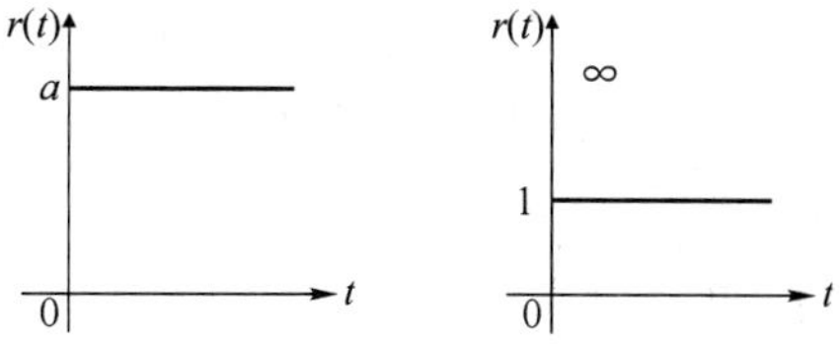

(a)一般阶跃信号　(b)单位阶跃信号$I(t)$

图 4-2　阶跃信号波形图

阶跃信号的拉普拉斯变换为

$$L[aI(t)]=\frac{a}{s} \tag{4-1-5}$$

在实际系统中电源的突然按通，开关、继电器的突然闭合，负荷的突变等都可视为阶跃信号。特别地，单位阶跃信号是评价系统性能中用的最多的输入信号，系统时域分析中动态指标就是以它为典型输入而定义的。

3. 斜坡信号

斜坡信号又称为速度信号、飞升信号。其数学形式为

$$r(t)=\begin{cases}at & t\geqslant 0\\ 0 & t<0\end{cases} \tag{4-1-6a}$$

当 $a=1$ 时称为单位速度信号。其波形图如图 4-3 所示。其拉普拉斯变换为

$$L[at]=\frac{a}{s^2} \tag{4-1-6b}$$

在实际系统中如物体的匀速运动，数控机床加工斜面时的给进信号都可以认为是斜坡信号。

4. 加速度信号

加速度信号的数学表达式为

$$r(t)=\begin{cases} at^2 & t\geqslant 0 \\ 0 & t<0 \end{cases} \tag{4-1-7}$$

当 $a=\frac{1}{2}$ 时称为单位加速度信号。其波形图如图 4-4 所示。

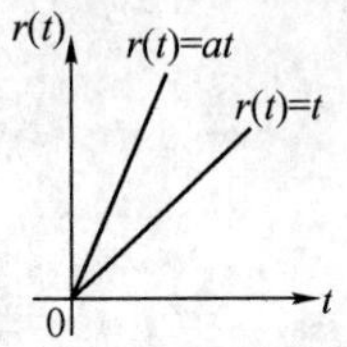

图 4-3 斜坡信号波形图

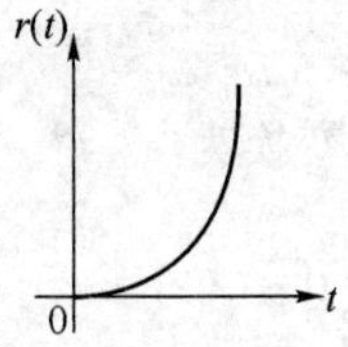

图 4-4 加速度信号波形图

其拉普拉斯变换为

$$L[at^2]=\frac{2a}{s^3} \tag{4-1-8}$$

物体的加速运动,电子枪中电子的运动都属此类信号。

阶跃信号、斜坡信号、加速度信号从数学上讲是泰勒级数的前面诸项,因而复杂的信号只要是可以泰勒展开的,都可以由它们来近似表述,这也是这几种典型信号广泛应用的一个原因。

5. 正弦信号

正弦信号为 $r(t)=A\sin\omega t$,其拉普拉斯变换为

$$L[A\sin\omega t]=\frac{A\omega}{s^2+\omega^2} \tag{4-1-9}$$

实际系统中物体的转动、振动、电源的噪声等都可近似认为是正弦信号。

4.1.2 时域动态指标

前已说过,系统的时间响应取决于系统本身的特性,这里面包括系统结构、参数和初始状态。在确定时域指标时首先假定初始状态为零或称为初始松弛,即输入信号加于系统之前,系统是相对静止的,被控制量及其各阶导数相对于平衡工作点的增量为零。

1. 典型时间响应

在初始松弛条件下,系统外部施加典型信号的输出响应称为典型时间响应。显然分为单位脉冲(冲激)响应、单位阶跃响应,单位斜坡响应等。

设系统的时间响应为 $c(t)$,典型输入为 $r(t)$,闭环传递函数为 $H(s)$,则有:

(1) 单位脉冲响应

$$r(t)=\delta(t) \quad 则\ R(s)=L[\delta(t)]=1$$

$$C(s)=H(s)R(s)=H(s)$$

$$c(t)=L^{-1}[H(s)]$$

(2) 单位阶跃响应

$$r(t)=I(t) \quad 则\ R(s)=L[I(t)]=\frac{1}{s}$$

$$C(s)=H(s)R(s)=H(s)\cdot\frac{1}{s}$$

$$c(t)=L^{-1}[C(s)]$$

(3) 单位斜坡响应

$$r(t)=t \quad 则\ R(s)=L[t]=\frac{1}{s^2}$$

$$C(s)=H(s)R(s)=H(s)\frac{1}{s^2}$$

$$c(t)=L^{-1}[C(s)]$$

上面诸公式给出了时间响应的求解方法,它们之间尚有另外一种关系:

单位脉冲响应积分一次为单位阶跃响应,单位阶跃响应积分一次为单位斜坡响应,单位斜坡响应积分一次为单位加速度响应。可见可以由其中一种响应换算为另一种响应,而不必再重新计算。

2. 时域动态指标

一般认为,跟踪和复现阶跃作用对系统来讲是较严格的工作条件,因而人们约定以单位阶跃响应来衡量系统控制性能的优劣,并据此定义了时域性能指标。

系统单位阶跃响应曲线一般如图 4-5 所示,并定义了下述动态指标。

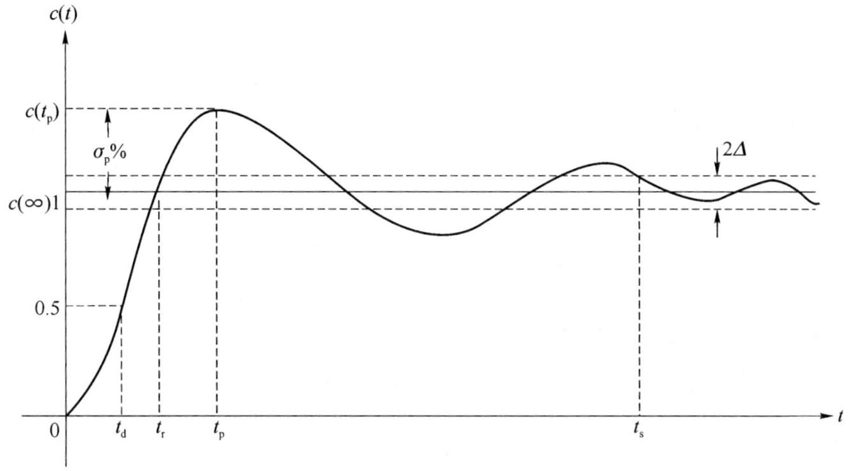

图 4-5　系统单位阶跃响应及动态指标

延迟时间 t_d:单位阶跃响应曲线 $c(t)$ 达到稳态值 $c(\infty)$ 的 50%所需时间称为延迟时间或延时时间,记为 t_d。

上升时间 t_r:响应曲线由稳态值的 10%上升至稳态值的 90%时所需时间称为上升时间,记为 t_r。对衰减振荡系统采用由 0 至 $c(\infty)$ 所需时间为 t_r。

峰值时间 t_p:响应曲线上升超过稳态值而达到第一个峰值所需时间称为峰值时间,记为 t_p。

超调量 σ_p:响应曲线中超出稳态值的最大偏差量和稳态值之比称为最大超解量,简称

超调量,记为σ_p,一般用百分比表示,记为$\sigma_p\%$。其定义为

$$\sigma_p\%=\frac{c(t_p)-c(\infty)}{c(\infty)}\times 100\% \tag{4-1-10}$$

过渡时间t_s:在$c(t)$曲线上取稳态值$c(\infty)$的一个百分比称为允许误差范围,记为Δ,一般取为$\pm5\%$或$\pm2\%$。响应曲线进入Δ范围内且其再不超出该范围,则进入时刻所对应的时间称为过渡时间或调节时间,记为t_s。过渡时间表示过渡过程(暂态)的结束。

振荡次数N:在过渡时间内($0\leqslant t\leqslant t_s$),响应曲线穿越其稳态值次数的一半称为震荡次数,记为N。

延迟时间t_d,上升时间t_r,峰值时间t_p反映了系统对外界突变信息的反应速度,即反映了快速性。过渡时间t_s表述了暂态时间的长短,反映了系统恢复稳定工作的速度,从总体上体现了快速性。人们希望系统的动态性能"快"实际上是对两者的共同要求。超调量$\sigma_p\%$和振荡次数反映了系统暂态过程的平稳性。好的系统希望其暂态既快速又平稳。

人们希望系统能够稳、快、准,即稳定,暂态时间短,反应速度快及稳态误差小,但是使系统同时满足这些要求是不现实的,因为系统的这些要求与系统参数变化往往是矛盾的,如提高稳定性可以减小放大倍数,但放大倍数的减小将使稳态误差加大;提高精度可以通过增加积分环节达到,但积分环节的增加又使稳定性变差;缩短上升时间t_r往往使过渡时间t_s加大等。这说明满足一个要求往往要以牺牲另一个要求为代价。在设计系统时,人们往往孤立的提出一个个要求。则必然使设计成为一个试凑过程,寻找一组参量,使所提出来的性能指标并不是完全被满足,但却是可能接受的一个折中方案。

4.2 一阶系统动态分析

凡可用一阶微分方程描述或者近似的系统,其性能均可用一阶系统的性能来表述。一阶系统在控制工程实践中应用广泛。一些控制元部件及简单系统,如RC网络、发电机、空气加热器、液面控制系统等都是一阶系统。

4.2.1 一阶系统的数学模型

一阶系统的微分方程一般形式为

$$T\frac{\mathrm{d}c(t)}{\mathrm{d}t}+c(t)=r(t) \tag{4-2-1}$$

其中T称为时间常数。它表示系统的惯性,由于它是一阶系统的主要参数,故一阶系统又称为惯性或惰性环节。

一阶系统的典型结构如图4-6所示。其中K为开环放大倍数。其闭环传递函数为

$$H(s)=\frac{K}{S+K}=\frac{1}{\frac{1}{K}s+1}=\frac{1}{Ts+1} \tag{4-2-2}$$

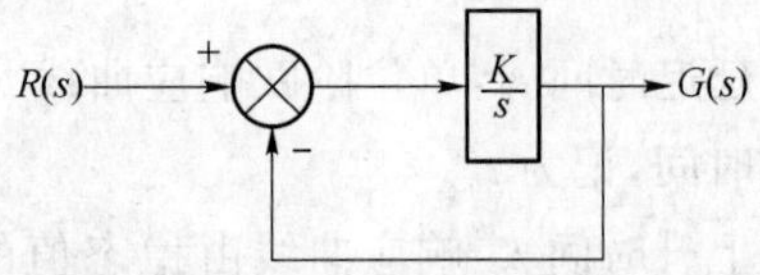

图4-6 一阶系统典型结构图

可见开环放大倍数K和时间常数T有关,K的增加将使惰性减小。

4.2.2　一阶系统的单位阶跃响应

当一阶系统输入信号为单位阶跃信号时，其响应的拉普拉斯变换为

$$C(s)=\frac{1}{Ts+1}\cdot\frac{1}{s}$$

展开成部分分式及应用海维赛定理得

$$C(s)=\frac{1}{s}-\frac{1}{s+\frac{1}{T}}$$

进行拉普拉斯反变换，求得

$$c(t)=L^{-1}[C(s)]=1-e^{-\frac{1}{T}t}\ (t\geqslant 0) \tag{4-2-3}$$

式(4-2-3)说明一阶系统的单位阶跃响应由两部分构成，一是稳态分量值为 1，一是暂态分量值为$-e^{-\frac{1}{T}t}$，显见它是一个单调收敛曲线。一阶系统单位阶跃响应曲线如图 4-7 所示。

由图可见，一阶系统单位阶跃响应是一条由原点出发的单调递升曲线，最终趋近于稳态值 1。

该曲线有两个重要结论。

其一：当 $t=0$ 时的变化率称为初始化斜率，为

$$\left.\frac{dc(t)}{dt}\right|_{t=0}=\left.\frac{1}{T}e^{-\frac{1}{T}t}\right|_{t=0}=\frac{1}{T} \tag{4-2-4}$$

式(4-2-4)说明，如果系统能保持初始反应速度不变，则在 $t=T$ 的时候即达到稳态值，故如图 4-7 所示，斜率为$\frac{1}{T}$的直线和稳态值 1 的交点所对应的时间和 T 值相同。

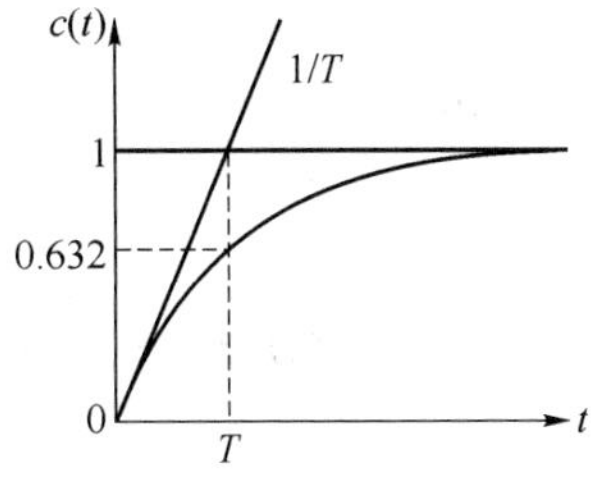

图 4-7　一阶系统单位阶跃响应

在 $t=T$ 时的函数值为

$$c(T)=1-e^{-1}\approx 0.632 \tag{4-2-5}$$

式(4-2-5)说明，当曲线上升至稳态值的 63.2%时的时间和时间常数 T 相同。它为我们通过实验方法求取一阶系统的时间常数 T 提供了理论依据。

其二：一阶系统的动态指标响应曲线告诉我们，一阶系统单位阶跃响应无超调，即 $\sigma_p\%=0$，称为非周期响应，具有非振荡性。在一阶系统阶跃响应曲线中可见指标 t_d、t_r 意义并不大。

一阶系统的过渡时间和 T 有着密切关系，经计算知：当 $t=3T$ 时 $c(3T)$ 达到稳态值的 95%，当 $t=4T$ 时达到 98.2%，当 $t=5T$ 时达到 99.3%，这说明过渡时间为

$$t_s=\begin{cases}3T & \Delta=\pm 5\% \\ 4T & \Delta=\pm 2\%\end{cases} \tag{4-2-6}$$

【例 4.1】　系统如图 4-8 所示。

(1) 求单位阶跃响应的过渡时间 t_s

(2) 要求 $t_s\leqslant 0.1$s 求反馈系数的值

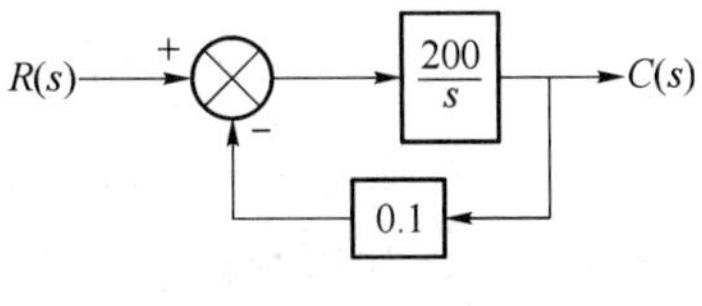

图 4-8　系统框图

解：(1) 求闭环传递函数为

$$H(s)=\frac{10}{0.05s+1}=10\times\frac{1}{0.05s+1} \tag{1}$$

式(1)说明该系统是一个一阶系统,由闭环放大倍数与一个典型惰性环节串接构成,其时间常数 $T=0.05\text{s}$。

$$C(s)=\frac{200}{s+20}\cdot\frac{1}{s}=\frac{10}{s}-\frac{10}{s+20}$$

$$c(t)=L^{-1}[C(s)]=10(1-e^{-20t}) \tag{2}$$

由式(2)可知其单位阶跃响应就是将典型一阶系统单位阶跃响应扩大10倍,可以证明闭环放大倍数和暂态指标无关,因而该系统的动态指标仅由 T 所决定,即

$$t_s=3T=0.15\text{s}\ (\Delta=\pm5\%)$$

(2) 设反馈系数为 F,则闭环传递函数为

$$H(s)=\frac{200}{s+200F}=\frac{1}{F}\frac{1}{\frac{0.005}{F}s+1}$$

有
$$T=\frac{0.005}{F}$$

$$t_s=3T=\frac{0.015}{F}\leqslant0.1$$

则
$$F\geqslant0.15$$

4.2.3 一阶系统的单位脉冲响应

当 $r(t)=\delta(t)$ 时系统的输出为单位脉冲响应。

有
$$C(s)=\frac{1}{Ts+1}$$

$$c(t)=L^{-1}[C(s)]=\frac{1}{T}e^{-\frac{1}{T}t} \tag{4-2-7}$$

其响应曲线如图4-9所示。

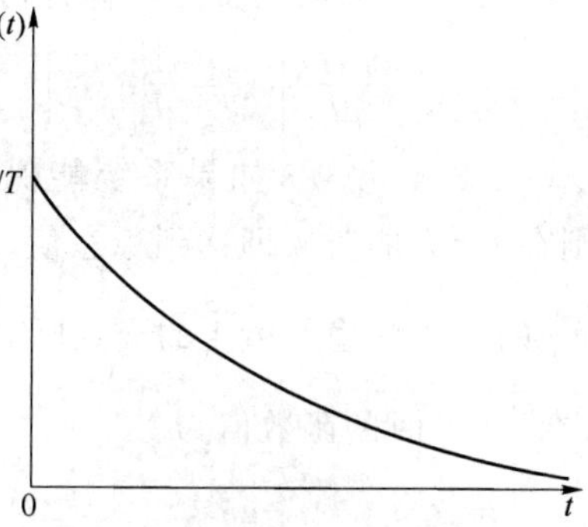

图4-9 一阶系统单位脉冲响应

4.2.4 一阶系统的单位斜坡响应

当 $r(t)=t$ 时一阶系统的响应称为单位斜坡响应,有

$$C(s)=\frac{1}{Ts+1}\frac{1}{s^2}=\frac{1}{s^2}-\frac{T}{s}+\frac{T}{s+\frac{1}{T}}$$

$$c(t)=L^{-1}[C(s)]=t-T+Te^{-\frac{1}{T}t} \tag{4-2-8}$$

由式(4-2-8)可见其暂态是个单调收敛函数,其稳态始终与输入相差 T,即滞后 T 值。

当 $t\to\infty$ 时,$c(t)\to t-T$ 且在 $t>0$ 后任意时刻有 $f(t)=t-c(t)=T(1-e^{-\frac{1}{T}t})<T(t>0)$ 又 $\frac{dc(t)}{dt}=1-e^{-\frac{1}{T}t}\geqslant0(0\leqslant t\leqslant\infty)$,所以其响应如图4-10所示。

一阶系统跟踪匀速输入信号所带来的原理上的位置误差是不能消除的,只能通过减小时间常数 T 来使其相对减小。从暂态角度看,T 越小其暂态时间越短,因由 $Te^{-\frac{1}{T}t}$ 知,T 越小其模值越小,衰减越快。

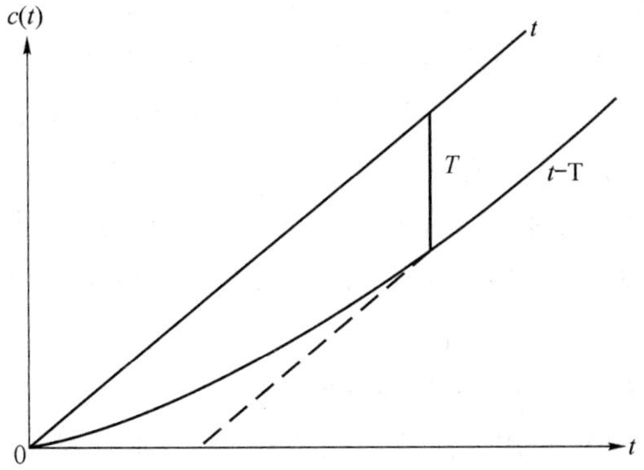

图 4-10　一阶系统单位斜坡响应

4.3　二阶系统的动态分析

凡可用二阶微分方程描述的系统称为二阶系统。二阶系统动态性能的研究具有极为特殊的意义。这不仅因为二阶系统在控制工程中应用极为广泛，典型例子到处可见(如 RLC 网络，物体的运动等)，而且还因为二阶系统的特性可以作为一种基准，使许多高阶系统的性能在条件允许的情况下进行二阶近似，用研究二阶系统的方法去研究高阶系统。二阶系统使性能达到满意要求时可改变参量较一阶多，这也是其应用较一阶更为广泛的原因之一。

4.3.1　典型二阶系统的模型

典型二阶系统框图如图 4-11 所示。

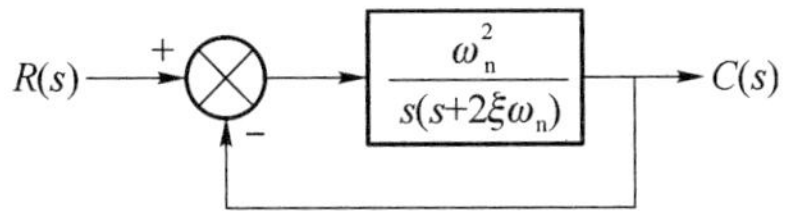

图 4-11　典型二阶系统框图

其闭环传递函数为

$$H(s)=\frac{\omega_n^2}{s^2+2\xi\omega_n s+\omega_n^2} \tag{4-3-1}$$

$$=\frac{1}{T^2s^2+2\xi Ts+1} \tag{4-3-2}$$

式(4-3-1)中 ξ 称为阻尼系数，ω_n 称为无阻尼(即 $\xi=0$ 时)振荡角频率。

式(4-3-2)中 T 称为时间常数，且有

$$\omega_n=\frac{1}{T} \tag{4-3-3}$$

凡二阶系统均有特征方程为

$$s^2+2\xi\omega_n s+\omega_n^2=0 \tag{4-3-4}$$

其闭环极点为　$s_{1,2}=-\xi\omega_n\pm\omega_n\sqrt{\xi^2-1}$

显见，由于ξ值不同，闭环极点在S平面上的位置不同。

当$\xi\geqslant 1$时，闭环极点全部在负实轴上，它可以认为是两个一阶子系统相串接。当$\xi=1$时为重负实极点，称为临界阻尼，当$\xi>1$时为不等二闭环负实极点，称为过阻尼。

当$0<\xi<1$时，系统为二共轭负实闭环极点，称为欠阻尼。

当$\xi\leqslant 0$时，系统闭环极点不在S平面的左半平面，因而系统是不稳定的。特别地当$\xi=0$时，二闭环极点位于虚轴上，其阶跃响应将产生等幅正弦振荡，称为临界稳定或零阻尼或无阻尼。

稳定的系统只能是$\xi\geqslant 1$及$0<\xi<1$两种情况，而$\xi\geqslant 1$虽然从方程角度看是二次方程，但实为两个一阶环节，完全可以用一阶系统知识解决，故本教材不将其作为二阶研究，我们所说的二阶系统都是指欠阻尼情况。故有闭环极点为

$$s_{1,2}=-\xi\omega_n\pm j\omega_n\sqrt{1-\xi^2} \tag{4-3-5}$$

$$=-\xi\omega_n\pm j\omega_d \tag{4-3-6}$$

式中，$\omega_d=\omega_n\sqrt{1-\xi^2}$称为有阻尼振荡角频率。

二阶欠阻尼系统闭环极点S平面的位置及相关概念如图4-12所示。

在图4-12中s_1、s_2为任意两个共轭负实部闭环极点在$0<\xi<1$时的位置。

角θ称为阻尼角，其永远取正值，由图可知：

$$\xi=\frac{|-\xi\omega_n|}{|s_1-0|}=\frac{\xi\omega_n}{\omega_n}=\cos\theta \tag{4-3-7}$$

闭环极点s_1与原点所构成的矢量模即为ω_n。

等ξ线为由原点出发的第二象限的任意射线，闭环极点在该线上运动所构成的任一二阶系统其阻尼系数相同。

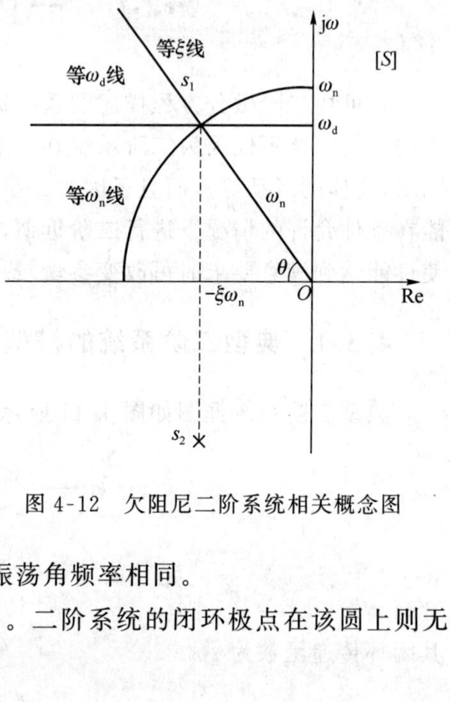

图4-12　欠阻尼二阶系统相关概念图

等ω_d线为第二象限上平行于实轴的直线，闭环极点在其上运动所构成的任意二阶系统其有阻尼振荡角频率相同。

等ω_n线为以原点为圆心的在第二象限的圆(弧)。二阶系统的闭环极点在该圆上则无阻尼振荡角频率相同。

4.3.2　典型二阶系统的单位阶跃响应

设二阶欠阻尼系统的闭环极点为

$$s_1=-\xi\omega_n+j\omega_d$$

$$\bar{s}_1=-\xi\omega_n-j\omega_d \tag{4-3-8}$$

闭环传递函数为

$$H(s)=\frac{\omega_n^2}{s^2+2\xi\omega_n s+\omega_n^2}=\frac{\omega_n^2}{(s-s_1)(s-\bar{s}_1)} \tag{4-3-9}$$

则其单位阶跃响应的拉氏变换为

$$C(s)=\frac{\omega_n^2}{(s-s_1)(s-\bar{s}_1)}\cdot\frac{1}{s}=\frac{\omega_n^2}{(s-s_1)(s-\bar{s}_1)}\bigg|_{s=0}\frac{1}{s}+A\frac{1}{s-s_1}+\bar{A}\frac{1}{s-\bar{s}_1}$$

$$=\frac{1}{s}+A\frac{1}{s-s_1}+\bar{A}\frac{1}{s-\bar{s}_1} \tag{4-3-10}$$

其中稳态值为 1，暂态由 $A\frac{1}{s-s_1}+\bar{A}\frac{1}{s-\bar{s}_1}$ 所决定。待定系数 A 及其共轭系数 $\bar{A}$ 可由留数定理求出。

$$A=\frac{\omega_n^2}{s(s-\bar{s}_1)}\bigg|_{s=s_1}=\frac{\omega_n^2}{|s_1||s_1-\bar{s}_1|}e^{j[-\angle(s_1)-\angle(s_1-\bar{s}_1)]}$$

$$=|A|e^{j\varphi}$$

通过 $C(s)$ 的极点分布图（图 4-13）可很直观地看出结果。

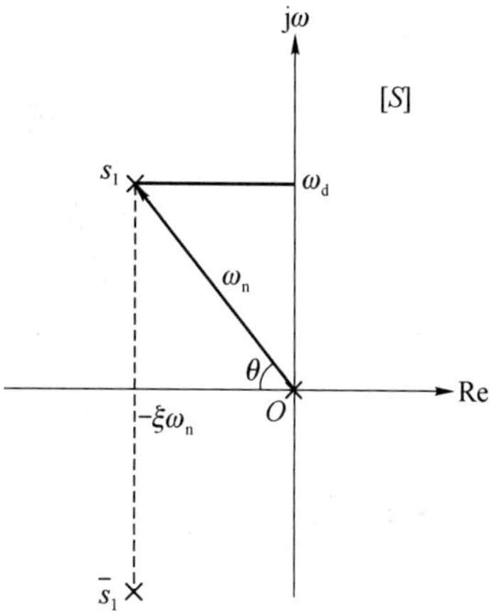

图 4-13　$C(s)$ 极点分布图

图 4-13 中原点处的极点是由输入阶跃信号形成的。

可见 $|s_1|$ 即为闭环极点 s_1 和输入信号矢量的模为 ω_n，幅角 $\angle(s_1)$ 即为闭环极点和输入信号矢量的幅角，为 $(\pi-\theta)$。矢量 $s_1-\bar{s}_1$ 的模为 $2\omega_d$，幅角为 $\frac{\pi}{2}$，则有

$$|A|=\frac{\omega_n^2}{2\omega_n\omega_d}=\frac{1}{2\sqrt{1-\xi^2}} \tag{4-3-11}$$

$$\varphi=-(\pi-\theta)-\frac{\pi}{2}=-\frac{3}{2}\pi+\theta \tag{4-3-12}$$

综上可求得二阶系统单位阶跃暂态响应为

$$L^{-1}\left[A\frac{1}{s-s_1}+\bar{A}\frac{1}{s-\bar{s}_1}\right]=Ae^{s_1t}+\bar{A}e^{\bar{s}_1t}$$

$$=|A|e^{j\varphi}e^{(-\xi\omega_n+j\omega_d)t}+|A|e^{-j\varphi}e^{(-\xi\omega_n-j\omega_d)t}$$

$$=|A|e^{-\xi\omega_nt}[e^{j(\omega_dt+\varphi)}+e^{-j(\omega_dt+\varphi)}]$$

$$=2|A|e^{-\xi\omega_nt}\cos(\omega_dt+\varphi)\text{（根据欧拉定理）}$$

$$=\frac{\omega_n^2}{\omega_n\omega_d}e^{-\xi\omega_nt}\cos\left(-\frac{3}{2}\pi+\omega_dt+\theta\right)$$

$$=-\frac{1}{\sqrt{1-\xi^2}}e^{-\xi\omega_nt}\sin(\omega_dt+\theta) \tag{4-3-13}$$

由式(4-3-13)可见，二阶系统的单位阶跃暂态响应是一衰减的正弦振荡。其衰减速率，振荡频率仅与闭环极点的位置有关或者说仅由闭环极点自身的 ξ 和 ω_n 所决定，与其他因素无关。有阻尼振荡角频率 ω_d 就是实际的振荡角频率，相角就是阻尼角。

典型二阶欠阻尼系统的单位阶跃响应为

$$c(t)=1-\frac{1}{\sqrt{1-\xi^2}}e^{-\xi\omega_nt}\sin(\omega_dt+\theta) \tag{4-3-14}$$

若用 ω_nt 作为变量又可以表达成

$$c(t)=1-\frac{1}{\sqrt{1-\xi^2}}e^{-\xi(\omega_nt)}\sin[\sqrt{1-\xi^2}(\omega_nt)+\cos^{-1}\xi] \tag{4-3-15}$$

式(4-3-15)表示了以阻尼比 ξ 为参量的状况。

响应曲线的一般形式如图 4-5 所示。图 4-14 给出了不同 ξ 的响应曲线。

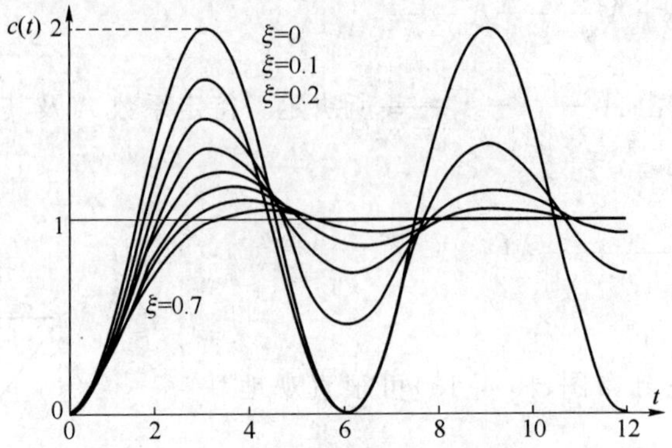

图 4-14　不同 ξ 的单位阶跃暂态响应

4.3.3　典型二阶系统的动态指标

根据式(4-3-14)和动态指标定义可以获得指标的定量计算公式。

1. 上升时间 t_r

根据定义 t_r 为第一次达到稳态值的时间则有

$$1-\frac{1}{\sqrt{1-\xi^2}}e^{-\xi\omega_n t_r}\sin(\omega_d t_r+\theta)=1$$

即

$$\frac{1}{\sqrt{1-\xi^2}}e^{-\xi\omega_n t_r}\sin(\omega_d t_r+\theta)=0$$

由于

$$\frac{1}{\sqrt{1-\xi^2}}e^{-\xi\omega_n t_r}\neq 0$$

则

$$\sin(\omega_d t_r+\theta)=0$$

$$(\omega_d t_r+\theta)=n\pi(n=0,1,\cdots)$$

由定义应取 $n=1$,则

$$t_r=\frac{\pi-\theta}{\omega_d}=\frac{\pi-\theta}{\omega_n\sqrt{1-\xi^2}} \tag{4-3-16}$$

由式(4-3-16)知,系统的反应速度取决于阻尼角和有阻尼振荡角频率或者说取决于阻尼比和无阻尼振荡角频率。要想提高反应速度希望 ω_d 大些,或 ω_n 大些,θ 大些,即闭环极点离虚轴越近且离实轴越远,其上升时间 t_r 越短。

2. 峰值时间 t_p

根据定义,t_p 是第一次达到超过稳态值的最大值所需时间,故令

$$\left.\frac{dc(t)}{dt}\right|_{t=t_p}=0$$

得

$$\frac{\xi\omega_n}{\sqrt{1-\xi^2}}e^{-\xi\omega_n t_p}\sin(\omega_d t_p+\theta)-\frac{\omega_d}{\sqrt{1-\xi^2}}e^{-\xi\omega_n t_p}\cos(\omega_d t_p+\theta)=0$$

化简得

$$\tan(\omega_d t_p+\theta)=\frac{\sqrt{1-\xi^2}}{\xi}$$

又有

$$\frac{\sqrt{1-\xi^2}}{\xi}=\tan\theta \tag{4-3-17}$$

则

$$\omega_d t_p=n\pi(n=0,1,\cdots)$$

取 $n=1$ 得

$$t_p=\frac{\pi}{\omega_d} \tag{4-3-18}$$

可见，峰值时间仅和 ω_d 有关，其越大，即实际振荡角频率越高，到达峰值的时间越短。

3. 超调量 $\sigma_p\%$

根据定义

$$\sigma_p\%=\frac{c(t_p)-c(\infty)}{c(\infty)}\times 100\%$$

有

$$\begin{aligned}\sigma_p\%&=[1-\frac{1}{\sqrt{1-\xi^2}}e^{-\xi\omega_n t_p}\sin(\omega_d t_p+\theta)-1]\times 100\%\\&=\left[-\frac{1}{\sqrt{1-\xi^2}}e^{-\xi\omega_n\frac{\pi}{\omega_d}}\sin(\pi+\theta)\right]\times 100\%\\&=\left[\frac{1}{\sqrt{1-\xi^2}}e^{\frac{-\xi\pi}{\sqrt{1-\xi^2}}}\sin\theta\right]\times 100\%\end{aligned}$$

依 θ 角定义有

$$\sin\theta=\sqrt{1-\xi^2} \tag{4-3-19}$$

则有公式：

$$\sigma_p\%=e^{\frac{-\xi\pi}{\sqrt{1-\xi^2}}}\times 100\% \tag{4-3-20}$$

可见超调量仅与阻尼系数有关，故在设计中由所给超调量的要求而确定阻尼系数的选取。

超调量反映了振荡的激烈程度，一般取小于 30％的范围。

ξ 越小超调越大，一般取 $\xi=0.4\sim0.8$，在这个范围内将有一个振荡特性适度，持续时间较短的过渡过程。特别地将 $\xi=\frac{\sqrt{2}}{2}=0.707$ 称为最佳阻尼系数($\theta=45°$)，此时 $\sigma_p\%<5\%$，平稳性也令人满意。

4. 过渡时间 t_s

根据 t_s 定义有

$$|c(t)-c(\infty)|\leqslant|\Delta|c(\infty)\quad(t\geqslant t_s)$$

则得

$$\left|\frac{1}{\sqrt{1-\xi^2}}e^{-\xi\omega_n t}\sin(\omega_d t+\theta)\right|\leqslant|\Delta|\quad(t\geqslant t_s)$$

这是一个超越运算，虽可用数值解法，但其解不能体现 t_s 与参数之间的关系，因而人们采用近似方法来获得确定 t_s 的解析式。

上式中 $\pm\frac{1}{\sqrt{1-\xi^2}}e^{-\xi\omega_n t}$ 是其图像的包络线，衰减的正弦振荡不会超出它的范围，一旦包络线 $\pm\Delta$ 的区域被进入则就不可能再超出误差带 $\pm\Delta$。因此将包络线等于 $|\Delta|$ 的时刻作为 t_s 的近似值，虽然实际曲线进入时间可能提前但却决不能滞后，因此这样处理是可行的且留有余量的。

令
$$\left|\frac{1}{\sqrt{1-\xi^2}}e^{-\xi\omega_n t_s}\right|=|\Delta|$$

得
$$t_s=\frac{1}{\xi\omega_n}\left[\ln\frac{1}{|\Delta|}+\ln\frac{1}{\sqrt{1-\xi^2}}\right] \tag{4-3-21}$$

当 $0<\xi<0.9$ 时，可近似为

$$t_s=\begin{cases}\dfrac{3}{\xi\omega_n} & \Delta\pm5\% \\ \dfrac{4}{\xi\omega_n} & \Delta\pm2\%\end{cases} \tag{4-3-22}$$

由式(4-3-22)可见，过渡时间 t_s 由 ξ 和 ω_n 所共同决定，实际中根据 t_s 要求来确定 ω_n（因 ξ 由 $\sigma_p\%$决定)，因而 ω_n 越大过渡时间越短，即闭环极点在等 ξ 线上越远，t_s 越短。从另一角度看 $\xi\omega_n$ 值越大，包络线的衰减速率越快，因而闭环极点离虚轴越远，t_s 越小。

5. 振荡次数 N

根据 N 的定义有 $N=\frac{t_s}{T_d}$，其中 T_d 是有阻尼振荡周期，即 $T_d=\frac{2\pi}{\omega_d}=\frac{2\pi}{\omega_n\sqrt{1-\xi^2}}$，则

$$N=\begin{cases}\dfrac{1.5\sqrt{1-\xi^2}}{\xi\pi}=\dfrac{1.5}{\pi}\tan\theta & (\Delta=\pm5\%) \\ \dfrac{2\sqrt{1-\xi^2}}{\xi\pi}=\dfrac{2}{\pi}\tan\theta & (\Delta=\pm2\%)\end{cases} \tag{4-3-23}$$

考虑到 $\sigma_p=e^{\frac{-\xi\pi}{\sqrt{1-\xi^2}}}$ 即 $\ln\sigma_p=-\frac{\xi\pi}{\sqrt{1-\xi^2}}$，则

$$N=\begin{cases}-\dfrac{1.5}{\ln\sigma_p} & (\Delta=\pm5\%) \\ -\dfrac{2}{\ln\sigma_p} & (\Delta=\pm2\%)\end{cases} \tag{4-3-24}$$

可见，N 只与 ξ 有关，其关系曲线见图 4-15 所示。

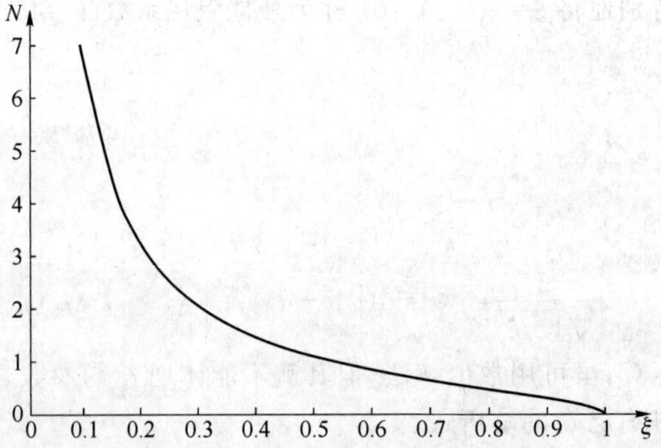

图 4-15 ξ 和 N 关系曲线

【例 4.2】 单位负反馈系统开环传递函数为

$$G(s)=\frac{25}{s(s+8)}$$

求 t_r、t_p、$\sigma_p\%$、t_s 和 N，取 $\Delta=\pm5\%$。

解：由 $G(s)$ 知闭环传递函数为

$$H(s)=\frac{G(s)}{1+G(s)}=\frac{25}{s^2+8s+25}$$

可见为典型二阶系统，则

由 $\omega_n^2=25$　有　$\omega_n=5\ \text{rad/s}$

由 $2\xi\omega_n=8$　有　$\xi=0.8$　$\omega_d=\omega_n\sqrt{1-\xi^2}=3\ \text{rad/s}$

由 $\xi=\cos\theta$　有　$\theta=\cos^{-1}\xi=36.87°=0.6435\ \text{rad}$，为欠阻尼二阶系统，则有

$$t_r=\frac{\pi-\theta}{\omega_d}=0.83\text{s}$$

$$t_p=\frac{\pi}{\omega_d}=1.05\text{s}$$

$$\sigma_p\%=e^{\frac{-\xi\pi}{\sqrt{1-\xi^2}}}\times100\%=e^{-\xi\omega_n t_p}\times100\%=1.52\%$$

$$t_s=\frac{3}{\xi\omega_n}=0.75\text{s}$$

这里出现了 t_s 比 t_r、t_p 都小的状况，为什么呢？系统单位阶跃响应应为

$$c(t)=1-\frac{1}{\sqrt{1-\xi^2}}e^{-\xi\omega_n t}\sin(\omega_d t+\theta)=1-\frac{5}{3}e^{-4t}\sin(3t+0.643\ 5)$$

求得：

$$c(t_r)=0.999\ 5$$

$$c(t_p)=1.015\ 2$$

$$c(t_s)=0.979\ 6$$

可见曲线最大值亦在误差带内，故 t_s 小于 t_r、t_p，而且在 $t=0.75$ 时曲线早已进入误差带，因用公式计算的 t_s 是有余量的。

【例 4.3】 典型二阶系统如图 4-16 所示。若使其为欠阻尼系统，放大倍数 k 应为多少？当 $k=1\ 000$ 及 $k=9\ 000$ 时，t_r、t_p、t_s、$\sigma_p\%$ 为何值？

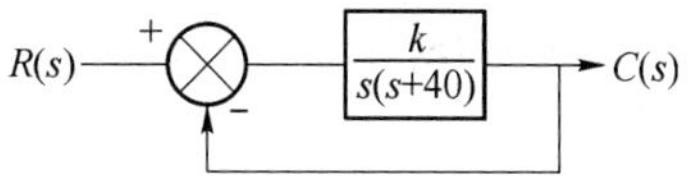

图 4-16　系统框图

解：由 $G(s)$ 得系统特征方程为

$$s^2+40s+k=0$$

则　　由　$\omega_n^2=k$　　有　$\omega_n=\sqrt{k}$

　　由　$2\xi\omega_n=40$　有　$\xi=\dfrac{20}{\sqrt{k}}$

若系统欠阻尼则应有 $0<\xi<1$，即

$$0<\frac{20}{\sqrt{k}}<1$$

得　$k>400$

当　$k=1\ 000$　时有

$$\omega_n=10\sqrt{10}\quad \xi=\frac{\sqrt{10}}{5}=0.63\quad \theta=0.886\ \text{rad}$$

则

$$t_r=\frac{\pi-\theta}{\omega_d}=0.09\text{s}$$

$$t_p=\frac{\pi}{\omega_d}=0.128\text{s}$$

$$t_s=\frac{3}{\xi\omega_n}=0.15\text{s}$$

$$\sigma_p\%=e^{-\xi\omega_n t_p}\times 100\%=7.69\%$$

当$k=9\ 000$时有

$$\omega_n=30\sqrt{10}\quad \xi=\frac{\sqrt{10}}{15}=0.21\quad \theta=1.358$$

则

$$t_r=0.019\text{s}$$

$$t_p=0.034\text{s}$$

$$t_s=0.18\text{s}$$

$$\sigma_p\%=50.8\%$$

可见仅改变放大倍数将改变ξ值和ω_n值，从而改变了反应速度和超调量，但不改变过渡时间，因为它的改变并未改变$\xi\omega_n$值(使用近似公式)$\frac{3}{\xi\omega_n}$。

4.4 高阶系统及二阶近似

在控制工程中，几乎所有的控制系统都是高阶系统。高阶系统虽然可以取得其单位阶跃响应的解析式，但取得各项指标解析式却相当困难或办不到，因而工程上常采用闭环主导极点的概念对高阶系统进行二阶近似，从而得到高阶系统动态性能指标的估算公式。

4.4.1 高阶系统的单位阶跃响应

n阶系统有n个闭环极点，稳定的系统，其闭环极点只有两类：负实极点和负实共轭复极点。假设系统无重极点(这符合绝大多数系统的实际情况)，我们基于此点做以下分析。

设n阶系统的闭环传递函数为

$$H(s)=\frac{k\prod_{i=1}^{m}(s-z_i)}{\prod_{j=1}^{\alpha}(s-s_j)\prod_{l=1}^{\beta}(s-s_l)(s-\bar{s}_l)}\tag{4-4-1}$$

式中，z_i为闭环零点，m为零点个数。s_j为负实闭环极点，α为其个数。s_l、$\bar{s}_l$为负实共轭复极点，β为其对数，$\beta=\frac{(n-\alpha)}{2}$，$k$为系数。

则其单位阶跃响应的拉普拉斯变换为

$$C(s)=\frac{k\prod_{i=1}^{m}(s-z_i)}{\prod_{j=1}^{\alpha}(s-s_j)\prod_{l=1}^{\beta}(s-s_l)(s-\bar{s}_l)}\cdot\frac{1}{s}$$

$$=A_0\frac{1}{s}+\sum_{j=1}^{\alpha}B_j\frac{1}{s-s_j}+\sum_{l=1}^{\beta}\left[D_l\frac{1}{s-s_l}+\bar{D}_l\frac{1}{s-\bar{s}_l}\right]$$

式中，A_0、B_j和 D_l为待定系数，由留数定理求出。

$A_0=C(s)\cdot s|_{s=0}=H(s)|_{s=0}=H(0)$其必为实数。

$B_j=C(s)(s-s_j)|_{s=s_j}=|B_j|e^{j\varphi_{Bj}}$也必为实数，幅角由具体问题而定且只有两种值，即：$\varphi_{\beta_j}=0°$或 $\varphi_{\beta_j}=-180°$，$e^{j0°}$表示正号，$e^{-j180°}$为负号。

$D_l=C(s)(s-s_l)|_{s=s_l}=|D_l|e^{j\varphi_{D_l}}$，其必为复数，取 s_l 为第三象限的复极点。

则经拉普拉斯反变换得阶跃响应为

$$C(t)=H(0)+\sum_{j=1}^{\alpha}|B_j|e^{j\varphi_{\beta_j}}e^{s_jt}+\sum_{l=1}^{\beta}[|D_l|e^{j\varphi_{D_l}}e^{s_lt}+|D_l|e^{-j\varphi_{D_l}}e^{\bar{s}_lt}]$$

$$=H(0)+\sum_{j=1}^{\alpha}|B_j|e^{j\varphi_{\beta_j}}e^{s_jt}+\sum_{l=1}^{\beta}2|D_l|e^{-\xi\omega_{nl}t}\cos(\omega_{dl}t+\varphi_{D_l})$$

(4-4-2)

式中令 $s_l=-\xi_l\omega_{nl}+j\omega_{dl}$。

由式(4-4-2)可见高阶系统的单位阶跃响应的稳态值为 $H(0)$，暂态由若干单调收敛曲线和若干衰减的正弦振荡所叠加而成。这样的解析式虽然可以用数值方法求得结果，但无法获得关于参量的动态指标解析式。

4.4.2　闭环主导极点

为了能表述参量和指标的关系，人们采用闭环主导极点的概念，忽略了作用很小的极点作用，而用主导极点的性能来近似描述系统。实用中多将主导极点定为一个或者两个(由具体问题所决定)，即近似为一阶或二阶欠阻尼系统。并不是所有的系统都具有这样的主导极点，不具备主导极点的系统用主导极点方法分析，其结果可能与实际情况相差甚远。

1. 可忽略的闭环极点

可忽略的闭环极点称为非主导极点。

(1) 如果两个闭环极点到虚轴的距离比大于 5 倍，则距离远的闭环极点作用可忽略不计。

我们知道，每个暂态响应项中都有 $e^{Re(s_i)t}$部分，因而离虚轴越远的极点其实部 $Re(s_i)$越大，故衰减的越快，它对过渡过程的整体贡献很小，更明确地说，只是在过渡过程开始的很短时间内有作用，之后基本就不起作用，故可以忽略。

(2) 如果两个闭环极点到闭环零点的距离相差在 10 倍以上，则离零点近的闭环极点可忽略不计。该原则应在应用(1)之后使用。

在求待定系数时我们知道，分子中有 s_i-z_j，零点 z_j 离该极点 s_i 越近则$|s_i-z_j|$越小，因而系数越小(即初始值越小)，它对系统过渡过程的作用是可以忽略不计的。

2. 闭环主导极点

依据上述原则将可忽略闭环极点去掉，所剩余的极点称为闭环主导极点。利用主导极点分析系统称为高阶系统的近似分析。如果闭环主导极点是一个负实极点称为一阶近似，是一对共轭复极点称为二阶近似。

需要指出:非主导极点并不是真的去掉不存在了！非主导极点自身对单位阶跃信号的暂态响应被忽略掉了,但非主导极点对于主导极点自身的暂态响应的影响是不能忽略掉的,否则成了典型二阶系统了。明确地说:高阶系统的二阶近似(或一阶近似)并不是将系统绝对看成二阶系统(或一阶系统),而是受到主导极点以外的极点、零点影响的二阶系统(或一阶系统)。

4.4.3 高阶系统的二阶近似

1. 高阶系统二阶近似的单位阶跃响应

设系统闭环传递函数如式(4-4-1)所示且具有闭环主导极点 s_l 和 $\bar{s}_l$，s_l 的位置为

$$s_l=-\xi_l\omega_{nl}+\mathrm{j}\omega_{dl}$$

依据闭环主导极点定义,系统单位阶跃响应式(4-4-2)应变为

$$c(t)=H(0)+2|D_l|\mathrm{e}^{-\xi_l\omega_{nl}t}\cos(\omega_{dl}t+\varphi_{dl}) \tag{4-4-3}$$

定义:闭环主导极点以外的非主导极点和闭环零点统称为主导极点的附加奇点。

待定系数 D_l 为

$$D_l=\left.\frac{k\prod\limits_{i=1}^{m}(s-z_i)}{s\prod\limits_{j=1}^{\alpha}(s-s_j)\prod\limits_{l=1}^{\beta}(s-s_l)(s-\bar{s}_l)}(s-s_l)\right|_{s=s_l}=\frac{k\prod\limits_{i=1}^{m}(s_l-z_i)}{s_l(s_l-\bar{s}_l)\prod\limits_{\substack{h=1\\h\neq l}}^{n}(s_l-s_h)} \tag{4-4-4}$$

式中,h 为除了主导极点 s_l、$\bar{s}_l$ 以外的所有附加极点,则

$$|D_l|=\frac{k}{2\omega_{nl}\omega_{dl}}\quad\frac{\prod\limits_{i=1}^{m}|s_l-z_i|}{\prod\limits_{\substack{h=1\\h\neq l}}^{n}|s_l-s_h|}=\frac{k}{2\omega_{nl}\omega_{dl}}A_f \tag{4-4-5}$$

式中

$$A_f=\frac{\prod\limits_{i=1}^{m}|s_l-z_i|}{\prod\limits_{\substack{h=1\\h\neq l}}^{n}|s_l-s_h|} \tag{4-4-6}$$

为闭环极点 s_l 和所有附加奇点之间模值,即距离的运算,称为附加系数。

$$\begin{aligned}\varphi_{D_l}&=\sum_{i=1}^{m}\angle(s_l-z_i)-(\pi-\theta_l)-\frac{\pi}{2}-\sum_{\substack{h=1\\h\neq l}}^{n}\angle(s_l-s_h)\\&=-\frac{3}{2}\pi+\theta_l+\sum_{i=1}^{m}\angle(s_l-z_i)-\sum_{\substack{h=1\\h\neq l}}^{n}\angle(s_l-s_h)\\&=-\frac{3}{2}\pi+\theta_l+\varphi_f\end{aligned}$$

式中 θ_l 为 s_l 的阻尼角

$$\varphi_f=\sum_{i=1}^{m}\angle(s_l-z_i)-\sum_{\substack{h=1\\h\neq l}}^{n}\angle(s_l-s_h) \tag{4-4-7}$$

它是主导极点 s_l 和所有附加奇点所构成矢量的幅角之间的运算，称为附加相角。

代入式(4-4-3)得

$$\begin{aligned} c(t) &= H(0) + \frac{k}{\omega_{nl}\omega_{dl}} A_f e^{-\xi_l \omega_{nl} t} \cos\left(-\frac{3}{2}\pi + \omega_{dl} t + \theta_l + \varphi_f\right) \\ &= H(0) - \frac{k}{\omega_{nl}\omega_{dl}} A_f e^{-\xi_l \omega_{nl} t} \sin(\omega_{dl} t + \theta_l + \varphi_f) \end{aligned} \tag{4-4-8}$$

由式(4-4-8)知，如果没有附加奇点，$A_f=1,\varphi_f=0°$ 系统即为典型二阶系统，它本身的固有属性是：以固有角频率 ω_{dl} 沿包络线 $\pm\frac{k}{\omega_{nl}\omega_{dl}}e^{-\xi_l\omega_{nl}t}$（其中 $k=\omega_{nl}^2$）进行正弦衰减振荡，其固有初相角为 θ_l。

二阶近似的高阶系统则是在典型二阶系统中增加了附加奇点。附加奇点不影响系统的固有特性，即不改变其固有的衰减正弦振荡，不改变衰减速率，不改变振荡频率。但附加奇点影响包络线位置(因 A_f 改变了包络线初始位置)和振荡的初相角(增加一个附加相角 φ_f)。

2. 二阶近似的动态指标计算

依据式(4-4-8)和有关动态指标定义，参阅典型二阶系统的计算方法可获得高阶系统二阶近似的动态指标计算公式。

(1) 上升时间 t_r

稳态值 $c(t_r)=H(0)$

则
$$\sin(\omega_{dl} t + \theta_l + \varphi_f) = 0$$

$$t_r = \frac{1}{\omega_{dl}}(\pi - \theta_l - \varphi_f) \tag{4-4-9}$$

可见，由式(4-4-9)知，附加零点将使 t_r 减小，附加极点将使 t_r 增大。要提高反应速度应增加附加零点。

(2) 峰值时间 t_p

由 $\left.\frac{dc(t)}{dt}\right|_{t=t_p}=0$ 有

$$\frac{\sin(\omega_{dl} t_p + \theta_l + \varphi_f)}{\cos(\omega_{dl} t_p + \theta_l + \varphi_f)} = \frac{\omega_{dl}}{\xi_l \omega_{nl}} = \frac{\sqrt{1-\xi_l^2}}{\xi_l} = \tan\theta_l$$

则
$$t_p = \frac{1}{\omega_{dl}}(\pi - \varphi_f) \tag{4-4-10}$$

式说明附加奇点影响峰值时间 t_p，情况和 t_r 相同。

(3) 超调量 $\sigma_p\%$

由式(4-4-10)有 $\omega_{dl} t_p + \varphi_f = \pi$，则根据 $\sigma_p\%$ 定义有

$$\begin{aligned} \sigma_p\% &= \frac{1}{c(\infty)}[c(t_p) - c(\infty)] \times 100\% \\ &= \frac{1}{H(0)}\left[-\frac{k}{\omega_{nl}\omega_{dl}} A_f e^{-\xi_l \omega_{nl} t_p} \sin(\omega_{dl} t_p + \theta_l + \varphi_f)\right] \times 100\% \\ &= \frac{1}{H(0)}\left[-\frac{k}{\omega_{nl}\omega_{dl}} A_f e^{-\xi_l \omega_{nl} t_p} \sin(\pi + \theta_l)\right] \times 100\% \\ &= \frac{1}{H(0)}\left[\frac{k}{\omega_{nl}\omega_{dl}} A_f e^{-\xi_l \omega_{nl} t_p} \sin\theta_l\right] \times 100\% \\ &= \frac{1}{H(0)}\left[\frac{k}{\omega_{nl}^2} A_f e^{-\xi_l \omega_{nl} \frac{\pi - \varphi_f}{\omega_{dl}}}\right] \times 100\% \quad \left(\sin\theta_l = \frac{\omega_{dl}}{\omega_{nl}}\right) \end{aligned}$$

即
$$\sigma_p\% = \frac{k}{H(0)\omega_{nl}^2} A_f \mathrm{e}^{\frac{-\xi_l(\pi-\varphi_f)}{\sqrt{1-\xi_l^2}}} \times 100\% \tag{4-4-11}$$

式(4-4-11)和式(4-3-20)相比较知,附加奇点使超调量增加一个附加系数 σ_f 且

$$\sigma_f = \frac{k}{H(0)\omega_{nl}^2} A_f \mathrm{e}^{\frac{\varphi_f \xi_l}{\sqrt{1-\xi_l^2}}} \tag{4-4-12}$$

$$= \frac{k}{H(0)\omega_{nl}^2} A_f \mathrm{e}^{\varphi_f \cot\theta_l} \tag{4-4-13}$$

可见 σ_f 永远是一个正数。如果要减小超调量,附加相角的选取为

令 $\sigma_f \leqslant 1$ 有

$$\varphi_f \leqslant \tan\theta_l \ln \frac{H(0)\omega_{nl}^2}{kA_f} \tag{4-4-14}$$

(4) 过渡时间 t_s

依据定义为 $|c(t)-c(\infty)| \leqslant |\Delta| c(\infty) \quad (t \geqslant t_s)$

取包络线方程近似表示有

$$\left| \frac{k}{\omega_{nl}\omega_{dl}} A_f \mathrm{e}^{-\xi_l \omega_{nl} t_s} \right| = |\Delta| H(0)$$

解之得

$$t_s = \frac{1}{\xi_l \omega_{nl}} \left[\ln \frac{1}{|\Delta|} + \ln \frac{kA_f}{H(0)\omega_{nl}\omega_{dl}} \right] \tag{4-4-15}$$

和式(4-3-21)比较,由于有

$$\frac{1}{\sqrt{1-\xi_l^2}} = \frac{\omega_{nl}^2}{\omega_{nl}\omega_{dl}}$$

则式(4-4-15)又可写成

$$t_s = \frac{1}{\xi_l \omega_{nl}} \left[\ln \frac{1}{|\Delta|} + \ln \frac{1}{\sqrt{1-\xi_l^2}} + \ln \frac{k}{H(0)\omega_{nl}^2} A_f \right] \tag{4-4-16}$$

可见它较典型二阶系统的过渡时间增加了一个附加量 t_{sf} 为

$$t_{sf} = \frac{1}{\xi_l \omega_{nl}} \ln \frac{k}{H(0)\omega_{nl}^2} A_f \tag{4-4-17}$$

若使 $t_{sf} \leqslant 0$ 有

$$A_f \leqslant \frac{H(0)\omega_{nl}^2}{k} \tag{4-4-18}$$

【例 4.4】 系统闭环传递函数为

$$H(s) = \frac{(4s+1)}{\left(\frac{1}{6}s+1\right)\left(\frac{1}{4}s^2+\frac{1}{2}s+1\right)}$$

求:t_r、t_p、$\sigma_p\%$、t_s。

解:将传递函数标准化为 $H(s) = \dfrac{96(s+\frac{1}{4})}{(s+6)(s^2+2s+4)}$ 系统可以二阶近似。则有

$k=96$, $\omega_{nl}=2$, $\xi_l=0.5$ $\theta_l=60°$, $\omega_{dl}=\sqrt{3}$, $H(0)=1$,

$A_f = \dfrac{\sqrt{57}}{8\sqrt{7}}$, $\varphi_f = 113.4°-19.1°=94.3°$ 关于 A_f、φ_f 计算如图 4-17 所示。

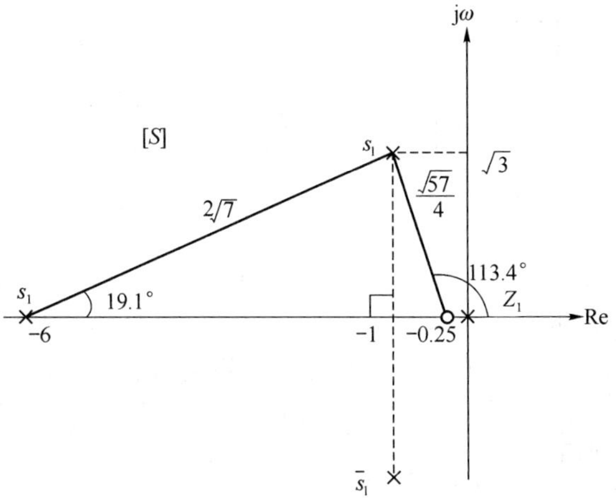

图 4-17 系统 A_f、φ_f 示意图

其单位阶跃响应为 $c(t)=1-\frac{6\sqrt{19}}{\sqrt{7}}e^{-t}\sin(\sqrt{3}t+60°+94.3°)$ 则有

$$t_r=0.2589\text{s}$$

$$t_p=0.8635\text{s}$$

$$\sigma_p\%=360.99\%, t_s=5.2868\text{s}$$

4.5 控制系统的稳态误差

控制系统的输出是否准确是一个十分主要的要求,用误差来加以衡量。误差可分为暂态误差和稳态误差。显然在过渡过程中误差很大,但由于这个过程比较暂短,所以人们并不关心其误差状况,而只关心过渡过程的快速性和平稳性。过渡过程中的误差称为暂态误差,而我们以后所说误差都是稳态误差,即过渡过程结束后进入稳定工作状态时的误差。

系统产生稳定误差主要有两方面原因。一个原因是组成系统的元器件不完善所造成。如配合的间隙、放大器的零漂,元件的老化变质等,这些所造成的误差通常称为静态误差,也不属本章节要研究的问题,即我们所研究的系统,造成静差的原因都已解决。另一个原因是由于系统的结构造成的,这是本节所研究的误差,称为稳态误差。

4.5.1 误差的定义

系统的期望输出量 $c_{req}(t)$ 和实际输出量 $c(t)$ 之差定义为系统的误差 $e(t)$,即

$$e(t)=c_{req}(t)-c(t) \tag{4-5-1}$$

典型控制系统的误差定义可用图 4-18 来表示。它是这样考虑的:在控制信号 $r(t)$ 的控制下,经理想运算方式 $\mu(t)$ 使系统达到理想的输出 $c_{req}(t)$。但实际上是由具有典型结构的系统来实现的,其输出 $c(t)$ 就是实际的输出,两者之差就是系统的误差 $e(t)$。注意:实际系统并没有 $\mu(t)$ 及 $c_{req}(t)$ 与 $c(t)$ 的比较器存在,该框图只是准确地表明了误差的定义。图 4-18是经拉普拉斯变换后的框图。

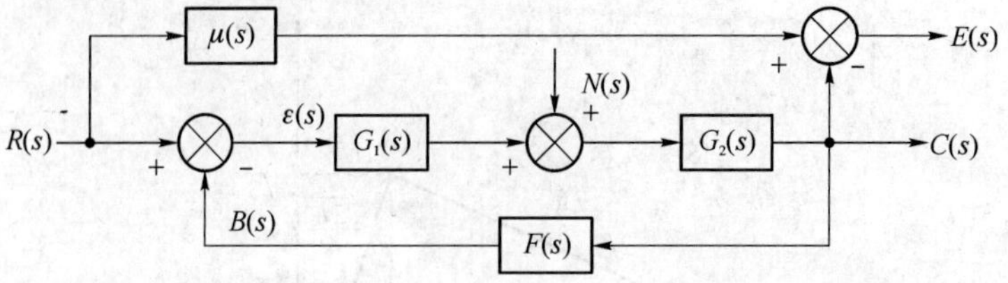

图 4-18　典型系统误差定义框图

图 4-18 中 $\mu(s)$为理想算子的拉普拉斯变换，$R(s)$为参考输入或称为输入信号的拉普拉斯变换，$N(s)$为扰动信号的拉普拉斯变换，$G_1(s)$是控制器的拉普拉斯变换，$G_2(s)$为被控对象的拉普拉斯变换，$F(s)$是反馈装置的拉普拉斯变换，$B(s)$为反馈量的拉普拉斯变换，$\varepsilon(s)$称为偏差的拉普拉斯变换。

应该指出，也有用 $\varepsilon(t)$定义误差的，即

$$\varepsilon(t)=r(t)-b(t) \tag{4-5-2}$$

它定义误差是输入信号和反馈量之差，这种定义误差方式称为由输入端定义。而式(4-5-1)定义的误差，这种定义误差方式称为由输出端定义。实际上两者是具有一定关系的，都可以表述误差状况。本书采用式(4-5-1)定义方式。

4.5.2　误差传递函数

由图 4-18 可以求取关于误差的传递函数表达式。

(1) 误差和输入的传递函数

误差输出 $E(s)$和参考输入 $R(s)$之间的传递函数$\dfrac{E(s)}{R(s)}$表述了由输入信号 $r(t)$所能引起的误差关系，记为 $H_{er}(s)$，由图得

$$H_{er}(s)=\frac{E(s)}{R(s)}=\mu(s)-\frac{G_1(s)G_2(s)}{1+G_1(s)G_2(s)F(s)}$$

如果系统是理想的，它对于任何输入都不产生误差，即 $H_r(s)=0$ 有：

$$\mu(s)=\frac{G_1(s)G_2(s)}{1+G_1(s)G_2(s)F(s)}$$

为简便计，当$|G_1(s)G_2(s)F(s)|\geqslant 1$ 时有

$$\mu(s)=\frac{1}{F(s)} \tag{4-5-3}$$

以后就采用式(4-5-3)来研究问题。则

$$\begin{aligned}H_{er}(s)&=\frac{1}{F(s)}-\frac{G_1(s)G_2(s)}{1+G_1(s)G_2(s)F(s)}\\&=\frac{1}{F(s)}\left[1-\frac{G_1(s)G_2(s)F(s)}{1+G_1(s)G_2(s)F(s)}\right]\\&=\frac{1}{F(s)}\cdot\frac{1}{1+G_1(s)G_2(s)F(s)}\end{aligned} \tag{4-5-4}$$

(2) 误差和扰动的传递函数

误差输出 $E(s)$和扰动信号 $N(s)$间传递函数记为 $H_{en}(s)$

$$H_{en}(s)=\frac{-G_2(s)}{1+G_1(s)G_2(s)F(s)} \tag{4-5-5a}$$

$$=\frac{1}{F(s)}\cdot\frac{-G_2(s)F(s)}{1+G_1(s)G_2(s)F(s)} \tag{4-5-5b}$$

(3) 系统误差的拉普拉斯变换式

$$E(s)=H_{er}(s)R(s)+H_{en}(s)N(s) \tag{4-5-6}$$

系统的误差等于由输入信号引起的误差和由扰动信号所引起的误差的叠加。

(4) 偏差的传递函数

记 $H_{\varepsilon r}(s)=\dfrac{\varepsilon(s)}{R(s)}$;$H_{\varepsilon n}(s)=\dfrac{\varepsilon(s)}{N(s)}$,则有

$$H_{\varepsilon r}(s)=\frac{1}{1+G_1(s)G_2(s)F(s)} \tag{4-5-7}$$

$$H_{\varepsilon n}(s)=\frac{-G_2(s)F(s)}{1+G_1(s)G_2(s)F(s)} \tag{4-5-8}$$

$$\varepsilon(s)=H_{\varepsilon r}(s)R(s)+H_{\varepsilon n}(s)N(s) \tag{4-5-9}$$

(5) 误差和偏差之间的关系

如果系统有 $F(s)=1$(即全反馈)称系统为单位负反馈系统。

比较式(4-5-4)和式(4-5-7);式(4-5-5b)和式(4-5-8)可知,误差传递函数和偏差传递函数之间只相差一个系数$\dfrac{1}{F(s)}$,因此如何定义误差概念都可以相互转换。特别地对于单位负反馈系统,两者是相等的。

4.5.3　误差的计算

求取系统误差有多种方法,本书仅就使用拉普拉斯变换方法进行介绍,其他方法请参阅相关书籍。

1. 终值定理法

将式(4-5-6)再列出为

$$E(s)=H_{er}(s)R(s)+H_{en}(s)N(s)$$

将其进行拉普拉斯反变换,即得误差的响应结果,即

$$e(t)=L^{-1}[E(s)]$$

我们已经知道,这个响应一定由两部分构成,暂态和稳态。我们所说的误差就是误差响应的稳态分量,记为$\underset{t\to\infty}{e_{ss}(t)}=e_{ss}(\infty)$。

如 $E(s)$不具有共轭虚极点和 S 平面右半平面极点,则可应用拉普拉斯终值定理求取。

$$e_{ss}(\infty)=\lim_{t\to\infty}e(t)=\lim_{s\to 0}sE(s) \tag{4-5-10}$$

稳定的系统其传递函数闭环极点全部在 S 左半平面,因此只要输入信号满足约束条件即可应用终值定理。在典型输入信号中正弦信号具有共轭虚极点,故不能应用终值定理求误差。

依据终值定理有

$$\begin{aligned}e_{ss}(\infty)&=\lim_{s\to 0}s[H_{er}(s)R(s)+H_{en}(s)N(s)]\\&=\lim_{s\to 0}sH_{er}(s)R(s)+\lim_{s\to 0}sH_{en}(s)N(s)\\&=e_{ssr}(\infty)+e_{ssn}(\infty)\end{aligned}$$

系统稳态误差由输入信号引起的误差和由扰动引的误差叠加而形成。

【例 4.5】　如图 4-19 所示系统,已知输入和扰动信号为

$$r(t)=3\cdot I(t)+5t+\frac{1}{2}t^2$$

$$n(t)=I(t)+3t$$

要求 $e_{ss}(\infty)\leqslant 0.05$，试确定 K 值。

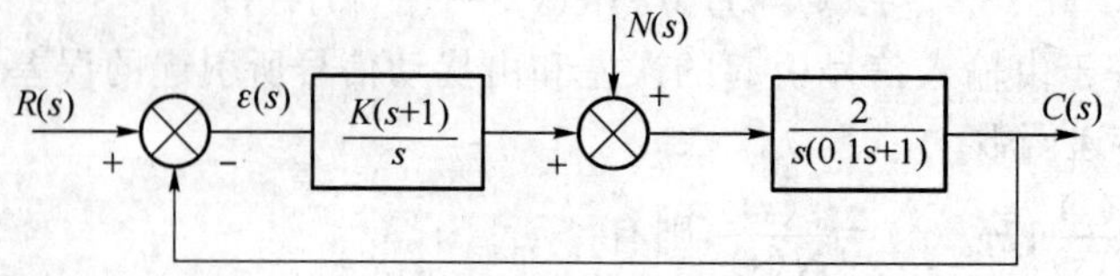

图 4-19　系统框图

解：由图 4-19 有

$$H_{er}(s)=\frac{\varepsilon(s)}{R(s)}=\frac{1}{1+\dfrac{2K(s+1)}{s^2(0.1s+1)}}=\frac{s^2(0.1s+1)}{s^2(0.1s+1)+2K(s+1)}$$

$$H_{en}(s)=\frac{\varepsilon(s)}{N(s)}=\frac{2s}{s^2(0.1s+1)+2K(s+1)}$$

则　$e_{ssr}(\infty)=\lim\limits_{s\to 0} sH_{er}(s)R(s)$

$$=\lim_{s\to 0} s\frac{s^2(0.1s+1)}{s^2(0.1s+1)+2K(s+1)}\left(\frac{3}{s}+\frac{5}{s^2}+\frac{1}{s^3}\right)$$

$$=e_{ssrp}(\infty)+e_{ssrv}(\infty)+e_{ssra}(\infty)$$

其中：　$e_{ssrp}(\infty)$称为位置误差，$e_{ssrv}(\infty)$称为速度误差，$e_{ssra}(\infty)$称为加速度误差

$$e_{ssrp}(\infty)=\lim_{s\to 0} s\frac{s^2(0.1s+1)}{s^2(0.1s+1)+2K(s+1)}\cdot\frac{3}{s}=0$$

结果说明当输入信号为阶跃信号时，所造成的误差为 0，称为无差。

$$e_{ssrv}(\infty)=\lim_{s\to 0} s\frac{s^2(0.1s+1)}{s^2(0.1s+1)+2K(s+1)}\cdot\frac{5}{s^2}=0$$

结果说明速度信号输入该系统是无差的，或者说，输入信号若是速度信号，系统的稳态输出和输入信号完全一致(称为复现)。

$$e_{ssra}(\infty)=\lim_{s\to 0} s\frac{s^2(0.1s+1)}{s^2(0.1s+1)+2K(s+1)}\cdot\frac{1}{s^3}=\frac{1}{2K}$$

结果说明若单位加速度信号$\left(\dfrac{1}{2}t^2\right)$送入系统其输出和输入相差一个常量$\dfrac{1}{2K}$，可见开环放大系数 K 与稳态误差有关，K 越大误差越小。

故输入信号引起的稳态误差为

$$e_{ssr}(\infty)=\frac{1}{2K}$$

同理扰动引起的稳态误差为

$$e_{ssnp}(\infty)=\lim_{s\to 0} s\frac{2s}{s^2(0.1s+1)+2K(s+1)}\cdot\frac{1}{s}=0$$

$$e_{ssnv}(\infty)=\lim_{s\to 0} s\frac{2s}{s^2(0.1s+1)+2K(s+1)}\cdot\frac{3}{s^2}=\frac{3}{K}$$

则
$$e_{ssn}(\infty)=\frac{3}{K}$$

故令
$$e_{ss}(\infty)=\frac{1}{2K}+\frac{3}{K}\leqslant 0.05$$

得
$$K\geqslant 70$$

终值定理的方法只是得到最终结果，而对由 $t_s \to \infty$期间的具体情况不能展示。

2. 系统的类型

在例 4.5 中我们看到对输入信号，只要是阶跃信号、速度信号，无论其幅值如何，输出都是无差的，但这是利用终值定理计算出来的。引入类型的概念，使人们可以很快根据输入信号状况判定误差状况。

设典型控制系统有

$$G_1(s)=\frac{K_1P_1(s)}{s^vM_1(s)};G_2(s)=\frac{K_2P_2(s)}{s^\mu M_2(s)};F(s)=\frac{K_FP_3(s)}{M_3(s)}$$

其中 v 为积分环节的个数，K_i 为放大器的放大系数，$M_i(s)$；$P_i(s)$为非积分环节乘积的既约多项式。

则系统的闭环误差传递函数为

$$H_{er}(s)=\frac{1}{F(s)}\cdot\frac{1}{1+G_1(s)G_2(s)F(s)}=\frac{s^{v+\mu}M(s)M_3(s)}{[s^{v+\mu}M(s)+K_1K_2K_FP(s)]K_FP_3(s)} \tag{1}$$

$$H_{en}(s)=-\frac{G_2(s)}{1+G_1(s)G_2(s)F(s)}=-\frac{K_2s^vM_1(s)M_3(s)P_2(s)}{s^{v+\mu}M(s)+K_1K_2K_pP(s)} \tag{2}$$

式中，$M(s)=M_1(s)M_2(s)M_3(s)$，$P(s)=P_1(s)P_2(s)P_3(s)$。

设输入信号和扰动信号都是幂级数信号，其拉普拉斯变换式为

$$R(s)=N(s)=\sum_{m=0}^{\infty}\frac{m!a_m}{s^{m+1}} \tag{3}$$

则其由输入引起的稳态误差为

$$E_{ssr}(s)=\sum_{j=1}^{m+1}\frac{m!a_m}{(j-1)!}[H_{en}(s)]^{(j-1)}\Big|_{s=0}\frac{1}{s^{m+2-j}} \tag{4}$$

由扰动引起的稳态误差为

$$E_{ssn}(s)=\sum_{j=1}^{m+1}\frac{m!a_m}{(j-1)!}[H_{en}(s)]^{(j-1)}\Big|_{s=0}\frac{1}{s^{m+2-j}} \tag{5}$$

由式(4)、式(5)可知待定系数是误差传递函数的导数在 $s=0$ 时的值。

由式(1)知，只有在 $v+\mu=m$ 时，待定系统才是常量，若 $m<v+\mu$，其各系数均为零。由此可见积分环节的个数和待定系数有密切关系，即和误差有密切关系。式(2)亦如此。

定义：开环传递函数中积分环节的个数称为系统的类型或无差度。

无积分环节称为 0 型，有一个积分环节称为Ⅰ型，两个称为Ⅱ型，如此类推。

如果幂级数信号的幂次低于类型值，则其所造成的误差为 0；等于类型值其误差为常量；如果高于类型值则误差为∞。

有两点应说明：

其一：类型号和信号关系仅可以确定其趋势，而不能准确确定误差值(不能求取具体常量值)，若要求值应使用其他求值方法。

其二：应注意到式(1)和式(2)分子中 s 的幂次一个是 $v+\mu$，一个是 v。这说明对于输入信号和扰动信号其类型可能是不一样的。对于输入信号无论积分环节处于主通道的什么位置都对类型值有影响，而对于扰动信号，积分环节只有加于扰动作用点的左侧(或称为之前)才计入类型值中。

【例 4.6】 对于例 4.5 中系统利用类型概念判定两个信号所造成的误差状况。

解：(1) 对于输入信号其类型为Ⅱ型(两个积分环节)。

则当 $r(t)=2I(t)+5t+\frac{1}{2}t^2$ 时，阶跃信号 $3I(t)$是 t 是 0 次幂，故误差为 0；速度信号 $5t$ 是 t 的一次幂，其所造成的误差为 0；加速度信号是 t 的二次幂，等于型号，故误差为常量。其值可由终值定理法求出。

(2) 对于扰动信号其类型为Ⅰ型(因为在 $N(s)$加入点左侧有一个积分环节)，故当 $n(t)=I(t)+3t$时，速度信号 $3t$ 可造成常值误差，并可由相应方法求出。

3. 误差系数法

误差系数法仅适用于输入信号所造成误差的分析。误差系数法是应用开环传递函数来计算系统误差的方法。

设系统的闭环输入误差传递函数为

$$H_{er}(s)=\frac{1}{F(s)}\cdot\frac{1}{1+G_1(s)G_2(s)F(s)}$$

其中 $F(s)$是不含积分和微分环节的。因为含有积分环节，系统的闭环传递函数 $H(s)$ 的分子中将含有算子 s 作为因子，这相当于对输入信号进行微分运算，一般不采用。如果在 $F(s)$中含有微分环节，则将降低系统的类型，因此在主反馈通道中不采用此种方式。因而，$F(s)$中含有放大系数 K_F 有$\lim\limits_{s\to0}F(s)=K_F$。

根据终值定理法有：

(1) 若输入信号为单位阶跃信号，则其所造成的误差为

$$\begin{aligned}e_{ssrp}(\infty)&=\lim_{s\to0}s\frac{1}{F(s)[1+G_1(s)G_2(s)F(s)]}\cdot\frac{1}{s}\\&=\frac{1}{\lim\limits_{s\to0}F(s)[1+\lim\limits_{s\to0}G_1(s)G_2(s)F(s)]}\\&=\frac{1}{K_F}\cdot\frac{1}{1+\lim\limits_{s\to0}G_1(s)G_2(s)F(s)}\\&=\frac{1}{K_F}\cdot\frac{1}{1+K_p}\\&\doteq\frac{1}{K_FK_p}\quad(K_p\gg1)\end{aligned}\tag{4-5-11}$$

定义：$K_p=\lim\limits_{s\to0}G_1(s)G_2(s)F(s)$称为位置误差系数。

(2) 若输入信号为单位速度信号，则其所造成的误差为

$$\begin{aligned}e_{ssrv}(\infty)&=\lim_{s\to0}s\frac{1}{F(s)[1+G_1(s)G_2(s)F(s)]}\cdot\frac{1}{s^2}\\&=\frac{1}{\lim\limits_{s\to0}sF(s)+\lim\limits_{s\to0}F(s)\cdot\lim\limits_{s\to0}sG_1(s)G_2(s)F(s)}\\&=\frac{1}{K_F\lim\limits_{s\to0}sG_1(s)G_2(s)F(s)}\\&=\frac{1}{K_FK_v}\end{aligned}\tag{4-5-12}$$

定义：$K_v=\lim\limits_{s\to0}sG_1(s)G_2(s)F(s)$称为速度误差系数。

(3) 若输入信号为单位加速度信号,则有

$$e_{ssrv}(\infty)=\lim_{s\to 0} s\frac{1}{F(s)[1+G_1(s)G_2(s)F(s)]}\cdot\frac{1}{s^3}$$
$$=\frac{1}{K_F\lim\limits_{s\to 0} s^2G_1(s)G_2(s)F(s)} \tag{4-5-13}$$
$$=\frac{1}{K_FK_a}$$

定义:$K_a=\lim\limits_{s\to 0} s^2G_1(s)G_2(s)F(s)$称为加速度误差系数。

依此方法可以继续定义更高次幂信号的误差系数。

由上可见,对于输入信号而言误差的计算可以不必再使用终值定理,而直接对输入信号求取其对应的误差系数,再根据式(4-5-11)、式(4-5-12)、式(4-5-13)计算。

由上述诸式可见,反馈装置的放大系数 K_F 对于误差的作用要强于主通道中放大系数,但实际系统中 K_F 不会很大,所以改变误差主要还是靠主通道放大系数。

由上还看出,误差的求取以求取偏差再求误差为宜,因为单位反馈两者相同,非单位负反馈也只要乘以$\frac{1}{K_F}$即可。

【例 4.7】 在例 4.5 中,已知 $K=30$,$n(t)=0$,$r(t)=4t+2t^2$,求其稳态误差。

解:由图 4-19 求得系统开环传递函数为

$$G(s)=\frac{60(s+1)}{s^2(0.1s+1)}$$

对于 $r_1(t)=4t$ 求 K_v 得

$$K_v=\lim_{s\to 0} sG(s)=\lim_{s\to 0} s\frac{60(s+1)}{s^2(0.1s+1)}=\infty$$

故

$$e_{ssrv}(\infty)=\frac{4}{K_v}=0$$

对于 $r_2(t)=2t^2$ 求 K_a,得

$$K_a=\lim_{s\to 0} s^2G(s)=\lim_{s\to 0} s^2\frac{60(s+1)}{s^2(0.1s+1)}=60$$

所以

$$e_{ssra}(\infty)=\frac{4}{K_\alpha}=\frac{1}{15}=0.067$$

则

$$e_{ssr}(\infty)=0.067$$

4.6 系统性能的 MATLAB 仿真

1. 绘制二阶系统单位阶跃响应曲线

绘制无阻尼振荡角频率为 2,阻尼比分别为:0;0.2;0.4;0.6;0.707;0.8;1;1.5;1.8 时,典型二阶系统的单位阶跃响应曲线。

```
% 典型二阶系统的响应(sigma = [0;0.2;…;1.8])
Wn = 2
```

```
sigma = [0,0.2,0.4,0.6,0.707,0.8,1.0,1.5,1.8]
num = Wn * Wn;
t = linspace(0,10 ,200)'
for j = 1:9
 den = conv([1,0],[1,2 * Wn * sigma(j)]);
     G1 = tf(num,den)
     G = feedback(G1,1)
     y(:,j) = step(G,t);
end
     plot(t,y(:,1:9))
     grid
     gtext('sigma = 0')
     gtext('sigma = 0.2')
     gtext('sigma = 0.4')
     gtext('sigma = 0.6')
     gtext('sigma = 0.707')
     gtext('sigma = 0.8')
     gtext('sigma = 1.0')
     gtext('sigma = 1.5')
     gtext('sigma = 1.8')
```

执行得曲线如图 4-20 所示。

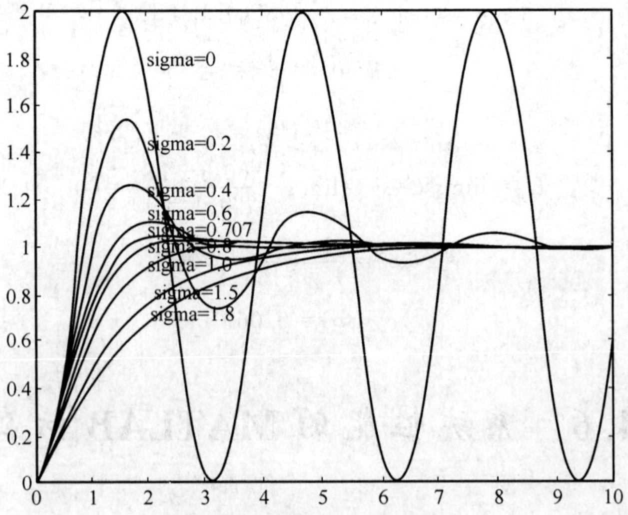

图 4-20　单位阶跃响应曲线

2. 绘制高阶系统的单位阶跃响应曲线

```
%高阶系统 H(s) = 4/(s^4 + 6s^3 + 12s^2 + 16s + 8) 的阶跃响应
num = 4;
```

```
den = [1  6  12  16  8];
H = tf(num,den)
step(H)
```

执行得曲线图如图 4-21 所示。

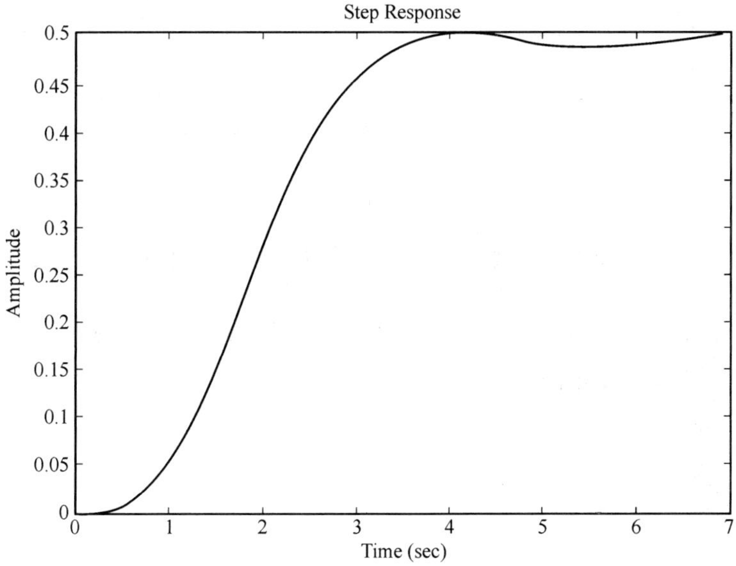

图 4-21　单位阶跃响应曲线

习　题

4.1　控制系统的微分方程式为

$$T\frac{\mathrm{d}c(t)}{\mathrm{d}t}+c(t)=Kr(t)$$

其中 $T=2\mathrm{s}$，$K=10$，试求：

(1) 系统在单位阶跃函数作用下，$c(t_1)=9$ 时的 t_1 的值。

(2) 系统在单位脉状函数作用下，$c(t_1)=1$ 时的 t_1 的值。

4.2　设系统的单位阶跃响应为

$$c(t)=5(1-\mathrm{e}^{-0.5t})$$

求这个系统的过渡过程时间。

4.3　设一单位负反馈系统的开环传递函数为

$$G(s)=\frac{4}{s(s+5)}$$

求这个系统的单位阶跃响应。

4.4　二阶系统的闭环传递函数为

$$H(s)=\frac{25}{s^2+6s+25}$$

求单位阶跃响应的各项指标：t_r，t_p，t_s 和 $\sigma_p\%$。

4.5 题图 4-1(a)所示系统的性能指标如何？如果要使 $\xi=0.5$，可用测速发电机反馈如图(b)，问 $K=$？此时系统的性能指标又如何？是否改善了？并做出原系统和测速发电机反馈系统的单位阶跃响应曲线。

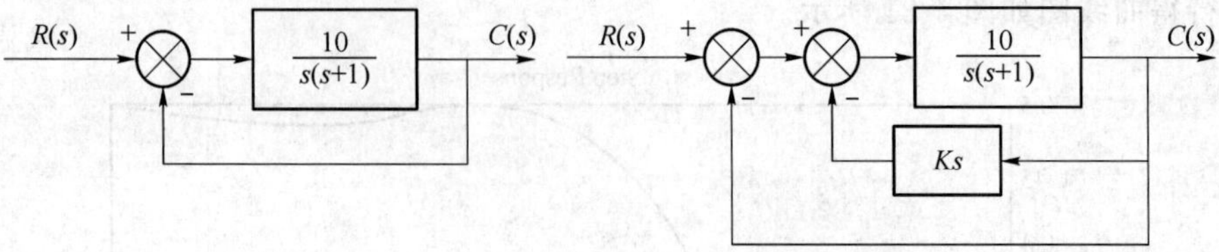

(a) (b)

题图 4-1

4.6 在题图 4-2 的结构中，确定使自然频率为 6(1/s)，阻尼比等于 1 的 K_1 和 K_2 值。如果输入信号 $r(t)=I(t)$，试计算该系统的各项性能指标。

4.7 设二阶控制系统的单位阶跃响应曲线如题图 4-3 所示，如果该系统属于单位负反馈系统，试确定其开环传递函数。

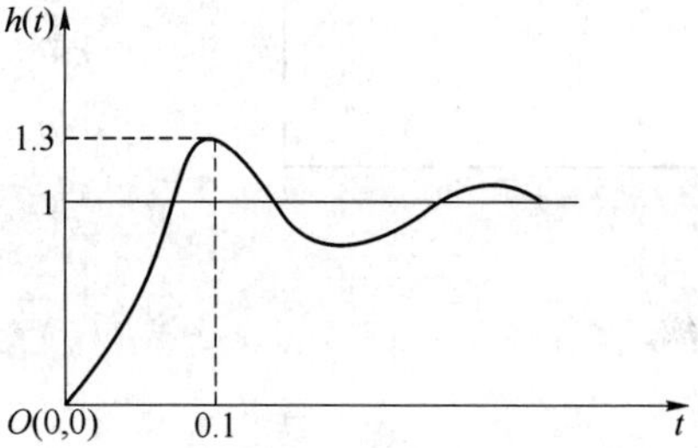

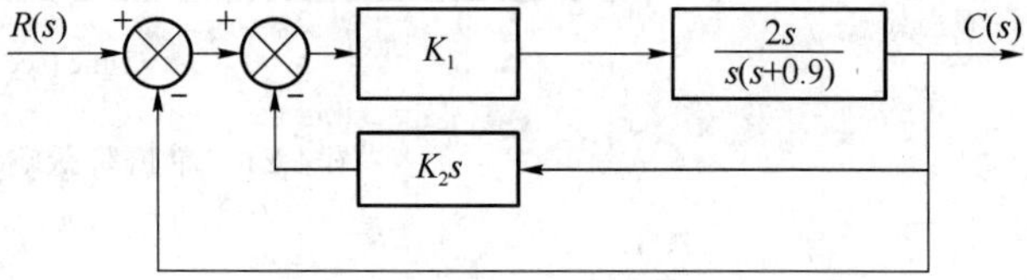

题图 4-2　　　　题图 4-3

4.8 系统结构如题图 4-4 所示。若系统在单位阶跃输入下，其输出以 $\omega_n=2$ rad/s 的频率做等幅振荡，试确定此时的 K 和 a 值。

4.9 设一系统的闭环传递函数为

$$H(s)=\frac{\omega_n^2}{s^2+2\xi\omega_n s+\omega_n^2}$$

为了使系统的单位阶跃响应有大约 5%的超调量和 2s 的过渡过程时间，试求 ξ 和 ω_n 的值。

4.10 对题图 4-5 所示系统，试求

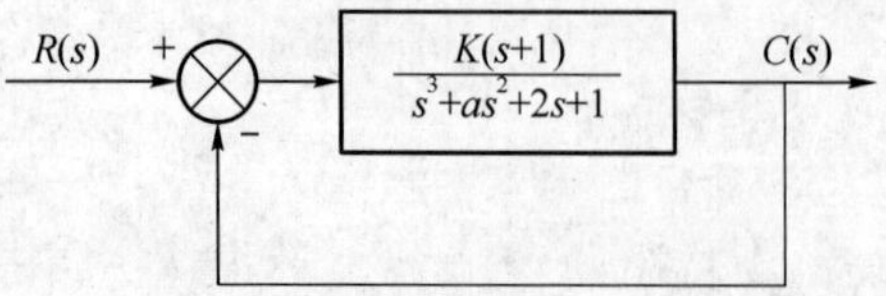

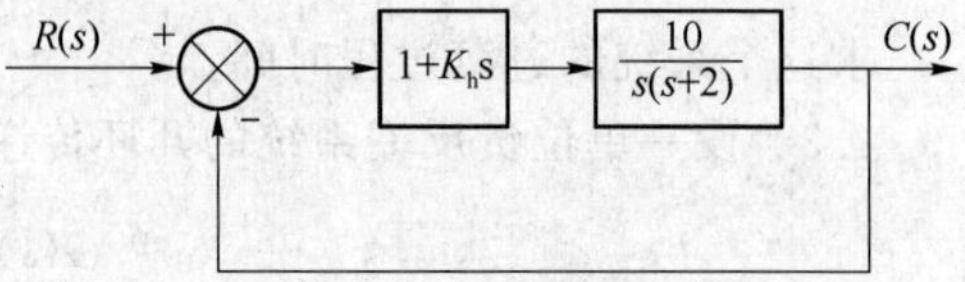

题图 4-4　　　　题图 4-5

(1) K_h 为多少时，阻尼比 $\xi=0.5$？

(2) 单位阶跃响应的超调量 $\sigma\%$ 和过渡过程时间 t_s；

(3) 比较加入 $(1+K_h s)$ 与不加入 $(1+K_h s)$ 时系统的性能。

4.11　设系统的初始条件为零，其微分方程式如下：

(1) $0.2\dot{c}(t)=2r(t)$

(2) $0.04\ddot{c}(t)+0.24\dot{c}(t)+c(t)=r(t)$

试求：(1) 系统的单位冲激响应；

(2) 在单位阶跃函数作用下系统的过渡过程及最大超调 $\sigma_p\%$、峰值时间 t_p、过渡过程时间 t_s。

4.12　典型二阶系统的单位阶跃响应为

$$c(t)=1-1.25e^{-1.2t}\sin(1.6t+53.1°)$$

试求系统的最大超调 $\sigma_p\%$、峰值时间 t_p、过渡过程时间 t_s。

4.13　系统零初始条件下的单位阶跃响应为

$$c(t)=1+0.2e^{-60t}-1.2e^{-10t}$$

(1) 试求该系统的闭环传递函数；

(2) 试确定阻尼比 ξ 与无阻尼自振角频率 ω_n。

4.14　已知单位负反馈系统开环传递函数为

$$G(s)=\frac{50}{s(s+10)}$$

试求：(1) 系统的单位冲激响应；

(2) 当初始条件 $c(0)=1$，$\dot{c}(0)=0$ 时系统的输出信号的拉普拉斯变换式；

(3) 当 $r(t)=1(t)$ 时的响应；

(4) 当 $c(0)=1$，$\dot{c}(0)=0$ 与 $r(t)=1(t)$ 同时加入时系统的响应。

4.15　设单位负反馈系统的开环传递函数为

$$G(s)=\frac{1}{s(s+1)}$$

试求系统的上升时间 t_r、峰值时间 t_p、最大超调 $\sigma_p\%$ 和过渡过程时间 t_s。

4.16　试求题图 4-6 所示系统的阻尼比 ξ、无阻尼自振角频率 ω_n 及峰值时间 t_p、最大超调 $\sigma_p\%$。系统的参数是：

(1) $K_M=10s^{-1}$，$T_M=0.1s$

(2) $K_M=20s^{-1}$，$T_M=0.1s$

4.17　对由如下闭环传递函数表示的三阶系统

$$\frac{C(s)}{R(s)}=\frac{816}{(s+2.74)(s+0.2+j0.3)(s+0.2-j0.3)}$$

说明该系统是否有主导极点。如有，求出该极点，并求取 t_p、$\sigma_p\%$、t_s。

4.18　已知控制系统的框图如题图 4-7 所示。要求系统的单位阶跃响应 $c(t)$ 具有最大超调 $\sigma_p\%=16.3\%$ 和峰值时间 $t_p=1s$。试确定前置放大器的增益 K 及局部反馈系数 τ。

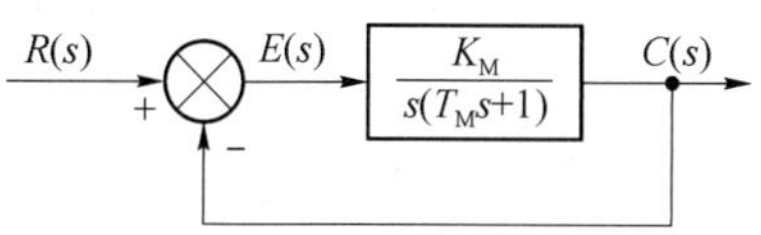

题图 4-6

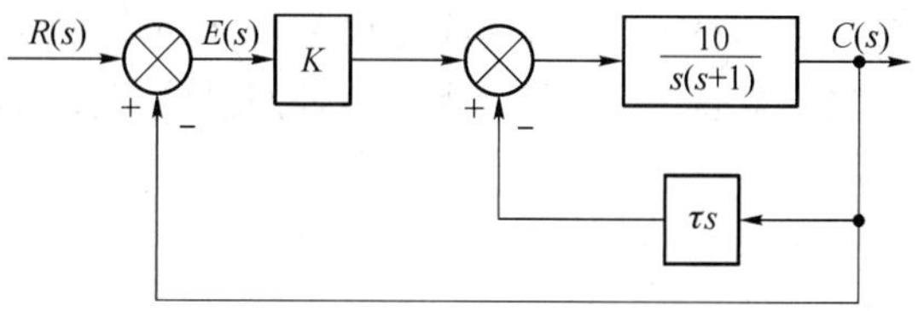

题图 4-7　控制系统的框图

4.19 已知二阶系统的闭环传递函数为 $H(s)=\dfrac{C(s)}{R(s)}=\dfrac{\omega_n^2}{s^2+2\xi\omega_n s+\omega_n^2}$，试在同一[S]平面上画出对应题图 4-8 中三条单位阶跃响应曲线的闭环极点相对位置，并简要说明。图中 t_{s1}、t_{s2} 分别是曲线①、曲线②的过渡过程时间，t_{p1}、t_{p2}、t_{p3} 是曲线①、②、③的峰值时间。

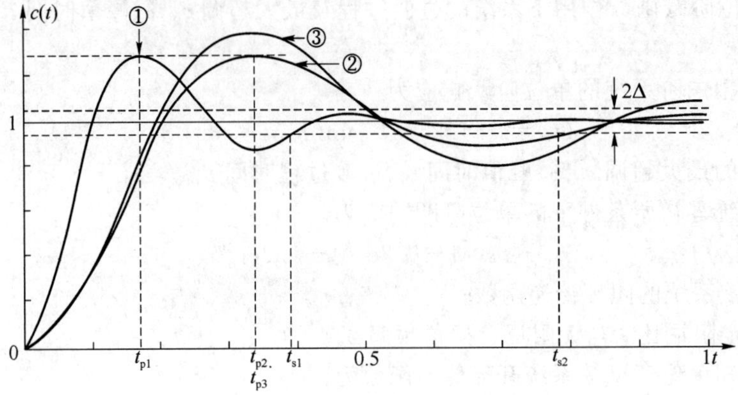

题图 4-8 二阶系统的单位阶跃响应

4.20 控制系统框图如题图 4-9 所示。要求系统的单位阶跃响应的最大超调 $\sigma_p\%=20\%$，过渡过程时间 $t_s\leqslant1.5\text{s}$（取 $\Delta=0.05$），试确定 K 与 b 值。

4.21 已知系统框图如题图 4-10 所示，要求：

(1) 当 $r(t)=2t^2$ 时，$e_{ssr}(\infty)\leqslant0.1$；

(2) 当 $n(t)=t$ 时，$e_{ssn}(\infty)\leqslant0.1$。

试确定 K_1 的值。

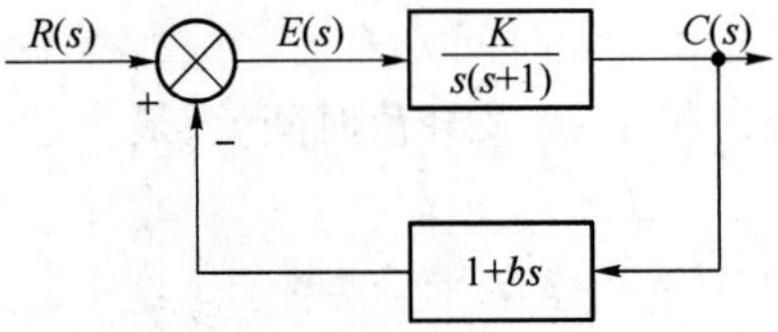

题图 4-9 控制系统框图

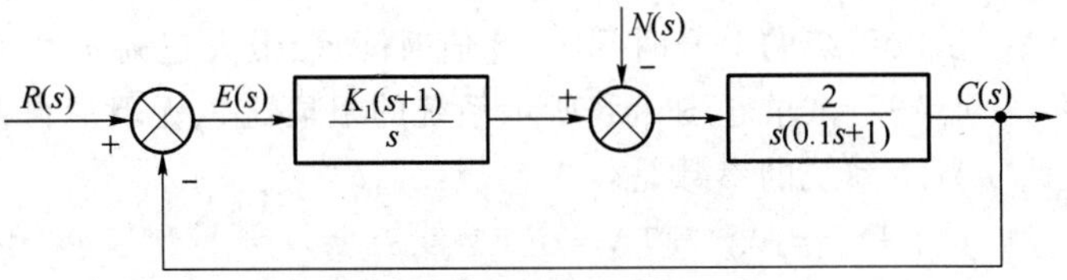

题图 4-10 控制系统框图

4.22 已知单位负反馈系统的开环传递函数为

$$G(s)=\frac{K}{s(s^2+8s+25)}$$

试根据下述要求确定 K 的取值范围。

(1) 使闭环系统稳定；

(2) 当 $r(t)=2t$ 时，其稳态误差 $e_{ssr}(\infty)\leqslant0.5$。

4.23 题图 4-11 所示为仪表伺服系统框图，试求取 $r(t)$ 为下述各种情况时的稳态误差 $e_{ssr}(\infty)$。

(1) $r(t)=I(t)$；

(2) $r(t)=10\cdot I(t)$；

(3) $r(t)=4+6t+3t^2$。

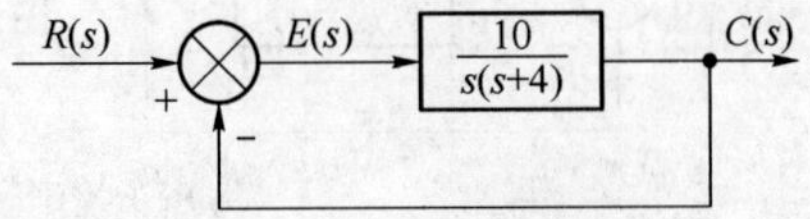

题图 4-11 系统框图

4.24　已知单位负反馈系统开环传递函数如下，试分别求出当 $r(t)=1(t)$、t、t^2 时系统的稳态误差终值。

(1) $G(s)=\dfrac{100}{(0.1s+1)(0.5s+1)}$；

(2) $G(s)=\dfrac{4(s+3)}{s(s+4)(s^2+2s+2)}$；

(3) $G(s)=\dfrac{8(0.5s+1)}{s^2(0.1s+1)}$。

4.25　假设可用传递函数 $\dfrac{C(s)}{R(s)}=\dfrac{1}{Ts+1}$ 描述温度计的特性，现在用温度计测量盛在容器内的水温，需要一分钟时间才能指出实际水温的 98% 的数值。如果给容器加热，使水温依 10℃/min 的速度线性变化，问温度计的稳态误差有多大？

4.26　设控制系统如题图 4-12 所示，控制信号为 $r(t)=I(t)$(rad)。试分别确定当 K_h 为 1 和 0.1 时，系统输出量的位置误差。

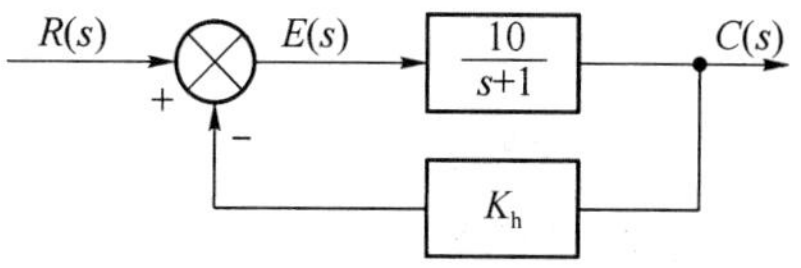

题图 4-12　控制系统框图

4.27　题图 4-13 所示为调速系统框图，图中 $K_h=0.1$ V/(rad/s)。当输入电压为 10 V 时，试求稳态偏差与稳态误差。

4.28　具有扰动 $n(t)$ 的控制系统如题图 4-14 所示。试计算扰动产生的系统稳态误差。扰动信号为 $n(t)=R_f\cdot I(t)$。

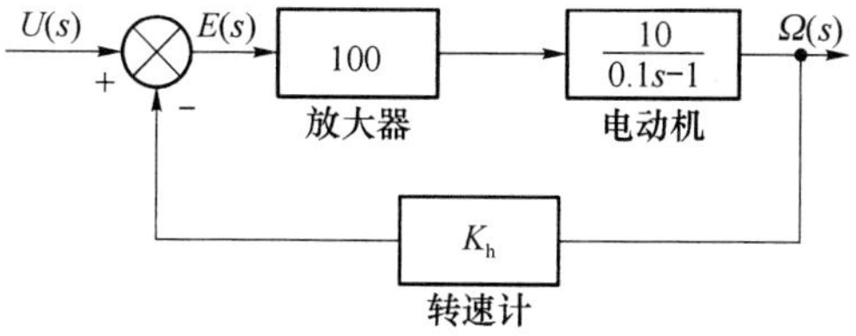

题图 4-13　调速系统框图

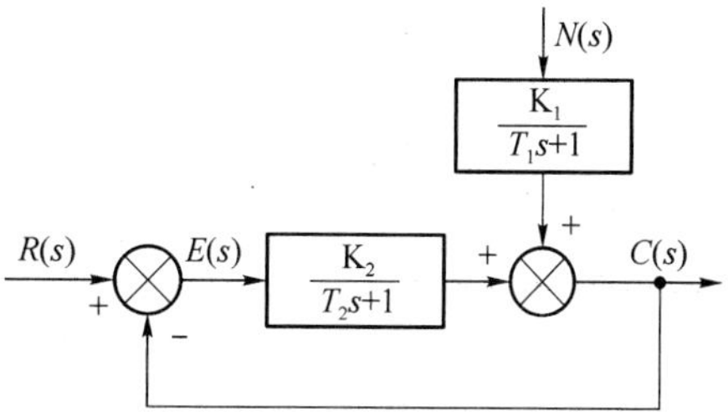

题图 4-14　控制系统框图

4.29　对题图 4-15 图所示控制系统，要求：

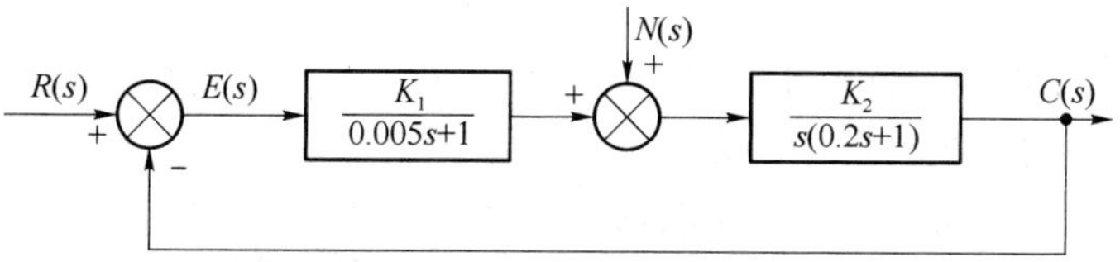

题图 4-15　控制系统框图

(1) 在 $r(t)$ 作用下，过渡过程结束后，$c(t)$ 以 2 rad/s 变化，其 $e_{ssr}(t)=0.01$ rad；

(2) 当 $n(t)=-I(t)$ 时，$e_{ssn}(t)=0.1$ rad。

试确定 K_1、K_2 的值，并说明要提高系统控制精度 K_1、K_2 应如何变化？

4.30　设单位负反馈系统的开环传递函数为

$$G(s)=\frac{100}{s(0.1s+1)}$$

试求当输入信号 $r(t)=\sin 5t$ 时，系统的稳态误差。

4.31　控制系统框图如题图 4-16 所示。当扰动信号分别为 $n(t)=I(t)$、$n(t)=t$ 时，试计算下列两种情况下扰动信号 $n(t)$产生的稳态误差。

(1) $G_1(s)=K_1$　　　$G_2(s)=\dfrac{K_2}{s(T_2s+1)}$

(2) $G_1(s)=\dfrac{K_1(T_1s+1)}{s}$　　　$G_2(s)=\dfrac{K_2}{s(T_2s+1)}(T_1>T_2)$

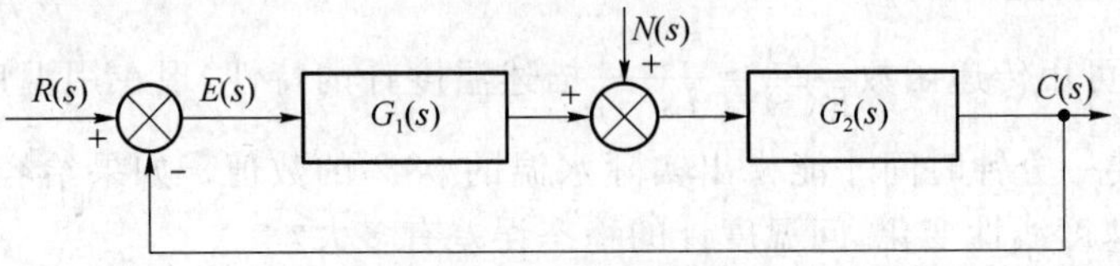

题图 4-16　控制系统框图

4.32　要使如题图 4-17 所示的系统对输入 $r(t)$具有二阶无差度(即为Ⅱ型系统)，试选择参数 K_0 和 τ 的值。

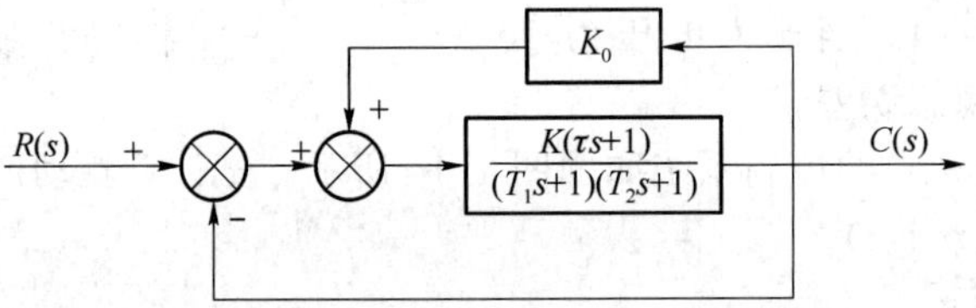

题图 4-17

4.33　试求题图 4-18 所示系统在 $r(t)$和 $n(t)$同时作用下的稳态误差。$(e=r-c)$

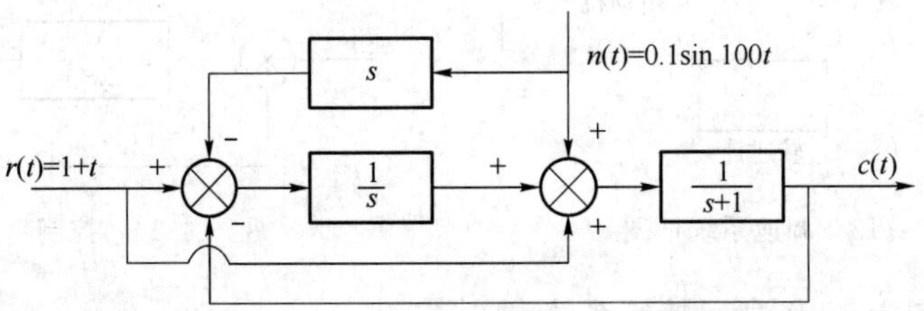

题图 4-18

4.34　某一控制系统如题图 4-19 所示，其中，K_1，K_2 为正常数，$\beta\geqslant 0$。试分析

(1) β 值的大小对系统稳定性的影响；

(2) β 值的大小对在阶跃作用下系统动态品质(调节时间 t_s、超调量 $\sigma_p\%$)的影响；

(3) β 值的大小对在等速作用下 $r(t)=at$ 系统稳态误差的影响。

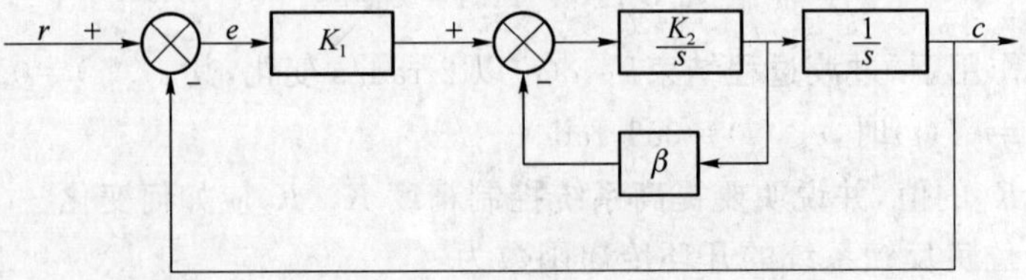

题图 4-19

4.35　题图 4-20 所示系统中，输入信号为 $r(t)=at$，a 是任意常数。设误差 $e(t)=r(t)-c(t)$。试证明通过调节 K_i 的值，该系统由斜坡输入信号引起的稳态误差能达到零。

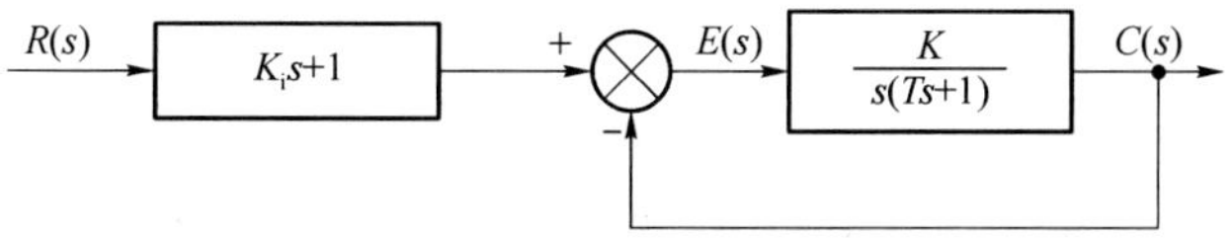

题图 4-20　控制系统框图

4.36　复合控制系统如题图 4-21 所示。若使系统的型别由Ⅰ提高到Ⅱ，试求 λ 的值。

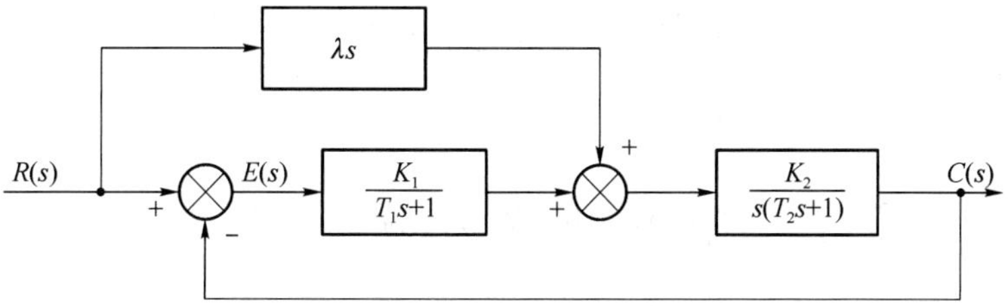

题图 4-21　复合控制系统框图

4.37　题图 4-22 所示为一复合控制系统，为使系统由原来的Ⅰ型的高到Ⅲ型，设

$$G_3(s)=\frac{\lambda_2 s^2+\lambda_1 s}{Ts+1}$$

已知系统参数 $K_1=2$，$K_2=50$，$\xi=0.5$，$T=0.2$，试确定前馈参数 λ_1 及 λ_2。

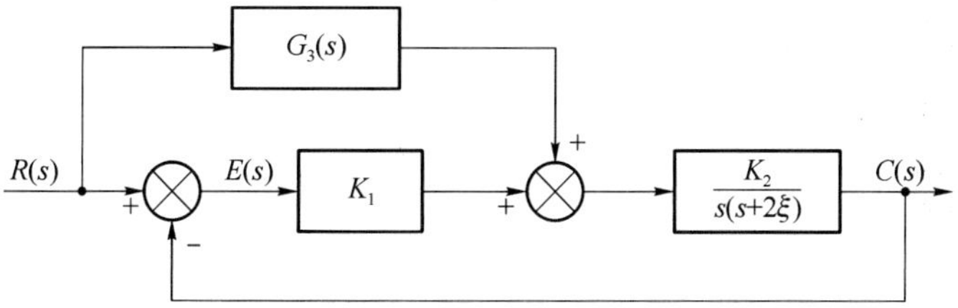

题图 4-22　复合控制系统框图

4.38　已知系统如题图 4-23 所示。

(1) 试选择 $G_c(s)$，使干扰 $n(t)$ 对系统无影响；

(2) 试选择 K_2 使系统具有最佳阻尼比（$\xi=0.707$）

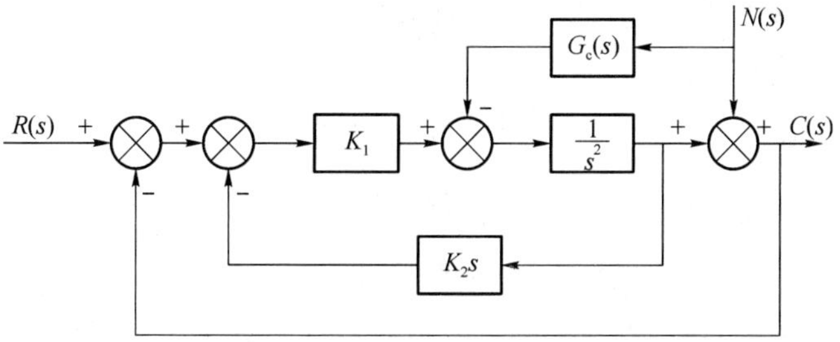

题图 4-23

第5章　频率特性法

频率特性法是经典控制理论中系统分析、综合的极为重要的方法之一。作为实用的工程方法，应用十分广泛。

5.1　频率特性与频率特性法

5.1.1　线性系统的频率响应

对线性系统输入正弦信号，其输出的稳态响应称为系统的频率响应。

设线性系统的闭环传递函数为 $H(s)$，施加的正弦输入信号为

$$r(t)=A_m\sin\omega t \tag{5-1-1}$$

则应用拉普拉斯变换方法有频率响应为

$$\begin{aligned}C_{ss}(s)&=H(s)R(s)\\&=H(s)\frac{A_m\omega}{s^2+\omega^2}\end{aligned} \tag{5-1-2}$$

$$\begin{aligned}&=\left[A_mH(s)\frac{\omega}{s+j\omega}\right]\Bigg|_{s=j\omega}\frac{1}{s-j\omega}+\left[A_mH(s)\frac{\omega}{s-j\omega}\right]\Bigg|_{s=-j\omega}\frac{1}{s+j\omega}\\&=A_m\frac{1}{j2}\left[\frac{H(j\omega)}{s-j\omega}-\frac{H(-j\omega)}{s+j\omega}\right]\end{aligned} \tag{5-1-3}$$

式(5-1-3)中 $H(j\omega)$ 与 $H(-j\omega)$ 一定是共轭复数，它的值由输入信号的角频率所决定，则令

$$H(j\omega)=A(\omega)e^{j\varphi(\omega)} \tag{5-1-4}$$

其中 $A(\omega)$ 是 $H(j\omega)$ 的模值，$\varphi(\omega)$ 是 $H(j\omega)$ 的幅角。

根据拉普拉斯反变换得

$$\begin{aligned}C_{ss}(t)&=L^{-1}[C_{ss}(s)]\\&=A_mA(\omega)\frac{1}{j2}\{e^{j[\omega t+\varphi(\omega)]}-e^{-j[\omega t+\varphi(\omega)]}\}\\&=A_mA(\omega)\sin[\omega t+\varphi(\omega)]\end{aligned} \tag{5-1-5}$$

式(5-1-5)有下述结论：线性系统的输入信号若为正弦信号，其输出的稳态响应是同频率的正弦信号。两者之间的关系完全可由 $H(j\omega)$ 所确定。$H(j\omega)$ 的值由两个因素决定：一个是系统的结构 $H(s)$，另一个是输入正弦信号的角频率。输入信号幅值被放大 $A(\omega)$ 倍，相位移动 $\varphi(\omega)$ 角。

5.1.2　基本概念

系统频率响应和输入正弦信号之间的傅里叶变换比称为系统的频率特性函数，记为

$$\frac{C(\mathrm{j}\omega)}{R(\mathrm{j}\omega)}=H(\mathrm{j}\omega) \tag{5-1-6}$$

由前面知道，频率特性函数可以由闭环传递函数容易地求得，即：在 $H(s)$ 中令 $s=\mathrm{j}\omega$ 则得

$$H(\mathrm{j}\omega)=H(s)\big|_{s=\mathrm{j}\omega} \tag{5-1-7}$$

同理，在系统的开环传递函数中令 $s=\mathrm{j}\omega$ 所获得的函数称为开环频率特性函数，记为 $G(\mathrm{j}\omega)$。实用中 $G(\mathrm{j}\omega)$ 应用更普遍。

频率特性函数的幅值函数 $A(\omega)$ 称为系统的幅频特性函数，它表明了信号角频率和幅值放大系数之间的关系。

频率特性函数的幅角函数 $\varphi(\omega)$ 称为系统的相频特性函数，它表明了信号角频率和频率响应的相位关系。

在工程应用中都采用绘制频率特性函数图像的方法，主要有两种方式：一种图像称为奈奎斯特曲线或幅相频率特性曲线，它是绘制输入信号的角频率连续变化，开环传递函数 $G(\mathrm{j}\omega)$ 的极坐标图像；另一种图像称为伯德图或称为对数频率特性图，它将幅频特性和相频特性图分别绘制。由于采用对数坐标，伯德图使频率特性图的制做大大地简化了，而且使幅频特性可以折线近似，因而工程中应用更普遍、更广泛。

5.1.3　频率特性法及其特点

频率特性法是通过系统开环的频率特性图像来对系统性能指标进行分析以及对系统加以综合、校正的方法。虽然频率特性是稳态响应的结果，但由于频率特性函数中包含了系统的全部动态结构和参数，故其动态过程的规律将完全寓于其中，因此频率特性也是系统的一种数学模型形式。它在分析、综合系统的过程中有许多独到的优点。

频率特性法使用开环传递函数研究系统的闭环结果，而开环的零、极点较容易获得，从而避免了对闭环极点求解的困难。

频率特性法是一种图形方法，因而其具有极强的直观性，且所需计算比较少，易于在工程技术中应用。

频率特性不仅适用于系统，而且适用于控制元件、部件、装置，因而它将复杂的系统分解为若干基本环节的连接，这样就可以方便地分析系统参量对性能的影响，而且对于系统的改进可以较直观地提供可取用的措施。

需要特别指出：频率特性具有明确的物理意义，具有可靠的实验可行性。对于一些机理较为复杂或难于采用解析方法表述的系统或元件，都可以通过实验方法测得频率特性，这对于其建模具有特殊的意义。

5.2　基本环节的频率特性

频率特性法将系统开环频率特性函数分解成若干基本环节，清楚这些基本环节的频率

特性对系统的分析、综合具有极重要的意义。

5.2.1 比例环节

比例环节的增益为：$G(s)=K$ (5-2-1)

其频率特性函数为：$G(j\omega)=K$ (5-2-2)

由(5-2-2)有

$$A(\omega)=K \quad \varphi(\omega)=0°$$

则 $L(\omega)=20\lg A(\omega)=20\lg K\,\text{dB}$ 其伯德图如图 5-1 所示。

比例环节将任何频率的正弦输入幅值放大 K 倍而不产生相移。

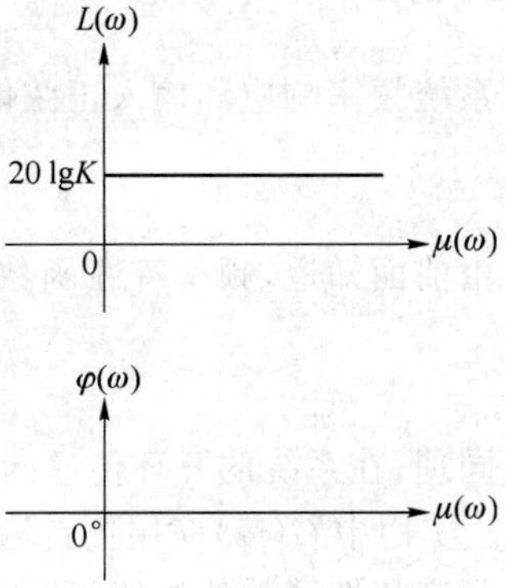

图 5-1 比例环节伯德图

5.2.2 惯性环节

惯性环节增益为

$$G(s)=\frac{1}{Ts+1} \tag{5-2-3}$$

其频率特性函数为

$$G(j\omega)=\frac{1}{1+j\omega T} \tag{5-2-4}$$

式中，T 称为时间常数。

其幅频特性为

$$A(\omega)=\frac{1}{\sqrt{1+(\omega T)^2}} \tag{5-2-5}$$

相频特性为

$$\varphi(\omega)=-\arctan(\omega T) \tag{5-2-6}$$

由式(5-2-5)可见，响应的幅值将被衰减，输入信号 ω 越高，衰减得越厉害。其对数幅频特性为

$$L(\omega)=20\lg\frac{1}{\sqrt{1+(\omega T)^2}}=-20\lg\sqrt{1+(\omega T)^2} \tag{5-2-7}$$

实用中采用折线近似方法，即根据 1 可以被忽略不计和 T 可以忽略不计两种特殊情况绘制幅频特性折线图。

当 $(\omega T)^2\ll 1$ 时，即 $\omega\ll\frac{1}{T}$，则有

$$L\left(\omega\ll\frac{1}{T}\right)=-20\lg 1=0\text{dB} \tag{5-2-8}$$

当 $(\omega T)^2\gg 1$ 时，即 $\omega\gg\frac{1}{T}$，则有

$$L\left(\omega\gg\frac{1}{T}\right)=-20\lg\omega T=20\lg\frac{1}{T}-20\lg\omega \tag{5-2-9}$$

式(5-2-9)说明当横轴取对数坐标时它是一条直线，而且与横轴相交于 $\omega_n=\frac{1}{T}$ 处，称 $\omega_n=\frac{1}{T}$

为转折频率。该直线的斜率为频率每增加 10 倍，幅值相差－20 dB，称为每十倍频程负 20dB，记为－20dB/dec。

结合式(5-2-8)知：惯性环节幅频特性曲线以 $\omega_n=\frac{1}{T}$ 为转折频率，在 $\omega\leqslant\frac{1}{T}$ 时为 0 dB 直线，在 $\omega>\frac{1}{T}$ 时为－20dB/dec 的直线，这个折线为其幅频特性曲线的近似图像，转折频率点位置和 T 有关，如图 5-2 所示。

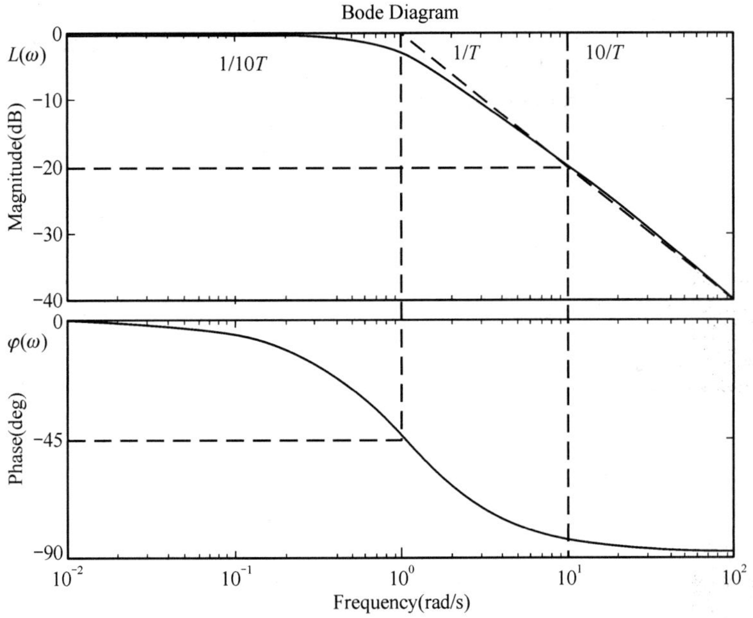

图 5-2　惯性环节伯德图

该折线近似在 $\omega_n=\frac{1}{T}$ 附近与实际曲线误差较大，如需精确关系可以加以修正，图 5-3 给出惯性环节幅频特性误差曲线。

由式(5-2-6)可知，当 $\omega_n=\frac{1}{T}$ 时相移为－45°，$\omega=0$ 时相移 0°，$\omega=\infty$ 时，相移－90°；相频特性曲线的曲率和转折频率点位置无关，即相移大小和 T 无关。表 5.1给出了若干相移值，相频特性曲线如图 5-3 所示。

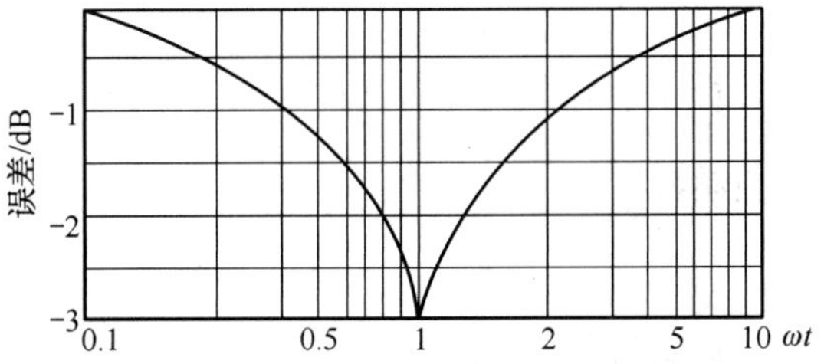

图 5-3　惯性环节幅频特性误差曲线

表 5.1　惯性环节相频特性表

$\omega/\frac{1}{T}$	0	0.05	0.1	0.25	0.5	0.75	1	2	4	10	20	∞
$\varphi(\omega)$	0°	－2.86°	－5.71°	－14.03°	－26.57°	－36.87°	－45°	63.43°	75.96°	84.29°	87.14°	－90°

5.2.3 积分环节

积分环节增益为

$$G(s)=\frac{1}{s} \tag{5-2-10}$$

频率特性函数为 $G(\mathrm{j}\omega)=\dfrac{1}{\mathrm{j}\omega}$ (5-2-11)

由式(5-2-11)知：

$$L(\omega)=-20\lg\omega \tag{5-2-12}$$

是一条经过 $\omega=1$ 与横轴相交，斜率为 -20 dB/dec 的直线，如图 5-4 所示。

相频特性为

$$\varphi(\omega)=-\frac{\pi}{2} \tag{5-2-13}$$

相移与信号频率无关是一常量 $-90°$。

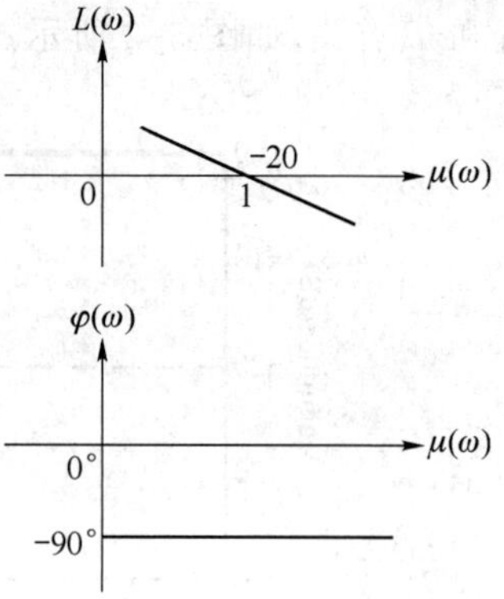

图 5-4 积分环节伯德图

5.2.4 二阶振荡环节

其增益为

$$G(s)=\frac{1}{T^2s^2+2\xi Ts+1}\quad (0<\xi<1) \tag{5-2-14}$$

频率特性函数为

$$G(\mathrm{j}\omega)=\frac{1}{1-(\omega T)^2+\mathrm{j}2\xi T\omega} \tag{5-2-15}$$

ξ 称为阻尼系数。

幅频特性为

$$A(\omega)=\frac{1}{\sqrt{[1-(T\omega)^2]^2+(2\xi T\omega)^2}} \tag{5-2-16}$$

转折频率为 $\omega_n=\dfrac{1}{T}$，又称为无阻尼振荡角频率。

相频特性为

$$\varphi(\omega)=-\arctan\frac{2\xi T\omega}{1-(T\omega)^2} \tag{5-2-17}$$

由伯德图图 5-5 可见，幅频特性曲线转折频率点与 T 有关，而相频特性的相移角仅与 ξ 有关。ξ 越小，在 $\omega_n=\dfrac{1}{T}$ 附近相移角度变化越快。

幅频特性折线近似为以 $\omega_n=\dfrac{1}{T}$ 为转折点，左侧为 0dB 直线，右侧为 -40dB/dec 斜率的直线。实际幅值在转折频率点附近误差最大，可由图 5-6 修正曲线加以校正。由图 5-6 可知：误差不仅与 ω_n 有关而且和 ξ 有关。当信号角频率在转折频率 $\dfrac{1}{T}$ 附近时误差较大，而且由于 ξ 不同误差相差十分悬殊。当 $\xi>0.5$ 时信号幅值被衰减，故为负误差；当 $\xi<0.5$ 时，

信号幅值被放大为正误差。

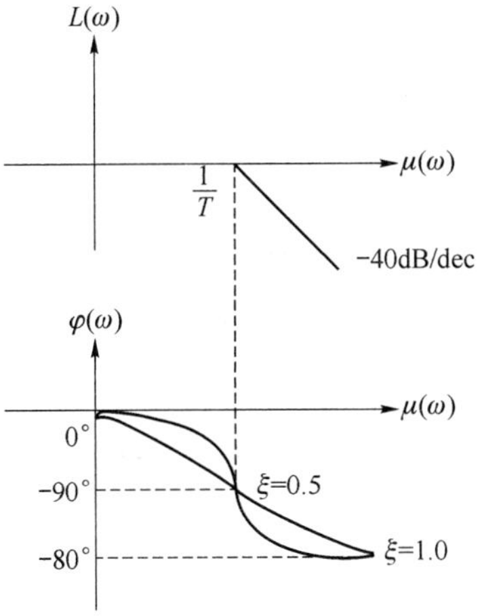

图 5-5　二阶振荡环节伯德图

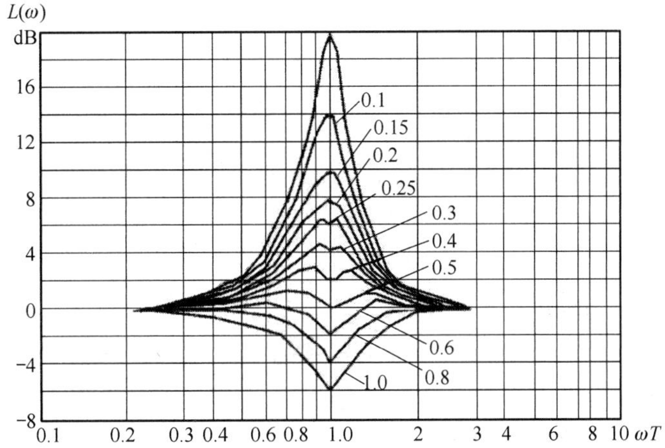

图 5-6　二阶振荡环节幅频误差曲线

二阶振荡环节由于 ξ 不同，其幅频特性精确曲线可能有峰值产生。

设 ω_m 为产生峰值的频率点，则有

$$\left.\frac{\mathrm{d}A(\omega T)}{\mathrm{d}\omega T}\right|_{\omega=\omega_m}=0$$

可求得

$$\omega_m=\frac{1}{T}\sqrt{1-2\xi^2}=\omega_n\sqrt{1-2\xi^2} \tag{5-2-18}$$

可知当 $\xi<0.707$ 时将有峰值产生，其所对应的 ω_m 位于 ω_n 左侧。

5.2.5　由对称性获得特性曲线的环节

可以证明基本环节中的微分环节[$G(s)=s$]、一阶微分环节[$G(s)=\tau s+1$]、二阶微分环节[$G(s)=\tau^2 s^2+2\xi\tau s+1$]分别与积分环节、惯性环节、二阶振荡环节具有关于横轴对称的特性，故它们的伯德图可直接绘出，如图 5-7、图 5-8、图 5-9 所示。

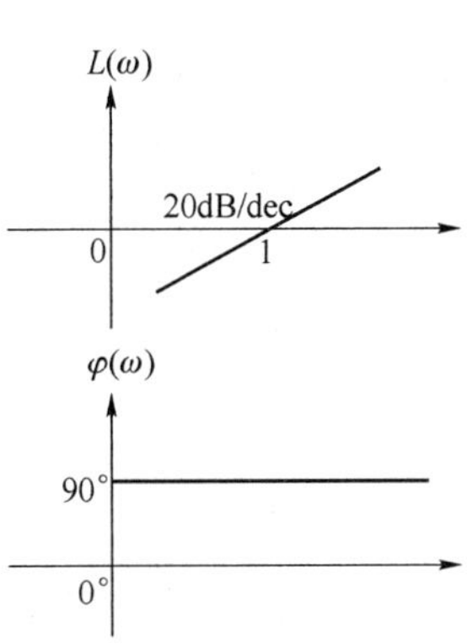

图 5-7　微分环节伯德图

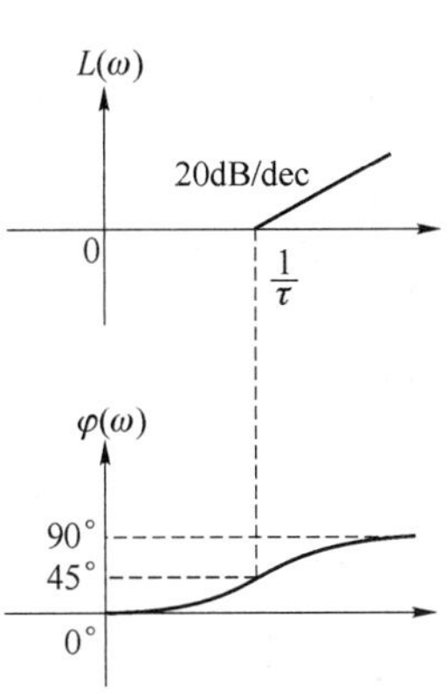

图 5-8　一阶微分环节伯德图

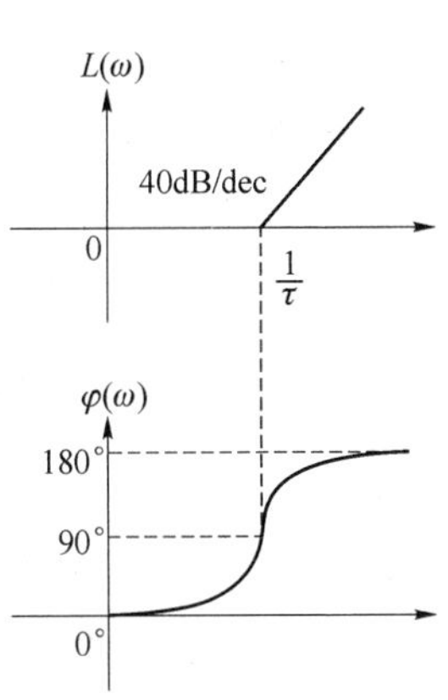

图 5-9　二阶微分环节伯德图

5.2.6 时滞环节

其增益为

$$G(j\omega)=e^{-\tau s} \tag{5-2-19}$$

频率特性函数为

$$G(j\omega)=e^{-j\tau\omega} \tag{5-2-20}$$

幅频特性

$$A(\omega)=1 \tag{5-2-21}$$

相频特性

$$\varphi(\omega)=-\tau\omega \tag{5-2-22}$$

式中,τ 称为滞后时间或延迟时间。

其伯德图如图 5-10 所示。

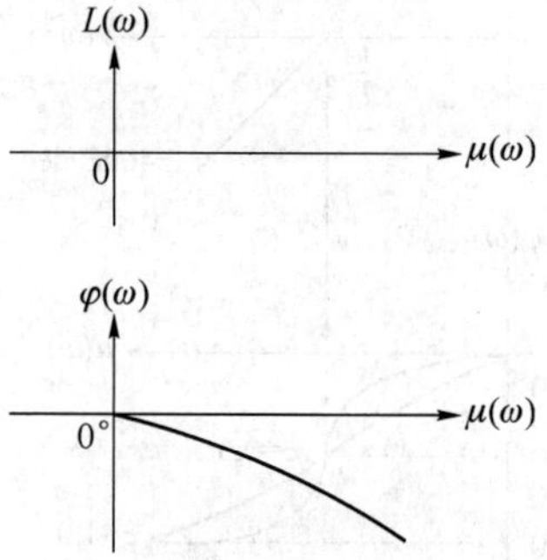

图 5-10 时滞环节伯德图

5.2.7 系统开环传递函数伯德图的绘制

若绘制系统开环传递函数的伯德图则可将其分解成若干基本环节之积形式,之后绘制各基本环节伯德图,再逐点叠加即获得最终伯德图。

【例 5.1】 已知系统开环传递函数为

$$G(s)=\frac{10(s+3)}{s\left(\frac{1}{2}s+1\right)\left(\frac{1}{2}s^2+\frac{1}{2}s+1\right)}$$

绘制其伯德图。

解:将 $G(s)$ 变换成典型环节之积形式有

$$G(s)=10\times3\left(\frac{1}{3}s+1\right)\frac{1}{s}\frac{1}{\frac{1}{2}s+1}\frac{1}{\frac{1}{2}s^2+\frac{1}{2}s+1}$$

由式知该开环传递函数由比例环节、一阶微分环节、积分环节、惯性环节、二阶振荡环节所串联构成(注意 $(s+3)$ 不是环节典型形式故应变为 $\frac{1}{3}s+1$,所提常量 3 归入比例环节)。

其中 $20\lg k=20\lg30=29.5\text{dB}$,由于存在积分环节,故在 $\omega=1$ 处做 29.5dB 点,过该点做 -20dB/dec 斜率直线 L_1。

列写其余环节转折频率并由小到大排序有

$\omega_1=\sqrt{2}$ (二阶振荡环节转折频率,且 $\xi=\frac{\sqrt{2}}{8}$)

$\omega_2=2$ (惯性环节转折频率)

$\omega_3=3$ (一阶微分环节转折频率)

在 L_1 直线 $\omega=\sqrt{2}$ 处做 -60dB/dec 折线,在此折线 $\omega=2$ 处做 -80dB/dec 折线,再在此折线 $\omega=3$ 处做 -60dB/dec 折线,则幅频特性曲线完成。

相频特性则分别绘出各环节相频曲线逐点叠加即可。

伯德图如图 5-11 所示。

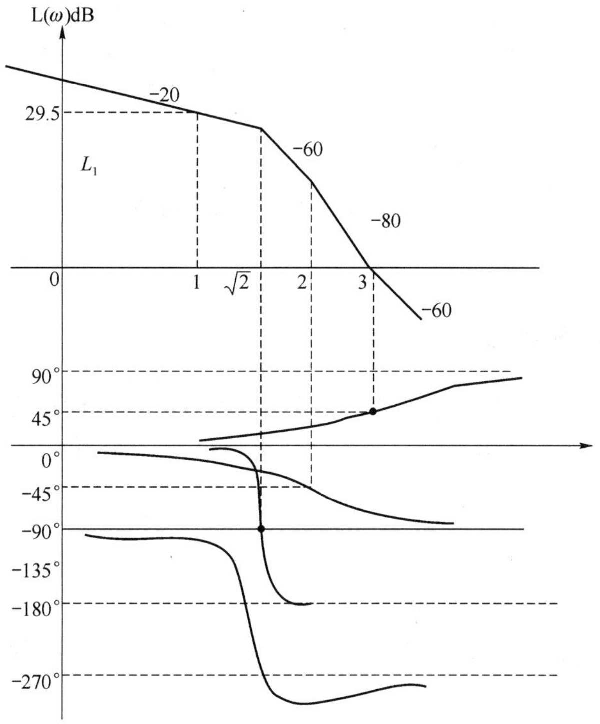

图 5-11 伯德图

【例 5.2】 已知某最小相位系统的伯德图如图 5-12 所示，求其开环传递函数。

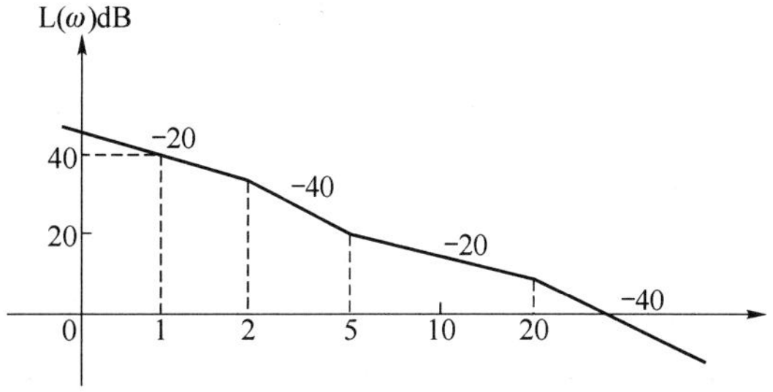

图 5-12 幅频特性图

解：开环传递函数中既无右半平面开环极点，又无右半平面的开环零点，这样的系统称为最小相位系统。最小相位系统一般可不必绘制相频曲线。

观察幅频特性曲线知：首段斜率-20dB/dec 则说明其含有一个积分环节$\frac{1}{s}$。在 $\omega=2$ 处出现转折且斜率变为-40dB/dec，说明有一惯性环节$\frac{1}{\frac{1}{2}s+1}$。在 $\omega=5$ 处又有转折，斜率由-40dB/dec 变为-20dB/dec，说明有一阶微分环节$\frac{1}{5}s+1$。在 $\omega=20$ 处有转折且由-20dB/dec 变为-40dB/dec，说明有惯性环节$\frac{1}{20}s+1$。由于 $\omega=1$ 处对应于 40dB，故比例环

节为 $K=100$。

综上得系统开环传递函数为
$$G(s)=\frac{100\left(\frac{1}{5}s+1\right)}{s\left(\frac{1}{2}s+1\right)\left(\frac{1}{20}s+1\right)}$$

5.3 频率特性指标

5.3.1 开环频率特性指标

开环频率特性指标是使用开环传递函数研究系统闭环性能时所使用的指标，有剪切频率 ω_c、相位裕度 γ、幅值裕度 K_g。图 5-13 和图 5-14 给出奈奎斯特图和伯德图三个指标的定义状况。

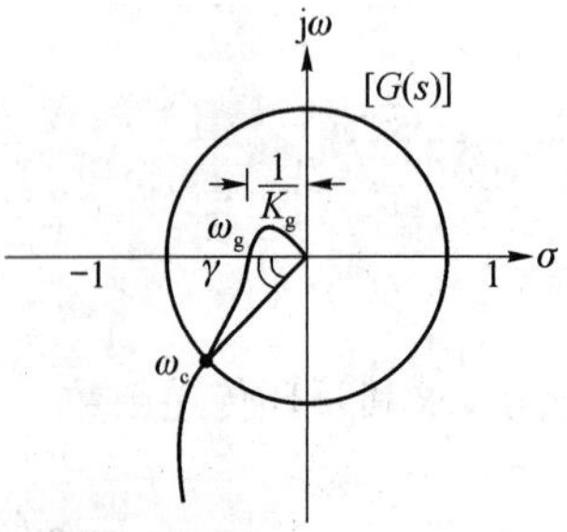

图 5-13　开环频率指标奈氏图

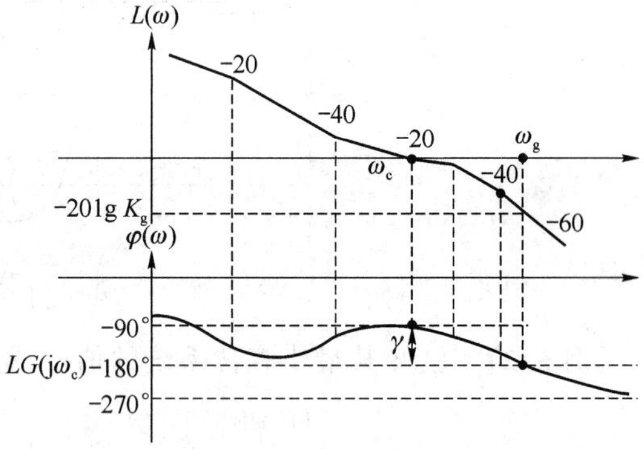

图 5-14　开环频率指标伯德图

使 $G(j\omega)$ 幅值等于 1 的信号角频率称为剪切频率或幅值交越频率，记为 ω_c。ω_c 在奈奎斯特图中是开环频率特性曲线与单位圆之交点所对应的角频率值。

系统达到临界稳定（等幅振荡）时相位条件所差的相移称为系统的相位裕度，记为 γ。

在图 5-13 中 $G(j\omega_c)$ 已经满足振荡的幅值条件 $|G(j\omega_c)|=1$，如果它同时满足相位条件 $\angle G(j\omega_c)=180^\circ$（因负反馈自身有 180°相移）则完全满足了振荡条件，将有等幅振荡产生，γ 就表明了系统距不稳定在相位上相差的程度。在图 5-14 中已标出 γ 位置。但应注意：γ 的定义是以 180°线（即负实轴）为依据计算的，且 $\angle G(j\omega_c)$ 以负角度表示，故可由下式求取 γ：

$$\gamma=180^\circ+\angle G(j\omega_c) \tag{5-3-1}$$

系统距不稳定在幅值上相差的程度称为幅值裕度，记为 K_g。

在图 5-13 中 $G(j\omega)$ 与实轴交点所对应的频率记为 ω_g 称为相角交越频率。$G(j\omega_g)$ 相位为 180°，已经满足振荡的相位条件，只要将 $|G(j\omega_g)|$ 放大 K_g 倍则就同时满足了幅值条件，系统进入临界稳定，故 K_g 是单位圆之模与 $|G(j\omega_g)|$ 之比，故有

$$K_g=\frac{1}{|G(j\omega_g)|} \tag{5-3-2}$$

在图 5-14 中为幅频特性曲线与 0dB 线之交点频率值为 ω_c。相位裕度 γ 为 $\angle G(j\omega_c)$ 与

$-180°$线之差对应的角度。幅值裕度可由$-180°$线与相频曲线交点所对应之分贝值求取。

开环频率指标最常用的是 ω_c 与 γ。

5.3.2 闭环频率特性指标

闭环频率特性图在工程上很少使用，但其某些指标在系统分析中要用到，故只做一般介绍。

实际的系统闭环幅频特性多体现为低通滤波形式，其直角坐标系的幅频特性如图 5-15所示。

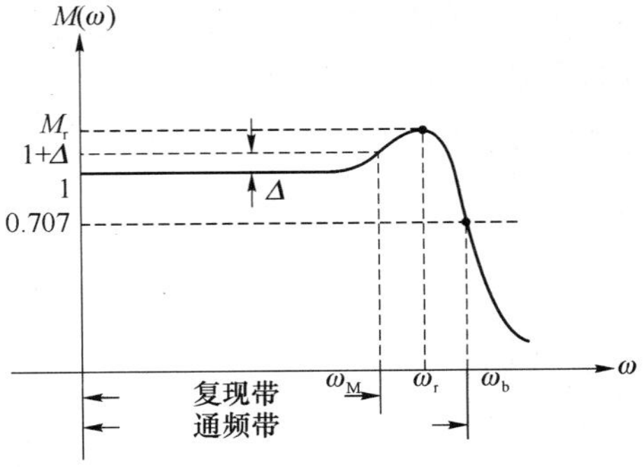

图 5-15　典型闭环系统幅频特性图

在图 5-15 中，纵坐标 $M(\omega)$称为闭环幅值，它是系统闭环幅值$|H(j\omega)|$与零频幅值$|H(j0)|$之比。Δ 为允许误差。

ω_M称为复现频率。它表明在此频率以内的信号将被复现，即幅值、频率均不发生变化。

ω_b称为截止频率。此频率处 $M(\omega_b)=0.707$，换算为分贝值为-3dB，故又称为-3dB点。ω_b 以左的频率范围称为通频带，即认为大于 ω_b 的信号将不能通过该系统。

M_r称为相对谐振峰值。它是闭环幅值取得最大值的情况。产生 M_r时的信号频率 ω_r 称为谐振峰频，简称峰频。只有具有共轭闭环复极点时才可能产生谐振峰。

闭环频率指标主要用 M_r、ω_b。

5.3.3 开环和闭环频率特性的关系

单位反馈系统和非单位反馈系统的开环传递函数相同但闭环传递函数不同，两者之间具有关联。

设系统前向通道增益为 $G_1(s)$，反馈通道增益为 $F_1(s)$，则其开环传递出数为 $G(s)=G_1(s)F_1(s)$，闭环传递函数为

$$H(s)=\frac{G_1(s)}{1+G_1(s)F_1(s)}$$

$$=\frac{1}{F_1(s)}\frac{G_1(s)F_1(s)}{1+G_1(s)F_1(s)} \tag{5-3-3}$$

由式(5-3-3)可知。无论系统是否是单位负反馈，均可以以开环传递函数 $G(s)$所构成的单位负反馈的结果来加以研究，若是非单位反馈再考虑 $F_1(s)$的作用即可。故后面所谈结论仅适用于单位负反馈系统。

单位负反馈系统若开环传递函数为 $G(s)$，则闭环传递函数一定为

$$H(s)=\frac{G(s)}{1+G(s)}$$

若$|G(s)|\gg1$，则有 $H(s)\doteq1$。这说明闭环处于复现带，因而在闭环复现带内希望 $G(j\omega)$模越大越好，称为最大增益原则。对于一般开环系统这一频段正处于信号低频区域，简称低频段。若$|G(s)|\ll1$，则有 $H(s)\doteq G(s)$。这说明闭环和开环具有相同的特性，一般系统的开环特性满足这一条件的区域在高频部分，称为高频段。介于低、高频段之间的频率范围称为中频段。

5.3.4 频域指标和时域指标的关系

对于同一系统既可用时域方法也可以用频域方法来加以研究，而两者所确定的指标是不同的，显然两者必然有内在联系。

1. 典型二阶系统

典型二阶系统开环传递函数为

$$G(s)=\frac{\omega_n^2}{s(s+2\xi\omega_n)} \tag{5-3-4}$$

其闭环传递函数为

$$H(s)=\frac{\omega_n^2}{s^2+2\xi\omega_n s+\omega_n^2} \tag{5-3-5}$$

则其闭环幅频特性为

$$M(\omega)=\frac{1}{\sqrt{\left(1-\frac{\omega^2}{\omega_n^2}\right)^2+\left(2\xi\frac{\omega}{\omega_n}\right)^2}} \tag{5-3-6}$$

闭环相频特性为

$$a(\omega)=-\arctan\frac{2\xi\frac{\omega}{\omega_n}}{1-\frac{\omega^2}{\omega_n^2}} \tag{5-3-7}$$

在基本环节频率特性中知道，二阶振荡环节只有在 $\xi\leqslant 0.707$ 时才会有峰值出现，且令 $\frac{dM(\omega)}{d\omega}=0$ 可求得峰频为

$$\omega_r=\omega_n\sqrt{1-2\xi^2} \tag{5-3-8a}$$

代入(5-3-13)得峰值为

$$M_r=\frac{1}{2\xi\sqrt{1-\xi^2}} \tag{5-3-8b}$$

可求得

$$\omega_b=\omega_n\sqrt{\sqrt{4\xi^4-4\xi^2+2}-2\xi^2+1} \tag{5-3-8c}$$

利用 ω_c 与 γ 的定义可求得

$$\omega_c=\omega_n\sqrt{\sqrt{4\xi^4+1}-2\xi^2} \tag{5-3-9}$$

$$\gamma=\arctan\frac{2\xi}{\sqrt{\sqrt{4\xi^4+1}-2\xi^2}} \tag{5-3-10}$$

图 5-16 给出欠阻尼典型二阶系统的 γ—ξ 关系曲线。由曲线可知，在 $\xi<0.707$ 的范围内可近似将 ξ 与 γ 之间关系表示为

$$\xi=0.01\gamma^\circ \tag{5-3-11}$$

常取 γ 在 30°～60°时，ξ 可取 0.3～0.6。

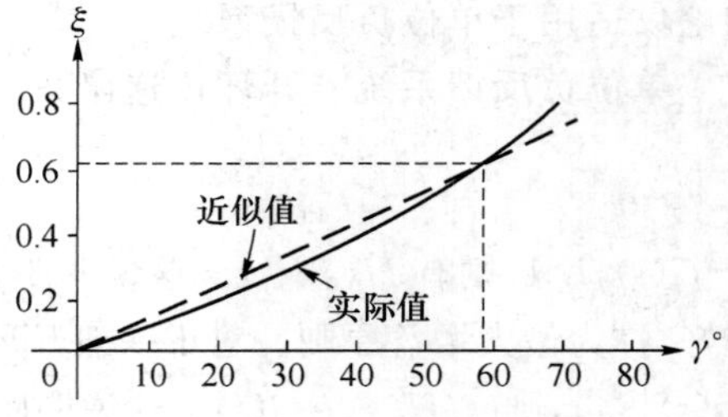

图 5-16　二阶系统 γ—ξ 曲线

上述公式通过 ξ、ω_n 将频域指标 ω_c、γ、ω_r、ω_b、

M_r表示出来，而 ξ、ω_n 又和时域指标有密切关系。常用时域指标为

$$\sigma_p = e^{-\frac{\pi\xi}{\sqrt{1-\xi^2}}} \tag{5-3-12}$$

$$t_s = \frac{3}{\xi\omega_n} \quad (\Delta = 5\%) \tag{5-3-13a}$$

$$= \frac{4}{\xi\omega_n} \quad (\Delta = 2\%) \tag{5-3-13b}$$

这样典型二阶系统就通过 ξ、ω_n 将频域指标和时域指标精确地联系起来。

进一步推导可得

$$\omega_c t_s = \frac{6}{\tan\gamma} \quad (\Delta = 5\%) \tag{5-3-14a}$$

$$= \frac{8}{\tan\gamma} \quad (\Delta = 2\%) \tag{5-3-14b}$$

可见，当相位裕度一定时，ω_c 越大 t_s 越小，即系统的过渡时间越短。反之当 ω_c 一定时，γ 在 0～90°之间越大过渡时间越短。

2. 高阶系统

高阶系统频域指标和时域指标关系十分复杂，因而对于具有闭环主导极点的二阶近似系统可以用上述结论换算，但对于一般高阶系统实际中往往采用经验公式来近似地表示两者之间关系。下面给出一组经验公式。

$$M_r = \frac{1}{\sin\gamma} \tag{5-3-15}$$

$$\sigma_p = 0.16 + 0.4(M_r - 1) \quad (1 \leqslant M_r \leqslant 1.8) \tag{5-3-16}$$

$$t_s = \frac{\pi}{\omega_c}\left[2 + 1.5(M_r - 1) + 2.5(M_r - 1)^2\right] \quad (1 \leqslant M_r \leqslant 1.8) \tag{5-3-17}$$

5.4 开环频率特性的系统分析方法

在经典控制理论中为避免求取闭环极点的困难，一般都采用使用系统开环传递函数研究闭环性能的研究方法。频率特性法也是采用开环频率特性研究系统性能的方法。特别的最普遍应用的是使用开环对数幅频特性研究系统性能的方法。开环幅频特性分为低频段、中频段、高频段三部分，其对系统性能关系如下。

5.4.1 低频段

在开环对数幅频特性中使闭环取得复现带的频率区间称为低频段，即 $0 \to \omega_M$ 区间的幅频曲线。

低频段主要影响系统的稳态特性，即误差，因此由低频段可以确定系统的无差度，可以确定误差系数 K_p、K_v、K_a。

1. 无差度的确定

对数幅频特性曲线中第一个转折频率点（多记为 ω_1）左侧部分我们称为伯德图首段。

首段的斜率决定无差度的大小。

实际系统的首段一般有 0dB/dec、−20dB/dec、−40dB/dec 等几种情况，如图 5-17 所示。

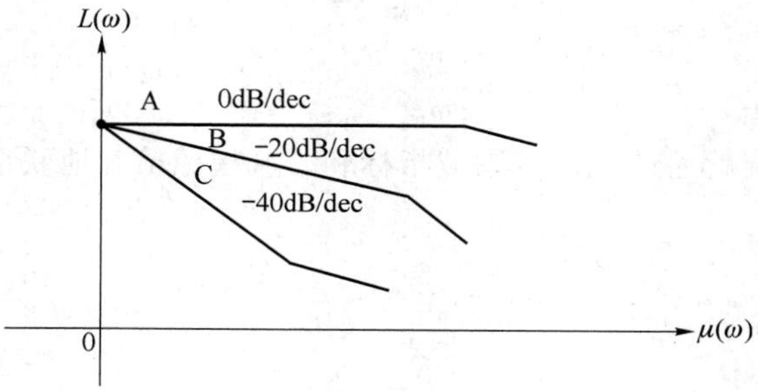

图 5-17　首段的斜率

若首段斜率为 $-20\times\nu$dB/dec，其中 ν 为开环传递函数的积分环节个数或型数。

由图 5-17 知，由于 A 的首段为 0dB/dec，因而不含积分环节，即 0 型系统。B 曲线首段为 −20dB/dec，故 $\nu=1$，即含一个积分环节，称为Ⅰ型，C 曲线为Ⅱ型，如此可类推。

2. 误差系数的计算

系统对数幅频特性不论其形状如何，其首段（或延长线）与 $\omega=1$ 交点所对应的分贝值一定为 $20\lg K$，其中 K 为系统开环放大系数，有几种计算方法。

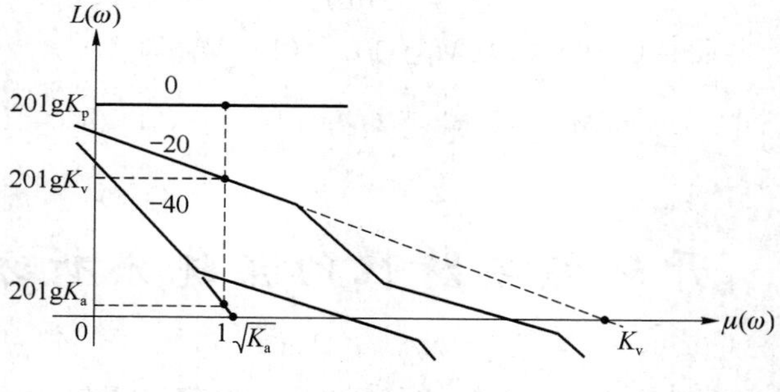

图 5-18　首段延长求取 K 值

（1）首段延长线法

如图 5-18 所示，当首段为 0dB/dec 时，其首段所对应的分贝值即为 $20\lg K_p$。

当首段为 −20dB/dec 时，将其延长与横轴相交，交点所对应的频率值即为 K_v。首段 −40dB/dec 其延长交点频率值即为 $\sqrt{K_a}$。在此仅以Ⅱ型为例加以说明。

假定 $\omega=1$ 是在图中可见的并假定首段延长与横轴交点频率为 ω_a，则有：

$$\frac{20\lg K_a-20\lg|G(j\omega_a)|}{\lg 1-\lg\omega_a}=-40$$

由于 $20\lg|G(j\omega_a)|=0$，得

$$20\lg K_a=40\lg\omega_a$$

则

$$\omega_a=\sqrt{K_a}$$

实际上 $\omega=1$ 是否可知不是必要的。

(2) 正增益斜率计算法

此法由具体的幅频特性曲线依据斜率进行计算。设具体的幅频特性曲线如图 5-19 所示。

曲线 A 为 0 型系统，在 ω_c 频率内有两个频率转折点 ω_1、ω_2，则有：

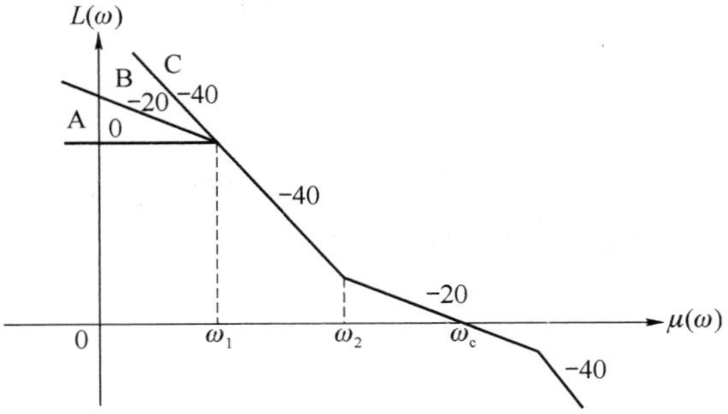

图 5-19　系统开环幅频特性图

$$20\lg K_p = 40\lg \frac{\omega_2}{\omega_1} + 20\lg \frac{\omega_c}{\omega_2} \tag{5-4-1}$$

得

$$K_p = \frac{\omega_2^2}{\omega_1^2} \cdot \frac{\omega_c}{\omega_2} = \frac{\omega_2}{\omega_1^2} \cdot \omega_c \tag{5-4-2}$$

曲线 B 为 Ⅰ 型系统，亦有两个转折频率 ω_1、ω_2 则有

$$20\lg K_v = 20\lg \omega_1 + 40\lg \frac{\omega_2}{\omega_1} + 20\lg \frac{\omega_c}{\omega_2} \tag{5-4-3}$$

得

$$K_v = \frac{\omega_2}{\omega_1} \cdot \omega_c \tag{5-4-4}$$

曲线 C 为 Ⅱ 型系统，转折频率有一个 ω_2，则有

$$20\lg K_a = 40\lg \omega_2 + 20\lg \frac{\omega_c}{\omega_2} \tag{5-4-5}$$

得

$$K_a = \omega_2 \cdot \omega_c \tag{5-4-6}$$

由式(5-4-2)、式(5-4-4)、式(5-4-6)可知，ω_c 越大误差系数越大，误差越小。

5.4.2　高频段

高频段是能使 $|H(j\omega)| \doteq |G(j\omega)|$ 的频率区域。在开环幅频特性中它所对应的信号频率很高。

高频段对于系统的稳态性能、动态性能影响不大，但它对高频信号的抑制作用，对于系统的抗干扰能力具有重要意义。高频段斜率越大系统抗干扰能力越好。

5.4.3　中频段

中频段从概念上讲指低、高频中间的信号频率范围，从闭环幅频角度看可以认为低频段

和中频段的界限为 ω_M，中频段和高频段的界限为 ω_b，但实际系统不可能精确以此区分，而是有一个过渡带存在。

从开环幅频特性看，其标志为 ω_c，故开环幅频特性中 ω_c 两侧一定频率范围内为中频段。由闭环特性看系统的谐振峰出现在中频段，谐振峰的大小有无都和阻尼系数 ξ 有关，因而中频段将决定系统的动态性能。一般情况下，系统若有谐振峰，其 ω_r 在 ω_c 左侧，两者相距并不远，可以近似认为在 ω_c 处。

1. 中频段的斜率

如果开环幅频特性是以 -20dB/dec 通过 ω_c 的，而且 ω_c 两侧足够宽，即低、高频对中频影响可忽略不计，这时的开环传递函数可以近似表示为

$$G(s) \doteq \frac{k}{s} = \frac{\omega_c}{s} \tag{5-4-7}$$

其闭环传递函数近似为

$$H(s) \doteq \frac{\frac{\omega_c}{s}}{1+\frac{\omega_c}{s}} = \frac{1}{\frac{1}{\omega_c}s+1} \tag{5-4-8}$$

可见这相当于一阶系统，系统是完全稳定的，无超调且 ω_c 大过渡时间越短。实际系统很难保证 ω_c 两侧是足够宽的，故不可能将低高频影响完全忽略，但只要宽度合适就容易取得满意的超调和过渡时间。

如果以 -40dB/dec 穿越 ω_c 且有足够宽度，则

$$G(s) \doteq \frac{k}{s^2} = \frac{\omega_c^2}{s^2} \tag{5-4-9}$$

$$H(s) \doteq \frac{G(s)}{1+G(s)} = \frac{\omega_c^2}{s^2+\omega_c^2} \tag{5-4-10}$$

这是正弦振荡的拉普拉斯变换，因而系统是不稳定的，因此中频段不宜过宽，否则超调量与过渡时间都会明显增大。

实际系统最好以 -20dB/dec 斜率通过 ω_c，这样可使系统具有足够的相位裕度，总可以通过中频宽度和 ω_c 位置调节获得满意的动态性能。如果务必以 -40dB/dec 穿越 ω_c，也应在过 ω_c 后尽快恢复 -20dB/dec 斜率。

当清楚中频段参数后可以依据相关公式确定动态性能状况。

2. 中频段的宽度

由上述介绍可见，好的系统其开环幅频特性在低频段增益尽可能大，中频段以 -20dB/dec 穿越 ω_c，高频段斜率尽可能大，如图 5-20 所示。由低频段的很高分贝值下降到中频段很低分贝值，一定要有一个过渡区域，以某种斜率将两者连接起来，这就是过渡带，习惯上将它与低频段连接的转折频率点记为 ω_2。同理将与高频段过渡的转折频率点记为 ω_3。ω_2 与 ω_3 之间的频带宽度称为中频宽，记为 h。由于横轴取 $\lg\omega$，故有

$$\lg h = \lg\omega_3 - \lg\omega_2 \tag{5-4-11}$$

得

$$h = \frac{\omega_3}{\omega_2} = \frac{T_2}{T_3} \tag{5-4-12}$$

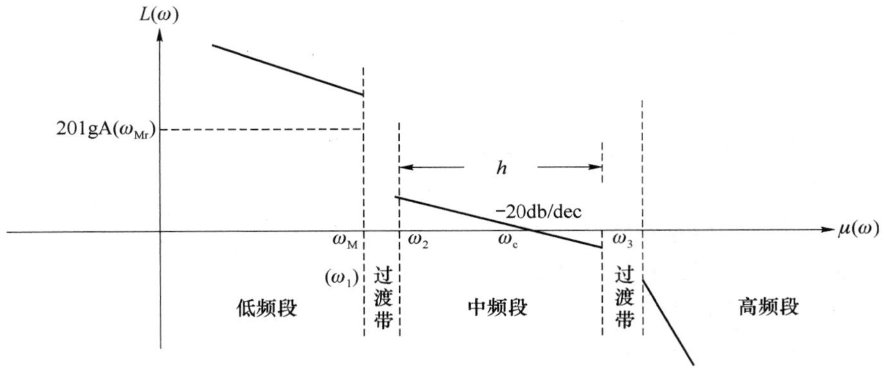

图 5-20　开环幅频特性频率分段示意图

3. ω_c的计算

剪切频率 ω_c的计算有几种方法：

（1）精确计算

根据剪切频率的定义知

$$|G(j\omega_c)|=1$$

求解该方程则可求出 ω_c，这样计算的 ω_c是准确的。

【例 5.3】 已知单位负反馈系统开环传递函数为 $G(s)=\dfrac{2}{s(s+1)\left(\dfrac{1}{5}s+1\right)}$，确定其 ω_c。

解：由 $G(s)$令

$$|G(j\omega_c)|=\frac{10}{\omega_c\sqrt{1+\omega_c^2}\sqrt{25+\omega_c^2}}=1$$

解得

$$\omega_c=1.23$$

（2）由伯德图计算

做出所给 $G(s)$的对数幅频特性曲线，之后或者度量出 ω_c值或者计算出 ω_c值。

【例 5.4】 对例 5.3 采用幅频特性曲线方法求取。

解：做 $G(s)$的幅频特性曲线如图 5-21 所示。

由图中可知：

$$20\lg 2=40\lg\omega_c$$

则

$$\omega_c=\sqrt{2}=1.414$$

可见，第二种方法计算的结果与第一种方法 ω_c值并不相同，原因是做图时转折频率点处的幅值是近似值造成的。但第一种方法将可能面临求解高次方程的困难，故一般采用第二种方法确定 ω_c。

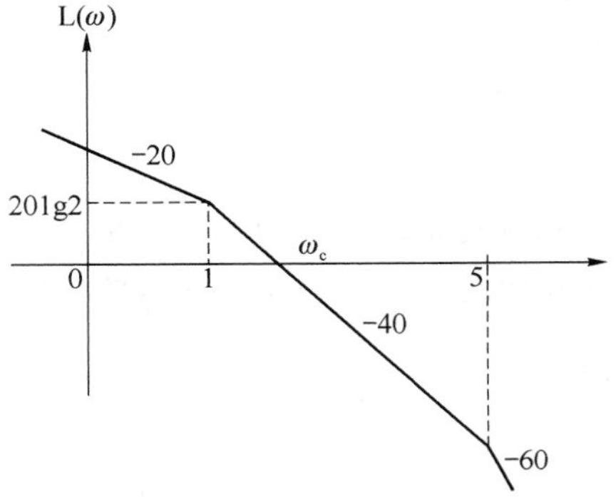

图 5-21　幅频特性

5.4.4 系统性能分析

1. 一般步骤

(1) 获取系统开环传递函数的伯德图；

(2) 判定系统稳定性；

(3) 若系统稳定确定系统所适用的公式；

(4) 由低频段确定系统稳态性能；

(5) 由中频段确定动态性能；

(6) 由高频段确定抗干扰能力。

2. 例题

【例 5.5】 单位负反馈系统测得开环幅频特性图如图 5-22 所示，试分析其性能。

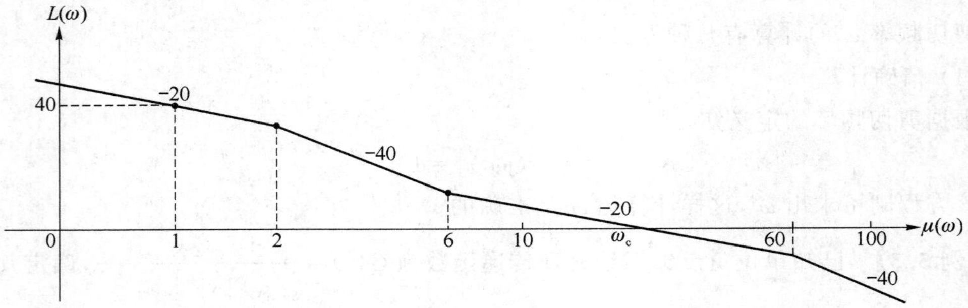

图 5-22 幅频特性

解:由图 5-22 求 ω_c 有

$$20\lg 100 = 20\lg 2 + 40\lg 3 + 20\lg \frac{\omega_c}{6}$$

得

$$\omega_c = \frac{100}{3}$$

由于无相频特性曲线，应为最小相位系统，则可求出

$$G(s) = \frac{100\left(\frac{1}{6}s+1\right)}{s\left(\frac{1}{2}s+1\right)\left(\frac{1}{60}s+1\right)}$$

得相位裕度为

$$\gamma = 180^\circ + \varphi(\omega_c) = 54.2^\circ$$

该系统是稳定的。为Ⅰ型系统，有 $K_v = 100$

该系统为具有闭环主导极点的三阶系统，应用二阶近似公式可求取时域指标为

$$\xi = \frac{\tan\gamma}{2\sqrt[4]{(\tan\gamma)^2 1}} = 0.5302 \qquad \omega_n = \frac{\omega_c}{\sqrt{\sqrt{4\xi^4+1}-2\xi^2}} = 26.873$$

$$\sigma_p\% = e^{-\xi\pi/\sqrt{1-\xi^2}} \times 100\% = 14.7\% \qquad t_s = \frac{3}{\xi\omega_n} = 0.211$$

5.5　控制系统的频率法校正

5.5.1　基本概念

1. 控制系统的设计

完成一个控制系统的设计往往需要经过理论与实践的多次反复才能得到较为合理的结构和较为满意的性能。

系统设计一般要由下述步骤来完成：

(1) 拟定性能指标

性能指标是控制系统设计的依据，故必须合理地拟定性能指标。性能指标是由设计人员根据设计要求直接或转换提出的。

系统性能指标应综合考虑，既要使系统能够完成给定的任务，又要考虑到实现的条件和经济效果，不切实际地提出过高指标是不恰当的。有时在设计过程中发现所提指标难于实现或使控制系统造价太高，应对指标进行必要的修改。

性能指标种类很多，应使用对所设计系统适用的指标。

(2) 初步设计

初步设计主要包括下述内容：

方案选择：对于同一设计要求其实现方案不一定是唯一的，应对多种方案进行比较和论证，选定一个认为较好的方案。当然在设计过程中选定方案也可能需要进行修改甚至于舍去。

确定系统结构与参数：根据所采用的方案，选定主要元、部件及原理图。建立系统数学模型，进行初步稳定性、动态、稳态分析。一般说来，此时的系统在原理上能完成给定任务，但性能一般不能满足指标要求。

校正：对于上述系统，合理地加入一些环节使其达到指标要求。这个过程称为系统的校正。

(3) 试验、修改：经初步设计的系统应进行实验、调试，根据试验的结果对原定方案进行局部甚至全部的修改，对结构、参数进行调整，进一步完善设计，这样的过程可能反复多次。

2. 校正的概念与方案

对已有的系统通过增加一些装置的方式改善其性能，提高其指标。这样的过程称为对原有系统进行校正，所增加的装置称为校正装置。

校正装置在原有系统中的位置及连接方法称为校正方案。校正方案主要有下述几种：

(1) 串联校正

串联校正是将校正装置置于反馈环的主通道中，而且与固有装置是串接关系。这样的校正方案称为串联校正。串联校正方框图形式如图 5-23 所示。图中 $G_0(s)$是原有系统的固有增益，$G_c(s)$是校正装置的增益。为了便于实现，串联校正置于能量低的位置，即置于偏差之后。

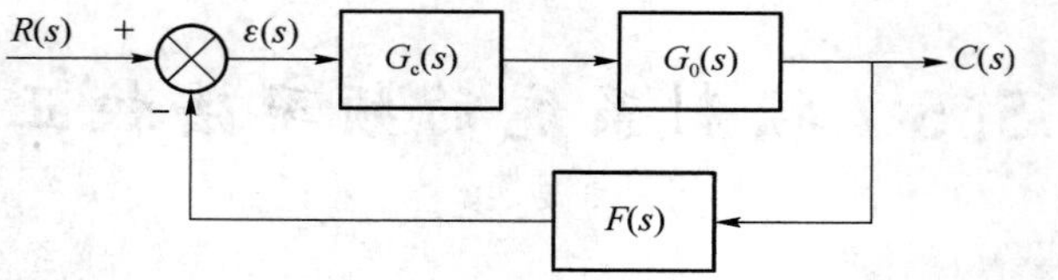

图 5-23 串联校正

（2）并联校正

并联校正方案如图 5-24 所示。

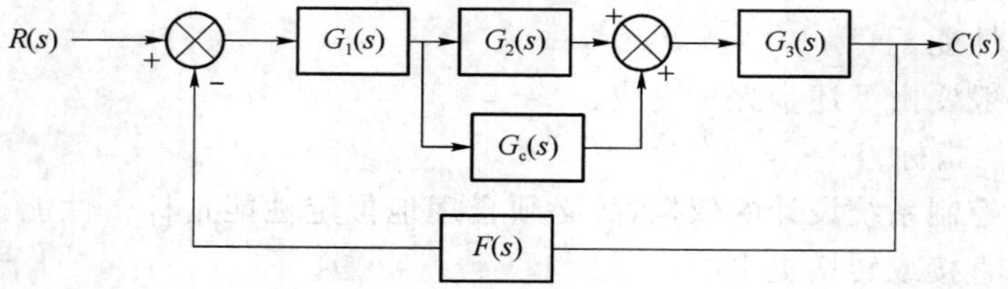

图 5-24 并联校正

图中可见，并联校正，校正装置同样置于主通道，但它与固有的某个增益是并接关系。

（3）反馈校正

反馈校正方案如图 5-25 所示。反馈校正是置于主通道中，它使某主通道增益形成一个子环。

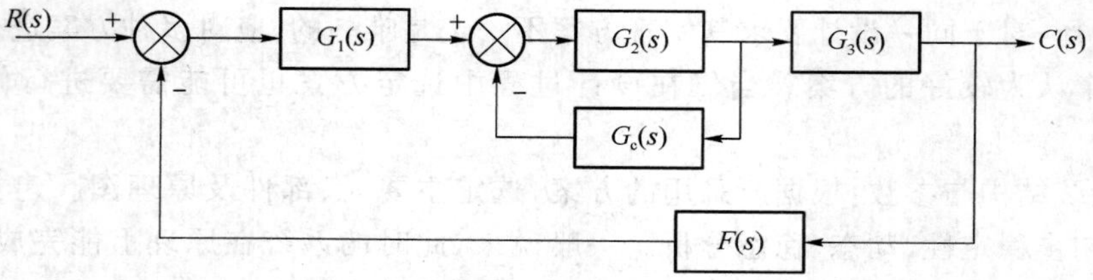

图 5-25 反馈校正

（4）前馈校正

前馈校正方案如图 5-26 所示。该校正装置将输入信号经处理后送入反馈环内。

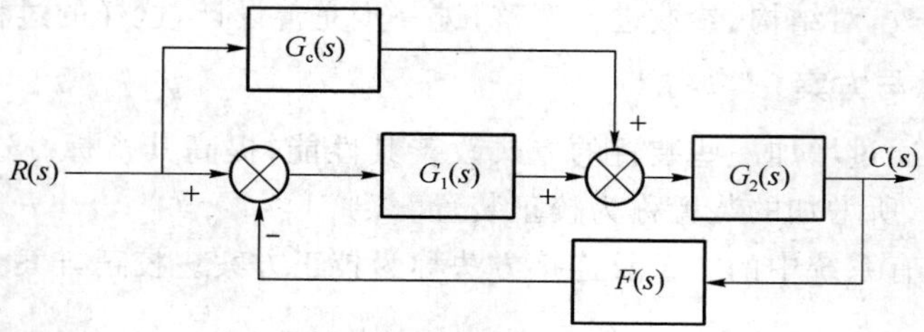

图 5-26 前馈校正

（5）前置校正

前置校正方案如图 5-27 所示。它是将原有输入信号经校正装置处理后作为系统的输入。

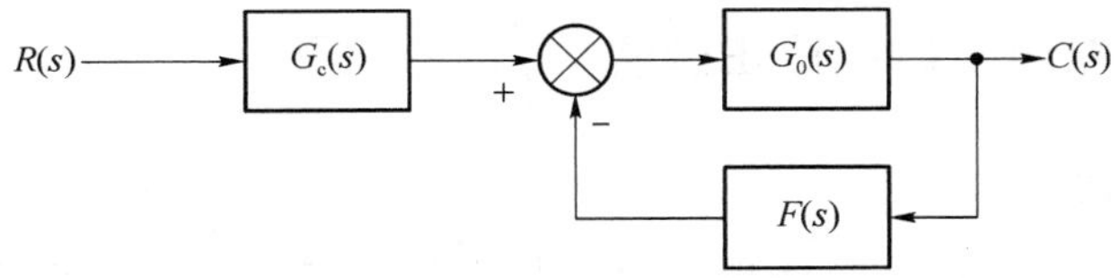

图 5-27　前置校正

（6）干扰补偿

干扰补偿方案如图 5-28 所示。它是将补偿量 $G_c(s)N(s)$ 提前加入系统，以补偿干扰信号的作用。这种方法要求干扰作用是事先预知的。

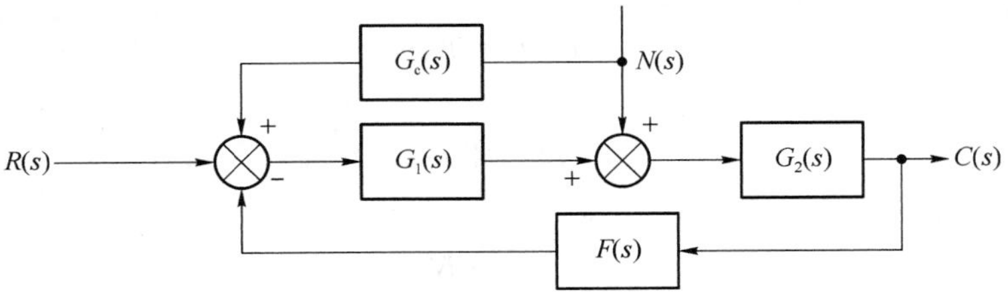

图 5-28 干扰补偿

（7）复合校正

复合校正是将多种校正方案结合使用的校正方案。

在上述诸多校正方案中，应用最普遍的是串联校正方案。

3. 校正方法

确定校正装置的结构和参数的过程称为选择校正方法。目前主要有分析法和综合法两类。

（1）分析法

分析法又称为试探法。该方法将校正装置归结为易于实现的几种类型，如超前校正、滞后校正、滞后-超前校正等。这些校正装置结构是已知的而参数可调。设计者首先根据经验确定校正方案，之后根据系统性能指标要求合理地选择某种类型的校正装置并确定其参数。这种校正方法必须对结果进行验算，如果不能满足全部性能指标，则要调整装置参数，甚至于重新选择校正装置的结构，直至达到全部给定的指标为止。可见，此种方法具有试探性、经验性。

分析法的优点是校正装置简单，可以设计成产品，如工程上常用的各种 PID 调节器，因此这种方法在工程中得到广泛的应用。

（2）综合法

综合法又称期望特性法。它是按照设计任务的性能指标来构造期望的数学模型，之后根据实际系统模型与期望模型的差异，合理地选择校正装置并确定参数，使校正后的系统达到期望特性。

综合法实现起来较为简单，但如果期望特性选择不当或者期望特性与原系统固有特性差异太大，往往使校正装置比较复杂。期望特性的确定同样具有经验性。

5.5.2 基本控制规律和校正装置

1. 基本控制规律

控制规律是指校正装置所能体现的数学特性。最基本的控制规律是：比例控制规律(P)、积分控制规律(I)、微分控制规律(D)以及由它们组合构成的控制规律。

校正装置作用由图 5-29 表示。其中 $g_c(t)$是该装置的控制规律。$r(t)$是校正装置的输入信号，$m(t)$是校正装置对该输入的响应。

(1) 比例控制规律 P

比例控制规律简记为 P，其满足

$$g_c(t)=K_p \tag{5-5-1}$$

即

$$m(t)=K_p r(t) \tag{5-5-2}$$

该校正装置增益

$$G_c(s)=K_p \tag{5-5-3}$$

它就是一个放大倍数为 K_p的比例放大器。

对于串联校正而言，串入比例放大器将可以改善系统的稳态误差，从而提高控制精度。对于一阶系统，提高 K_p还可降低系统的惯性。

【例 5.6】 在单位负反馈系统中进行串联校正，如图 5-30 所示。其中 $G_c(s)=K_p$，$G_0(s)=\dfrac{K_0}{Ts+1}$，试研究 K_p对系统惯性的影响。

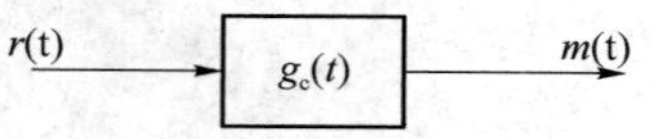

图 5-29 校正装置框图

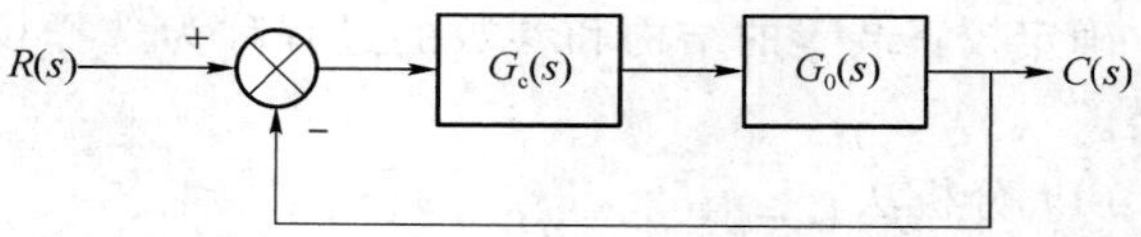

图 5-30 系统框图

解：固有系统$[G_c(s)=1$ 时$]$的闭环传递函数为

$$H_0(s)=\frac{K_0}{Ts+1+K_0}=\frac{\dfrac{K_0}{1+K_0}}{\dfrac{T}{1+K_0}s+1}=\frac{K_1}{T_1 s+1}$$

该式说明原系统是一个一阶惯性系统，其时间常数 $T_1=\dfrac{T}{1+K_0}$。

引入串联校正装置后，系统闭环传递函数为

$$H(s)=\frac{K_0K_p}{Ts+1+K_0K_p}=\frac{\dfrac{K_0K_p}{1+K_0K_p}}{\dfrac{T}{1+K_0K_p}s+1}=\frac{K_2}{T_2 s+1}$$

经比例控制校正后仍为一惯性系统，但时间常数变为 $T_2=\dfrac{T}{1+K_0K_p}$，可见 K_p越大时间常数 T_2比 T_1越小，系统的惯性降低了。

(2) 比例加微分控制规律(PD)

PD 控制器有

$$m(t)=K_{p}r(t)+K_{p}\tau\frac{dr(t)}{dt} \tag{5-5-4}$$

$$G_{c}(s)=K_{p}(1+\tau s) \tag{5-5-5}$$

串联校正 PD 控制如图 5-31 所示。

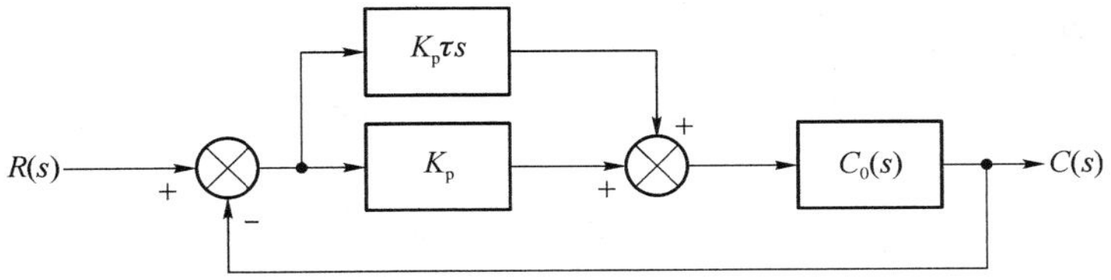

图 5-31　PD 校正方框图

由式(5-5-5)可见 PD 控制可以由比例环节和一阶微分环节并接来实现,同时也说明一阶微分环节就是一个比例加微分的校正方式(认为 $K_{p}=1$)。需要指出,在串联校正中,微分环节不能单独使用,因为当其输入不发生变化时微分器是断路的。

PD 控制中 D 控制作用是使系统的反应速度得到提高,改变系统的动态性能。

(3) 积分控制规律(I)

积分控制规律为

$$m(t) = K_{i}\int_{0}^{t}r(t)dt \tag{5-5-6}$$

$$G_{c}(s)=\frac{K_{i}}{s} \tag{5-5-7}$$

其中 K_{i} 为可调比例系数。

我们已经知道,采用串联校正方案,积分环节的加入可以提高系统的类型,改善稳态性能。

(4) 比例加积分控制规律(PI)

PI 控制规律为

$$m(t) = K_{p}r(t)+\frac{K_{p}}{T_{i}}\int_{0}^{t}r(t)dt \tag{5-5-8}$$

$$G_{c}(s)=K_{p}\left(1+\frac{1}{T_{i}s}\right)=\frac{K_{p}}{T_{i}s}(1+T_{i}s) \tag{5-5-9}$$

积分控制可能破坏系统的稳定性,而采用比例加积分控制既提高了系统的类型,同时保证系统的稳定性。

(5) 比例加积分加微分控制规律(PID)

PID 控制规律为

$$m(t) = K_{p}r(t)+\frac{K_{p}}{T_{i}}\int_{0}^{t}r(t)dt+K_{p}\tau\frac{dr(t)}{dt} \tag{5-5-10}$$

$$G_{c}(s)=K_{p}\left(1+\frac{1}{T_{i}s}+\tau s\right)=\frac{K_{p}(T_{i}\tau s^{2}+T_{i}s+1)}{T_{i}s} \tag{5-5-11}$$

由式(5-5-11)可见 PID 可以由比例、积分、二阶微分环节串接而实现。

PID 控制集中了 P、I、D 的优点使控制效果更好，因此在控制系统中得到广泛应用。

2. 校正装置

校正装置结构已经确定，使用时只要合理地选择参数即可。它可以实现或近似实现相应的控制规律。常用的校正装置有超前校正、滞后校正、滞后—超前校正，它们实现起来都很简单，应用很广泛。

(1) 超前校正

超前校正的传递函数为

$$G_c(s)=\frac{\tau s+1}{Ts+1}\quad \tau>T \tag{5-5-12}$$

$$=\frac{\alpha Ts+1}{Ts+1}\quad \alpha=\frac{\tau}{T}>1 \tag{5-5-13}$$

式中 α 称为校正强度，对于超前校正一定有 $\alpha>1$，其伯德图如图 5-32 所示。由图可见在 $\frac{1}{\alpha T}\sim\frac{1}{T}$ 频率范围之内该装置总是提供正相角，故称为超前。

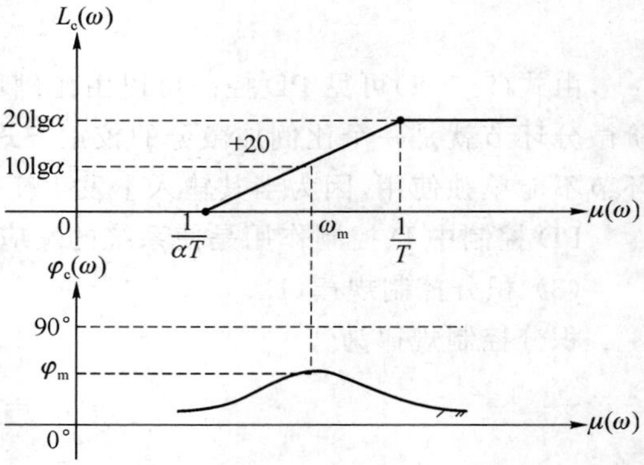

图 5-32　超前校正伯德图

由式(5-5-13)可知，超前校正装置结构是固定不变的，而参数 α、T 是可调的。由图 5-32 可见，改变 α、T 可以对不同的频率范围产生作用，T 决定了频率的界限，α 决定了频率的宽度。在作用频带内由幅频特性看对信号具有微分作用，因此它会提高反应速度，但降低抗干扰能力。由相频特性看它所提供的超前相角具有极值。从控制规律看超前校正装置是一个带有惯性的 PD 控制器，故近似地实现 PD 控制。

在串联校正时，超前校正是利用超前相角来提高原有系统的相位裕度，达到提高系统的稳定性或改善系统的动态特性。

下面定量地说明参数 α、T 的选择原则。

超前校正的相频特性为

$$\varphi_c(\omega)=\arctan\alpha T\omega-\arctan T\omega=\arctan\frac{(\alpha-1)T\omega}{1+\alpha T^2\omega^2}$$

令 $\frac{d\varphi_c(\omega)}{d\omega}=0$，可求得相移角的最大值 φ_{cm} 及其所出现的频率位置 ω_{cm} 为

$$\omega_{cm}=\frac{1}{\sqrt{\alpha}T}=\frac{\frac{1}{T}}{\sqrt{\alpha}} \tag{5-5-14}$$

$$\varphi_{cm}=\arctan\frac{\alpha-1}{2\sqrt{\alpha}}=\arcsin\frac{\alpha-1}{\alpha+1} \tag{5-5-15}$$

$$\alpha=\frac{1+\sin\varphi_{cm}}{1-\sin\varphi_{cm}} \tag{5-5-16}$$

由式(5-5-14)知，最大相移产生在频宽 α 的中点位置(图 5-32)，由式(5-5-15)知，最大相移只由校正强度 α 所决定，这一点是极为重要的。α 越大，φ_{cm} 越大，对系统的相角补偿越大。进一步分析还知，α 为 ∞ 时，φ_{cm} 为 90°，这在实际中是达不到的。当 $\alpha>20$ 后，φ_{cm} 增加就不显著了，故常取 $\alpha=(5\sim20)$，其最大补偿相角为 $\varphi_{cm}=(40°\sim65°)$。

需要说明一点：实际的超前校正装置的传递函数可能是下述结果

$$G_c(s)=\frac{1}{\alpha}\frac{\alpha Ts+1}{Ts+1}$$

这说明在串联校正时，超前校正的引入将使原有开环放大倍数衰减 α 倍，若不需要改变原有系统的稳态特性，则应额外增加一个 α 倍比例放大器，由此可见，过大地选择 α 还要求增大放大倍数，使装置的物理实现增加困难。

实现校正装置的物理方法很多，如电气的、机械的、液压的、气动的等等。在情况允许的情况下通常采用电子装置，因其容易实现、精度高、可靠性强。

图 5-33 是无源 RC 网络实现超前校正的原理图。其传递函数为 $G_c(s)=\frac{1}{\alpha}\frac{\alpha Ts+1}{Ts+1}$

其中：$\alpha=\frac{R_1+R_2}{R_2}$，$T=\frac{R_1R_2}{R_1+R_2}C$

这里就看到该装置将使幅值衰减 α 倍。

图 5-34 是由运算放大器实现的有源超前校正装置。其传递函数为 $G_c(s)=\frac{K_c(\alpha Ts+1)}{Ts+1}$

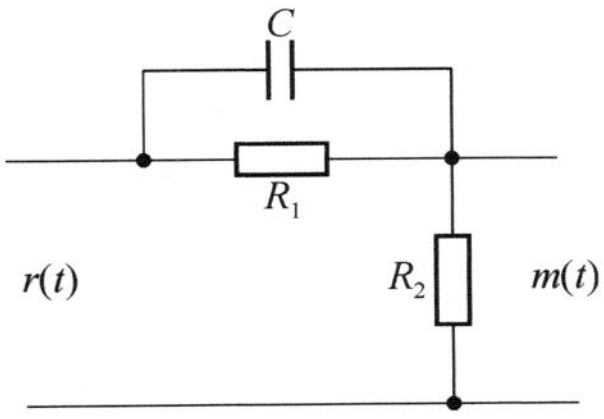

图 5-33　超前 RC 网络

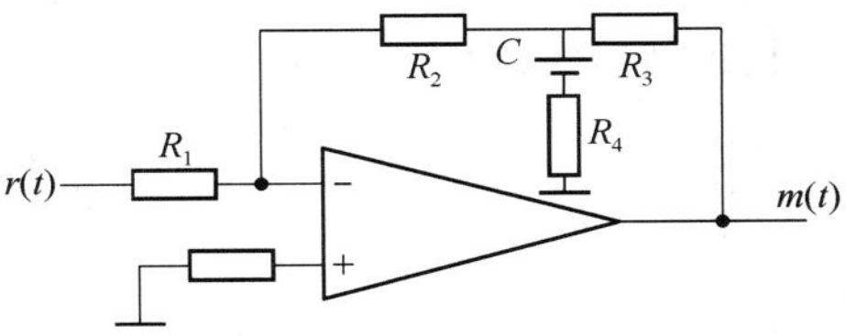

图 5-34　有源 RC 超前校正装置

其中：$K_c=\frac{R_2+R_3}{R_1}$，$T=R_4C$，$\alpha T=\frac{R_2R_3+R_2R_4+R_3R_4}{R_2+R_3}C$

(2) 滞后校正

滞后校正装置传递函数为

$$G_c(s)=\frac{\alpha Ts+1}{Ts+1}\quad \alpha<1 \tag{5-5-17}$$

其中 α、T 为可调参数，可见它与超前校正结构相同而参数不同，关键是 α 不同。虽然只因 α 不同，但两种装置的校正本质却大不相同。图 5-35 为滞后校正装置的伯德图。滞后校正也是由相位滞后(负的相移)而得名。由图可见，它与超前校正是对称的。

由于滞后校正提供负的相角，显然是对动态不利的，因此滞后校正装置并不用于中频段，不是靠相移来改变系统性能的。

在串联校正中，滞后校正将使高于 $\frac{1}{T}$ 的频率范围的幅值衰减程度加大，即对系统高频段具有衰减特性，这就降低了系统的截止频率，从而改善系统的稳定性和改善动态性能。这种作用在伯德图中体现为滞后校正装置将原系统的 ω_c 变小。另一方面，如果原系统动态特性很好，经滞后作用而改变，但可以通过提高开环放大倍数将其平移至原有动态位置，这样动态性能不变，但稳态性能却得到提高，这是滞后校正的又一作用。图 5-36 为其作用示意图。在图中对 $G_0(s)$ 串接 $G_c(s)$ 进行滞后校正，得到 $G_c(s)\ G_0(s)$ 曲线，可知其动态特性发生变化，剪切频率变化为 ω_{c1}。再串入 K 倍比例放大，得到 $KG_c(s)\ G_0(s)$ 曲线。由该曲线看到原有系统 ω_c 及其附近未发生变化，故动态性能未被改变。但是其低频段增益被提高了，稳态性能得到改善。

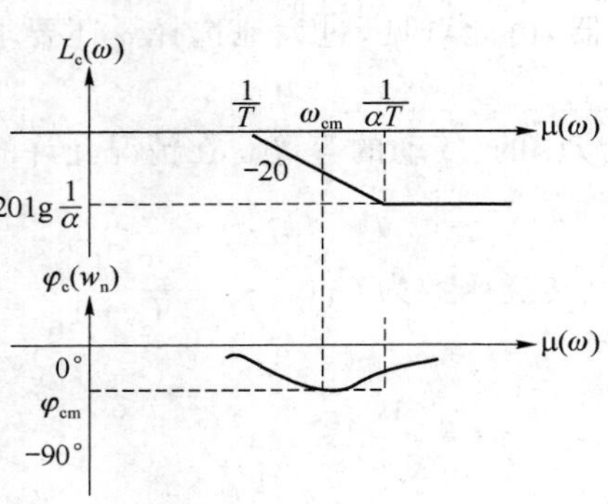

图 5-35　滞后校正伯德图

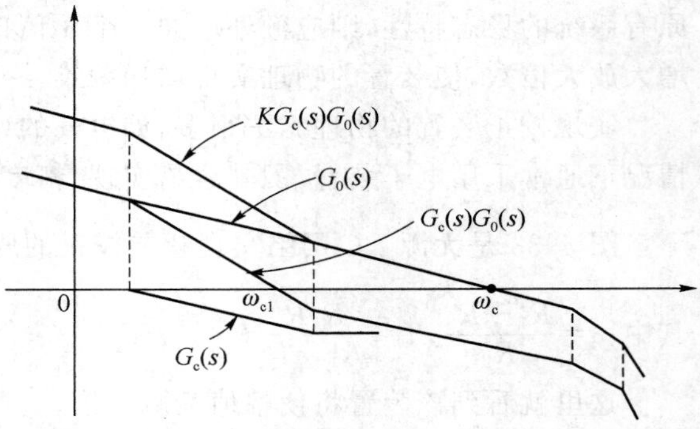

图 5-36　滞后校正仅提高稳态性能示意图

定量关系可参阅超前校正，这里不再列写。

滞后校正装置可以由图 5-37 来实现。有

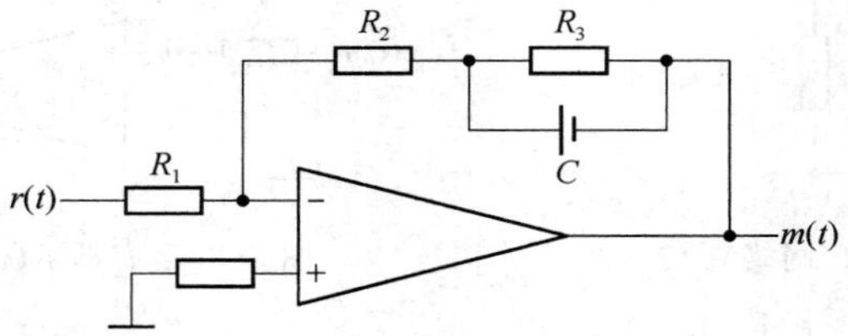

图 5-37　运算构成的滞后校正装置

$$G_c(s)=-\frac{K_c(\alpha Ts+1)}{Ts+1}$$

其中：$K_c=\frac{R_2+R_3}{R_1}$，$T=R_3C$，$\alpha=\frac{R_2}{R_2+R_3}$

(3) 滞后—超前校正

滞后—超前校正是上述二种校正的结合产物，它可以集两者优点，近似地实现了 PID 控制。其传递函数为

$$G_c(s)=\frac{\alpha_1T_1s+1}{T_1s+1}\cdot\frac{\alpha_2T_2s+1}{T_2s+1} \tag{5-5-18a}$$

$$\alpha_1>1,\alpha_2<1,T_2>T_1$$

其伯德图如图 5-38 所示。

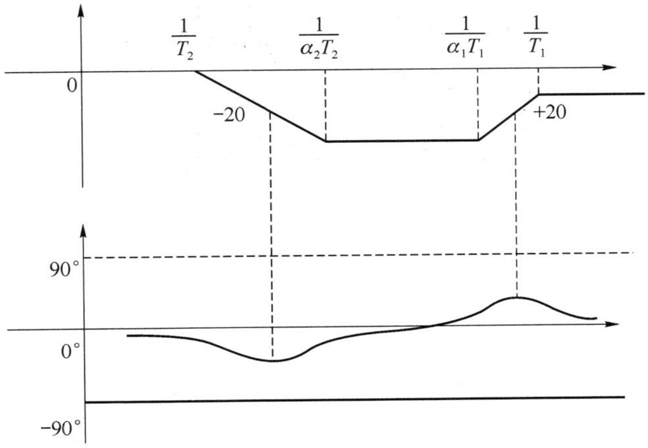

图 5-38　滞后—超前校正伯德图

该装置通过确定 T_1、T_2 及 α_1、α_2 来实现对原系统的相应校正，具体的幅频曲线和相频曲线与参数的确定有关。

若将 α_1 与 α_2 统一起来，即使超前部分和滞后部分的频宽相等，取 $\alpha=\alpha_2$，则 $\alpha_1=\dfrac{1}{\alpha_2}=\dfrac{1}{\alpha}$，式(5-5-18a)又可表示成

$$G_c(s)=\frac{\alpha T_2 s+1}{T_2 s+1}\cdot\frac{\frac{1}{\alpha}T_1 s+1}{T_1 s+1}\quad a<1\qquad T_2>T_1 \tag{5-5-18b}$$

令 $\beta=\dfrac{1}{\alpha}>1$ 有

$$G_c(s)=\frac{\frac{1}{\beta}T_2 s+1}{T_2 s+1}\cdot\frac{\beta T_1 s+1}{T_1 s+1}\quad \beta>1\quad T_2>T_1 \tag{5-5-18c}$$

$$=\frac{T_2' s+1}{\beta T_2' s+1}\cdot\frac{T_1' s+1}{\frac{T_1'}{\beta}s+1}\quad \beta>1\quad T_2'>T_1' \tag{5-5-18d}$$

式(5-5-18d)是常见的表述方式。由式(5-5-18b～d)可见将强度归一化到滞后参数上，β 就是超前校正的强度。

图 5-39 给出一种滞后—超前校正装置。有

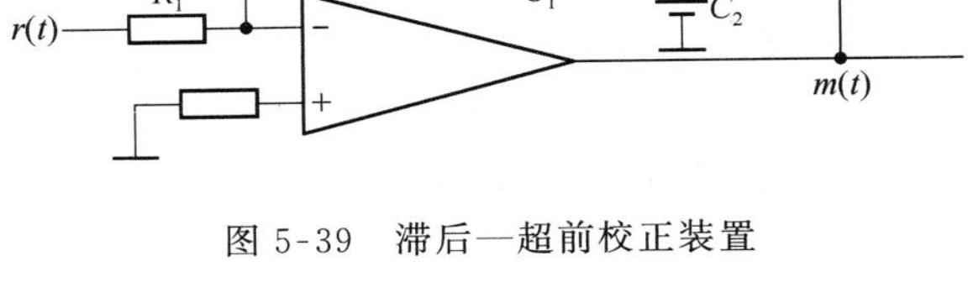

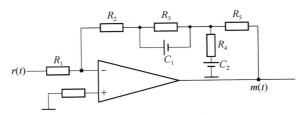

图 5-39　滞后—超前校正装置

$$G_c=-\frac{K_c(\alpha_1T_1s+1)(\alpha_2T_2s+1)}{(T_1s+1)(T_2s+1)}$$

$$K_c=\frac{R_2+R_3+R_5}{R_1}$$

$$T_2=R_3C_1 \qquad \alpha_2=\frac{R_2+R_5}{R_2+R_3+R_5}$$

$$T_1=R_4C_2 \qquad \alpha_1=\frac{R_4+R_5}{R_4}$$

$$T_1<T_2$$

5.5.3 分析法的串联校正

1. 频率特性法实现超前校正

(1) 设计步骤

这里只介绍常用的伯德图法设计步骤。

① 根据给定的指标将其转换为频域指标;

② 对固有系统进行分析,确定需要调节的指标;

③ 确定校正方法并确定参数。

当确定使用超前校正时,确定达到相位裕度要求的补偿角 $\Delta\varphi$。$\Delta\varphi$ 由下式表示:

$$\Delta\varphi=\gamma-\gamma_0+\varepsilon \tag{5-5-19}$$

式中,γ 为指标要求的相位裕度,γ_0 为原系统的相位裕度,ε 为修正值。加入超前校正后将使未校正系统的剪切频率 ω_{c0} 改变至校正后的 ω_c 处,且有 $\omega_c>\omega_{c0}$,因而在 ω_c 处并不是 γ_0 的相位裕度而是更小一些,但由于 ω_c 尚不能确定具体位置,故一般采用经验选法。当固有系统 ω_{c0} 处斜率为 -20dB/dec 时取 $5°\sim10°$,当为 -40dB/dec 时取 $10°\sim15°$,为 -60dB/dec 时取 $15°\sim20°$。由此可见,若原有系统在 ω_{c0} 附近相位变化急剧时,不宜采用超前校正。常取 $\varepsilon=5°\sim15°$,但相频变化很小时取 $\varepsilon=5°$,否则增加。

取

$$\varphi_m=\Delta\varphi \tag{5-5-20}$$

确定 $\alpha\left(\alpha=\dfrac{1+\sin\varphi_m}{1-\sin\varphi_m}\right)$。

为使超前校正装置的最大补偿量 φ_m 正好出现在校正后的 ω_c 处,即 $\omega_m=\omega_c$,则取

$$20\lg|G_0(j\omega_c)|=-20\lg\sqrt{\alpha} \tag{5-5-21}$$

求取 $T\left(\omega_m=\omega_c=\dfrac{1}{\sqrt{\alpha}T}\right)$。列出校正装置传递函数 $G_c(s)$。

④ 检验。绘制校正后伯德图,检验是否达到性能要求,当不满足要求时,增大 ε 再行设计(步骤 3),再检验,直至达到要求止。

(2) 例

【例 5.7】 单位负反馈系统开环传递函数为

$$G_0(s)=\frac{K}{s(s+1)}$$

要求系统在单位斜坡信号作用下误差 $e_{ss}\leqslant 0.1$，开环剪切频率 $\omega_c\geqslant 4.4$，$\gamma\geqslant 45^\circ$，$20\lg\dfrac{1}{K_g}<-10\text{db}$，试用超前校正加以实现。

解：由 $e_{ssv}\leqslant 0.1$ 得 $K_v\geqslant 10$，取 $K=10$

绘制 $G_0(s)$ 的伯德图，如图 5-40 所示。

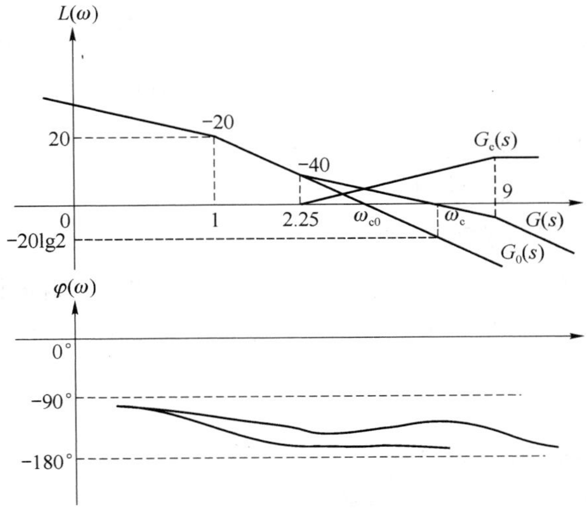

图 5-40　伯德图

$$G_0(s)=\frac{10}{s(s+1)}$$

若用坐标纸可以测定 ω_{c0}，也可计算

$$20\lg 10=40\lg\omega_{c0}$$

$$\omega_{c0}=\sqrt{10}$$

则得
$$\gamma_0=180^\circ-90^\circ-\arctan\sqrt{10}=18^\circ$$

$$K_{g0}=\infty$$

可见原有系统相位裕度太小，用串联超前校正加以改善。

取　$\varepsilon=10^\circ$，则

$\Delta\varphi=\gamma-\gamma_0+\varepsilon=45^\circ-18^\circ+10^\circ=37^\circ$　　令 $\varphi_m=\Delta\varphi=37^\circ$，则

$$\alpha=\frac{1+\sin\varphi_m}{1-\sin\varphi_m}=\frac{1+\sin 37^\circ}{1-\sin 37^\circ}=4$$

作 $-20\lg\sqrt{\alpha}=-20\lg 2=-6\text{dB}$ 线与 $G_0(s)$ 交点所对应的 ω 值即为 ω_c 位置得 ω_c 为

$$20\lg 10+20\lg 2=40\lg\omega_{c0}+40\lg\frac{\omega_c}{\omega_{c0}}$$

$$\omega_c=4.5$$

满足对系统的要求。

又
$$T=\frac{1}{\sqrt{\alpha}\,\omega_m}=\frac{1}{2\times 4.5}=\frac{1}{9}$$

$$\alpha T=\frac{4}{9}$$

超前校正装置传递函数为 $$G_c(s)=\frac{\frac{4}{9}s+1}{\frac{1}{9}s+1}$$

校正后的开环传递函数为 $$G(s)=G_0(s)G_c(s)=\frac{10\left(\frac{4}{9}s+1\right)}{s(s+1)\left(\frac{1}{9}s+1\right)}$$

检查：$K_v=10, \omega_c=4.5, \gamma=180°-131°=49°, K_g=\infty$

完全满足指标要求，校正是成功的。

2. 频率特性法实现滞后校正

如果未校正系统相位裕度需要补偿量较大，或者在剪切频率附近相频特性变化很大，系统校正不宜采用超前校正，一般可考虑使用滞后校正。如果不改变原有 ω_c 而又要提高稳态性能也可以使用滞后校正。

(1) 一般设计步骤

和超前校正设计类似，故这里只择要说明；

① 将系统要求达到的指标变换为频域指标；

② 绘制未校正系统伯德图并确定其频域指标。考查是否可选择滞后校正。

③ 确定滞后校正参数。

确定 ω_c 位置，ω_c 可由下式求出：

$$\varphi_0(\omega_c)=-(180°-\gamma-\varepsilon) \tag{5-5-22}$$

式(5-5-22)中 γ 为要求的相位裕量，ε 为修正值，ω_c 是在 $G_0(\mathrm{j}w)$ 中具有 $\gamma+\varepsilon$ 相位裕度点所对应的频率，而且该频率就作为校正后的剪切频率 ω_c。

ε 是做修正的，以补偿校正装置引入所附加的相角，一般取 $\varepsilon=5°\sim10°$。ε 取得太小则要求校正装置的两个转折频率远离 ω_c，这样校正装置实现比较困难。若取得太大，将使 ω_c 向左侧压缩，造成频带变窄，影响快速性。因此 ε 应取的尽量小而又足以补偿滞后校正装置在 ω_c 处的附加相角之值。一般地说，当 ω_c 值较大时，则将 ε 取的小一些，反之若值 ω_c 较小则 ε 取的大些。

由 $20\lg|G_0(\mathrm{j}\omega_c)|=20\lg\frac{1}{\alpha}$ 确定 $\alpha=\frac{1}{|G_0(\mathrm{j}\omega_c)|}$

取 $\frac{1}{\alpha T}=\left(\frac{1}{5}\sim\frac{1}{16}\right)\omega_c$ 从而确定 T。选 $\frac{1}{\alpha T}$ 的原则是使 $\varphi_c(\omega_c)$ 不超过所确定的 ε 值。即

$$\varphi_c(\omega_c)=\arctan\omega_c T-\arctan\alpha\omega_c T\leqslant\varepsilon$$

要求解这个超越方程是比较困难的，而近似地由下式选取

$$\frac{1}{\alpha T}=\omega_c\cot^{-1}\left(\frac{\pi}{2}-\varepsilon\right)=\omega_c\tan\varepsilon \tag{5-5-23}$$

确定滞后校正 $G_c(s)$

④ 检查、修改。

【例 5.8】 已知单位负反馈系统开环传递函数

$$G_0(s)=\frac{5}{s(s+1)(0.5s+1)}$$

要求 $\gamma \geqslant 40°$，试用滞后校正实现。

解： 做 $G_0(s)$ 伯德图如图 5-41 所示。

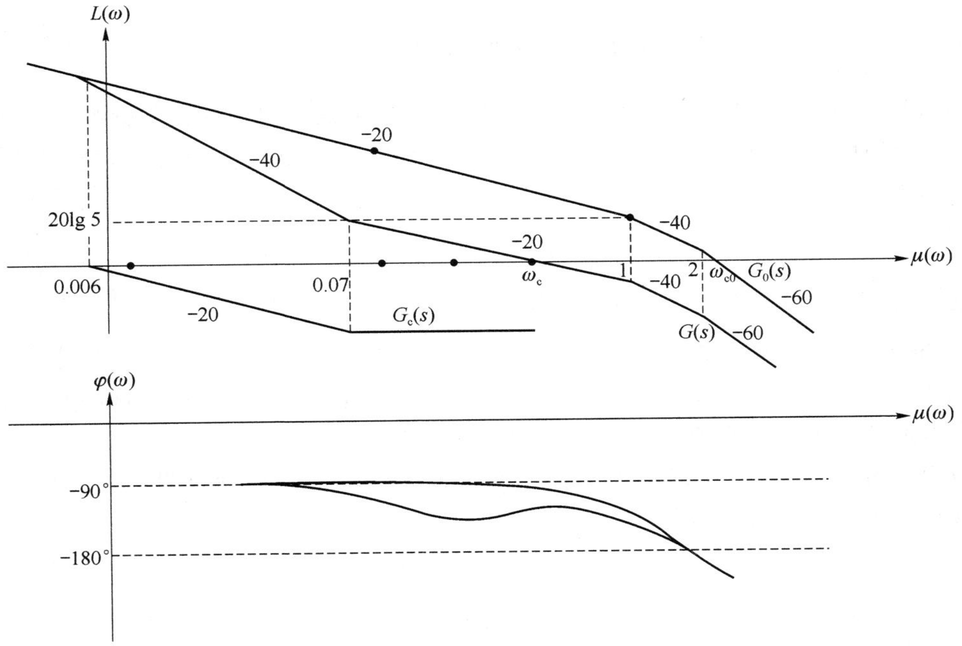

图 5-41　伯德图

由　　$20\lg 5=40\lg 2+60\lg\frac{\omega_{c0}}{2}$ 得 $\omega_{c0}=2.15$　　$\gamma_0=-22°$

可见原系统不稳定。

取　　$\gamma=45°$，因 ω_c 很小取 $\varepsilon=10°$，则

$$\varphi_0(\omega_c)=-180°+\gamma+\varepsilon=-125°$$

即

$$-90°-\arctan\omega_c-\arctan 0.5\omega_c=-125°$$

解得

$$\omega_c=0.42$$

$$|G_0(j\omega_c)|=\frac{5}{\omega_c\sqrt{(1+\omega_c^2)[1+(0.5\omega_c)^2]}}=10.7$$

则

$$\alpha=\frac{1}{10.7}=0.093$$

由

$$\frac{1}{\alpha T}=\omega_c\tan\varepsilon \quad 得$$

$$T=\frac{1}{\alpha\omega_c\tan\varepsilon}=145$$

则滞后校正装置为　　$G_c(s)=\frac{\alpha Ts+1}{Ts+1}=\frac{13.49s+1}{145s+1}$

校正后开环传递函数为　　$G(s)=\frac{5(13.49s+1)}{s(s+1)(0.5s+1)(145s+1)}$

代入 $\omega_c=0.42$ 得　$\varphi(\omega_c)=-133.7°$

注意： 具有饱和或限幅作用的系统使用滞后校正后，可能产生条件稳定问题。为防止这种现象产生，应将滞后校正作用在系统的线性范围内。

滞后校正在低频范围近似实现 PI 控制，因而降低了系统的稳定性，为防止低频的不稳定现象，应取 T 大于系统中最大的时间常数。

5.5.4　期望特性法实现系统的串联校正

期望特性法实现系统的串联校正又称为综合法。它是根据设计任务所要求的技术指标，确定一种期望的结构 $G(s)$，再根据固有系统结构 $G_0(s)$ 与 $G(s)$ 的差异来决定所需的校正装置 $G_c(s)$。由于采用串联校正方案，故有

$$G_c(s)=\frac{G(s)}{G_0(s)} \tag{5-5-24}$$

显然，使用伯德图，上述关系变得十分简单，只要算术运算即可。

1. 系统期望特性的模型

期望特性一般先将结构确定，这是期望特性名称的由来。人们根据经验提出一些各阶系统的典型结构如图 5-42 所示。图中只给出幅频特性图。

应当指出，期望特性（特别是高阶系统）参数的设定应参考固有系统状况，因为不然的话可能使校正装置复杂化。

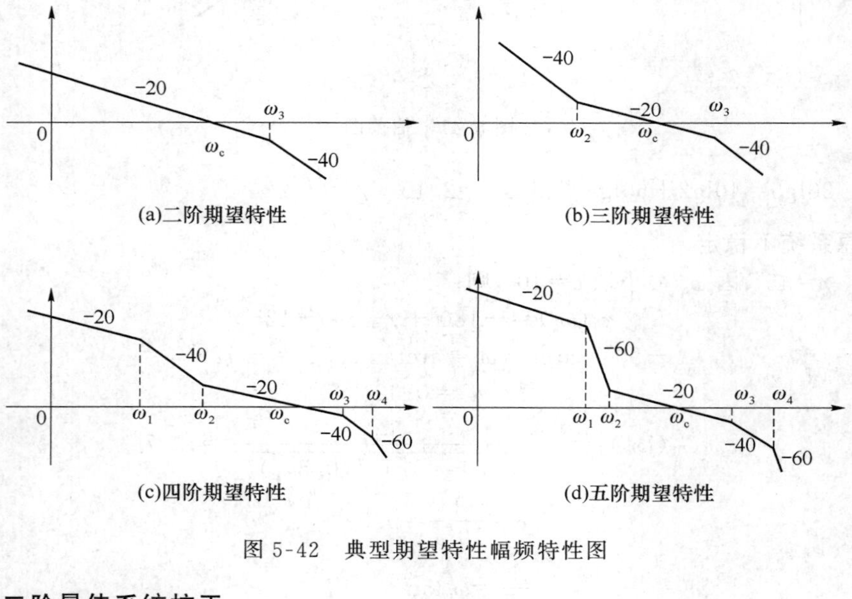

图 5-42　典型期望特性幅频特性图

2. 按二阶最佳系统校正

二阶期望特性的传递函数为

$$G(s)=\frac{\omega_n^2}{s(s+2\xi\omega_n)} \tag{5-5-25}$$

$$=\frac{K}{s(T_1s+1)} \tag{5-5-26}$$

其中
$$\begin{cases} K=\dfrac{\omega_n}{2\xi} \\ T_1=\dfrac{1}{2\xi\omega_n} \end{cases} \tag{5-5-27}$$

且有
$$\begin{cases} \omega_c=K \\ \omega_3=\dfrac{1}{T_1} \end{cases} \tag{5-5-28}$$

在二阶系统期望特性中，当 $\xi=\dfrac{\sqrt{2}}{2}=0.707$ 时，系统的 $\sigma_p\%=4.3\%$，$\gamma=65.5°$，这时兼顾了快速性和相对稳定性，通常称为“最佳二阶系统”。其传递函数为

$$G(s)=\frac{1}{2T_1s(T_1s+1)} \tag{5-5-29}$$

一般都将固有系统通过校正而达到最佳二阶系统。

(1) 将一阶惯性环节校为最佳二阶系统

被控系统固有特性为

$$G_0(s)=\frac{K_1}{T_1s+1} \tag{5-5-30}$$

则，校正装置为

$$G_c(s)=\frac{G(s)}{G_0(s)}=\frac{1}{2K_1T_1s} \tag{5-5-31}$$

可见，在原有系统主通道中串接如式(5-5-30)的校正装置即可。该装置是一个积分调节器。

(2) 将两惯性环节串联系统校为最佳二阶系统

固有传递函数为

$$G_0(s)=\frac{K_1K_2}{(T_1s+1)(T_2s+1)} \qquad T_2>T_1 \tag{5-5-32}$$

则校正装置为

$$G_c(s)=\frac{G(s)}{G_0(s)}=\frac{T_2s+1}{2K_1K_2T_1s}=\frac{T_2}{2K_1K_2T_1}\left(1+\frac{1}{T_2s}\right) \tag{5-5-33}$$

可见，需加入比例加积分(PI)调节器。注意，应使原系统中转折频率值大的 $\left(\dfrac{1}{T_1}\right)$ 作为最佳二阶系统的转折频率。

该校正的幅频特性如图 5-43 所示。

由图 5-43 可见，若不取 $\dfrac{1}{T_1}$ 作为最佳二阶系统转折频率就会使校正装置变得复杂，因而合理地利用固有特性是很主要的。

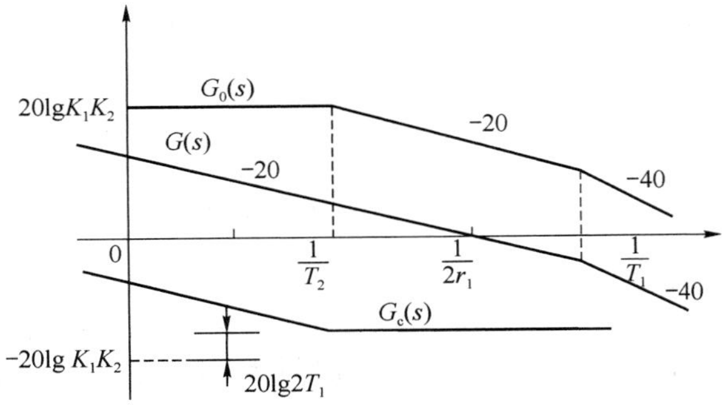

图 5-43　PI 校正

5.5.5　反馈校正

1. 反馈校正的特点

反馈校正又称为反馈补偿。

反馈补偿也是广泛采用的补偿方法。反馈补偿可以实现串联补偿的功能，此外反馈补偿还可以明显减弱和消除系统元部件参数波动和非线性因素对系统性能的不利影响。反馈补偿还可能给系统带来其他一些有益的性能。

对于机械位置伺服系统，常用的反馈补偿元件是测速发电机。采用测速发电机的反馈补偿将增加系统的制造成本并使系统结构复杂。但为了保证系统良好可靠的性能，高精度伺服系统广泛采用反馈补偿方法。

对于电子线路而言，反馈补偿很容易实现，所以反馈补偿在电子线路中获得了极广泛的应用。例如，在所有的电子放大器中，都要采用反馈补偿来稳定工作点、稳定放大倍数、减小非线性失真、扩展频带宽度。

(1) 比例负反馈可以减小环节的时间常数

比例负反馈是指 $F_c(s)$为常量

图 5-44 所示框图，当不加比例负反馈($F_c(s)=0$)时，传递函数为

$$G(s)=\frac{K}{Ts+1}$$

加入比例负反馈后，闭环传递函数为

$$H(s)=\frac{C(s)}{R(s)}=\frac{K}{Ts+1+KF_c}=\frac{K'}{T's+1} \tag{5-5-34}$$

式中，$K'=\dfrac{K}{1+KF_c}$，$T'=\dfrac{T}{1+KF_c}$，显然 $T'<T$。可见比例负反馈使为其包围的环节的时间常数减小。反馈系数 F_c越大，时间常数越小。$K'<K$，比例负反馈使该环节放大系数降低。通常可以提高系统中其他放大环节的增益来保持整个系统开环放大系数不变。

若在原环节前串联$\dfrac{K'(Ts+1)}{K(T's+1)}$，同样可得到与式(5-5-34)相同的结果，可见上述反馈补偿效果与串联超前补偿相同。

(2) 负反馈可以减弱参数变化对系统性能的影响

在控制系统中，为了减弱参数变化对系统性能的影响，最常用的措施之一就是应用负反馈。在图 5-45(a)所示的环节中，设因参数变化引起的传递函数 $G(s)$的变化是 $\Delta G(s)$，相应的输出 $C_1(s)$的变化是 $\Delta C_1(s)$。这时该环节的输出为

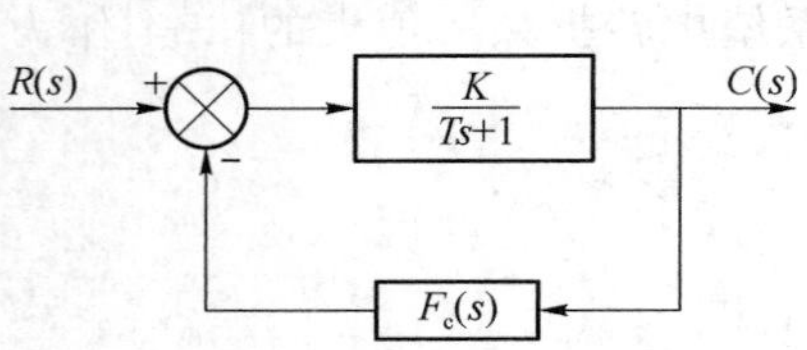

图 5-44 比例负反馈框图

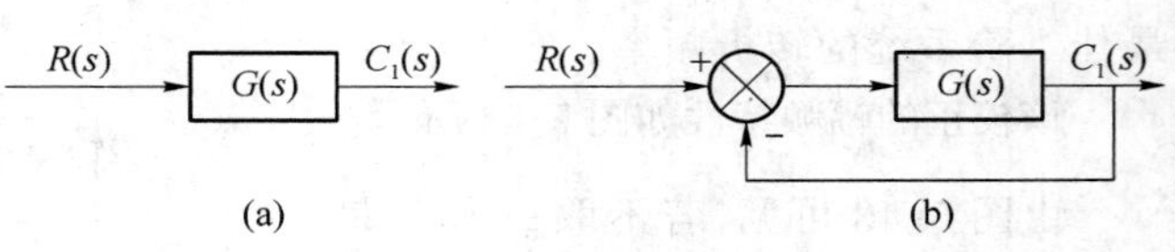

图 5-45 系统框图

$$C_1(s)+\Delta C_1(s)=[G(s)+\Delta G(s)]R(s) \tag{5-5-35}$$

故

$$\Delta C_1(s)=\Delta G(s)R(s) \tag{5-5-36}$$

对于图 5-45(b)所示反馈环节，如果发生上述的参数变化，则反馈环节的输出为

$$C(s)+\Delta C(s)=\frac{G(s)+\Delta G(s)}{1+G(s)+\Delta G(s)}R(s) \tag{5-5-37}$$

通常$|G(s)|\gg\Delta G(s)$，于是近似有

$$\Delta C(s)=\frac{\Delta G(s)}{1+G(s)}R(s) \tag{5-5-38}$$

当$|1+G(s)|\gg1$时，有$\Delta C(s)\ll\Delta C_1(s)$。所以负反馈能明显减弱参数变化对系统性能的影响。串联补偿不具备这个特点。

前述同样适用于开环系统和闭环系统的比较。因此，如果说开环系统必须采用高性能的元件以便减小参数变化对控制系统性能的影响，那么对于负反馈系统来说，就可选用性能稍差的元件。

(3) 反馈补偿可以用一个希望的环节代替系统固有部分中不希望的环节

系统结构如图 5-46 所示。图中$G_0(s)=G_1(s)G_2(s)G_3(s)F(s)$是系统的固有部分。若$G_2(s)$这个环节的特性是不希望的，希望用另一个环节$G_{el}(s)$代替$G_2(s)$，这时可用反馈补偿。如图所示，用反馈补偿网络$F_c(s)$与$G_2(s)$形成一个闭合回路，称为副回路，或称"小回路"，而$G_2(s)$称为被副回路包围的环节。反馈补偿设计的任务就是使$G_2(s)$、$F_c(s)$组成的副回路的特性满足要求，从而代替原有的环节$G_2(s)$。而由$G_1(s)G_2(s)G_3(s)$和$F(s)$组成的回路称为主回路。

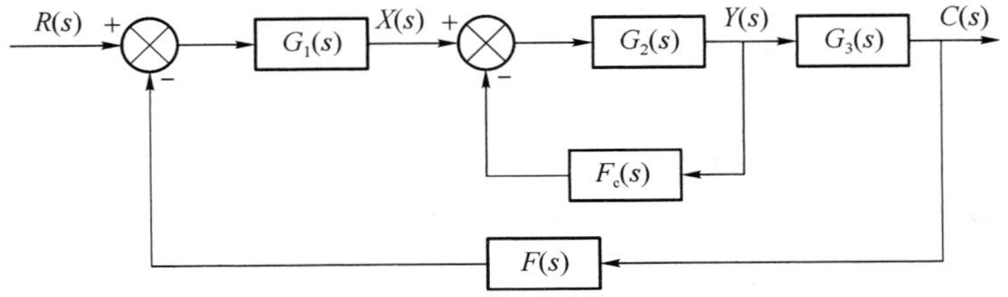

图 5-46　系统框图

由副回路形成的环节的闭环传递函数$G_{el}(s)$为

$$G_{el}(s)=\frac{Y(s)}{X(s)}=\frac{G_2(s)}{1+G_2(s)F_c(s)} \tag{5-5-39}$$

$$G_{el}(j\omega)=\frac{G_2(j\omega)}{1+G_2(j\omega)F_c(j\omega)} \tag{5-5-40}$$

当

$$|G_2(j\omega)F_c(j\omega)|\gg1 \tag{5-5-41}$$

有

$$G_{el}(j\omega)=\frac{1}{F_c(j\omega)} \tag{5-5-42}$$

可见，采用反馈补偿后，在该频段范围内，原有的环节$G_2(s)$被$1/F_c(s)$代替。

当

$$|G_2(j\omega)F_c(j\omega)|\ll1 \tag{5-5-43}$$

有

$$G_{el}(j\omega)=G_2(j\omega) \tag{5-5-44}$$

可见在此频带范围内，反馈补偿不起作用，环节保持原有特性。

2. 反馈补偿网络的设计

设系统结构如图 5-46 所示，$F_c(j\omega)$是反馈补偿网络。设计后系统希望的开环传递函数

$G(s)$为

$$G(s)=\frac{G_1(s)G_2(s)G_3(s)F(s)}{1+G_2(s)F_c(s)}=\frac{G_0(s)}{1+G_2(s)F_c(s)} \tag{5-5-45}$$

其中,$G_0(s)=G_1(s)G_2(s)G_3(s)F(s)$是固有部分的开环传递函数。

当

$$|G_2(j\omega)F_c(j\omega)|\gg 1 \tag{5-5-46}$$

有

$$G(s)=\frac{G_0(s)}{G_2(s)F_c(s)} \tag{5-5-47}$$

$$20\lg|G_2(j\omega)F_c(j\omega)|=20\lg|G_0(j\omega)|-20\lg|G(j\omega)| \tag{5-5-48}$$

由式(5-5-48)可求出$G_2(s)F_c(s)$以及$F_c(s)$。

当

$$|G_2(j\omega)F_c(j\omega)|\ll 1 \tag{5-5-49}$$

有

$$G(s)=G_0(s) \tag{5-5-50}$$

$$20\lg|G(j\omega)|=20\lg|G_0(j\omega)| \tag{5-5-51}$$

式(5-5-45)至式(5-5-51)是反馈补偿网络设计的主要依据。

一般情况下,反馈补偿网络的设计可按下述步骤进行:

(1) 绘出系统固有部分的开环对数幅频特性。

(2) 根据性能指标要求绘制系统期望开环对数幅频特性。

(3) 求反馈补偿网络的对数幅频特性。

(4) 校核设计的系统是否满足性能指标。

【例 5.9】 系统框图如图 5-47 所示,图中$F_c(s)$是反馈补偿网络。系统的性能指标为,开环放大系数$K=200$,最大超调$\sigma_p\leqslant 25\%$,过渡过程时间$t_s\leqslant 0.5s$。求反馈补偿网络。

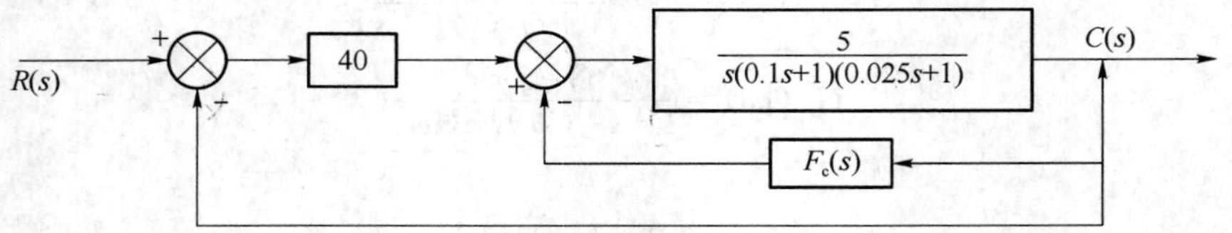

图 5-47 系统框图

解:与图 5-47 相比,$G_1(s)=40$,$G_2(s)=\frac{5}{s(0.1s+1)(0.025s+1)}$,$G_3(s)=1$,$G_0(s)=\frac{200}{s(0.1s+1)(0.025s+1)}$。

系统固有部分的开环幅频特性$20\lg|G_0(j\omega)|$如图 5-55 所示。由性能指标$K=200$,$\sigma_p\leqslant 25\%$,$t_s\leqslant 0.5s$,并且使期望对数幅频特性$20\lg|G(j\omega)|$与$20\lg|G_0(j\omega)|$的高频和低频段相同,可绘出$20\lg|G(j\omega)|$如图 5-48 所示。其中幅值穿越频率$\omega_c=16$ rad/s,转折频率为 0.4 rad/s、4 rad/s、60 rad/s。

根据式(5-5-48)绘出$20\lg|G_2(j\omega)F_c(j\omega)|$如图 5-48 中 ABCD 四条线。该特性曲线与 0dB 线交点的频率是 0.4 rad/s 和 60 rad/s。所以,反馈补偿网络起作用的频率是 0.4 rad/s$<\omega<$

60 rad/s。其余频段,对 $20\lg|G_2(j\omega)F_c(j\omega)|$ 的要求就是小于 0dB。最简单的方法就是让曲线保持穿越 0dB 线时的斜率不变,不再增加环节。由图知,$G_2(s)F_c(s)$ 的转折频率为 $\omega_1=4$ rad/s,$\omega_2=10$ rad/s,$\omega_3=40$ rad/s。故

$$G_2(s)F_c(s)=\frac{K_1 s}{\left(\frac{1}{\omega_1}s+1\right)\left(\frac{1}{\omega_2}s+1\right)\left(\frac{1}{\omega_3}s+1\right)}$$

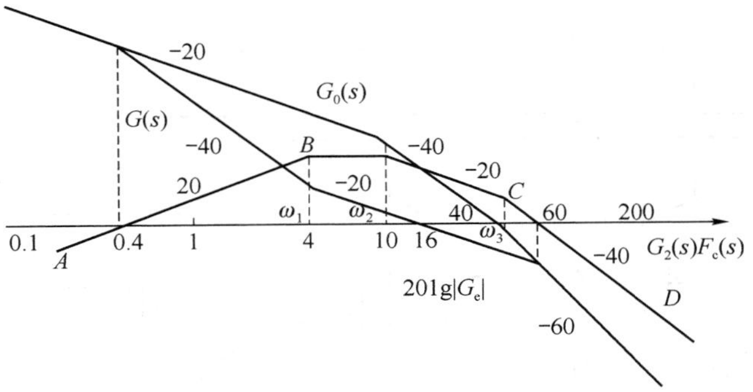

图 5-48　伯德图

当 $\omega<4$ rad/s 时,$G_2(s)F_c(s)=K_1 s$,$20\lg|G_2 F_c|=20\lg K_1\omega$。当 $K_1\omega=1$ 时,$\omega=0.4$,故 $K_1=1/0.4=2.5$。

$$G_2(s)F_c(s)=\frac{2.5s}{(0.25s+1)(0.1s+1)(0.025s+1)}$$

$$F_c(s)=\frac{G_2(s)F_c(s)}{G_2(s)}=\frac{0.5s^2}{0.25s+1}$$

经检验,系统有 $K=200$,$\sigma_p\%=16\%$,$t_s=0.49$s。可见完全满足设计要求。

5.6　频率特性法的 MATLAB 仿真

进行 MATLAB 仿真

(1) 校正前的伯德图

系统固有开环传递函数为 $G_0(s)=\dfrac{600}{s(0.262s+1)(0.003\,15s+1)}$,执行下述程序获得其伯德图和阶跃响应曲线如图 5-49 与图 5-50 所示。

```
%校正前的伯德图
num1 = 600;
den1 = conv(conv([1,0],[0.00315,1]),[0.262,1])
G1 = tf(num1,den1)
w = logspace(0,4,50)
bode(G1,w)
grid
[Gm,Pm,Wcg,Wcp] = margin(G1)
```

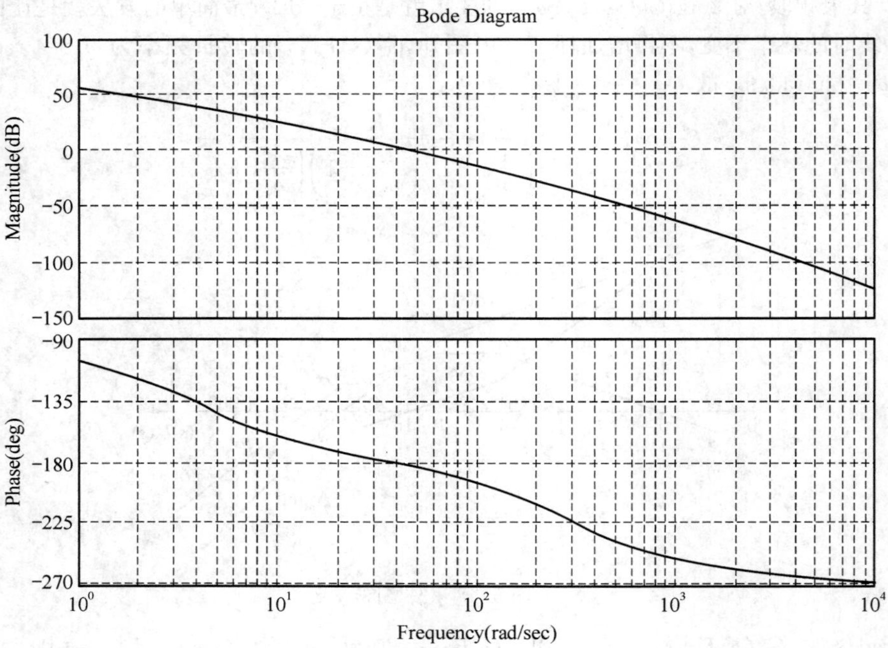

图 5-49　校正前的伯德图

%校正前的闭环阶跃响应

```
num = 600;
den = conv(conv([1,0],[0.00315,1]),[0.262,1])
G6 = tf(num,den)
G7 = feedback(G6,1)
step(G7)
```

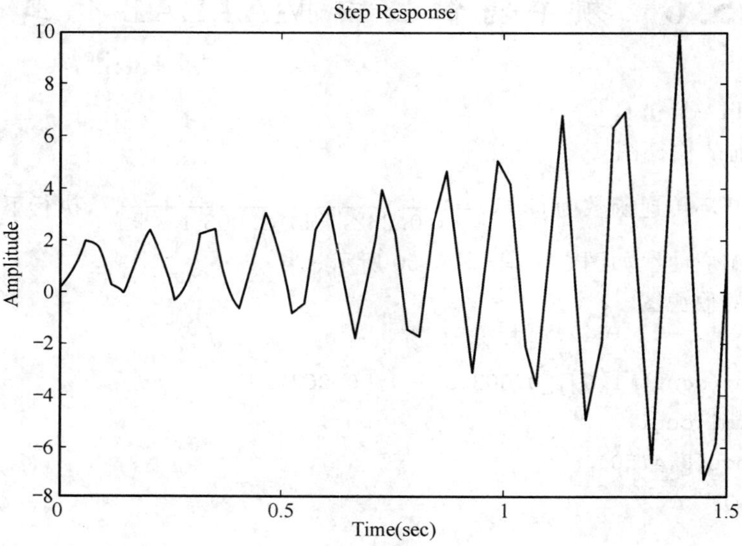

图 5-50　校正前的闭环阶跃响应

可见原有系统是不稳定的。

(2) 校正后的伯德图

校正后的开环传递函数为：$G(s)=\dfrac{600(0.091s+1)}{s(1.23s+1)(0.007s+1)(0.00315s+1)(0.262s+1)}$，校正后的伯德图和阶跃响应曲线如图 5-51 与图 5-52 所示。

```
%补偿后的开环伯德图
num2 = conv([157.2  600],[0.091  1])
den2 = conv(conv(conv(conv([1  0],[0.00315  1]),[0.262  1]),[1.23  1]),[0.007  1])
G4 = tf(num2,den2)
w = logspace(0,4,50)
bode(G4,w)
grid
[Gm,Pm,Wcg,Wcp] = margin(G4)
```

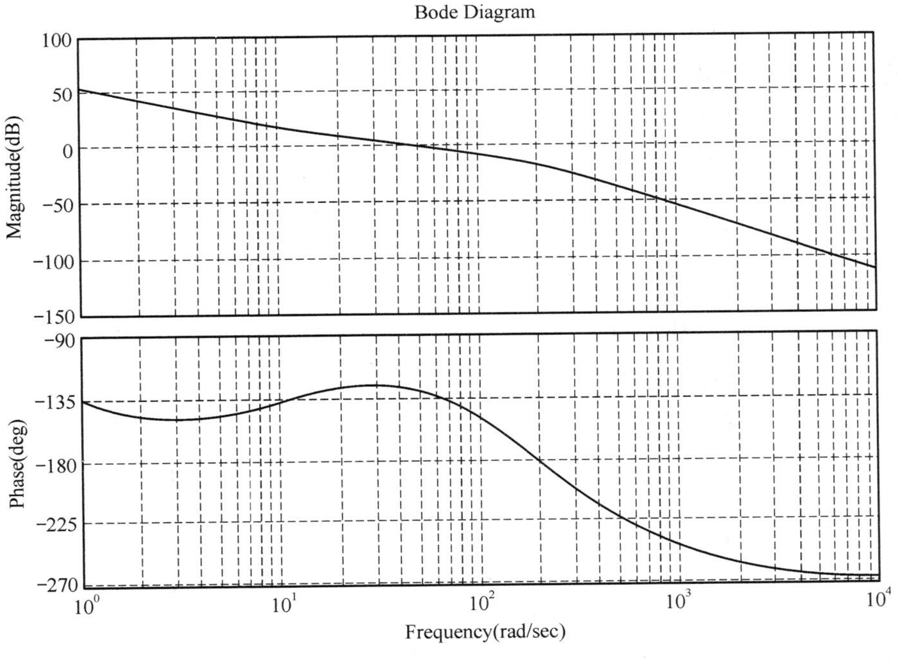

图 5-51　校正后的伯德图

```
%补偿后的闭环阶跃响应
MATLAB 程序：
num = [54.6  600];
den = [0.0000271215 0.01250655 1.24015 55.6 600];
t = 0:0.005:5;
[y,x,t] = step(num,den,t);
plot(t,y)
```

```
v=[0  0.3  0  1.4]
axis(v)
grid
title('unit - step response')
xlabel('t(sec)')
ylabel('output y(t)')
r=1;while y(r)<1.0001;r=r+1;end;
rise_time=(r-1)*0.005
[ymax,tp]=max(y);
peak_time=(tp-1)*0.005
max_overshoot=ymax-1
s=1001;while y(s)>0.98&y(s)<1.02;s=s-1;end;
settling_time=(s-1)*0.005
```

执行结果如下：

```
rise_time =0.0400
peak_time =0.0650
max_overshoot = 0.2276
settling_time =0.2200
```

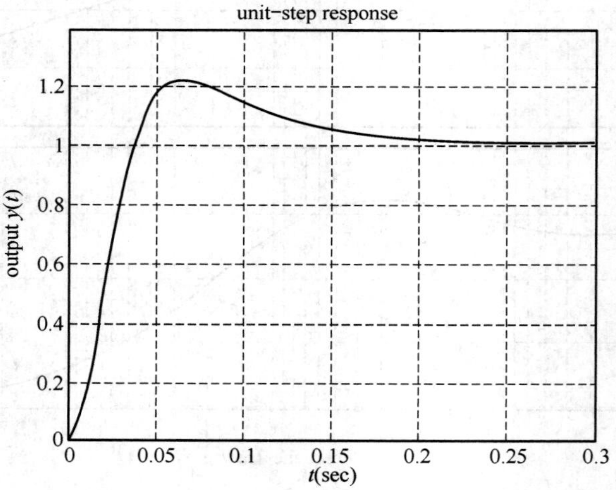

图 5-52　校正后的闭环阶跃响应

习　题

5.1　系统的闭环传递函数为

$$\Phi(s)=\frac{C(s)}{R(s)}=\frac{K(T_2s+1)}{T_1s+1}$$

输入信号 $r(t)=R\sin\omega t$，求系统的稳态输出。

5.2　求下列传递函数对应的相频特性表达式。

(1) $G(s)=\dfrac{\tau s+1}{Ts+1}$

(2) $G(s)=\dfrac{(aT_1s+1)(bT_2s+1)}{(T_1s+1)(T_2s+1)}$

5.3　绘制下列传递函数的对数幅频特性图。

(1) $G(s)=\dfrac{1}{s(s+1)(2s+1)}$　　(2) $G(s)=\dfrac{250}{s(s+5)(s+15)}$

(3) $G(s)=\dfrac{250(s+1)}{s^2(s+5)(s+15)}$　　(4) $G(s)=\dfrac{500(s+2)}{s(s+10)}$

(5) $G(s)=\dfrac{2\ 000(s-6)}{s(s^2+4s+20)}$　　(6) $G(s)=\dfrac{2\ 000(s+6)}{s(s^2+4s+20)}$

(7) $G(s)=\dfrac{2}{s(0.1s+1)(0.5s+1)}$　　(8) $G(s)=\dfrac{2s^2}{(0.04s+1)(0.4s+1)}$

(9) $G(s)=\dfrac{50(0.6s+1)}{s^2(4s+1)}$　　(10) $G(s)=\dfrac{7.5(0.2s+1)(s+1)}{s(s^2+16s+100)}$

5.4　已知最小相位开环系统对数幅频特性如题图 5-1 所示，求开环传递函数。

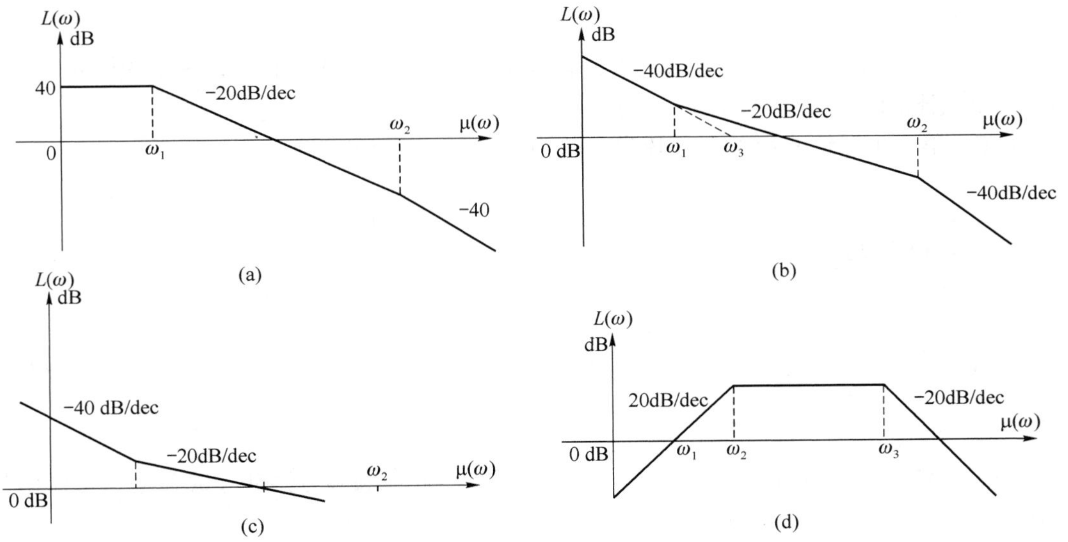

题图 5-1

5.5　设单位负反馈控制系统的开环传递函数

(1) $G(s)=\dfrac{as+1}{s^2}$，试确定使相角裕度等于 45°的 a 值。

(2) $G(s)=\dfrac{K}{(0.01s+1)^3}$

试确定使相角裕度等于 45°的 K 值。

5.6　最小相位单位负反馈系统的开环对数幅频特性如题图 5-2 图所示。写出开环传递函数 $G(s)$，求出幅值穿越频率 ω_c 及相位裕度 γ。

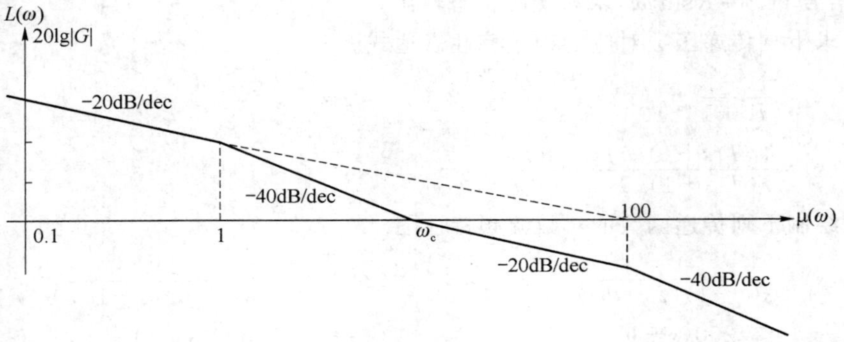

题图 5-2

5.7 单位负反馈系统的开环传递函数为

$$G_0(s)=\frac{K}{s(0.04s+1)}$$

要求系统响应信号 $r(t)=t$ 的稳态误差 $e_{ss}\leqslant 0.01$ 及相位裕度 $\gamma\geqslant 45°$，试确定串联补偿网络的传递函数。

5.8 单位负反馈系统的开环传递函数为

$$G_0(s)=\frac{K}{s(0.5s+1)}$$

要求系统响应信号 $r(t)=t$ 的稳态误差 $e_{ss}=0.1$ 及闭环幅频特性的相对谐振峰值 $M_r\leqslant 1.5$。试确定串联补偿网络的传递函数。

5.9 单位负反馈系统的开环传递函数为

$$G_0(s)=\frac{K}{s(0.1s+1)(0.2s+1)}$$

要求：(1) 开环放大倍数 $K_v=100\text{s}^{-1}$；

(2) 相位裕度 $\gamma\geqslant 40°$。

试设计串联滞后—超前补偿网络。

5.10 单位负反馈系统固有部分的传递函数为

$$G_0(s)=\frac{K}{s(0.1s+1)}$$

要求补偿后系统的开环放大系数为 $K_v\geqslant 100\text{s}^{-1}$，相位裕度 $\gamma\geqslant 50°$，试确定补偿网络的传递函数。

5.11 单位负反馈系统固有部分的传递函数为

$$G_0(s)=\frac{K}{s(s+1)(0.25s+1)}$$

要求补偿后系统的开环放大系数为 $K_v=10\text{s}^{-1}$，相位裕度 $\gamma=30°$，试确定补偿网络的传递函数。

5.12 单位负反馈系统固有部分的传递函数为

$$G_0(s)=\frac{K}{s(0.9s+1)(0.007s+1)}$$

要求：(1) 开环放大倍数 $K_v=1\ 000\text{s}^{-1}$；

(2) 最大超调量 $\sigma_p\%\leqslant 30\%$；

(3) 过渡过程时间 $t_s \leqslant 0.25s$。

试设计串联补偿装置。

5.13　控制系统框图如题图 5-3 所示。欲通过反馈补偿使系统相位裕度 $\gamma=50^\circ$，试确定反馈补偿参数 K_h。

5.14　控制系统框图如题图 5-4 所示。要求采用速度反馈补偿，使系统具有临界阻尼，即阻尼比 $\xi=1$。试确定反馈补偿参数 K_h。

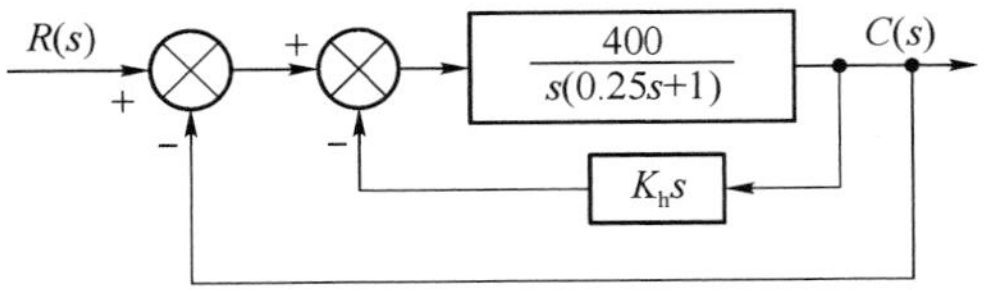

题图 5-3　控制系统框图

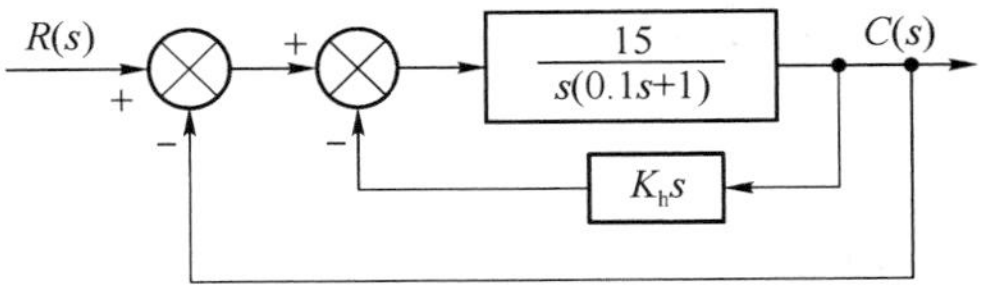

题图 5-4　控制系统框图

5.15　控制系统的框图如题图 5-5 所示，要求设计 $F_c(s)$，使系统达到下述指标：

(1) 开环放大倍数 $K_v=200s^{-1}$；

(2) 相位裕度 $\gamma=45^\circ$。

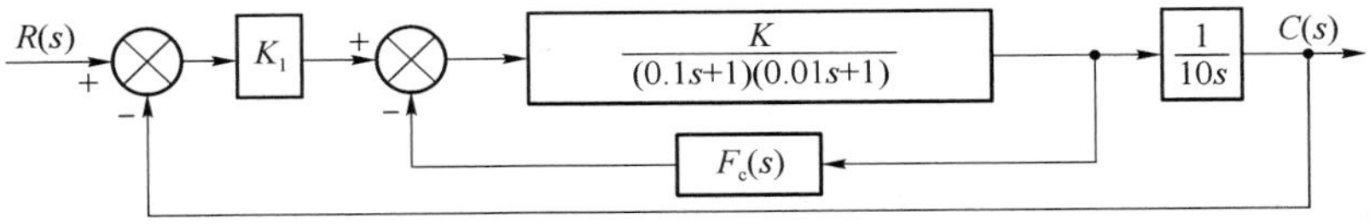

题图 5-5　控制系统框图

5.16　控制系统框图如题图 5-6(a)所示，图中 $G_0(s)$ 为系统不可变部分的传递函数，其对数幅频特性如题图 5-6(b)所示；$G_c(s)$ 为待定的补偿装置传递函数。要求补偿后系统满足：

(1) $n(t)=I(t)$ 时，$e_{ssn}(\infty)=0$；

(2) $20\lg K=57$dB；

(3) 相位裕度 $\gamma=45^\circ$。

试确定 $G_c(s)$ 的形式及参数。

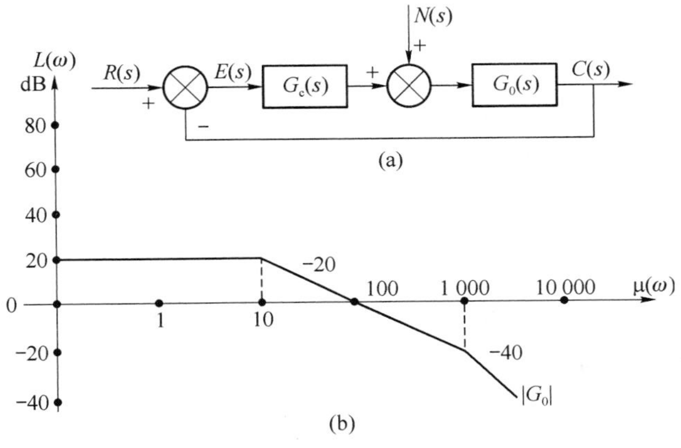

题图 5-6　控制系统框图与伯德图

5.17　控制系统框图如题图 5-7(a)所示，图中 $G_0(s)$为系统固有部分的传递函数，其对数幅频特性如题图 5-7(b)所示；$G_c(s)$为待定的补偿装置传递函数。要求补偿后系统满足：

(1) $r(t)=I(t)$时，$e_{ssr}(\infty)=0$，$20\lg K=43\text{dB}$；

(2) 幅值穿越频率 $\omega_c=10\ \text{rad/s}$；

(3) 相位裕度 $\gamma=45°$。

试确定 $G_c(s)$的形式及参数。

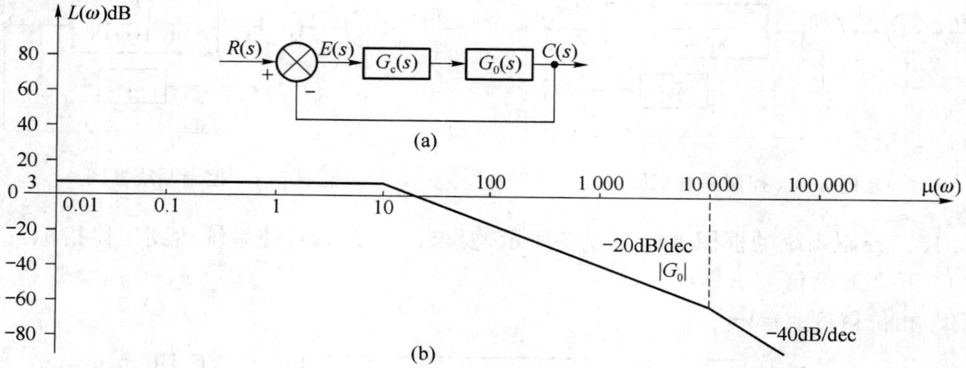

题图 5-7　控制系统框图与伯德图

5.18　在题图 5-8(a)所示系统中，系统固有部分的传递函数 $G_0(s)=\dfrac{2}{s(0.5s+1)}$，希望频率特性 $20\lg|G_e(j\omega)|$画于题图 5-8(b)中，要求：

(1) 绘出补偿装置的渐近对数幅频特性及对数相频特性；

(2) 写出补偿装置的传递函数 $G_c(s)$；

(3) 说明此补偿装置的特点。

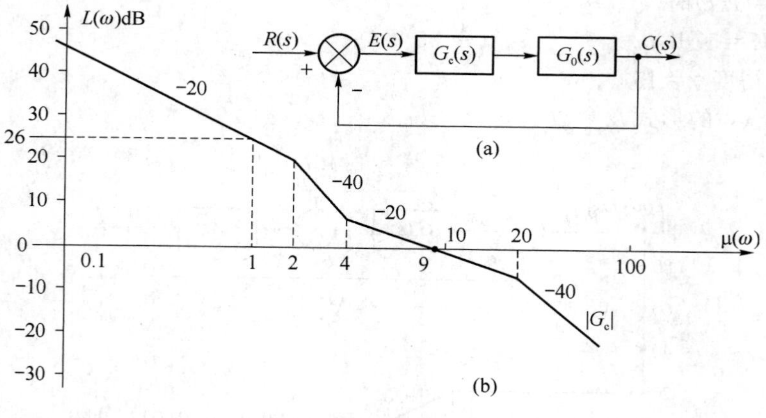

题图 5-8　控制系统框图与伯德图

5.19　单位负反馈系统固有部分的传递函数为

$$G_0(s)=\frac{K}{s(0.31s+1)(0.003s+1)}$$

要求：(1) 开环放大系数 $K_v=2000\text{s}^{-1}$；

（2）最大超调量 $\sigma_p\%\leqslant 20\%$；

（3）过渡过程时间 $t_s\leqslant 0.09s$。

试确定补偿装置的传递函数。

5.20　单位负反馈系统固有部分的传递函数为

$$G_0(s)=\frac{K}{s\left(\frac{s^2}{250^2}+\frac{2\times 0.51}{250}s+1\right)}$$

要求：（1）最大超调 $\sigma_p\%\leqslant 20\%$；

（2）过渡过程时间 $t_s\leqslant 0.25s$；

（3）系统跟踪斜坡函数 $r(t)=at$ 时，其稳态误差 $e_{ss}(t)\leqslant 0.05$ mm，其中 $a=0.5$ m/min。

试设计补偿装置的传递函数。

5.21　单位负反馈系统固有部分的传递函数为

$$G_0(s)=\frac{300}{s(0.1s+1)(0.003s+1)}$$

要求：（1）最大超调 $\sigma_p\%\leqslant 30\%$；

（2）过渡过程时间 $t_s\leqslant 0.5s$；

（3）系统跟踪斜坡函数 $r(t)=at$ 时，其稳态误差 $e_{ss}(t)\leqslant 0.033$rad，其中 $a=10$ rad/s。

试设计串联补偿装置。

5.22　系统框图如题图 5-9。$G_0(s)$是系统固有部分的传递函数，$F_c(s)$是反馈补偿网络。

设 $G_0(s)=\frac{100}{s(0.1s+1)(0.0067s+1)}$，要求

$\sigma_p\%\leqslant 23\%$；$t_s\leqslant 0.6s$，求 $F_c(s)$。

5.23　系统框图图题 5-9，设 $G_0(s)=\frac{440}{s(0.025s+1)}$，要求 $\sigma_p\%\leqslant 18\%$；$t_s\leqslant 0.3s$，求 $F_c(s)$。

5.24　系统框图题图 5-9，设 $G_0(s)=\frac{20}{s(0.9s+1)(0.007s+1)}$，要求 $\sigma_p\%\leqslant 25\%$；$t_s\leqslant 2.6s$，求 $F_c(s)$。

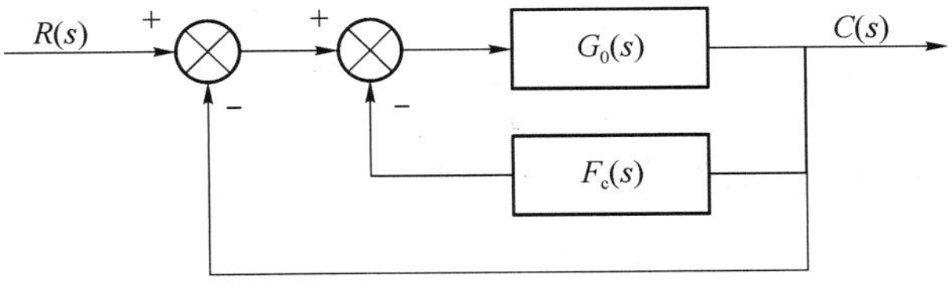

题图 5-9　反馈补偿框图

5.25　系统框图如题图 5-10 所示，图中 $F_c(s)$是反馈补偿网络，设

$G_1(s)=\frac{5000}{0.014s+1}$，$G_2(s)=\frac{12}{(0.1s+1)(0.02s+1)}$，$G_3(s)=\frac{0.0025}{s}$。

要求 $\sigma_p\%\leqslant 35\%$；$t_s\leqslant 1s$，求 $F_c(s)$。

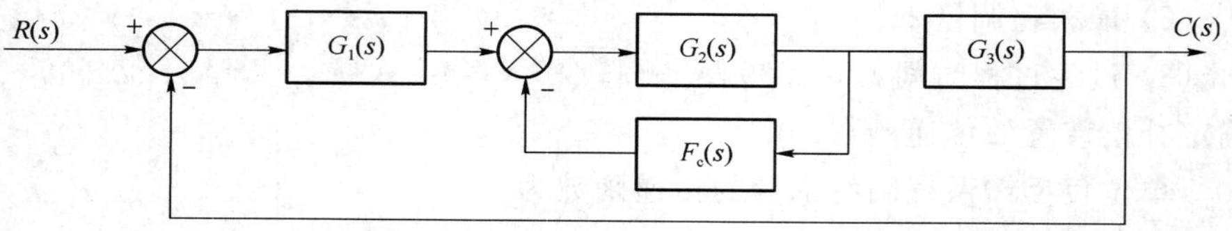

题图 5-10　反馈补偿系统框图

5.26　设 $G(s)=\dfrac{K(T_2s+1)}{S(T_1s+1)(T_3s+1)}$，$T_1>T_2>T_3$。写出对数幅频特性渐近线各段所对应的传递函数和各段所对应的对数幅频特性表达式。

5.27　原系统如题图 5-11 实线所示，其中 $K_1=440$，$T_1=0.025$。欲加反馈校正装置（如题 5-11 图中虚线部分），使系统相角裕度 $\gamma\approx50°$，试求 K_t 和 T_2 的值。

5.28　单位反馈控制系统如题图 5-12 所示。要求采用速度反馈校正，使系统具有临界阻尼（$\xi=1$）。试求校正环节的参数值，并比较校正前后系统的精度。

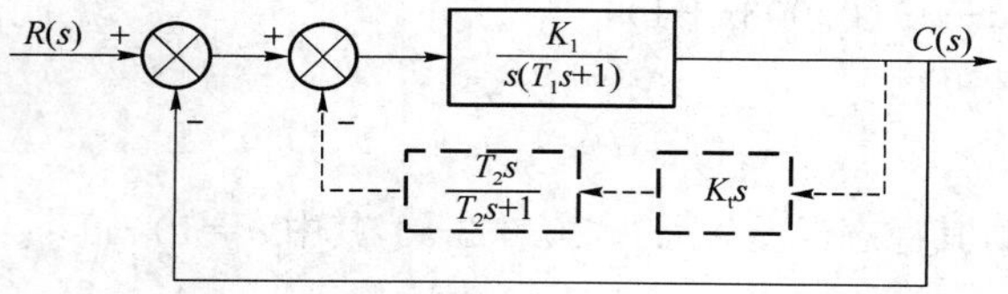

题图 5-11

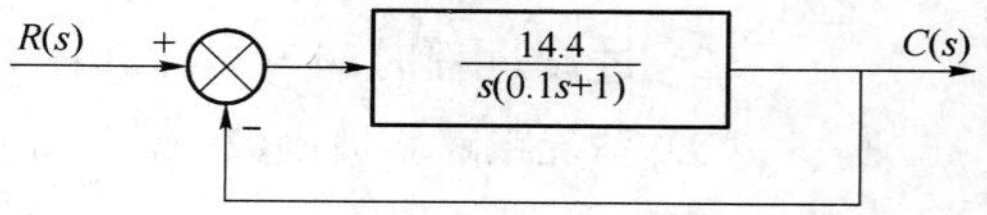

题图 5-12

5.29　一单位反馈系统如题图 5-13 所示，希望提供前馈控制来获得理想的传递函数 $\dfrac{C(s)}{R(s)}=1$（输出误差为零）。试确定前置校正装置 $G_c(s)$。

5.30　已知系统如题图 5-14 所示。要求闭环回路过阻尼，即回路的阶跃过渡过程无超调（$\sigma_p\%=0$），并且整个系统具有二阶无差度。试确定 K 值及前置校正装置 $G_c(s)$。

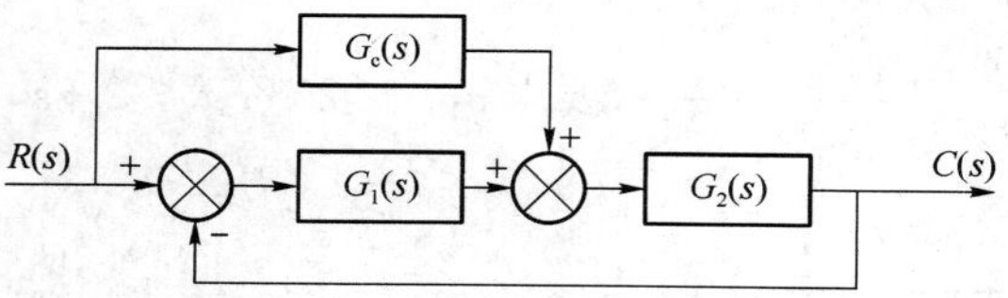

题图 5-13

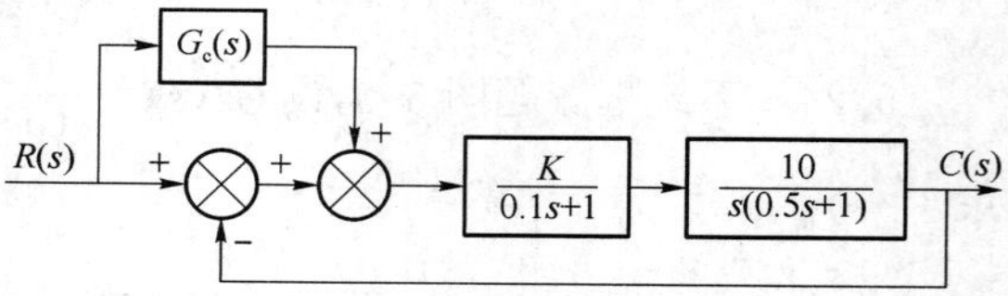

题图 5-14

5.31　一单位负反馈控制系统的开环传递函数

$$G_0(s)=\frac{200}{s(0.1s+1)}$$

试设计一个校正网络，使系统的相角裕度 γ 不小于 45°，截止频率不低于 50 rad/s。

5.32　设单位负反馈控制系统的开环传递函数

$$G(s)=\frac{126}{s\left(\frac{1}{10}s+1\right)\left(\frac{1}{60}s+1\right)}$$

要求设计串联校正装置，使系统满足

(1) 输入速度 1 rad/s 时，稳态误差不大于 1/126 rad/s；

(2) 放大器增益不变；

(3) 相角裕度不小于 30°，截止频率为 20 rad/s。

5.33　已知一单位负反馈控制系统，原有的开环传递函数 $G_0(s)$ 和串联校正装置 $G_c(s)$ 的对数幅频渐近曲线如题图 5-15 所示。要求

(1) 在图中画出系统校正后的开环对数幅频渐近曲线；

(2) 写出系统开环传递函数表达式；

(3) 分析 $G_c(s)$ 对系统的作用。

5.34　三种串联校正装置的特性如题图 5-16 所示，均为最小相位环节。若原控制系统为单位负反馈系统，且开环传递函数为

$$G_0(s)=\frac{400}{s^2(0.01s+1)}$$

试问：(1) 哪一种校正装置可使系统稳定性最好？

(2) 为了将 12 Hz 的正弦噪声削弱 10 倍左右，应确定采用哪种校正？

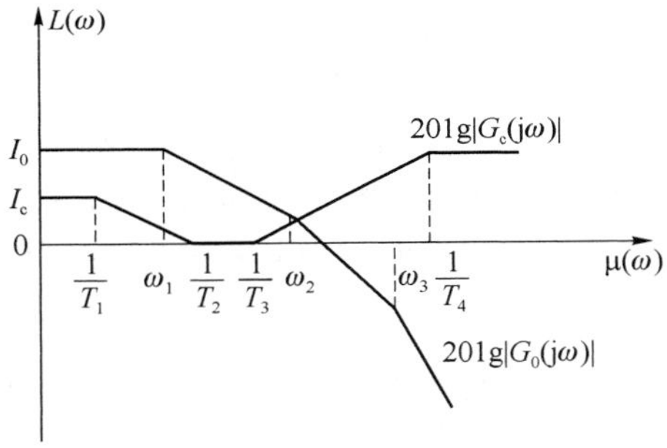

题图 5-15

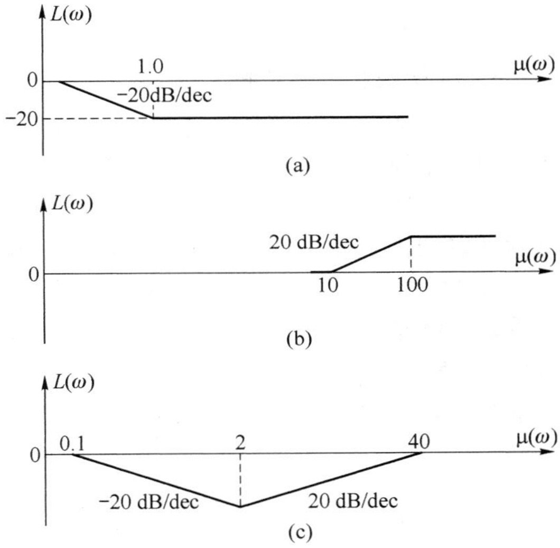

题图 5-16

5.35　设控制系统的开环传递函数为

$$G_0(s)=\frac{10}{s(0.5s+1)(0.1s+1)}$$

(1) 绘制系统的伯德图，并求相角裕度 γ；

(2) 采用传递函数为

$$G_c(s)=\frac{0.23s+1}{0.023s+1}$$

的串联超前校正装置。试求校正后系统的相角裕度，并讨论校正后系统的性能有何改进。

第6章 根轨迹法

根轨迹法是由伊凡思提出的一种求取闭环极点的简便的图形解法，它是经典理论中系统分析和综合的重要方法之一，在工程上得到广泛应用。

6.1 基本概念

1. 根轨迹和根轨迹图

特征方程的根随参数变化的运动轨迹称为系统的根轨迹。根轨迹的图像称为根轨迹图。根据根轨迹图对系统进行分析和综合的方法称为根轨迹法。

系统的闭环极点（特征根）的位置决定系统的稳定性；闭环极点、闭环零点的位置决定系统的动态特性；系统的开环放大系数和积分环节个数决定稳态性能。但是对于高阶系统求取闭环极点是有一定困难的，因而人们寻求不求解方程而又能确定闭环极点的方法，根轨迹法就是一种这样的方法。它能够给出闭环极点的运动轨迹，而且方法简单、便捷。虽然一般情况下，除一些特殊点的极点是精确的，而绝大多数只是运动趋势，但对于系统性能的分析是直观的，对于综合、校正也能直观地给出指导意见，这正是在经典理论中占有重要地位的原因。

以根轨迹系数k为参数，以开环传递函数为依据所绘制的根轨迹图是标准（或称为典型）根轨迹图，以k以外的参数（如时间常数 τ、T 等）绘制的根轨迹图称为参数根轨迹图。

2. 模条件和角条件

模条件和角条件是根轨迹法的理论依据。

设控制系统的开环传递函数为 $G(s)$，则其特征方程为

$$1+G(s)=0 \tag{6-1-1}$$

将其表达为

$$G(s)=-1 \tag{6-1-2}$$

式(6-1-2)称为根轨迹方程。它说明：一个复变量 s_i，只要能使复数 $G(s_i)$ 等于 -1 则一定是系统的闭环极点，故得如下结论：变量 s 若满足条件

$$|G(s)|=1 \tag{6-1-3}$$

$$\angle G(s)=+180^\circ+2l\pi=(2l+1)\pi \quad (l\text{ 为整数}) \tag{6-1-4}$$

则其一定是闭环极点。式(6-1-3)称为模条件，式(6-1-4)称为角条件，两者缺一不可。

3. 根轨迹图

设系统开环传递函数具有下述形式

$$G(s)=\frac{k\prod_{i=1}^{m}(s-Z_i)}{\prod_{j=1}^{n}(s-P_j)} \tag{6-1-5}$$

式中，k称为根轨迹系数或根增益，Z_i开环零点，P_j开环极点。

式(6-1-5)称为根轨迹标准式，如果所给开环传递函数不满足此种形式务必变换成标准式。

另外k和开环放大系数 K 不是一个概念。若开环传递函数表达为时间常数形式，即

$$G(s)=\frac{K\prod(\tau_i s+1)\prod(\tau_j^2 s^2+2\xi_j\tau_j s+1)}{\prod(T_\alpha s+1)\prod(T_\beta^2 s^2+2\xi_\beta T_\beta s+1)}$$

则有

$$k=\frac{K\prod\tau_i\prod\tau_j^2}{\prod T_\alpha\prod T_\beta^2} \tag{6-1-6}$$

对于标准形式的开环传递函数，当k由 0 连续变化至$+\infty$时，满足模条件和角条件的所有点的图像称为该系统的根轨迹图。

绘制根轨迹图并不是按上述逐点描述，而且根据后面介绍的规则来绘制。

在根轨迹图上的点只要满足角条件就是根轨迹上的点。因为总能在 $0\to\infty$之间找到一个值使其满足模条件。

6.2　绘制根轨迹图的基本规则

基本规则指出了绘制根轨迹图的规律或者根轨迹图的特点，它使根轨迹图的绘制变得简单。在使用中未必按所介绍的顺序使用。

6.2.1　规则一　根轨迹的分支

系统根轨迹分支数等于其阶数。

对于 n 阶系统，显然每确定一个k值就应有 n 个闭环极点分布在 S 平面上，k值的连续变化，每次的 n 个闭环极点就形成 n 个轨迹，即 n 个分支。系统的阶数闭环和开环是一致的，因而规则一可以更明确地说：根轨迹的分支数等于开环极点的个数。

6.2.2　规则二　根轨迹的连续性和对称性

根轨迹的每个分支随k的变化是连续的，系统的根轨迹图是关于实轴对称的。

规则二使我们可以方便地、简单地画出分支，即知道分支的起点和终点，可以不必逐点精确计算(除特殊需要)而画出其大致运动轨迹。对称性可以使我们获得其一半，自然地就获得了另一半。

6.2.3　规则三　根轨迹的起点和终点

根轨迹的一个分支一定起始于某个开环极点而终止于某个开环零点。

证明：当$k=0$时闭环极点的位置称为起点。

则有

$$\frac{\prod_{i=1}^{m}(s-Z_i)}{\prod_{j=1}^{n}(s-P_j)}=-\frac{1}{k} \tag{6-2-1}$$

应有

$$\prod_{j=1}^{n}(s-P_j)\bigg|_{k=0}=0$$

则

$$s\bigg|_{k=0}=P_j$$

当$k=+\infty$时的闭环极点称为终点，依式(6-2-1)知，应有 $\prod_{i=1}^{m}(s-Z_i)\bigg|_{k=\infty}=0$

则

$$s\bigg|_{k=\infty}=Z_i$$

一般系统总有 $n>m$，对于剩下的 $n-m$ 个开环零点有$\frac{1}{s^{n-m}}=\frac{1}{k}$，只有 $s\to\infty$才成立，故它们在无穷远处。在无穷远处的开环零点和开环极点称为无限奇点，有有限值的奇点称为有限奇点，如无特殊说明奇点均指有限奇点。

6.2.4 规则四 根轨迹的渐近线

处于无穷远处的开环零点，其位置由渐近线确定。渐近线是向无穷远处的射线。

n 阶系统若有 $n-m$ 条渐近线。这 $n-m$ 条渐近线交于一点，该点一定位于实轴上，坐标记为 σ，则有

$$\sigma=\frac{\sum_{j=1}^{n}\mathrm{Re}(P_j)-\sum_{i=1}^{m}\mathrm{Re}(Z_i)}{n-m} \tag{6-2-2}$$

渐近线与实轴正方向夹角为

$$\varphi_\sigma=\frac{(2l+1)\pi}{n-m} \qquad [l=0,1,\cdots,(n-m)-1] \tag{6-2-3}$$

由式(6-2-2)与式(6-2-3)可见，只要系统的无穷远处开环零点$(n-m)$相同，其 φ_σ 是相同的，只是不同的系统 σ 不同。因此常见的情况不必计算 φ_σ，记住即可。图 6-1 给出常见情况的渐近线形式。

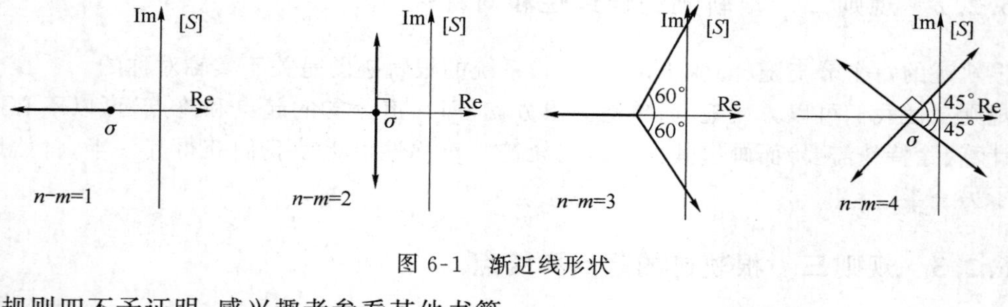

图 6-1 渐近线形状

规则四不予证明，感兴趣者参看其他书籍。

该规则确定了无限零点的方位。

6.2.5 规则五 实轴上的根轨迹

如果实轴上有开环零点或极点，则要研究根轨迹在实轴上的情况，称为实轴上的根轨迹。

实轴上的奇点将整个实轴分成若干段，每段作一个开区间，记为(a,b)（包括实轴上无穷远点）。则有下述结论：

区间(a,b)右侧实轴上奇点总数若为奇数则该区间在根轨迹上，即区间上任何一点都一定是闭环极点。若为偶数，则该区间上无闭环极点。

证明：设试验点 S_d为位于(a,b)区间内的任意一点。根据角条件，该点与复平面上的开环零极点幅角之和为 0°，与实轴上的奇点的幅角取决于它们的位置关系。若奇点位于 S_d左侧则幅角为 0°，位于右侧则幅角为 180°，因而 S_d是否是闭环极点完全取决于其右侧的实奇点个数。若为奇数个满足角条件式(6-1-4)，S_d为闭环极点。

规则五用很简单的方法将实轴根轨迹确定下来。

【例 6.1】 某负反馈系统实轴上的开环零、极点如图 6-2 所示，试确定其实轴上的根轨迹。

解：由图应注意到原点处有两个开环极点 P_2、P_3。

奇点将实轴分成若干开区间：$(P_1,+\infty)$，(P_2,P_1)，(Z_1,P_2)，(P_4,Z_1)，$(-\infty,P_4)$。

在$(P_1,+\infty)$右侧没有有限奇点，故上面没有闭环极点。

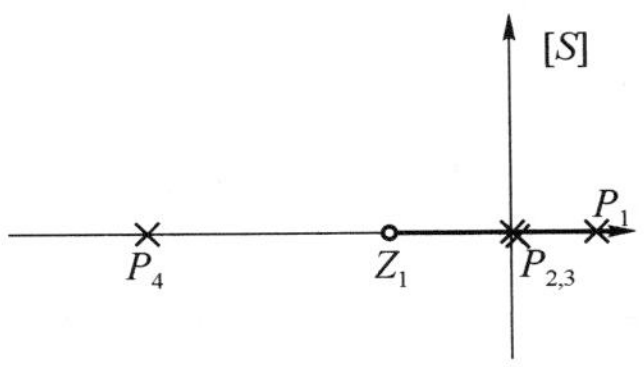

图 6-2 系统实轴上的开环零、极点图

在(P_2,P_1)右侧有一个奇点 P_1，故为根轨迹上的。

在(Z_1,P_2)右侧有三个奇点 P_1、P_2、P_3，故区间(Z_1,P_2)为根轨迹上的。

(P_4,Z_1)右侧四个奇点 Z_1、P_2、P_3、P_1，故不是。$(-\infty,P_4)$是根轨迹上的。将根轨迹上的区间涂粗，如图 6-2 所示。

6.2.6 规则六 根轨迹与实轴的交点

如果实轴上存在根轨迹，则应判断其运动状况。如果某区间是实轴上的根轨迹，则有三种情况：

如果两端点为同性奇点，又分为两种情况。同为开环极点，这说明是两个分支在$k=0$时分别从两个端点出发，随k值连续增加而相向运动，由于它们都向自己对应的开环零点运动及根轨迹图关于实轴对称性，它们只能在某一点相遇且自此分开进入复平面，故称该点为分离点。第二种情况是同为开环零点，和上述道理相同，一定有某一个点是根轨迹从复平面进入之处，称为会合点。

如果两端点为异性奇点，是否存在着分离点、会合点由具体的问题所决定。如果没有与实轴的交点，则它为一个完整的分支，即起始于开环极点，沿实轴运动直至该零点。如果存在会合点，那么一定要有一个分离点存在。这是容易理解的，假若不再有分离点，那么该区间的开环极点所在的分支就无法到达对应的开环零点。

分离点、会合点统称为根轨迹与实轴的交点。

当实轴上的根轨迹存在有与实轴交点时，该交点可由下述方法求得。

设交点位置为 d，则它们的值为下述方程的合理根，即在实轴根轨迹上的根。

方法一：

$$\left.\frac{\mathrm{d}G(s)}{\mathrm{d}s}\right|_{s=d}=0 \tag{6-2-4}$$

方法二：

$$\sum_{j=1}^{n}\frac{1}{d-P_j}=\sum_{i=1}^{m}\frac{1}{d-Z_i} \tag{6-2-5}$$

【例 6.2】 已知系统开环传递函数为

$$G(s)=\frac{k(s+1)}{s^2+2s+4}$$

求其与实轴的交点。

解：依据 $G(s)$ 将开环零、极点画于 S 平面如图 6-3 所示。

$$Z_1=-1;P_1=-1+\mathrm{j}\sqrt{3}\ ;P_2=-1-\mathrm{j}\sqrt{3}$$

由图 6-3 可见，实轴上有一开环零点 Z_1，则 $(-\infty,Z_1)$ 为实轴上的根轨迹，其两端同为开环零点（$-\infty$ 处为无限远处的开环零点），故有会合点。

方法一：

由 $\left.\frac{\mathrm{d}G(s)}{\mathrm{d}s}\right|_{s=d}=0$ 得

$$\left.k(s+1)'(s^2+2s+4)-k(s+1)(s^2+2s+4)'\right|_{s=d}=0$$

可见该方程与 k 无关。

$$d^2+2d+4-(d+1)(2d+2)=0$$

$$d^2+2d-2=0$$

解得

$$d_{1,2}=-1\pm\sqrt{3}$$

舍去 $-1+\sqrt{3}$，因为不在根轨迹上，则会合点为 $d=-1-\sqrt{3}$

方法二：

代入式(6-2-5)得

$$\frac{1}{d+1+\mathrm{j}\sqrt{3}}+\frac{1}{d+1-\mathrm{j}\sqrt{3}}=\frac{1}{d+1}$$

$$(d+1)(d+1+\mathrm{j}\sqrt{3}+d+1-\mathrm{j}\sqrt{3})=(d+1+\mathrm{j}\sqrt{3})(d+1-\mathrm{j}\sqrt{3})$$

$$(d+1)(2d+2)=d^2+2d+4$$

参阅方法一知：

$$d=-1-\sqrt{3}$$

【例 6.3】 单位负反馈系统开环传递函数为

$G(s)=\dfrac{k(s+6)}{s(s+2)(s+60)}$，求其根轨迹与实轴的交点。

解：由 $G(s)$ 知：$P_1=0,P_2=-2,P_3=-60,Z_1=-6$。如图 6-4 所示。经判断知 $(0,-2)$，

(—6,—60)为实轴上的根轨迹。(0,—2)间一定存在一个分离点。

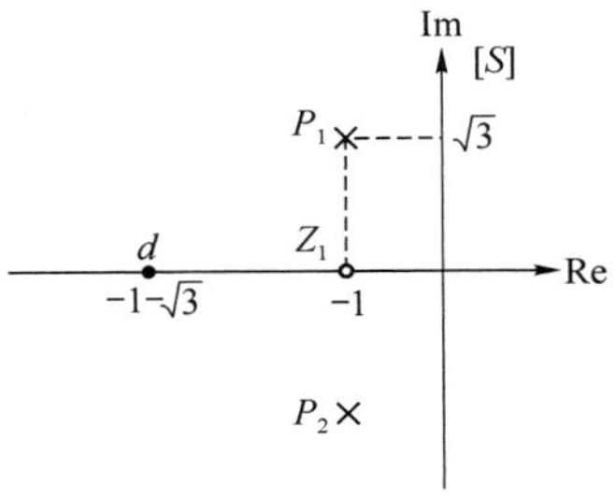

图 6-3 奇点分布图

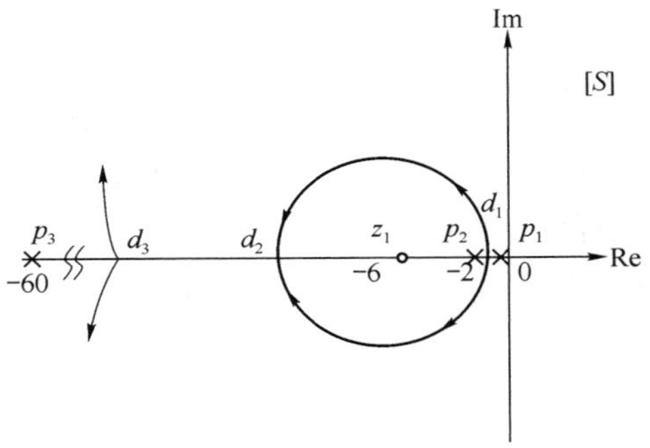

图 6-4 根轨迹图

令$\left.\frac{dG(s)}{ds}\right|_{s=d}=0$

有 $$d^3+40d^2+372d+360=0$$

解得:$d_1=-1.092$,$d_2=-12.456$,$d_3=-26.45$

可见三个根都有效,在(—6,—60)区间有两个交点:—12.46 是一个会合点,—26.45 是一个分离点。其根轨迹形状如图 6-4 所示。

6.2.7 规则七 根轨迹的出射角与入射角

如果在复平面上存在开环奇点,则要研究其出射角和入射角问题。对于开环极点称为出射角,即根轨迹以与该角相切的方向出发。若为开环零点称为入射角,以与该角相切的方向进入。

设 P_h 为复平面上任意开环极点,则其出射角为φ_{P_h}由下式求出。

$$\varphi_{P_h}=\sum_{i=1}^{m}\angle(P_h-Z_i)-\sum_{\substack{j=1\\j\neq h}}^{n}\angle(P_h-P_i)\pm(2l+1)\pi \tag{6-2-6}$$

若 Z_h 为复平面上的任意零点,则其入射角有

$$\varphi_{Z_h}=\sum_{j=1}^{n}\angle(Z_h-P_j)-\sum_{\substack{i=1\\i\neq h}}^{m}\angle(Z_h-Z_i)\pm(2l+1)\pi \tag{6-2-7}$$

总结式(6-2-6)和式(6-2-7)可将出射角、入射角的求取公式概括为:先异后同再反相。

所求奇点和所有异性奇点幅角之和减去和所有同性奇点幅角之和之后再反一次相即为出射角或者入射角。

反相是指$\pm(2l+1)\pi$的作用,从代数的角度说是将所求的诸幅角代数和结果通过$\pm(2l+1)\pi$变成习惯表示的$-\pi<\varphi<\pi$的范围。从几何的角度是将所求诸幅角代数和反向延长(反相)所获得的角度。

【例 6.4】 已知负反馈系统的开环传递函数为

$$G(s)=\frac{k(s+1)(s^2+4s+5)}{s(s+4)(s^2+s+9)}$$求出射角和入射角。

解:由 $G(s)$知:$Z_1=-1, Z_2=-2+\mathrm{j}, Z_3=-2-\mathrm{j}; P_1=0, P_2=-4, P_3=-\frac{1}{2}+\mathrm{j}\frac{\sqrt{35}}{2}$,
$P_4=-\frac{1}{2}-\mathrm{j}\frac{\sqrt{35}}{2}$

由于存在复极点 P_3, P_4 故应求出射角。

由于存在复零点 Z_2, Z_3 故应求入射角。

为表达清楚用图 6-5 求 φ_{P_3},用图 6-6 求 φ_{Z_2}。

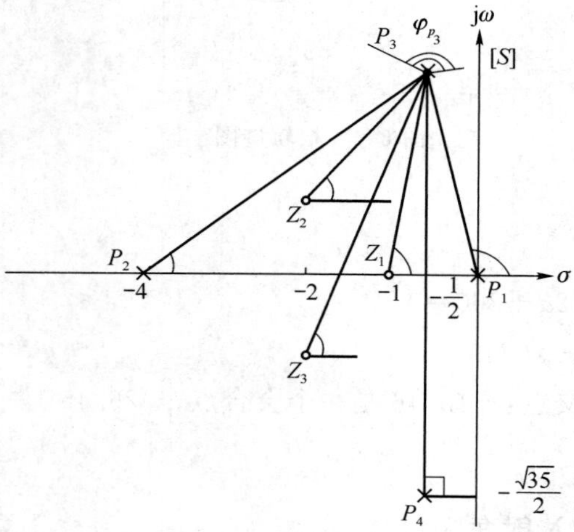

图 6-5　求出射角示意图

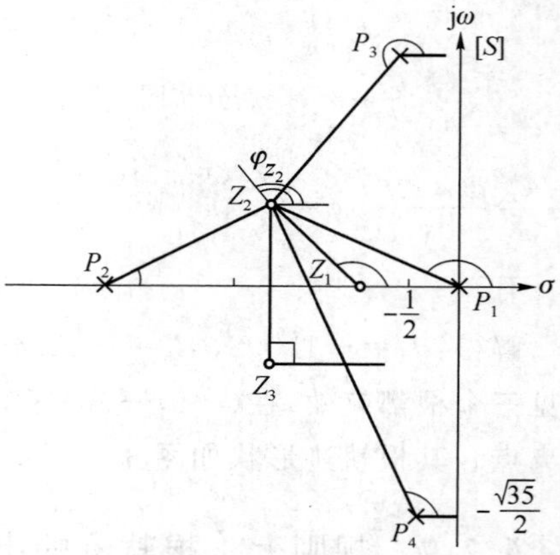

图 6-6　求入射角示意图

在图 6-5 中$\angle(P_3-Z_1)=80.4°$,$\angle(P_3-Z_2)=52.5°$,$\angle(P_3-Z_3)=69.2°$,$\angle(P_3-P_1)=99.6°$,$\angle(P_3-P_4)=90°$,$\angle(P_3-P_2)=40.2°$

故 $\varphi_{P_3}=(80.4°+52.5°+69.2°)-(99.6°+90°+40.2°)\pm(2l+1)\pi$

$\quad=202.1°-229.80°+180°\ (l \text{ 取 } 0)=152.3°$

共轭极点 P_4的出射角为

$$\varphi_{P_4}=-\varphi_{P_3}=-152.3°$$

从几何角度看先做出 202.1°,再由 202.1°处顺时针做 229.8°,完成了 202.1°−229.8°=−27.7°,反向延长−27.7°线即得角 152.3°,如图 6-7 所示,这充分说明$\pm(2l+1)\pi$是一种反相作用。由图 6-6 知:

$\angle(Z_2-P_1)=153.4°$,$\angle(Z_2-P_3)=232.5°$,

$\angle(Z_2-P_2)=26.6°$,$\angle(Z_2-P_4)=127.5°$,

$\angle(Z_2-Z_1)=135°$,$\angle(Z_2-Z_3)=90°$。

则有

$$\begin{aligned}\varphi_{Z_2}&=540°-225°\pm(2l+1)\pi\\&=315°-180°\\&=135°\end{aligned}$$

$$\varphi_{Z_3}=-135°$$

图 6-8 是几何作图求取示意图。

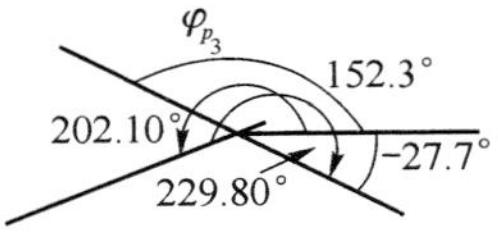

图 6-7　先异后同再反向示意图

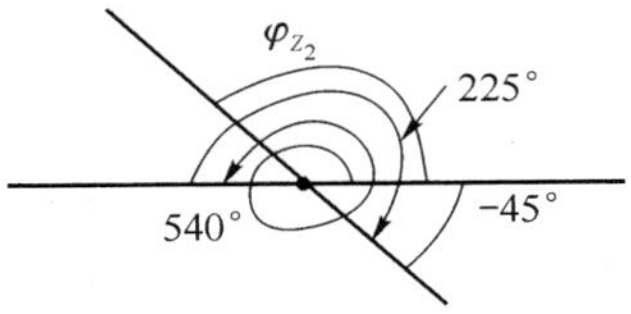

图 6-8　φ_{Z_2} 求取

6.2.8　规则八　根轨迹与虚轴的交点及临界值 k_c

根轨迹与虚轴的交点是为了研究是否有不稳定的情况发生。与虚轴有交点就说明当k值变化到这个值(称为临界k值,记为k_c)时将有一对共轭虚闭环极点存在,将产生等幅振荡。

求取与虚轴交点均使用特征方程,方法有两种。

方法一:

设负反馈系统的特征方程为

$$1+G(s)=0$$

令 $s=\mathrm{j}\omega$ 并代入有

$$1+G(\mathrm{j}\omega)=0 \quad 或 \quad \mathrm{Re}[1+G(\mathrm{j}\omega)]+\mathrm{j}\mathrm{Im}[1+G(\mathrm{j}\omega)]=0$$

令

$$\begin{cases}\mathrm{Re}[1+G(\mathrm{j}\omega)]=0\\ \mathrm{Im}[1+G(\mathrm{j}\omega)]=0\end{cases} \tag{6-2-8}$$

解之可得与虚轴交点的 ω 值及对应k_c 值,

方法二:

利用劳斯表,令相应行所有元素值为 0 解得k_c 值,代入辅助方程求得 ω 值。

【例 6.5】 负反馈系统开环传递函数为

$$G(s)=\frac{k}{s(s+2.73)(s^2+2s+2)}$$

求根轨迹与虚轴的交点及k_c。

解:由 $G(s)$知系统特征方程为

$$s(s+2.73)(s^2+2s+2)+k=0$$

$$s^4+4.73s^3+7.46s^2+5.46s+k=0$$

令 $s=\mathrm{j}\omega$ 代入并令

$$\begin{cases}\mathrm{Re}[1+G(s)]=\omega^4-7.46\omega^2+k=0 & (1)\\ \mathrm{Im}[1+G(s)]=-4.73\omega^3+5.46\omega=0 & (2)\end{cases}$$

解得 $\omega_1=0,\omega_2=\pm\sqrt{\dfrac{5.46}{4.73}}=\pm 1.07\ \mathrm{rad/s}$

代入(1)得 $k_c=7.28$

注:$\omega_1=0$ 对应$k=0$ 正是 $P=0$ 开环极点,它不在计算的范畴,由于要求是闭环共轭虚极点。使用劳斯判定法:

填劳斯表

s^4	1	7.46	k
s^3	4.73	5.46	
s^2	6.31	k	
s^1	$34.45-4.73k$		
s^0	k		

令
$$34.45-4.73k_c=0$$
则
$$k_c=7.28$$
做辅助方程并代入$k_c=7.28$得
$$6.31s^2+7.28=0$$
$$s=\pm j1.07$$
故与虚轴交点为±1.07。

【例 6.6】 负反馈系统开环传递函数为
$$G(s)=\frac{k(s+0.1)(s+2)}{s^2(s+1)}$$
求根轨迹与虚轴的交点及k_c。

解:由 $G(s)$ 知系统特征方程为
$$s^3+(1+k)s^2+2.1ks+0.2k=0$$
令 $s=j\omega$ 代入并令
$$\begin{cases}-w^3+2.1k\omega=0 & (1)\\ -(1+k)\omega^2+0.2k=0 & (2)\end{cases}$$
由(1)得
$$\omega^2=2.1k \quad (3)$$
代入(2)得
$$k_c=-0.9$$
由于k由 $0\to+\infty$,不允许取负值,故根轨迹与虚轴无交点。

6.2.9 规则九 根轨迹系数 k 的求取

根轨迹上每一点所对应的k值由下式求出。

设 s_l 是根轨迹上的点,则其所对应的k值记为k_l为
$$k_l=\frac{\prod_{j=1}^{n}|s_l-P_j|}{\prod_{i=1}^{m}|s_l-Z_i|} \tag{6-2-9}$$

【例 6.7】 负反馈系统的开环传递函数为
$$G(s)=\frac{k}{(s+1)(s+2)(s+4)}$$
复平面上点 $s_1=-1+j\sqrt{3}$是闭环极点吗?若是其对应k值为何?

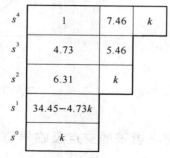

解：画出开环零极点分布图如图 6-9 所示，求 s_1 与开环零极点的幅角代数和为

$$-[\angle(s_1-P_1)+\angle(s_1-P_2)+\angle(s_1-P_3)]$$
$$=-[90°+60°+30°]=-180°$$

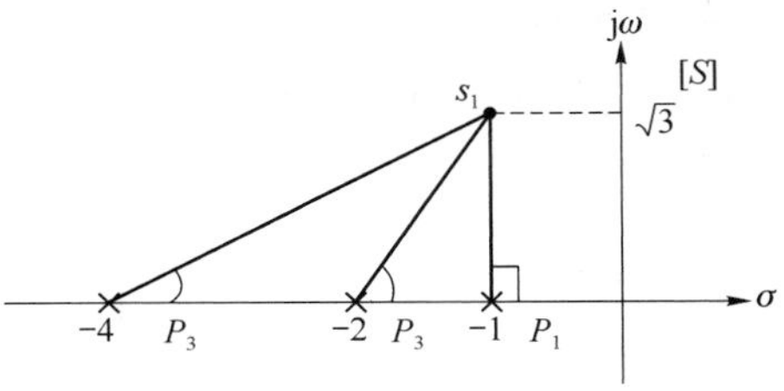

图 6-9　零极点分布图

满足角条件，故 s_1 为闭环极点，即在根轨迹上。对应的根轨迹系数为

$$k_1=\frac{\prod_{j=1}^{3}|s_1-P_j|}{\prod_{i=0}^{0}|s_1-Z_i|}=|s_1-P_1||s_1-P_2||s_1-P_3|$$
$$=\sqrt{3}\times 2\times 2\times\sqrt{3}=12$$

规则九说明只要能确认某点是根轨迹上的点，则就可以确定其k值。

注意：根轨迹图除了几个特殊点外，并非所画曲线上的点是精确的。

6.3　绘制根轨迹图

6.3.1　绘制根轨迹图的步骤

(1) 获取系统的开环传递函数；

(2) 将开环零、极点绘于 S 平面；

(3) 确定实轴上的根轨迹；

(4) 确定有无与实轴交点，有则求出；

(5) 确定渐近线条数及渐近线交点 σ、渐近线与实轴夹角并绘出渐近线；

(6) 确定是否需要求取出射角和入射角，需求则求出；

(7) 求与虚轴交点及k_c；

(8) 画出根轨迹各分支图；

(9) 需要求出的k值给予求取。

需要说明，上述步骤并非一定按所写依次进行，不相关的步骤可以调换顺序。如可以先求渐近线后求实轴上根轨迹，因两者没有因果关系。

6.3.2　例题

【例 6.8】　负反馈系统开环传递函数为

$$G(s)=\frac{k}{s(s+2.73)(s^2+2s+2)}$$

绘制其根轨迹图。

解：由 $G(s)$ 知：$P_1=0$，$P_2=-2.73$，$P_{3,4}=-1\pm j$，其位置如图 6-10 所示。

实轴上根轨迹为(－2.73,0)

由于(－2.73,0)两端点为 P_1、P_2 故应有一个分离点。则

$$\frac{\mathrm{d}}{\mathrm{d}s}[s(s+2.73)(s^2+2s+2)]\bigg|_{s=d}=0$$

得 $$4d^3+14.19d^2+14.92d+5.46=0$$

解得分离点为 $d=-1.3$,对应k值为$k_\mathrm{d}=2.03$,渐近线四条,且

$$\sigma=\frac{-4.73}{4}=-1.18$$

画出四条渐近线。

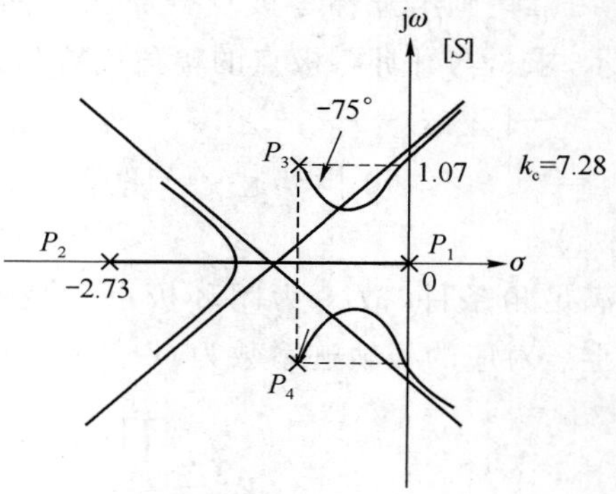

图 6-10 根轨迹图

由于有复开环极点,求出射角为

$$\begin{aligned}\varphi_{P_3}&=-[\angle(P_3-P_1)+\angle(P_3-P_2)+\angle(P_3-P_4)]\pm180^\circ\\&=-(135^\circ+30^\circ+90^\circ)+180^\circ\\&=-75^\circ\\\varphi_{P_4}&=75^\circ\end{aligned}$$

求与虚轴交点

由 $G(s)$得系统特征方程为

$$s^4+4.73s^3+7.46s^2+5.46s+k=0$$

令 $s=\mathrm{j}\omega$ 代入并令

$$\begin{cases}\omega^4-7.46\omega^2+k=0\\-4.73\omega^3+5.46\omega=0\end{cases}$$

解得: $\omega=1.07$ $k_\mathrm{c}=7.28$

画根轨迹各分支,如图 6-10 所示。

图 6-10 系统根轨迹说明:

该系统根轨迹有四个分支,当$k=0$ 时,它们分别从 P_1、P_2、P_3、P_4 出发,当k不断增加 P_1 分支沿实轴向左运动;P_2 分支沿实轴向右运动;P_3 分支以与-75°出射角相切沿复平面运动;P_4分支和 P_3分支共轭。每确定一个k值,每个分支有一个与之对应的闭环极点被确定。当$k\leqslant2.03$ 时四个闭环极点有一对共轭复极点,另两个是不等的负实极点,$k=2.03$ 时是重负实极点-1.3。当$k>2.03$ 时,P_1、P_2 分支分别向复平面上运动,四个闭环极点是两对共轭复数。在$k<7.28$ 时,系统是稳定的,$k\geqslant7.28$ 系统是不稳定的。

可见,通过根轨迹图可以直观地了解k值变化使闭环极点位置变化的规律及闭环极点大致的位置,从而可判断系统的稳定性;系统是否具有闭环主导极点;系统动态性能的大概状况。

对于稳态性能可以通过原点处的开环极点个数判定对输入信号的无差度,也可以根据k和 K 的关系决定误差系数 K_p、K_v、K_a。

【例 6.9】 绘制 $G(s)=\dfrac{k(s+2)}{s^2+2s+3}$ 的根轨迹图。

解：由 $G(s)$ 知 $Z_1=-2$，$P_{1,2}=-1\pm \mathrm{j}\sqrt{2}$

实轴上根轨迹为 $(-\infty,-2)$，应有一会合点，则

$$\frac{1}{d+1-\mathrm{j}\sqrt{2}}+\frac{1}{d+1+\mathrm{j}\sqrt{2}}=\frac{1}{d+2}$$

有

$$d^2+4d+1=0$$

解得

$$d=-2-\sqrt{3}=-3.732$$

$$k_\mathrm{d}=5.46$$

渐近线一条可不做。

$$\varphi_{P_1}=\angle(P_1-Z_1)-\angle(P_1-P_2)\pm 180^\circ$$
$$=\arctan\sqrt{2}-90^\circ\pm 180^\circ$$
$$=145^\circ$$
$$\arctan\sqrt{2}=54.7^\circ\doteq 55^\circ$$
$$\varphi_{P_2}=-145^\circ$$

求与虚轴交点：

系统特征方程为 $s^2+(2+k)s+3+2k=0$

令 $s=\mathrm{j}\omega$ 代入并令

$$\begin{cases}-\omega^2+3+2k=0\\(2+k)\omega=0\end{cases}$$

解得：$\begin{cases}\omega=0\\k_\mathrm{c}=-\dfrac{3}{2}\end{cases}$ $\begin{cases}\omega=\pm \mathrm{j}\\k=-2\end{cases}$ 说明无交点。

画根轨迹图如图 6-11 所示。

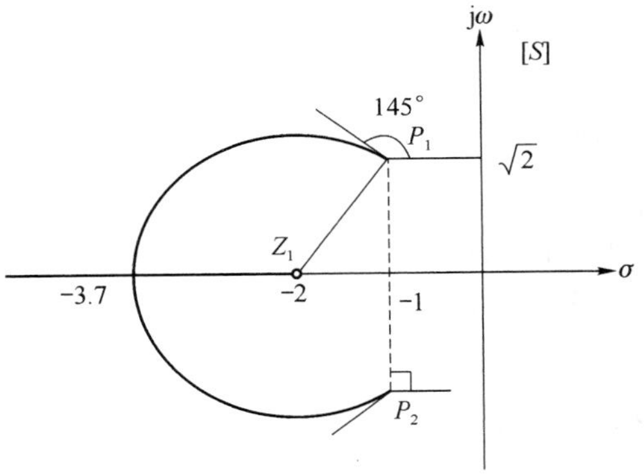

图 6-11 根轨迹图

由根轨迹知：

系统是始终稳定的，当 $k<5.46$ 时系统是二阶振荡的，当 $k=5.46$ 时有二重负实闭环极点，处于临界阻尼无超调，当 $k>5.46$ 时系统是过阻尼二阶系统。

【例 6.10】 绘制负反馈系统根轨迹图

$$G(s)=\frac{k(s+1)}{s(s-1)(s^2+4s+16)}。$$

解：由 $G(s)$ 知：$Z_1=-1$，$P_1=0$，$P_2=1$，$P_{3,4}=-2\pm \mathrm{j}2\sqrt{3}$

实轴上根轨迹为 $(0,1)$ 和 $(-\infty,-1)$，有一个会合点和一个分离点为

$$\left.\frac{\mathrm{d}G(s)}{\mathrm{d}s}\right|_{s=d}=0$$

即

$$3s^4+10s^3+21s^2+24s-16=0$$

解得： 分离点 $d_1=0.46$ $k_{d_1}=3.07$

会合点 $d_2=-2.22$ $k_{d_2}=70.6$

渐近线三条，$\sigma=-\frac{2}{3}$

出射角：$\varphi_{P_3}=106.1°-120°-131°-90°\pm180°=-55°$

求与虚轴交点：系统特征方程为

$$s^4+3s^3+12s^2+(k-16)s+k=0$$

令 $s=j\omega$ 代入并令

$$\begin{cases}\omega^4-12\omega^2+k=0\\-3\omega^3+(k-16)\omega=0\end{cases}$$

解得：$\begin{cases}\omega=1.56\\k_c=23.3\end{cases}$ $\begin{cases}\omega=2.56\\k_c=35.7\end{cases}$

画根轨迹图如图 6-12 所示，图中只画出一半，另一半可依据对称性画出。

由根轨迹图可见，该系统只有在 $23.3<k<35.7$ 时才稳定，而且有两对共轭复闭环极点。

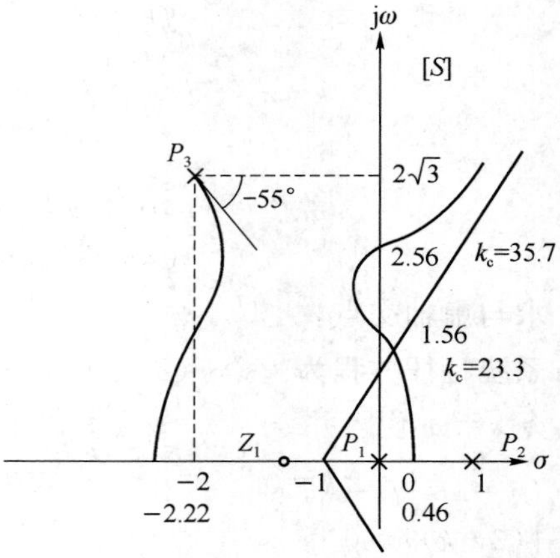

图 6-12 根轨迹图

【例 6.11】 绘制单位负反馈系统

$$G(s)=\frac{k(s+6)}{s(s+2)(s+60)}$$

的根轨迹图。

解：由 $G(s)$ 知：$P_1=0, P_2=-2, P_3=-60, Z_1=-6$。实轴上根轨迹为 $(0,-2),(-6,-60)$ 与实轴交点前已求出为

$$d_1=-1.09,\ d_2=-12.46,\ d_3=-26.45$$

渐近线两条，交点 $\sigma=-28$

求与虚轴交点：

$$s^3+62s^2+(120+k)s+6k=0$$

令 $s=j\omega$，并令：

$$\begin{cases}-\omega^3+(120+k)\omega=0\\-62\omega^2+6k=0\end{cases}$$

解得：$k=-132.8$，故无交点。

画根迹图如图 6-13 所示。

由图 6-13 知，该系统根轨迹随着 k 由 $0\to+\infty$ 变化的三个分支是：

分支 1：$0\to d_1\to d_2\to-6$

分支 2：$-2\to d_1\to d_2\to d_3\to(-28,+\infty)$

分支 3：$-60\to d_3\to(-28,-\infty)$

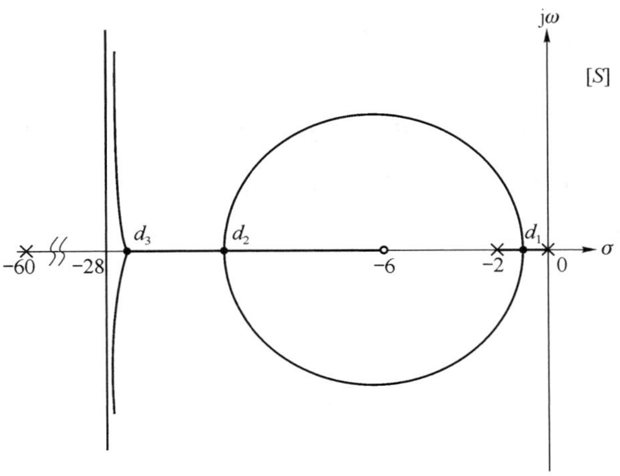

图 6-13　根轨迹图

6.4　参数根轨迹

负反馈系统除k以外的变量作为参变量所做根轨迹图称为参数根轨迹。用参数根轨迹可以分析系统中各种参数，如开环零极点的位置、时间常数、反馈系数等对系统性能的影响。

参变量根轨迹绘制原则和方法与前面完全一致，关键是仿照根轨迹的标准形式将要求变量提至k的位置。

一般方法是利用原系统的特征方程进行变换，获得关于参变量的标准开环传递函数。

【例 6.12】　已知系统开环传递函数为

$$G(s)=\frac{4}{s(Ts+1)(0.1s+1)}$$

研究 T 变化对系统闭环极点的影响。

解：本问题就是绘制关于参数 T 的参变量根轨迹图。

求取系统闭环特征方程为

$$s(Ts+1)(0.1s+1)+4=0$$

$$Ts^2(0.1s+1)+0.1s^2+s+4=0$$

得

$$1+\frac{Ts^2(s+10)}{s^2+10s+40}=0$$

等效开环传递函数为

$$G_D(s)=\frac{Ts^2(s+10)}{s^2+10s+40}$$

由于等效可能出现 $m>n$，则无穷远处是开环极点。

由 $G_D(s)$ 知：$Z_1=Z_2=0, Z_3=-10, P_{1,2}=-5\pm j\sqrt{15}=-5\pm j3.873$

实轴上根轨迹为$(-\infty,-10)$，由于两端是异性奇点（无穷远处为开环极点，-10 处为开环零点),故无与实轴交点。

渐近线一条不必求取。

求出射角

$$\varphi_{P_1}=[\angle(P_1-Z_1)+\angle(P_1-Z_2)+\angle(P_1-Z_3)]-\angle(P_1-P_2)\pm180^\circ$$
$$=142^\circ+142^\circ+38^\circ-90^\circ\pm180^\circ=52^\circ$$
$$\varphi_{P_2}=-52^\circ$$

求与虚轴交点:系统特征方程为

$$Ts^3+(10T+1)s^2+10s+40=0$$

令 $s=\mathrm{j}\omega$ 代入并令

$$\begin{cases}-T\omega^3+10\omega=0\\-(10T+1)\omega^2+40=0\end{cases}$$

解得 $T_c=-\dfrac{1}{6}$故无交点。画根轨迹图如图 6-14 所示。

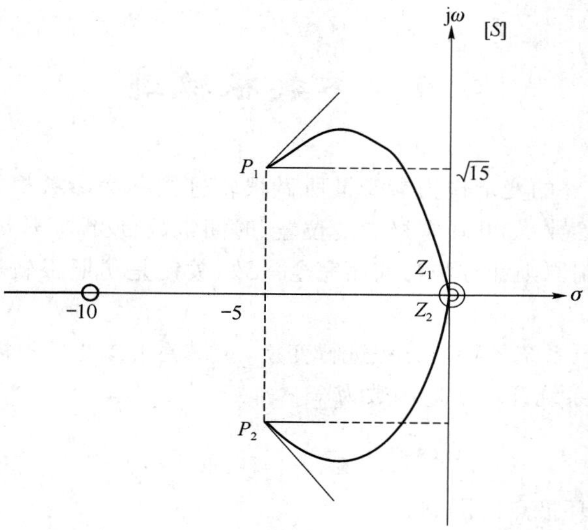

图 6-14　参数根轨迹图

由根轨迹图可知,当开环放大系数k不变时($k=4$),改变开环极点 $P=-\dfrac{1}{T}$的位置同样会改变闭环极点的分布位置。

6.5　开环零极点对根轨迹的影响

在第 4 章中知道闭环零极点的分布对系统稳定性、动态性能和稳态性能的影响。根轨迹法是由开环零、极点来研究闭环零、极点分布规律的方法,在控制系统的串联校正中就是通过增加开环零、极点的方法达到改善系统性能的目的。因此,了解开环零、极点对根轨迹的影响是十分重要的。

6.5.1　开环零点对根轨迹的影响

在原有根轨迹图中增加一个开环零点(负实)将使根轨迹发生多方面的改变。

1. 对实轴上根轨迹的影响

在系统校正中多增加负实开环零点，它的增加必将改变原系统实轴上根轨迹的分布。改变的状况由具体所加位置及原有系统实轴上零、极点分布所决定。但有一点是明确的：对于含有积分环节的系统，增加的开环零点不允许是正值，即在实轴正方向上，因为那样必有一个分支位于正实轴上，系统是不可能稳定的。因此增加的开环零点是负实的。

2. 对渐近线的影响

渐近线也是关于实轴对称的，因此只研究实轴以上半平面即可。和正实轴相邻的渐近线与实轴的夹角称为渐近线的张角，其值为$\dfrac{\pi}{n-m}$弧度或$\dfrac{180}{n-m}$度。增加一个开环零点则使渐近线减少一条，张角增大，根轨迹右半面若有分支将向虚轴方向被吸引。

渐近线的交点也受到影响。新的交点向哪个方向移动取决于开环零点的位置。一般规律是：增加的开环零点若沿实轴由$-\infty$向$+\infty$移动，渐近线的交点将由$+\infty$向$-\infty$运动。

设系统原渐近线交点为σ_0，增加一个实开环零点为Z_c，新渐近线交点为σ_c，则有

$$\sigma_0=\frac{\sum_{j=1}^{n}\mathrm{Re}(P_j)-\sum_{i=1}^{m}\mathrm{Re}(Z_i)}{n-m} \tag{6-5-1}$$

$$\sigma_c=\frac{\sum_{j=1}^{n}\mathrm{Re}(P_j)-\sum_{i=1}^{m}\mathrm{Re}(Z_i)-Z_c}{n-m-1} \tag{6-5-2}$$

有

$$\sigma_0-\sigma_c=\frac{Z_c(n-m)-\left[\sum_{j=1}^{n}\mathrm{Re}(P_j)-\sum_{i=1}^{m}\mathrm{Re}(Z_i)\right]}{(n-m)(n-m-1)} \tag{6-5-3}$$

令$\sigma_0-\sigma_c>0$解得

$$Z_c>\frac{\sum_{j=1}^{n}\mathrm{Re}(P_j)-\sum_{i=1}^{m}\mathrm{Re}(Z_i)}{n-m} \tag{6-5-4}$$

即

$$Z_c>\sigma_0 \tag{6-5-5}$$

这说明，若Z_c位于σ_0右侧向原点移动，则σ_c将由σ_0向左运动至$\dfrac{\sum_{j=1}^{n}\mathrm{Re}(P_j)-\sum_{i=1}^{m}\mathrm{Re}(Z_i)}{n-m-1}$处。

由上分析可知，增加负实开环零点，将使渐近线张角加大，渐近线交点移动，合理地选择开环零点位置将使与虚轴交点所对应的k值增大，甚至于与虚轴无交点，即增大系统稳定的允许参数k的变化范围。这个合理的范围因具体问题而定。

3. 对复平面上闭环极点的影响

增加开环零点必将改变所有复平面上闭环极点的位置，因为它将使原有闭环极点的角条件被破坏，它使原有闭环极点增加了一个相角$\angle(s_1-Z_c)$。从另一方面看，若复平面上某

点和原系统开环零、极点差某个正角度不满足相角条件，则可以增加一个开环零点刚好与该点所形成的幅角等于这一角度，则它就成为新系统的闭环极点。实际中仅由增加开环零点达此目的可能顾此失彼，故往往和增加开环极点相结合而达此目的，超前校正即在此列。

4. 对出射角和入射角的影响

增加一个负实开环零点，对于复平面上开环极点的出射角影响规律为：

设原系统的出射角为 φ_{P_i}，则 P_i 和 Z_c 的幅角和 Z_c 的位置有关，Z_c 由实轴 $-\infty$ 向 $+\infty$ 运动，此幅角由 0°向 180°变化。根据出射角公式知，它将使 φ_{P_i} 逆时针转 $\angle(P_i-Z_c)$。

同理，将使入射角顺时针转 $\angle(Z_i-Z_c)$。

【例 6.13】 已知系统开环传递函数为

$$G_0(s)=\frac{k}{s(s^2+2s+2)}$$

增加一个开环零点 Z_c，讨论其对根轨迹的影响。

解：由于含有积分环节，故必需使 $Z_c<0$。

绘制原系统根轨迹图如图 6-15 所示。

由图 6-15 可知，该系统是有条件稳定的，当 $k_{c_0}<4$ 时系统稳定。负实轴是一个分支。

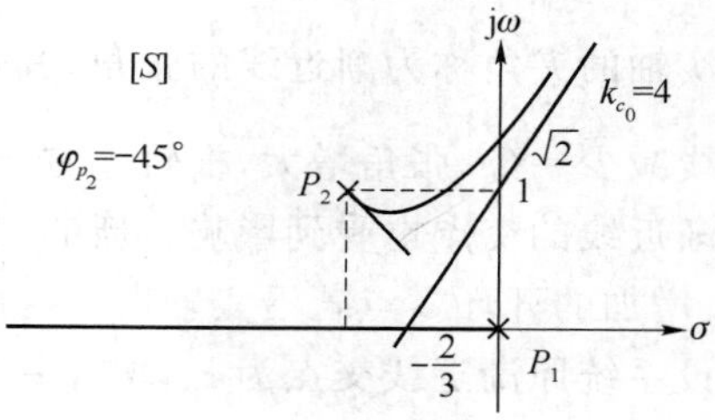

图 6-15　根轨迹图

增加一个开环零点 Z_c，则新系统开环传递函数为

$$G_c(s)=\frac{k(s-Z_c)}{s(s^2+2s+2)}$$

显见，Z_c的引入无论在负实轴的什么位置，都将使实轴上的根轨迹变为$(0,Z_c)$。

渐近线由三条变为两条，张角由 60°变为 90°，渐近线的交点移动由 Z_c的位置所决定，若 Z_c位于$-\frac{2}{3}$左侧，则交点将右移。

Z_c将对复平面上的两个分支产生影响。新系统的特征方程为

$$s^3+2s^2+(2+k)s-k\,Z_c=0$$

其与虚轴交点由方程

$$\begin{cases}-\omega^3+(2+k)\omega=0\\-2\omega^2-k\,Z_c=0\end{cases}$$

解得：

$$\begin{cases}\omega=\pm\sqrt{2+k}\\k_{cc}=-\dfrac{4}{Z_c+2}=\dfrac{4}{|Z_c|-2}\end{cases}$$

若与虚轴有交点应有$|Z_c|-2>0$ 得$|Z_c|>2$，这说明 Z_c位于$-2\sim0$ 之间闭环极点将全部位于 S 平面的左半平面，而位于-2 左侧则必有分支位于 S 平面右半平面。

若$|Z_c|-2<1$ 则有$|Z_c|<3$，这说明若 Z_c位于$-3\sim-2$ 之间，临界k值将增大，若在-3左侧则临界k值将变小，系统稳定范围减小。

图 6-16 给出 Z_c为-1.8，-2.1，-3.1 所对应的根轨迹图。

6.5.2　开环极点对根轨迹的影响

和开环零点分析方法相同，增加负实开环极点将使渐近线条数增加，张角减小，一般地

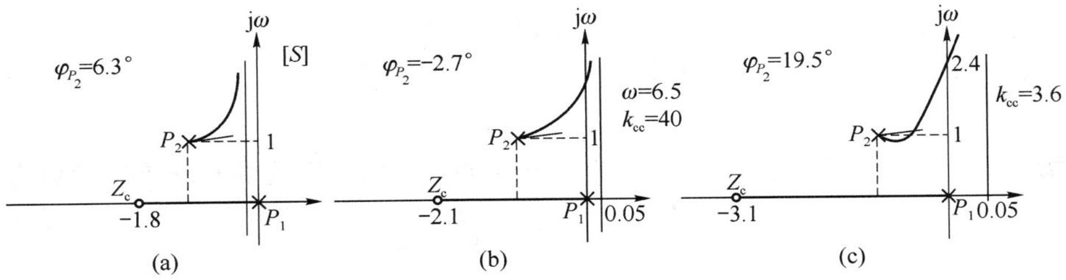

图 6-16　Z_c不同位置对根轨迹的影响

说这不利于系统稳定范围。

开环极点对出、入射角、渐近线交点，实轴上的根轨迹、复平面上的根轨迹、与虚轴交点等都将产生影响。

同样附加开环极点也可以使复平面上的某些点成为新系统的闭环极点，只要其角条件仅差某个负角度。

【例 6.14】 已知系统的开环传递函数为

$$G_0(s)=\frac{k}{s(s+6)}$$

若要使闭环极点为 $s_1=-2+j2$，应如何处置？

解：做其根轨迹图如图 6-17 所示。

由图 6-17 可见，s_1不在原系统根轨迹上，因而不能通过调节k值而使 s_1成为闭环极点。由图知：

$\angle G_0(s_1)=-\angle(s_1-P_1)-\angle(s_1-P_2)=-161.57°$它与角条件相差$-18.43°$，因此增加一个开环极点 P_c，使$\angle(s_1-P_c)=18.43°$即可，解得 $P_c=-8$。

新系统开环传递函数为

$$G_c(s)=\frac{k}{s(s+6)(s+8)}$$

s_1必为其闭环极点。其根轨迹图绘于图 6-18 中。

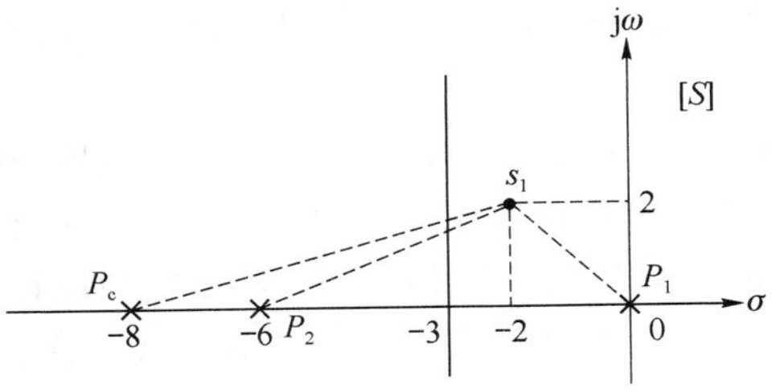

图 6-17　根轨迹图

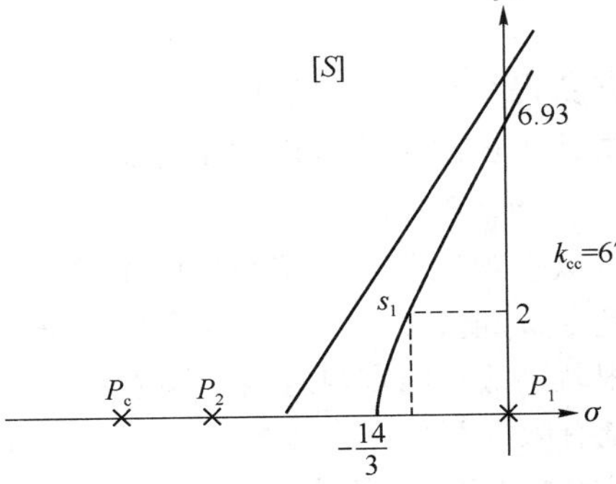

图 6-18　附加 P_c后根轨迹图

6.5.3　附加开环零极点对系统稳态性能的影响

设系统开环传递函数为

$$G(s)=\frac{k\prod_{i=1}^{m}(s-Z_i)}{s^v\prod_{j=1}^{n-v}(s-P_j)} \tag{6-5-6}$$

现增加一个负实开环零点 Z_c 和一负实开环极点 P_c，则新系统的开环传递函数为

$$G_c(s)=\frac{k(s-Z_c)\prod_{i=1}^{m}(s-Z_i)}{s^v(s-P_c)\prod_{j=1}^{n-v}(s-P_j)} \tag{6-5-7}$$

显见它并未改变原有系统的无差度，但其误差系数会发生变化。无论其对哪种信号存在常量误差（K_p、K_v、K_a 等），其所增加的系数 k_f 为

$$k_f=\frac{\lim\limits_{s\to0}s^rG_c(s)}{\lim\limits_{s\to0}s^rG(s)}=\lim_{s\to0}\frac{G_c(s)}{G(s)}=\lim_{s\to0}\frac{s-Z_c}{s-P_c}=\frac{|Z_c|}{|P_c|} \tag{6-5-8}$$

式中，r 为输入信号 t 的幂次。

约定：在式(6-5-8)中如果不附加开环零点或极点则 $Z_c=1$ 及 $P_c=1$。

由式(6-5-8)可见，只增加负实开环零点，稳态误差较原系统变化 $1/|Z_c|$ 倍，以 $|Z_c|=1$ 为界，越远离原点误差将越小，越接近原点误差会越大。只增加负实开环极点，稳态误差较原系统变化 $|P_c|$ 倍，亦以 $|P_c|=1$ 为界，情况和附加开环零点相反。若附加一个开环零点同时附加一个开环极点，则稳态误差改变 $|P_c|/|Z_c|$ 倍，显见若将 Z_c 置于远离原点而 P_c 接近原点，稳态误差将极大减小，但还应兼顾动态性能的变化。

一种两者兼顾的方法是附加偶极子，它对动态性能影响甚微，但对稳态性能影响较大。所谓偶极子即为相距甚近的一对开环零点和开环极点。若两者间距离是到其余奇点距离的十分之一以下则视为偶极子。显然这样的偶极子设置于接近原点位置是最适宜的，它们具有较小的间距，却可获得较大的比值。

6.6 利用根轨迹法进行系统性能分析

若获得系统的根轨迹图，则可以很直观地对系统进行时域分析。

由开环极点个数可以确定系统的阶数，通过原点处的开环极点个数可以确定无差度（型数）。

可以直观地确定系统稳定的条件，参数 k 的变化，闭环极点的位置变化区域及位置，从而确定其 ξ、ω_n 值，进而对系统动态性能进行分析。可以直观地看到是否具有闭环主导极点。

根轨迹法不能直观地确定误差系数 K_p、K_v、K_a，但可以通过 k 值及 P_j、Z_i 位置加以计算。设系统有限开环零点为 $Z_i(i=1,2,\cdots m)$，有限开环非零值开环极点 $P_j(j=1,2,\cdots,n-v)$（其中 v 为开环积分环节的重数），则有：

$$K_p=\lim_{s\to0}G(s)=k\frac{\prod_{i=1}^{m}(-Z_i)}{\prod_{j=1}^{n-0}(-P_j)} \tag{6-6-1}$$

$$K_v = \lim_{s\to 0} sG(s) = k\frac{\prod_{i=1}^{m}(-Z_i)}{\prod_{j=1}^{n-1}(-P_j)} \tag{6-6-2}$$

$$K_a = \lim_{s\to 0} s^2G(s) = k\frac{\prod_{i=1}^{m}(-Z_i)}{\prod_{j=1}^{n-2}(-P_j)} \tag{6-6-3}$$

统一表达为

$$K = k\frac{\prod_{i=1}^{m}|Z_i|}{\prod_{j=1}^{n-v}|P_j|} \tag{6-6-4}$$

【例 6.15】 已知单位负反馈系统有

$$G(s)=\frac{K}{s(0.5s+1)}$$

试分析放大倍数 K 对系统的影响，并计算 $K=5$ 时系统的指标。

解：由 $G(s)=\frac{K}{s(0.5s+1)}=\frac{2K}{s(s+2)}=\frac{k_1}{s(s+2)}$

做根轨迹图如图 6-19 所示。

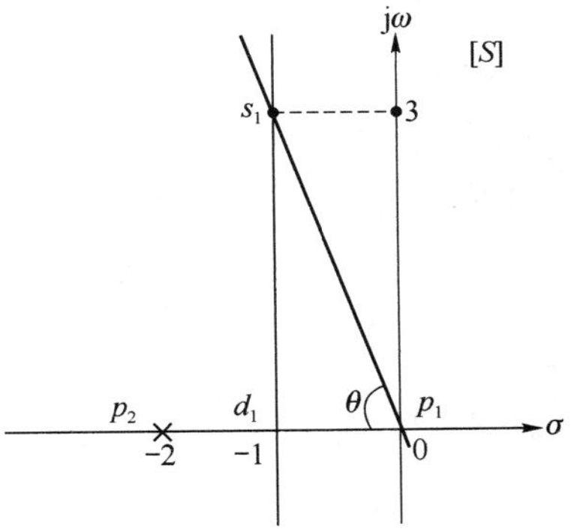

图 6-19　根轨迹图

由图可见，无论 k_1 取何值，系统都是稳定的。

分离点 d_1 对应 k 值为 $k_1=1(K=0.5)$。可见，当 K 由 0→0.5 变化，系统具有两个不等的负实闭环极点，无超调。

当 $K=0.5$ 时，具有重闭环极点 $s_1=s_2=-1$，此时 $\xi=1$，为临界阻尼。

当 K 由 0.5→∞ 变化时，系统具有两个共轭复极点，随着 K 值增大，ξ 减小，系统暂态振荡加剧。该系统是一个二阶振荡系统。

当 $K=5$ 时，由 $k_1=\omega_n^2=10$，则由原点做半径为 $\sqrt{10}$ 的圆交渐近线于 s_1，即为闭环极点，并可求得 $s_1=-1+j3$。

则有：　$\theta=\arctan 3=71.57°=1.249\ \text{rad/s}$

$$\xi=\frac{1}{\sqrt{10}}=0.316,\ \omega_n=\sqrt{10},\ \omega_d=3$$

代入相关公式得：$t_r=\frac{\pi-\theta}{\omega_d}=0.63\ \text{s}$

$$t_p=\frac{\pi}{\omega_d}=1.047\text{s}$$

$$\sigma_p\%=e^{\frac{-\xi\pi}{\sqrt{1-\xi^2}}}\times 100\%=35.09\%$$

$$t_s=\frac{3}{\xi\omega_n}=3\text{s}\ (\Delta=5\%)$$

系统为Ⅰ型，$K_v=5$。

【例 6.16】 已知单位负反馈系统有

$$G(s)=\frac{k}{s(s+1)(s+2)}$$

分析该系统并说明 $\xi=0.5$ 时的系统动态性能。

解：根据 $G(s)$ 做根轨迹图如图 6-20 所示。

图中 $d_1=-0.422$，对应 $k_1=0.385$。

由图 6-20 可见，当 $k\leqslant 0.385$ 时系统是无振荡的，当 $0.385<k<6$ 时，系统具有二阶振荡，当 $k\geqslant 6$ 时，系统是不稳定的。

在欠阻尼情况下，系统的一对共轭复极点是主导极点，因为另一闭环极点至原点距离是共轭极点至原点距离的 5 倍以上。

当 $\xi=0.5$ 时，有 $\theta=60°$，做 $\theta=60°$ 与根轨迹曲线交点 s_1 即为闭环复极点。该点位置可得为

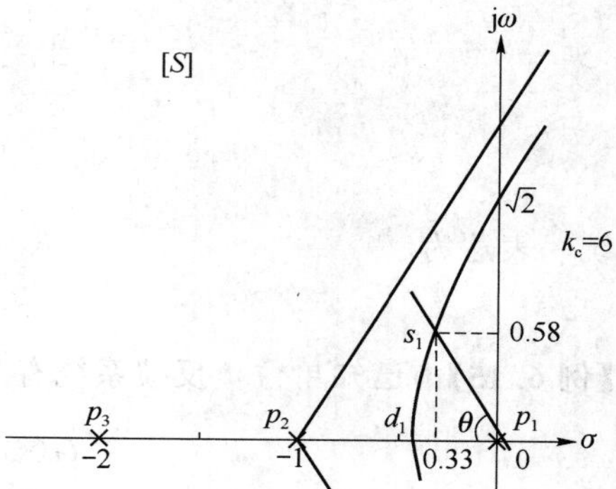

图 6-20 根轨迹图

$$s_1=-\frac{1}{3}+\mathrm{j}\,\frac{\sqrt{3}}{3}=0.33+\mathrm{j}0.58$$

对应 k 值为

$$k_{s_1}=1.06$$

附加闭环极点为

$$s_2=-2.34。$$

根据主导二阶近似公式有

$$k=1.06,\xi=0.5,\theta=60°=\frac{\pi}{3},\omega_n=0.667,\omega_d=0.58,$$

$$A_f=0.478,\varphi_f=-16.096°=-0.280\ \mathrm{rad/s}$$

求得指标如下：

$$t_r=\frac{1}{\omega_d}(\pi-\theta-\varphi_f)=4.10$$

$$t_p=\frac{1}{\omega_d}(\pi-\varphi_f)=5.9$$

$$\sigma_p\%=\frac{k}{H(o)\omega_n^2}A_f e^{-\xi\omega_n t_p}\times 100\%=16.25\%$$

$$t_s=\frac{1}{\xi\omega_n}\left[\ln\frac{1}{|\Delta|}+\ln\frac{k\,A_f}{H(o)\omega_n\omega_d}\right]=9.89$$

6.7 利用根轨迹法校正

在第 5 章介绍了频率特性法的串联校正，在根轨迹法中依然是适用的。

6.7.1 校正方法在根轨迹图中的体现

1. 超前校正

超前校正传递函数为

$$G_c(s)=\frac{\alpha T_1 s+1}{T_1 s+1} \quad \alpha>1$$

如果利用串联校正，它是在原有根轨迹图中增加了一个负实开环零点 z_c 和一个负实开环极点 p_c。这可用图 6-21 表示。

由图 6-21 可见，对于[S]平面上任一点 s_1，p_c，z_c 一定使它增加一个附加相角 φ_c 而且是一个正角度。另一方面，如果不改变 s_1 点同时不改变 φ_c 角，由 z_c，p_c 在实轴上移动亦可达到目的，不同的 z_c 位置即体现了不同的校正强度 α。

2. 滞后校正

滞后校正传递函数为

$$G_c(s)=\frac{\alpha T_1 s+1}{T_1 s+1} \quad \alpha<1$$

其串联应用根轨迹图，如图 6-22 所示。和超前校正一样道理，但 φ_c 是一个负角度。

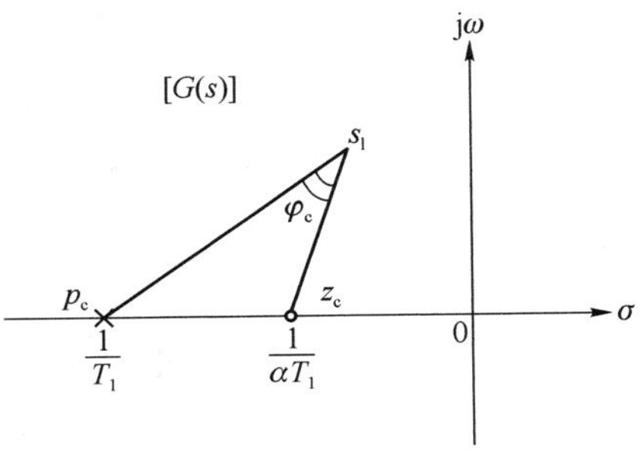

图 6-21 超前校正装置根轨迹图

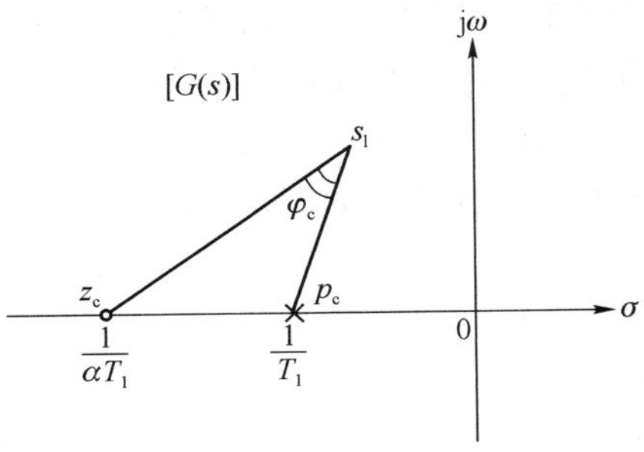

图 6-22 滞后校正装置根轨迹图

3. 滞后—超前校正

它为上述两者的结合，不再赘述。

6.7.2 串联超前校正

假设原系统对于所需要的增益值是不稳定的，或虽然稳定，但其暂态响应指标满足不了要求，则可考虑采用串联超前校正。用根轨迹法设计串联超前校正装置的一般步骤为：

(1) 根据给定的性能指标求出相应的一对期望闭环主导极点；

(2) 绘制未校正系统的根轨迹图。如根轨迹不通过期望的闭环主导极点，则表明通过调整增益不能满足性能指标的要求，需加校正装置；

(3) 如未校正系统的根轨迹位于期望闭环主导极点的右侧，则可引入串联超前校正，使根轨迹向左移动。加入校正装置后，应使期望闭环主导极点 s_1 位于根轨迹上，即由根轨迹方程的相角条件知，有下式成立

$$\arg G_c(s_1)+\arg G_0(s_1)=(2k+1)\pi \tag{6-7-1}$$

或

$$\arg G_c(s_1)=(2k+1)\pi-\arg G_0(s_1) \tag{6-7-2}$$

式中，$G_0(s)$ 为未校正系统的开环传递函数，$G_c(s)$ 为串联校正环节的传递函数。

由式(6-7-2)即可求出校正环节 $G_c(s)$ 在 s_1 处的相角 $\arg G_c(s_1)$，但由 $\arg G_c(s_1)$ 所对应的 $G_c(s)$（或称校正环节的零、极点位置）不是唯一的，通常需要根据未校正系统的零、极点

位置和校正装置易于实现等因素来具体确定 $G_c(s)$。

(4) 校验。重新绘制加入校正装置后的根轨迹图,检验是否满足性能指标的要求。若还不能满足要求,则应重新确定校正装置的零、极点位置。

【例 6.17】 设有一个Ⅰ型系统,其原有部分的开环传递函数为 $G_0(s)=\dfrac{k}{s(s+1)(s+4)}$ 要求校正后系统的性能指标,$\sigma_p\%\leqslant16\%$,$t_s\leqslant4s$(2%误差带)。试设计串联校正装置。

解:由给定的指标及相应的计算公式可解出对应于 $\sigma_p\%\leqslant16\%$,$t_s\leqslant4s$ 的阻尼比和无阻尼自然振荡角频率为 $\xi=0.5$,$\omega_n=2$ 相应的期望闭环主导极点为

$$s_l=-\xi\omega_n\pm j\omega_n\sqrt{1-\xi^2}=-1\pm j1.73$$

绘制未校正系统的根轨迹如图 6-23 所示。再在图 6-23 中标出期望闭环主导极点 s_1。可见,s_1 不在根轨迹上。即不论如何调整开环增益 K,也不能使未校正系统的闭环极点位于 s_1 点以满足性能指标的要求。

由图 6-24 中可见,根轨迹位于期望闭环主导极点的右侧,可考虑引入串联超前校正。由式(6-7-2),超前校正网络的超前角为

$$\arg G_c(s_1)=(2k+1)\pi-\arg G_0(s_1)=(2k+1)\pi-(-120°-90°-30°)=60°$$

$\arg G_0(s_1)$的计算如图 6-24 所示。

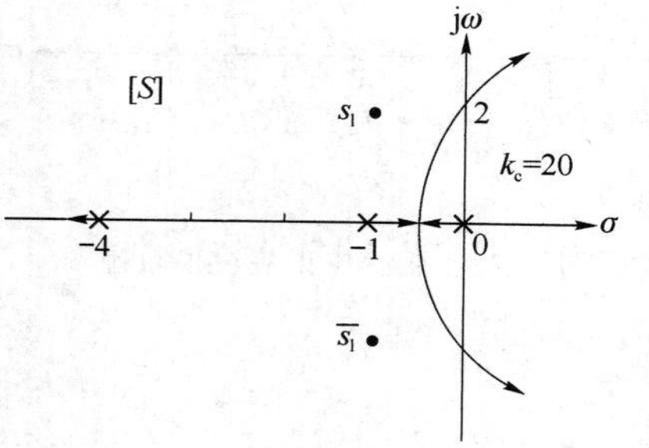

图 6-23 未校正系统的根轨迹

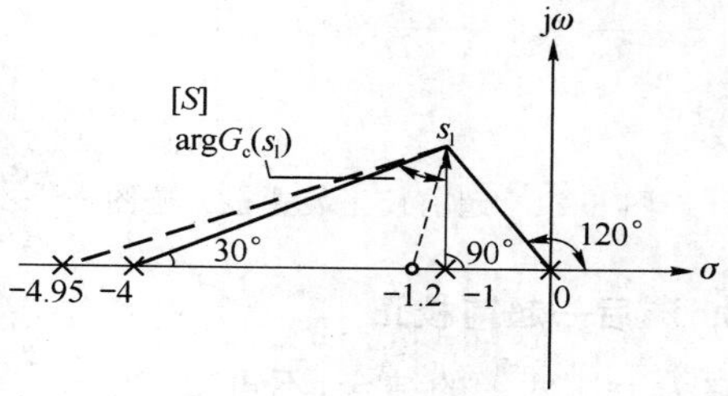

图 6-24 $\arg G_c(s_1)$和 $\arg G_0(s_1)$

从图 6-24 中还可以看出,开环极点有一位于期望闭环主导极点垂线下的负实轴上($p=-1$),如令校正装置的零点置于靠近它的左右,如选 $z_c=-1.2$,则有利于确保 s_1的主导作用(后面还将验证)。

根据串联超前校正传递函数的一般形式

$$G_c(s)=\frac{(s-z_c)}{(s-p_c)}$$

可有
$$\arg G_c(s)=\arg(s_1-z_c)-\arg(s_1-p_c)=60°$$

又有 $z_c=-1.2$,经作图,可得 $p_c=-4.95$。至此可得超前校正网络的传递函数为

$$G_c(s)=\frac{s+1.2}{s+4.95}$$

引入串联超前校正后,系统的开环传递函数变为

$$G_0(s)G_c(s)=\frac{k(s+1.2)}{s(s+1)(s+4)(s+4.95)}$$

其根轨迹如图 6-25 所示。

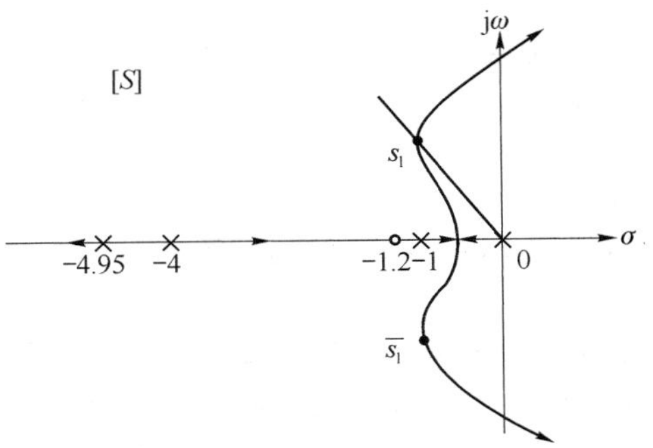

图 6-25　校正后系统的根轨迹

将 $s_1=-1+\mathrm{j}1.73$ 代入新的根迹方程的幅值条件，可得 s_1点对应的k值为

$$k=\frac{|-1+\mathrm{j}1.73||-1+\mathrm{j}1.73+1||-1+\mathrm{j}1.73+4||-1+\mathrm{j}1.73+4.95|}{|-1+\mathrm{j}1.73+1.2|}=29.65$$

即经校正后，系统的闭环传递函数为

$$H(s)=\frac{29.65(s+1.2)}{s(s+1)(s+4)(s+4.95)+29.65(s+1.2)}$$

$$=\frac{29.65(s+1.2)}{(s+1+\mathrm{j}1.73)(s+1-\mathrm{j}1.73)(s+1.35)(s+6.65)}$$

此时系统有 4 个闭环极点，分别为：$s_1=-1+\mathrm{j}1.73$；$\overline{s_1}=-1-\mathrm{j}1.73$；$s_3=-1.35$；$s_4=-6.65$。其中 s_3与闭环零点 $z_1=-1.2$ 构成一偶极子，对动态过程的影响可以忽略；s_4与 s_1、$\overline{s_1}$的实部相差 6 倍以上，根据主导极点的概念，也可以忽略。由此可见，s_1、$\overline{s_1}$是主导极点。

6.7.3　串联滞后校正

串联滞后校正用于改善系统的稳态性能，而且还可以基本保持系统原来的暂态性能。当系统有较为满意的暂态响应，但稳态性能有待提高时，常采用串联滞后校正。

这里所说的稳态性能主要是指系统的稳态增益，亦即开环增益。串入 $G_c(s)=\frac{\alpha Ts+1}{Ts+1}$ $(\alpha<1)$校正后，可使系统的开环增益(也是稳态增益)提高$\frac{Z_c}{P_c}=\frac{1}{\alpha}=\beta$倍。其中 Z_c和 P_c分别为校正环节的零、极点。

为了避免引入串联滞后校正装置对原系统暂态性能带来显著影响(根轨迹发生显著变化)，同时又能较大幅度地提高系统的开环增益，通常把滞后校正装置的零、极点设置在 s 平面上靠近坐标原点处，并使它们之间的距离很近。

如图 6-26 所示，P_c和 Z_c之间的距离很近，能使它们对主导极点 s_1产生的影响相互抵消，即保证了加入串联滞后校正对原系统的暂态性能无大影响；P_c和 Z_c都靠近坐标原点，它们的数值本身很小，可使 $\beta=\frac{Z_c}{P_c}$较大，即可以较大的提高开环增益。一般要求：Z_c到 s_1与 P_c到 s_1向量之间的夹角 $\lambda<5°$(保证 P_c与 Z_c之间的距离)，Z_c到 s_1向量与 ξ 线之间的夹角$\rho<10°$

（保证 P_c 与 Z_c 都靠近坐标原点）。

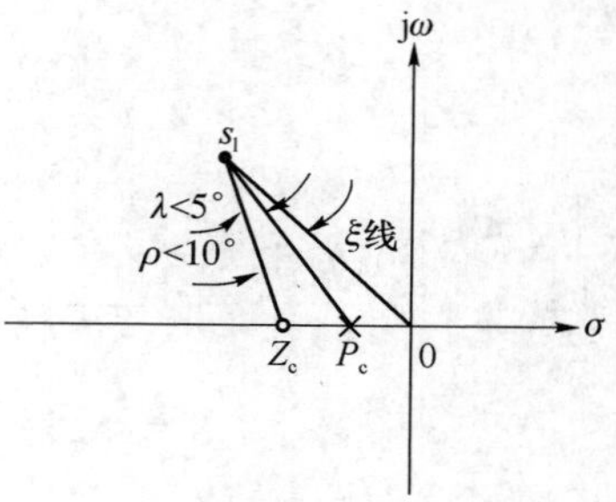

图 6-26　滞后校正网络和零、极点分布

【例 6.18】系统如图 6-27 所示。设其原有部分的开环传递函数

$$G_0(s)=\frac{k}{s(s+1)(s+4)}$$

要求设计串联校正 $G_c(s)$，以满足以下性能指标：$\sigma_p\%=16\%$，$t_s=10s$，$K\geqslant5$。

解：由给定的性能指标，可求出系统的阻尼比与无阻尼自然振荡角频率分别应为 $\xi=0.5$，$\omega_n=0.8$，进而可得期望主导极点为

$$s_1=-\xi\omega_n\pm j\omega_n\sqrt{1-\xi^2}=-0.4\pm j0.693$$

由 $G_0(s)$ 可绘制出未校正系统的根轨迹图如图 6-28 所示。将 $s_1=-0.4+j0.693$ 代入到根轨迹方程的相角条件，有

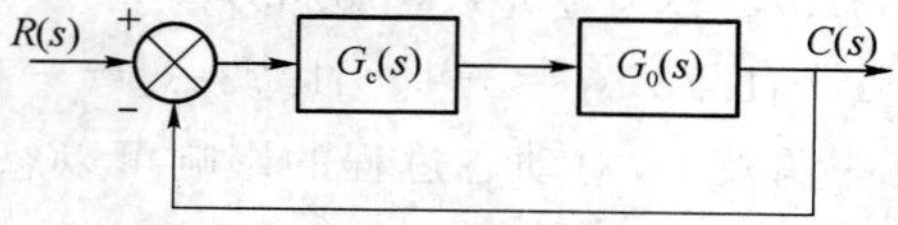

图 6-27　系统结构

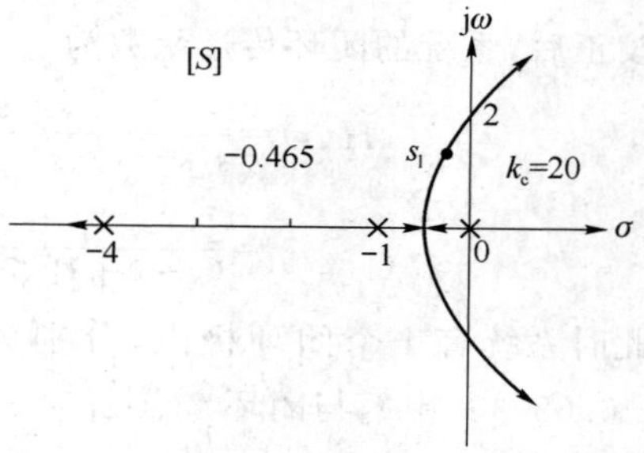

图 6-28　未校正系统的根轨迹

$$\left(\arctan\frac{0.4}{0.693}+90^\circ\right)+\left(\arctan\frac{0.693}{0.6}\right)+\left(\arctan\frac{0.693}{3.6}\right)=180^\circ$$

可见，s_1点在根轨迹上，即通过调整开环增益 K，可使暂态性能满足要求。s_1点对应的 K 值（即满足暂态性能时的开环增益值）可由根轨迹方程的幅值条件求得

$$\left|\frac{k}{s(s+1)(s+4)}\right|_{s=s_1}=1$$

$$k=|-0.4+j0.693||-0.4+j0.693+1||-0.4+j0.693+4|$$

$$=0.8\sqrt{0.6^2+0.693^2}\cdot\sqrt{3.6^2+0.693^2}$$

所以

$$K=k/4=0.672$$

即 s_1点对应的开环增益（稳态增益）$K=0.672$，小于要求的指标 $K\geqslant5$。也就是说在满足暂态指标的前提下，稳态指标满足不了要求。

为了满足开环增益 K 的要求，又不影响暂态性能，可考虑加入串联滞后校正。

要求滞后校正系数 $\beta\geqslant\frac{5}{0.672}=7.44$，为留有余量，$\beta=10$。从 s_1点引一直线，与 ξ 线的夹角 $\rho=6^\circ(<10^\circ)$，与负实轴的交点即为 z_c。从图中测得 $z_c=-0.1$，相应的 $P_c=\frac{Z_c}{\beta}=-0.01$，如图 6-29所示。

由此可得校正环节的传递函数为

$$G_c(s)=\frac{s+0.1}{s+0.01}$$

校正后系统的开环传递函数为

$$G(s)=G_c(s)G_0(s)=\frac{k(s+0.1)}{s(s+1)(s+4)(s+0.01)}$$

校正后系统的根轨迹如图 6-30 所示。

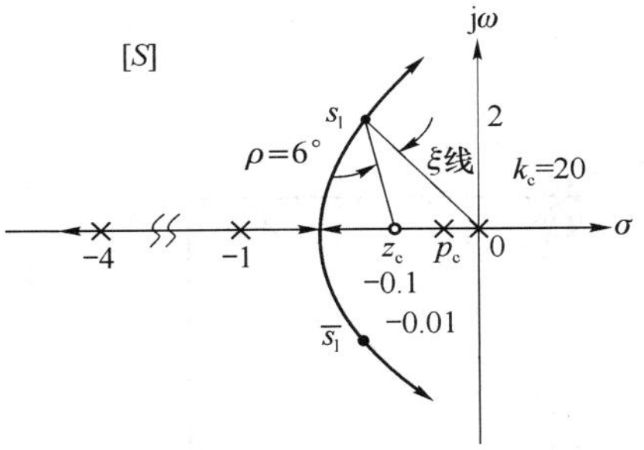

图 6-29　局部放大后的未校正系统的根轨迹

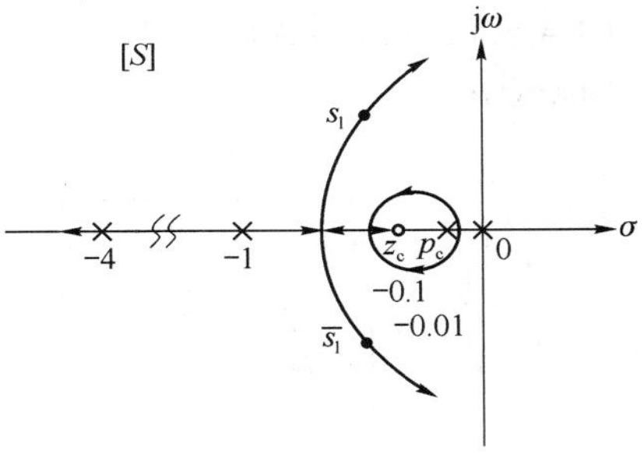

图 6-30　校正后的系统的根轨迹

s_1点仍在根轨迹上。这是因为用相角条件校验时，只是多了 $\arg(s_1-z_c)$和 $\arg(s_1-p_c)$项，而 $z_c\approx p_c$，所以 $\arg(s_1-z_c)-\arg(s_1-p_c)\approx 0$，仍然满足相角条件。这说明，增加串联滞后校正后，暂态性能可以基本保持不变。

s_1点对应的k值为

$$k=\frac{0.8\sqrt{0.6^2+0.693^2}\sqrt{3.6^2+0.693^2}\sqrt{0.399^2+0.693^2}}{\sqrt{0.39^2+0.693^2}}=2.7$$

相应的开环增益为

$$K=k\times\frac{0.1}{4\times 0.01}=6.75$$

即 s_1点对应的开环增益为 6.75，满足 $K\geqslant 5$ 的要求。或者说校正后，系统在满足暂态指标的同时，也满足稳态指标的要求。

当 $K=6.75$ 时，系统的另外两个闭环极点为：$|s_3|>4$ ，是非主导极点，对暂态性能的影响可忽略不计，s_4与 z_c构成偶极子，其影响也可忽略。因而 $s_1=-0.4\pm j0.693$ 是一对主导极点。

6.8　根轨迹的 MATLAB 仿真

对例 6.17 进行仿真

(1) 校正前的根轨迹

系统固有开环传递函数为：$G_0(s)=\dfrac{29.65}{s(s+1)(s+4)}$，执行下述程序获得其根轨迹图和阶跃响应曲线如图 6-31、图 6-32 所示。

```
%校正前的根轨迹 G0=29.65/s(s+1)(s+4)
num1 = 29.65
den1 = [1  5  4  0];
G1 = tf(num1,den1)
```

```
rlocus(G1)
sgrid
title('带网格线的根轨迹')
%校正前的阶跃响应 G(s) = 29.65/s(s+1)(s+4)
num1 = 29.65
den1 = [1  5  4  29.65];
G1 = tf(num1,den1)
step(G1)
```

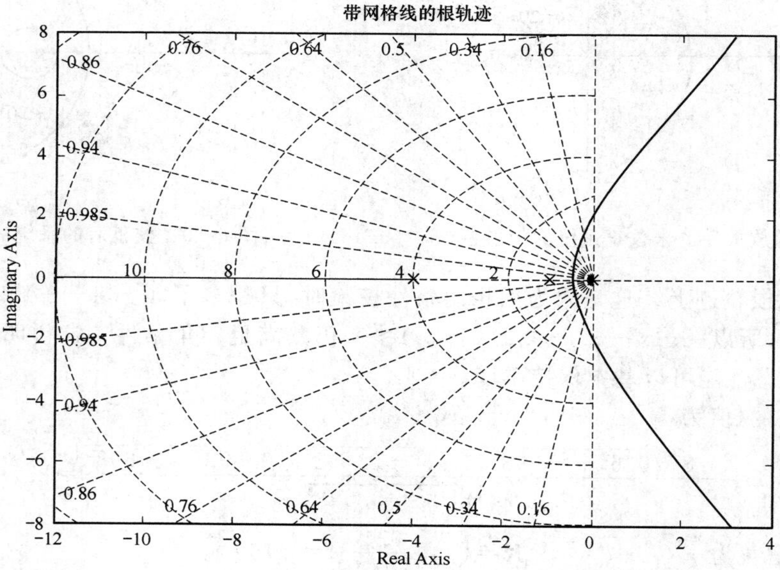

图 6-31　校正前的根轨迹图

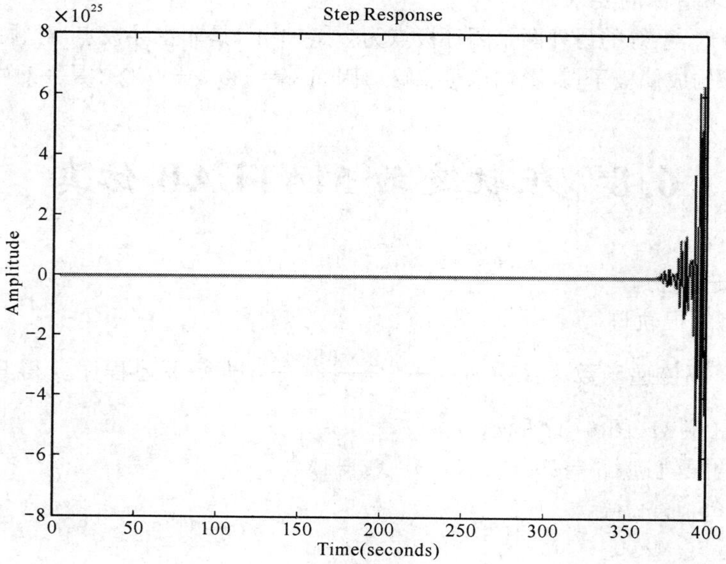

图 6-32　校正前的闭环阶跃响应

(2) 校正后的根轨迹图

校正后的开环传递函数为：$G(s)=\dfrac{29.65(s+1.2)}{s(s+1)(s+4)(s+4.95)}$，校正后的根轨迹图和阶跃响应曲线如图 6-33、图 6-34 所示。

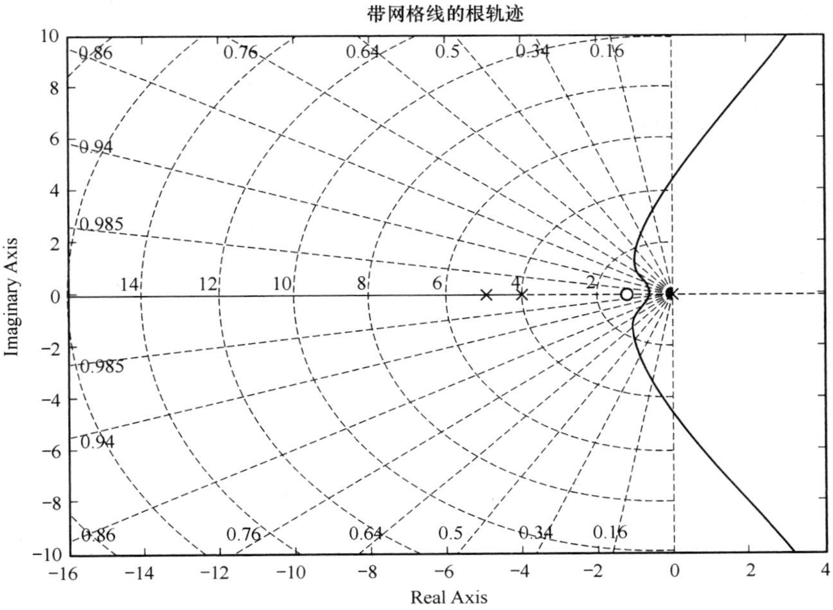

图 6-33　校正后的根轨迹图

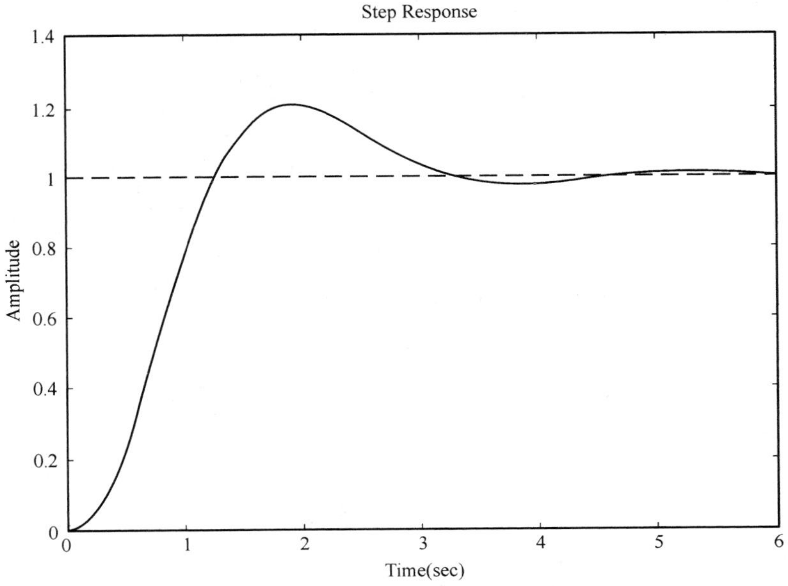

图 6-34　校正后的闭环阶跃响应

%校正后的根轨迹 $G(s)=29.65(s+1.2)/s(s+1)(s+4)(s+4.95)$

```
num1 = [29.65  35.85];
```

```
den1 = conv(conv(conv([1,0],[1,1]),[1,4]),[1 4.95])
G1 = tf(num1,den1)
rlocus(G1)
sgrid
title('带网格线的根轨迹')
%校正后闭环阶跃响应
num = [29.65  35.85];
den = conv(conv(conv([1,0],[1,1]),[1,4]),[1,4.95])
G = tf(num,den)
G2 = feedback(G,1)
step(G2)
```

习　题

6.1　概略绘出

$$G(s)=\frac{k}{s(s+1)(s+2)(s+3+\mathrm{j}2)(s+3-\mathrm{j}2)}$$

的根轨迹图。

6.2　设控制系统的开环传递函数为

$$G(s)=\frac{K}{s^2(s+1)}$$

试用根轨迹法证明该系统对于 K 为任何正值均不稳定。

6.3　已知系统结构如题图 6-1 所示。试绘制其根轨迹图。

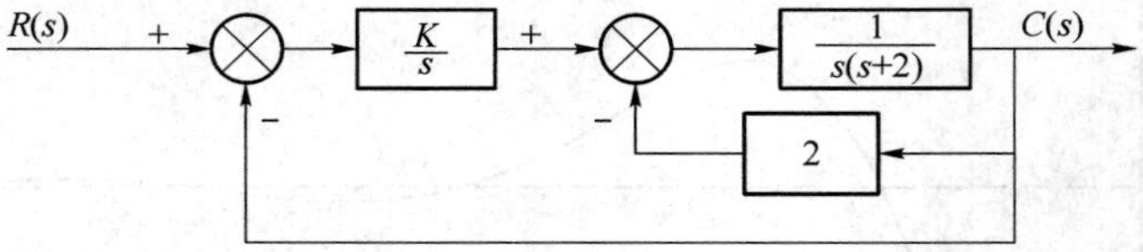

题图 6-1

6.4　单位负反馈系统的开环传递函数为

$$G(s)=\frac{k}{s(s^2+2s+2)}$$

试绘制系统的根轨迹图。

6.5　负反馈系统的开环传递函数为

$$G(s)=\frac{k(s+0.1)(0.6s+1)}{s^2(s+0.01)}$$

试绘制系统的根轨迹图。

6.6　单位负反馈系统的开环传递函数为

$$G(s)=\frac{K(0.25s+1)}{s(0.5s+1)}$$

试应用根轨迹法确定系统时间响应的瞬态分量无振荡时的开环增益 K。

6.7 负反馈系统的开环传递函数为

$$G(s)=\frac{K(s+1)}{s^2(0.1s+1)}$$

试绘制系统的根轨迹图。

6.8 非最小相位负反馈系统的开环传递函数为

$$G(s)=\frac{k(s+1)}{s(s-3)}$$

试绘制系统的根轨迹图。

6.9 负反馈系统的开环传递函数为

$$G(s)=\frac{k(s+2)}{s(s+3)(s^2+2s+2)}$$

试绘制系统的根轨迹图。

6.10 单位负反馈系统的开环传递函数为

$$G(s)=\frac{K}{s(0.1s+1)(s+1)}$$

试绘制系统的根轨迹图，并求 K 为何值时系统将不稳定。

6.11 负反馈系统的开环传递函数为

$$G(s)=\frac{k}{(s+1)(s+2)(s+4)}$$

试证明 $s_1=-1+\mathrm{j}\sqrt{3}$ 在该系统的根轨迹上，并求出相应的k值。

6.12 单位负反馈系统的开环传递函数为

$$G(s)=\frac{k}{s(s+3)(s+7)}$$

试确定使系统具有欠阻尼阶跃响应特性的k的取值范围。

6.13 设系统如题 6-2 图所示，研究改变系统参数 a 和 K 对闭环极点的影响。

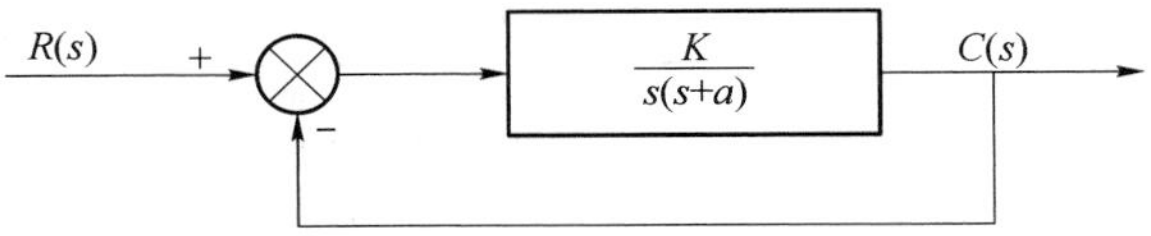

题图 6-2

6.14 用根轨迹法确定题 6-3 图所示系统无超调的 K 值范围。

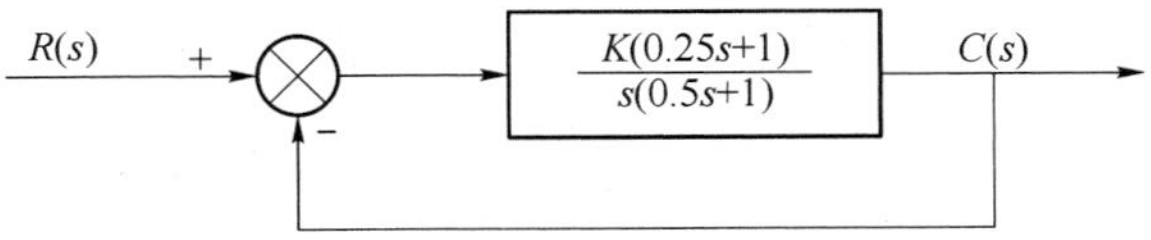

题图 6-3

6.15 设负反馈系统的开环传递函数

$$G(s)=\frac{k(s+2)}{s(s+3)(s+7)}$$

(1) 作k从 0→∞的闭环根轨迹图。

(2) 求当 $\xi=0.5$ 时的一对闭环主导极点，并求其对应的k值。

6.16 系统开环传递函数为$G(s)=\dfrac{k}{s(s+2)(s+60)}$，试绘制其根轨迹图。现要增加一开环零点$z_c$。分别绘制(1)$z_c=-62$；(2)$z_c=-40$；(3)$z_c=-6$；(4)$S_c=-1$。情况下的根轨迹图。总结附加零点$z_c$位置不同所造成的影响。

6.17 已知单位负反馈系统的开环传递函数

$$G(s)=\frac{2.6}{s(1+0.1s)(1+Ts)}$$

作以T为参变量的根轨迹图($0<T<\infty$)。

6.18 已知单位负反馈系统的开环传递函数

$$G(s)=\frac{\frac{1}{4}(s+a)}{s^2(s+1)}$$

作以a为参变量的根轨迹图($0<a<\infty$)。

6.19 某一位置随动系统，其开环传递函数

$$G(s)=\frac{5}{s(5s+1)}$$

为了改善系统性能，分别采用在原系统中加比例＋微分串联校正和速度反馈校正两种不同方案，校正前后系统的具体结构参数如题6-4图所示。

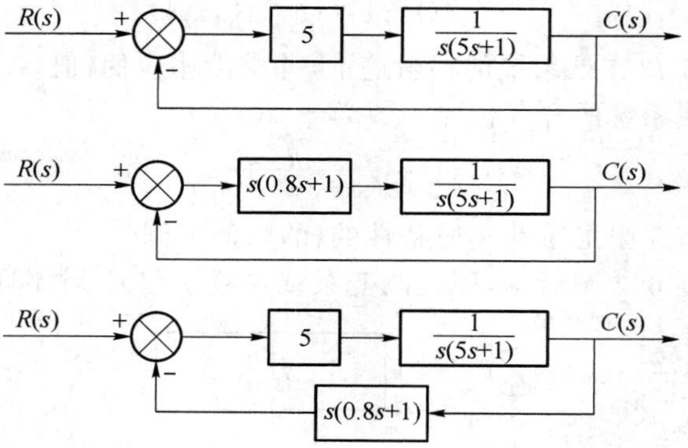

题图 6-4

(1) 试分别绘制这三个系统K从$0\to\infty$的闭环根轨迹图；

(2) 比较两种校正对系统阶跃响应的影响。

6.20 设系统结构如题6-5图所示。

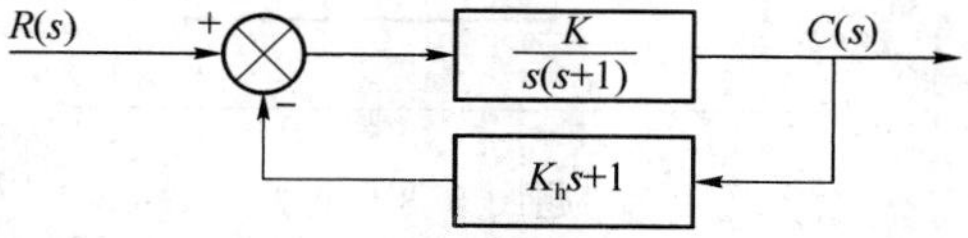

题图 6-5

(1) 绘制$K_h=0.5$时K从$0\to\infty$的闭环根轨迹图；

(2) 求$K_h=0.5$，$K=10$时系统的闭环极点与对应的ξ值；

(3) 绘制$K=1$时，K_h从$0\to\infty$的参数根轨迹图；

(4) 当$K=1$时，分别求$K_h=0, 0.5, 4$的阶跃响应指标$\sigma_p\%$和t_s，并讨论K_h的大小对

系统动态性能的影响。

6.21　根据下列正反馈回路的开环传递函数，绘出根轨迹的大致图形

(1) $G(s)=\dfrac{k}{(s+1)(s+2)}$

(2) $G(s)=\dfrac{k}{s(s+1)(s+2)}$

(3) $G(s)=\dfrac{k(s+2)}{s(s+1)(s+3)(s+4)}$

6.22　设单位负反馈系统的开环传递函数为

$$G_0(s)=\frac{k}{s(s+1)(s+5)}$$

(1) 绘制系统的根轨迹图，并确定阻尼比 $\xi=0.3$ 时的k值。

(2) 采用传递函数为 $G_c(s)=\dfrac{10(10s+1)}{100s+1}$

的串联滞后校正装置对系统进行校正。求同上阻尼比时的k值，比较系统校正前后的误差系数和调节时间。

6.23　设有一个单位负反馈系统，其开环传递函数为

$$G_0(s)=\frac{k}{s(s+3)(s+9)}$$

(1) 确定k值，使系统在阶跃输入信号作用下最大超调量为 20%；

(2) 在上述k值下，求出系统的调节时间和速度误差系数；

(3) 对系统进行串联校正，使其对阶跃响应的超调量为 15%，调节时间降低 2.5 倍，并使开环增益 $K\geqslant 20$。

6.24　设系统的方框图如题 6-6 图所示，试采用串联超前校正，使系统满足下列要求：

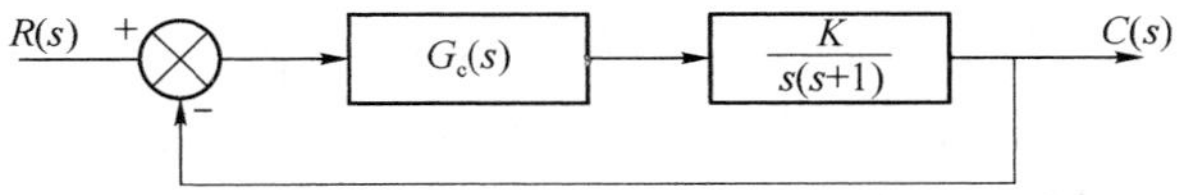

题图 6-6

(1) 阻尼比 $\xi=0.7$；

(2) 调节时间 $t_s=1.4\text{s}$；

(3) 系统开环增益 $K=2$。

第7章　连续域现代控制理论基础

上述诸章介绍的控制系统的分析、综合理论和方法称为经典控制理论。它适用于单输入—单输出(SISO)线性定常系统，而随着社会的需求，控制系统朝着更复杂的方向发展，要求系统完成更复杂的任务，提供非常高的精度。这样的系统可能具有多输入—多输出(MIMO)，可能是时变的，经典控制理论就难于解决或无能为力。在航空航天技术的推动下，20世纪60年代一种新型的控制理论——现代控制理论诞生和发展起来且日益成熟和完善起来。

现代控制理论建立了状态的概念，以状态方程为基础，以线性矩阵理论为数学工具，以计算机技术为依托，不仅适用于线性定常系统，而且适用于线性时变和非线性系统的分析、综合。

经典控制理论研究系统输入—输出之间的关系停留于系统的外部特性，因而从综合的角度看，它属于试凑形式，即根据相关理论确定相关参量再验证是否符合指标要求，若不符合再重新修改参数再验证直至得到满意的结果。而现代控制理论用状态揭示了系统内部状况，研究输入—状态—输出的因果关系，这就从内部、从本质上掌握了系统的关系，因而可以根据设计要求和目标函数(性能指标)求得最优控制规律。

在现代控制理论的发展过程中，线性系统理论首先得到研究和发展，其他分支如最优控制、系统辨识、自适应控制等均以线性理论为基础，非线性理论、大系统理论等也都不同程度地受到线性理论的推动和影响。本章主要介绍现代控制理论的线性基础。

7.1　线性定常系统状态方程的解

在系统用状态空间方程描述时，若要进行时域分析，可以通过求解而获得时域响应去加以研究。

7.1.1　齐次状态方程的解

在状态方程　$\dot{\boldsymbol{x}}=\boldsymbol{A}\boldsymbol{x}+\boldsymbol{B}\boldsymbol{u}$ 中令 $\boldsymbol{u}=\boldsymbol{0}$，得

$$\dot{\boldsymbol{x}}=\boldsymbol{A}\boldsymbol{x} \tag{7-1-1}$$

称为齐次状态方程。其解为 $\boldsymbol{u}=\boldsymbol{0}$ 时由初始条件所引起的自由运动。

1. 矩阵指数法

设式(7-1-1)的解为

$$x(t)=b_0+b_1t+b_2t^2+\cdots+b_kt^k+\cdots \tag{7-1-2}$$

代入齐次状态方程得

$$b_1+2b_2t+3b_3t^2+\cdots+k\,b_kt^{k-1}+\cdots=\boldsymbol{A}b_0+\boldsymbol{A}b_1t+\boldsymbol{A}b_2t^2+\cdots+\boldsymbol{A}b_{k-1}t^{k-1}+\cdots \tag{7-1-3}$$

由于状态方程的解对任意的 t 都成立，则

$$\begin{aligned} b_1&=\boldsymbol{A}b_0\\ b_2&=\frac{1}{2}\boldsymbol{A}b_1=\frac{1}{2!}\boldsymbol{A}^2b_0\\ b_3&=\frac{1}{3}\boldsymbol{A}b_2=\frac{1}{3!}\boldsymbol{A}^3b_0\\ &\vdots\\ b_k&=\frac{1}{k}\boldsymbol{A}b_{k-1}=\frac{1}{k!}\boldsymbol{A}^k\,b_0\\ &\vdots \end{aligned}$$

代入(7-1-2)得

$$\begin{aligned} \boldsymbol{x}(t)&=b_0+\boldsymbol{A}b_0t+\frac{1}{2!}\boldsymbol{A}^2b_0t^2+\cdots+\frac{1}{k!}\boldsymbol{A}^k\,b_0t^k+\cdots\\ &=\left[\boldsymbol{I}+\boldsymbol{A}t+\frac{1}{2!}\boldsymbol{A}^2t^2+\cdots+\frac{1}{k!}\boldsymbol{A}^k\,t^k+\cdots\right]b_0\\ &=\left[\boldsymbol{I}+\boldsymbol{A}t+\frac{1}{2!}\boldsymbol{A}^2t^2+\cdots+\frac{1}{k!}\boldsymbol{A}^k\,t^k+\cdots\right]\boldsymbol{x}(0) \end{aligned} \tag{7-1-4}$$

$\boldsymbol{x}(0)=\boldsymbol{x}(t)\big|_{t=0}=b_0$ 为初始条件。

由矩阵理论知：

$$\mathrm{e}^{\boldsymbol{A}t}=\boldsymbol{I}+\boldsymbol{A}t+\frac{1}{2!}\boldsymbol{A}^2t^2+\cdots+\frac{1}{k!}\boldsymbol{A}^k\,t^k+\cdots \tag{7-1-5}$$

则齐次状态方程 $\dot{\boldsymbol{x}}=\boldsymbol{A}\boldsymbol{x}$ 的解为

$$\boldsymbol{x}(t)=\mathrm{e}^{\boldsymbol{A}t}\boldsymbol{x}(0) \tag{7-1-6}$$

该解说明由初始状态 $\boldsymbol{x}(0)$到达状态 $\boldsymbol{x}(t)$的转移过程是一个指数形式。其中 $\mathrm{e}^{\boldsymbol{A}t}$ 称为矩阵指数，它描述了由初始状态 $\boldsymbol{x}(0)$向任意时刻 t 的状态 $\boldsymbol{x}(t)$转移的特性，故又称为状态转移矩阵，记为 $\boldsymbol{\Phi}(t)$，即线性定常系数的状态转移矩阵为

$$\boldsymbol{\Phi}(t)=\mathrm{e}^{\boldsymbol{A}t} \tag{7-1-7}$$

由矩阵指数函数的性质，状态转移矩阵具有如下性质。

(1) $\boldsymbol{\Phi}(t)\big|_{t=0}=\boldsymbol{\Phi}(0)=\boldsymbol{I}$

(2) $\boldsymbol{\Phi}^{-1}(t)=\boldsymbol{\Phi}(-t)$

(3) $\boldsymbol{\Phi}(t_1+t_2)=\boldsymbol{\Phi}(t_1)\boldsymbol{\Phi}(t_2)=\boldsymbol{\Phi}(t_2)\boldsymbol{\Phi}(t_1)$

(4) $\boldsymbol{\Phi}(t_2-t_0)=\boldsymbol{\Phi}(t_2-t_1)\boldsymbol{\Phi}(t_1-t_0)=\boldsymbol{\Phi}(t_1-t_0)\boldsymbol{\Phi}(t_2-t_1)$

(5) $[\boldsymbol{\Phi}(t)]^n=\boldsymbol{\Phi}(nt)$

(6) $\dfrac{\mathrm{d}}{\mathrm{d}t}\boldsymbol{\Phi}(t)=A\boldsymbol{\Phi}(t)=\boldsymbol{\Phi}(t)\boldsymbol{A}$

线性时变系统也有状态转移矩阵且同样具有上述诸性质。正因为引入了状态转移矩阵，使线性时变状态方程的解变得简单了。

由式(7-1-6)可见，齐次状态方程的解归结为求解矩阵指数 $\mathrm{e}^{\boldsymbol{A}t}$，它是一个无穷收敛级

数，故可以将后面值很小的项忽略，保留足够的项计算即可。即使这样此种解法也不适合于手算，多为计算机求解。

计算线性定常系统状态转移矩阵常用下述一些方法：

(1) 按定义(7-1-5)计算；

(2) 通过线性变换计算；

(3) 待定系数法(应用凯莱-哈密顿定理)；

(4) 拉普拉斯变换法。

拉普拉斯变换方法是求齐次状态方程解析解通常采用的方法。

【例 7.1】 已知系统系数矩阵 $\boldsymbol{A}=\begin{pmatrix}0 & 1\\ -2 & -3\end{pmatrix}$，求 $\boldsymbol{\Phi}(t)$。

解：

(1) 根据 $e^{\boldsymbol{A}t}$ 定义求取

$$
\begin{aligned}
\boldsymbol{\Phi}(t)&=e^{\boldsymbol{A}t}=\boldsymbol{I}+\boldsymbol{A}t+\frac{1}{2!}\boldsymbol{A}^2t^2+\cdots\\
&=\begin{pmatrix}1 & 0\\ 0 & 1\end{pmatrix}+\begin{pmatrix}0 & 1\\ -2 & -3\end{pmatrix}t+\begin{pmatrix}0 & 1\\ -2 & -3\end{pmatrix}^2\frac{t^2}{2!}+\cdots\\
&=\begin{pmatrix}1-t^2+t^3-\cdots & t-\frac{3}{2}t^2+\frac{7}{6}t^3-\cdots\\ -2t+3t^2-\frac{7}{3}t^3+\cdots & 1-3t+\frac{7}{2}t^2-\frac{5}{2}t^3+\cdots\end{pmatrix}\\
&=\begin{pmatrix}2e^{-t}-e^{-2t} & e^{-t}-e^{-2t}\\ -2e^{-t}+2e^{-2t} & -e^{-t}+2e^{-2t}\end{pmatrix}
\end{aligned}
$$

(2)利用线性变换求取

由特征式可得 $|\lambda\boldsymbol{I}-\boldsymbol{A}|=(\lambda+1)(\lambda+2)=0$

知 $\boldsymbol{A}$ 的特性值为 $\lambda_1=-1,\lambda_2=-2$。由于 $\boldsymbol{A}$ 具有友矩阵形式，则取非奇异矩阵 $\boldsymbol{P}=\begin{pmatrix}1 & 1\\ \lambda_1 & \lambda_2\end{pmatrix}=\begin{pmatrix}1 & 1\\ -1 & -2\end{pmatrix}$ 及 $\boldsymbol{P}^{-1}=\begin{pmatrix}2 & 1\\ -1 & -1\end{pmatrix}$ 进行线性相似变换有

$$
\boldsymbol{P}^{-1}\boldsymbol{A}\boldsymbol{P}=\begin{pmatrix}2 & 1\\ -1 & -1\end{pmatrix}\begin{pmatrix}0 & 1\\ -2 & -3\end{pmatrix}\begin{pmatrix}1 & 1\\ -1 & -2\end{pmatrix}=\begin{pmatrix}-1 & 0\\ 0 & -2\end{pmatrix}
$$

则 $e^{(\boldsymbol{P}^{-1}\boldsymbol{A}\boldsymbol{P})t}=\begin{pmatrix}e^{-t} & 0\\ 0 & e^{-2t}\end{pmatrix}$

根据 $e^{(\boldsymbol{P}^{-1}\boldsymbol{A}\boldsymbol{P})t}=\boldsymbol{P}^{-1}e^{\boldsymbol{A}t}\boldsymbol{P}$ 则

$$
\begin{aligned}
e^{\boldsymbol{A}t}&=\boldsymbol{P}e^{(\boldsymbol{P}^{-1}\boldsymbol{A}\boldsymbol{P})t}\boldsymbol{P}^{-1}=\begin{pmatrix}1 & 1\\ -1 & -2\end{pmatrix}\begin{pmatrix}e^{-t} & 0\\ 0 & e^{-2t}\end{pmatrix}\begin{pmatrix}2 & 1\\ -1 & -1\end{pmatrix}\\
&=\begin{pmatrix}2e^{-t}-e^{-2t} & e^{-t}-e^{-2t}\\ -2e^{-t}+2e^{-2t} & -e^{-t}+2e^{-2t}\end{pmatrix}
\end{aligned}
$$

(3) 待定系数法

凯莱—哈密顿定理：

若 $\boldsymbol{A}$ 为一方阵，$D(\lambda)$是其特征多项式，即

$$D(\lambda)=0 \tag{7-1-8}$$

则必有
$$D(\boldsymbol{A})=0 \tag{7-1-9}$$

应用凯莱-哈密顿定理求解 e^{At} 的待定系数法原理如下。

设系数矩阵 $\boldsymbol{A}$ 的特征方程为

$$D(\lambda)=\lambda^n+a_{n-1}\lambda^{n-1}+\cdots+a_1\lambda+a_0=0$$

则 $\boldsymbol{A}$ 满足自身特征方程，有

$$D(\boldsymbol{A})=\boldsymbol{A}^n+a_{n-1}\boldsymbol{A}^{n-1}+\cdots+a_1\boldsymbol{A}+a_0\boldsymbol{I}=\boldsymbol{0}$$
$$\boldsymbol{A}^n=-a_{n-1}\boldsymbol{A}^{n-1}-a_{n-2}\boldsymbol{A}^{n-2}-\cdots-a_1\boldsymbol{A}-a_0 I$$

则有

$$\begin{aligned}\boldsymbol{A}^{n+1}&=\boldsymbol{A}\boldsymbol{A}^n=-a_{n-1}\boldsymbol{A}^n-(a_{n-2}\boldsymbol{A}^{n-1}+a_{n-3}\boldsymbol{A}^{n-2}+\cdots+a_1\boldsymbol{A}^2+a_0\boldsymbol{A})\\&=(a_{n-1}^2-a_{n-2})\boldsymbol{A}^{n-1}+(a_{n-1}a_{n-2}-a_{n-3})\boldsymbol{A}^{n-2}+\cdots+(a_{n-1}a_1-a_0)\boldsymbol{A}+a_{n-1}a_0\boldsymbol{I}\end{aligned}$$

该式说明 $\boldsymbol{A}^n$ 及高于 n 次幂的所有项都可以通过 $\boldsymbol{A}^{n-1},\boldsymbol{A}^{n-2},\cdots,\boldsymbol{A},\boldsymbol{I}$ 的线性组合来表示，用这样的方法消去 n 以上的幂次项得

$$e^{At}=a_{n-1}(t)\boldsymbol{A}^{n-1}+a_{n-2}(t)\boldsymbol{A}^{n-2}+\cdots+a_1(t)\boldsymbol{A}+a_0(t)\boldsymbol{I} \tag{7-1-10}$$

其中 $a_{n-1}(t),a_{n-2}(t),\cdots,a_1(t),a_0(t)$ 为 n 个待定系数。

当 $\boldsymbol{A}$ 无重特征值时，根据凯莱-哈密顿定理有

$$a_0(t)+a_1(t)\lambda_1+a_2(t)\lambda_1^2+\cdots+a_{n-1}(t)\lambda_1^{n-1}=e^{\lambda_1 t}$$
$$a_0(t)+a_1(t)\lambda_2+a_2(t)\lambda_2^2+\cdots+a_{n-1}(t)\lambda_2^{n-1}=e^{\lambda_2 t}$$
$$\cdots\cdots$$
$$a_0(t)+a_1(t)\lambda_n+a_2(t)\lambda_n^2+\cdots+a_{n-1}(t)\lambda_n^{n-1}=e^{\lambda_n t}$$

写成矩阵形式为

$$\begin{pmatrix}1&\lambda_1&\lambda_1^2&\cdots&\lambda_1^{n-1}\\1&\lambda_2&\lambda_2^2&\cdots&\lambda_2^{n-1}\\&\vdots&&\vdots&\\1&\lambda_n&\lambda_n^2&\cdots&\lambda_n^{n-1}\end{pmatrix}\begin{pmatrix}a_0(t)\\a_1(t)\\\vdots\\a_{n-1}(t)\end{pmatrix}=\begin{pmatrix}e^{\lambda_1 t}\\e^{\lambda_2 t}\\\vdots\\e^{\lambda_n t}\end{pmatrix}$$

获得待定系数计算公式为

$$\begin{pmatrix}a_0(t)\\a_1(t)\\\vdots\\a_{n-1}(t)\end{pmatrix}=\begin{pmatrix}1&\lambda_1&\lambda_1^2&\cdots&\lambda_1^{n-1}\\1&\lambda_2&\lambda_2^2&\cdots&\lambda_2^{n-1}\\&\vdots&&\vdots&\\1&\lambda_n&\lambda_n^2&\cdots&\lambda_n^{n-1}\end{pmatrix}^{-1}\begin{pmatrix}e^{\lambda_1 t}\\e^{\lambda_2 t}\\\vdots\\e^{\lambda_n t}\end{pmatrix} \tag{7-1-11}$$

若 $\boldsymbol{A}$ 有重特征值的情况这里不做叙述，请参阅相关资料。

根据上述介绍，本例 $\lambda_1=-1,\lambda_2=-2$，则代入式(7-1-11)得

$$\begin{pmatrix}a_0(t)\\a_1(t)\end{pmatrix}=\begin{pmatrix}1&\lambda_1\\1&\lambda_2\end{pmatrix}^{-1}\begin{pmatrix}e^{\lambda_1 t}\\e^{\lambda_2 t}\end{pmatrix}=\begin{pmatrix}1&-1\\1&-2\end{pmatrix}^{-1}\begin{pmatrix}e^{-t}\\e^{-2t}\end{pmatrix}=\begin{pmatrix}2e^{-t}-e^{-2t}\\e^{-t}-e^{-2t}\end{pmatrix}$$

代入式(7-1-10)得

$$\begin{aligned}e^{At}&=a_1(t)\boldsymbol{A}+a_0(t)\boldsymbol{I}\\&=(e^{-t}-e^{-2t})\begin{pmatrix}0&1\\-2&-3\end{pmatrix}+(2e^{-t}-e^{-2t})\begin{pmatrix}1&0\\0&1\end{pmatrix}\\&=\begin{pmatrix}2e^{-t}-e^{-2t}&e^{-t}-e^{-2t}\\-2e^{-t}+2e^{-2t}&-e^{-t}+2e^{-2t}\end{pmatrix}\end{aligned}$$

2. 拉普拉斯变换法

对齐次状态方程进行拉普拉斯变换，得

$$s\boldsymbol{X}(s)-x(0)=\boldsymbol{AX}(s)$$

整理得

$$\boldsymbol{X}(s)=(s\boldsymbol{I}-\boldsymbol{A})^{-1}\boldsymbol{x}(0) \tag{7-1-12}$$

则

$$\boldsymbol{x}(t)=L^{-1}[(s\boldsymbol{I}-\boldsymbol{A})^{-1}]\boldsymbol{x}(0) \tag{7-1-13}$$

和前面公式比较知：

$$\boldsymbol{\Phi}(t)=\mathrm{e}^{\boldsymbol{A}t}=L^{-1}[(s\boldsymbol{I}-\boldsymbol{A})^{-1}] \tag{7-1-14}$$

【例 7.2】 求解齐次状态方程

$$\dot{\boldsymbol{x}}=\begin{pmatrix}0 & 1\\ -2 & -3\end{pmatrix}\boldsymbol{x},\boldsymbol{x}(0)=\begin{pmatrix}0\\1\end{pmatrix}。$$

解：

$$\begin{aligned}\boldsymbol{X}(s)&=[s\boldsymbol{I}-\boldsymbol{A}]^{-1}\boldsymbol{x}(0)\\ &=\begin{pmatrix}s & -1\\ 2 & s+3\end{pmatrix}^{-1}\begin{pmatrix}0\\1\end{pmatrix}\\ &=\frac{1}{(s+1)(s+2)}\begin{pmatrix}s+3 & 1\\ -2 & s\end{pmatrix}\begin{pmatrix}0\\1\end{pmatrix}\\ &=\begin{pmatrix}\dfrac{1}{s+1}-\dfrac{1}{s+2}\\ \dfrac{-1}{s+1}+\dfrac{2}{s+2}\end{pmatrix}\end{aligned}$$

$$\boldsymbol{x}(t)=L^{-1}[\boldsymbol{X}(s)]=\begin{pmatrix}\mathrm{e}^{-t}-\mathrm{e}^{-2t}\\ -\mathrm{e}^{-t}+2\mathrm{e}^{-2t}\end{pmatrix}$$

7.1.2 非齐次状态方程的解

当 $u(t)\neq 0$ 时状态方程的解称为非齐次状态方程的解或受迫系统的解，它是系统对输入信号的完全响应。

1. 一般解法

设线性定常系统的状态方程为

$$\dot{\boldsymbol{x}}=\boldsymbol{Ax}+\boldsymbol{Bu} \tag{7-1-15}$$

将其两边乘以 $\mathrm{e}^{-\boldsymbol{A}t}$，得

$$\mathrm{e}^{-\boldsymbol{A}t}[\dot{\boldsymbol{x}}-\boldsymbol{Ax}]=\mathrm{e}^{-\boldsymbol{A}t}\boldsymbol{Bu}$$

该式又可写成：

$$\frac{\mathrm{d}}{\mathrm{d}t}[\mathrm{e}^{-\boldsymbol{A}t}\boldsymbol{x}(t)]=\mathrm{e}^{-\boldsymbol{A}t}\boldsymbol{Bu}(t) \tag{7-1-16}$$

将其进行由 $0\rightarrow t$ 的积分得

$$\int_0^t\frac{\mathrm{d}}{\mathrm{d}\tau}[\mathrm{e}^{-\boldsymbol{A}\tau}\boldsymbol{x}(\tau)]\mathrm{d}\tau=\int_0^t\mathrm{e}^{-\boldsymbol{A}\tau}\boldsymbol{Bu}(\tau)\mathrm{d}\tau$$

得

$$e^{-At}\boldsymbol{x}(t)-\boldsymbol{x}(0)=\int_0^t e^{-A\tau}\boldsymbol{Bu}(\tau)\mathrm{d}\tau$$

故非齐次状态方程的解为

$$\boldsymbol{x}(t)=e^{At}\boldsymbol{x}(0)+\int_0^t e^{\boldsymbol{A}(t-\tau)}\boldsymbol{Bu}(\tau)\mathrm{d}\tau \tag{7-1-17}$$

或表示成

$$\boldsymbol{x}(t)=\boldsymbol{\Phi}(t)\boldsymbol{x}(0)+\int_0^t \boldsymbol{\Phi}(t-\tau)\boldsymbol{Bu}(\tau)\mathrm{d}\tau \tag{7-1-18}$$

若初始时刻为 t_0 则为

$$\boldsymbol{x}(t)=\boldsymbol{\Phi}(t-t_0)\boldsymbol{x}(t_0)+\int_0^t \boldsymbol{\Phi}(t-\tau)\boldsymbol{Bu}(\tau)\mathrm{d}\tau \tag{7-1-19}$$

由式(7-1-19)可知:系统的完全响应由两部分构成。一部分是只和初始状态 $\boldsymbol{x}(0)$ 有关的结果,称为零输入响应,即齐次解。另一部分是由输入所决定而与初始状态无关,称为零状态响应。前者又称为状态转移分量,后者又称为受控分量。

2. 拉普拉斯变换法

对非齐次状态方程(7-1-15)两边进行拉普拉斯变换,整理得

$$(sI-\boldsymbol{A})\boldsymbol{X}(s)=x(0)+\boldsymbol{BU}(s)$$

即

$$\begin{aligned}\boldsymbol{X}(s)&=(s\boldsymbol{I}-\boldsymbol{A})^{-1}[\boldsymbol{x}(0)+\boldsymbol{BU}(s)]\\&=(s\boldsymbol{I}-\boldsymbol{A})^{-1}\boldsymbol{x}(0)+(s\boldsymbol{I}-\boldsymbol{A})^{-1}\boldsymbol{BU}(s)\end{aligned} \tag{7-1-20}$$

进行拉普拉斯反变换,得非齐次状态方程解为

$$\boldsymbol{x}(t)=L^{-1}[(s\boldsymbol{I}-\boldsymbol{A})^{-1}]\boldsymbol{x}(0)+L^{-1}[(s\boldsymbol{I}-\boldsymbol{A})^{-1}\boldsymbol{BU}(s)] \tag{7-1-21}$$

【例 7.3】 已知系统的状态方程为

$$\dot{\boldsymbol{x}}=\begin{pmatrix}0&1\\-24&-11\end{pmatrix}\boldsymbol{x}+\begin{pmatrix}0\\1\end{pmatrix}\boldsymbol{u}\qquad \boldsymbol{x}(0)=\begin{pmatrix}0\\0\end{pmatrix},\boldsymbol{u}(t)=\boldsymbol{I}(t)$$

求其解。

解:由 $\boldsymbol{\Phi}(t)=L^{-1}[(s\boldsymbol{I}-\boldsymbol{A})^{-1}]$得

$$\begin{aligned}\boldsymbol{\Phi}(s)&=\begin{pmatrix}s&-1\\24&s+11\end{pmatrix}^{-1}\\&=\frac{1}{(s+3)(s+8)}\begin{pmatrix}s+11&1\\-24&s\end{pmatrix}\\&=\frac{1}{s+3}\begin{pmatrix}\frac{8}{5}&\frac{1}{5}\\-\frac{24}{5}&-\frac{3}{5}\end{pmatrix}+\frac{1}{s+8}\begin{pmatrix}-\frac{3}{5}&-\frac{1}{5}\\\frac{24}{5}&\frac{8}{5}\end{pmatrix}\end{aligned}$$

$$\boldsymbol{\Phi}(t)=\begin{pmatrix}\frac{8}{5}e^{-3t}-\frac{3}{5}e^{-8t}&\frac{1}{5}e^{-3t}-\frac{1}{5}e^{-8t}\\-\frac{24}{5}e^{-3t}+\frac{24}{5}e^{-8t}&-\frac{3}{5}e^{-3t}+\frac{8}{5}e^{-8t}\end{pmatrix}$$

由式(7-1-18)得

$$\boldsymbol{x}(t)=\int_0^t \boldsymbol{\Phi}(t-\tau)\boldsymbol{B}\boldsymbol{u}(\tau)\mathrm{d}\tau$$

$$=\int_0^t \begin{pmatrix} \frac{8}{5}\mathrm{e}^{-3(t-\tau)}-\frac{3}{5}\mathrm{e}^{-8(t-\tau)} & \frac{1}{5}\mathrm{e}^{-3(t-\tau)}-\frac{1}{5}\mathrm{e}^{-8(t-\tau)} \\ -\frac{24}{5}\mathrm{e}^{-3(t-\tau)}+\frac{24}{5}\mathrm{e}^{-8(t-\tau)} & -\frac{3}{5}\mathrm{e}^{-3(t-\tau)}+\frac{8}{5}\mathrm{e}^{-8(t-\tau)} \end{pmatrix}\begin{pmatrix}0\\1\end{pmatrix}[\boldsymbol{I}(\tau)]\mathrm{d}\tau$$

$$=\begin{pmatrix} \int_0^t\left[\frac{1}{5}\mathrm{e}^{-3(t-\tau)}-\frac{1}{5}\mathrm{e}^{-8(t-\tau)}\right]\mathrm{d}\tau \\ \int_0^t\left[-\frac{3}{5}\mathrm{e}^{-3(t-\tau)}+\frac{8}{5}\mathrm{e}^{-8(t-\tau)}\right]\mathrm{d}\tau \end{pmatrix}$$

$$=\begin{pmatrix} \left[\frac{1}{15}\mathrm{e}^{-3(t-\tau)}-\frac{1}{40}\mathrm{e}^{-8(t-\tau)}\right]\Big|_0^t \\ \left[-\frac{1}{5}\mathrm{e}^{-3(t-\tau)}+\frac{1}{5}\mathrm{e}^{-8(t-\tau)}\right]\Big|_0^t \end{pmatrix}$$

$$=\begin{pmatrix} \frac{1}{24}-\frac{1}{15}\mathrm{e}^{-3t}+\frac{1}{40}\mathrm{e}^{-8t} \\ \frac{1}{5}\mathrm{e}^{-3t}-\frac{1}{5}\mathrm{e}^{-8t} \end{pmatrix}$$

即：

$$x_1(t)=\frac{1}{24}-\frac{1}{15}\mathrm{e}^{-3t}+\frac{1}{40}\mathrm{e}^{-8t}$$

$$x_2(t)=\frac{1}{5}\mathrm{e}^{-3t}-\frac{1}{5}\mathrm{e}^{-8t}$$

【例 7.4】 求解状态空间方程

$$\dot{\boldsymbol{x}}=\begin{pmatrix}0 & 1\\ -2 & -2\end{pmatrix}\boldsymbol{x}+\begin{pmatrix}0\\2\end{pmatrix}\boldsymbol{u}$$

$$\boldsymbol{y}=[1\quad 0]\boldsymbol{x}$$

已知：$\boldsymbol{u}(t)=\boldsymbol{I}(t)$，$\boldsymbol{x}(0)=\boldsymbol{0}$。

解：根据式(7-1-20)得

$$\boldsymbol{X}(s)=(s\boldsymbol{I}-\boldsymbol{A})^{-1}\boldsymbol{B}\boldsymbol{U}(s)=\begin{pmatrix}s & -1\\ 2 & s+2\end{pmatrix}^{-1}\begin{pmatrix}0\\2\end{pmatrix}\begin{pmatrix}\frac{1}{s}\end{pmatrix}$$

$$=\frac{1}{s^2+2s+2}\begin{pmatrix}s+2 & 1\\ -2 & s\end{pmatrix}\begin{pmatrix}0\\2\end{pmatrix}\begin{pmatrix}\frac{1}{s}\end{pmatrix}$$

$$=\begin{pmatrix}\frac{2}{s(s^2+2s+2)}\\ \frac{2}{s^2+2s+2}\end{pmatrix}$$

进行拉普拉斯反变换，得

$$\boldsymbol{x}(t)=L^{-1}[\boldsymbol{X}(s)]=\begin{pmatrix}1-\sqrt{2}\,\mathrm{e}^{-t}\sin(t+45^\circ)\\ 2\mathrm{e}^{-t}\sin(t)\end{pmatrix}$$

$$\boldsymbol{y}(t)=[1\quad 0]\boldsymbol{x}=1-\sqrt{2}\,\mathrm{e}^{-t}\sin(t+45^\circ)$$

由解可以清楚地看到状态变量的变化、输出的变化，可以应用第 4 章的知识进行动态分析之。

7.2　控制系统的可控性和可观性

控制系统的可控性和可观性又称为能控性和能观性，它们是现代控制理论的独特概念，也是非常重要的概念。在经典控制理论中，无论是微分方程，还是传递函数，都只描述了系统输出和输入之间的因果关系，因而只要系统是稳定的，输出量总是可以由输入控制的，而且也一定是可测量的，因而没有可控性和可观性的概念。现代控制理论引入了状态的概念，状态将输入、输出联系起来，它不仅揭示了系统的外部特性，而且深入到系统的内部，因此其着眼于状态的控制和观测。状态变量的非唯一性，使我们有必要研究状态向量的每一个分量能否可以由控制量所控制，从而达到所期望的状态，这就是系统状态的可控性问题。还要研究能否通过对输出量的测量而获得状态的信息，这就是系统状态的可观性问题。本节将介绍可控、可观的相关知识。

7.2.1　系统可控性

1. 系统可控性定义

一个系统是否能控，仅与状态方程有关，而与系统输出方程无关，因此定义系统的可控性只需利用状态方程来进行。设系统状态方程为

$$\dot{\boldsymbol{x}}=\boldsymbol{A}\boldsymbol{x}+\boldsymbol{B}\boldsymbol{u} \tag{7-2-1}$$

式中，$\boldsymbol{x}$ 为 n 维状态向量，$\boldsymbol{u}$ 为 p 维输入向量，$\boldsymbol{A}$ 为 $n\times n$ 维矩阵，$\boldsymbol{B}$ 为 $n\times p$ 维状态矩阵。若在$[t_0,\infty]$区间内 $\boldsymbol{u}$ 为分段连续函数向量，则称其为容许控制。

系统可控性定义如下。

若存在一个无约束的容许控制向量 $\boldsymbol{u}(t)$，能在有限的时间间隔$[t_0,t_1]$内将系统的某一个状态 $\boldsymbol{x}_i$ 由其初态 $\boldsymbol{x}_i(t_0)$ 转移到任意的终态 $\boldsymbol{x}_i(t_1)$，那么就称该状态 $\boldsymbol{x}_i$ 是可控的；若系统所有的状态变量都可控，则称系统是完全可控的，或者称系统是可控的。

系统中只要有一个及以上的状态变量不可控，则称系统是不完全可控的，或者称系统不可控。

为了方便起见，以后的讨论通常设系统初态为 $\boldsymbol{x}(0)$，且 $\boldsymbol{x}(0)$ 任意，终态通常指定为 $\boldsymbol{x}(t_1)=0$，即以状态空间原点为系统终态。

2. 线性定常连续系统的可控性判据

对于式(7-2-1)描述的系统，设 $\boldsymbol{x}(0)=\boldsymbol{x}_0$，根据状态方程的解

$$\boldsymbol{x}(t)=\mathrm{e}^{\boldsymbol{A}t}\boldsymbol{x}_0+\int_0^t \mathrm{e}^{\boldsymbol{A}(t-\tau)}\boldsymbol{B}\boldsymbol{u}(\tau)\mathrm{d}\tau \tag{7-2-2}$$

当 $t=t_1>0$ 时，有

$$\boldsymbol{x}(t_1)=\mathrm{e}^{\boldsymbol{A}t_1}\boldsymbol{x}_0+\int_0^{t_1} \mathrm{e}^{\boldsymbol{A}(t_1-\tau)}\boldsymbol{B}\boldsymbol{u}(\tau)\mathrm{d}\tau \tag{7-2-3}$$

设 $\boldsymbol{x}(t_1)=\boldsymbol{x}_1$，则有

$$\mathrm{e}^{-\boldsymbol{A}t_1}\boldsymbol{x}_1-\boldsymbol{x}_0=\int_0^{t_1}\mathrm{e}^{-\boldsymbol{A}\tau}\boldsymbol{B}\boldsymbol{u}(\tau)\mathrm{d}\tau \tag{7-2-4}$$

根据能控性定义，若系统(7-2-1)完全能控，则对任意的 $\boldsymbol{x}_0$、$\boldsymbol{x}_1$ 必能找到一个 $\boldsymbol{u}(t)$ 满足式(7-2-4)。

由此出发，可以得到以下系统可控性判据。

(1) 格兰姆矩阵判据

系统完全可控的充要条件是，存在时刻 $t_1>0$，使如下定义的格兰姆矩阵

$$\boldsymbol{W}(0,t_1)\overset{\text{def}}{=}\int_0^{t_1}\mathrm{e}^{-\boldsymbol{A}t}\boldsymbol{B}\boldsymbol{B}^{\mathrm{T}}\mathrm{e}^{-\boldsymbol{A}^{\mathrm{T}}t}\mathrm{d}t \tag{7-2-5}$$

为非奇异。

可以看出，在应用格兰姆矩阵判据时，需要计算矩阵指数 $\mathrm{e}^{\boldsymbol{A}t}$，在 $\boldsymbol{A}$ 的维数 n 比较大时计算 $\mathrm{e}^{\boldsymbol{A}t}$ 是比较困难的。所以格兰姆矩阵判据一般用于做理论分析。

(2) 可控性矩阵判据

线性定常连续系统完全可控的充分必要条件是

$$\mathrm{rank}[\boldsymbol{B}\ \boldsymbol{A}\boldsymbol{B}\cdots\boldsymbol{A}^{n-1}\boldsymbol{B}]=n \tag{7-2-6}$$

式中，n 是矩阵 $\boldsymbol{A}$ 的维数，$\boldsymbol{M}=[\boldsymbol{B}\ \boldsymbol{A}\boldsymbol{B}\cdots\boldsymbol{A}^{n-1}\boldsymbol{B}]$ 称为系统的可控性矩阵。

即系统完全可控的条件是：系统可控性矩阵满秩。

证明：

已知 $\mathrm{rank}\boldsymbol{M}=n$，即 $\boldsymbol{M}$ 满秩，求证系统完全可控。

① 充分性：

设系统为不完全可控，则根据格兰姆矩阵判据可知

$$\boldsymbol{W}(0,t_1)=\int_0^{t_1}\mathrm{e}^{-\boldsymbol{A}t}\boldsymbol{B}\boldsymbol{B}^{\mathrm{T}}\mathrm{e}^{-\boldsymbol{A}^{\mathrm{t}}t}\mathrm{d}t$$

为奇异，这意味着存在某个非零 n 维向量 $\boldsymbol{\alpha}$ 使

$$\boldsymbol{\alpha}^{\mathrm{T}}\boldsymbol{W}(0,t_1)\boldsymbol{\alpha}=\int_0^{t_1}\boldsymbol{\alpha}^{\mathrm{T}}\mathrm{e}^{-\boldsymbol{A}t}\boldsymbol{B}\boldsymbol{B}^{\mathrm{T}}\mathrm{e}^{-\boldsymbol{A}^{\mathrm{T}}t}\boldsymbol{\alpha}\mathrm{d}t=\int_0^{t_1}[\boldsymbol{\alpha}^{\mathrm{T}}\mathrm{e}^{-\boldsymbol{A}t}\boldsymbol{B}][\boldsymbol{\alpha}^{\mathrm{T}}\mathrm{e}^{-\boldsymbol{A}t}\boldsymbol{B}]^{\mathrm{T}}\mathrm{d}t=0$$

成立。则由式(7-2-6)可导出

$$\boldsymbol{\alpha}^{\mathrm{T}}\mathrm{e}^{-\boldsymbol{A}t}\boldsymbol{B}=0\qquad\forall t\in[0,t_1]$$

将其求导直至 $n-1$ 次，再在所得结果中令 $t=0$，得到

$$\boldsymbol{\alpha}^{\mathrm{T}}\boldsymbol{B}=0,\boldsymbol{\alpha}^{\mathrm{T}}\boldsymbol{A}\boldsymbol{B}=0,\boldsymbol{\alpha}^{\mathrm{T}}\boldsymbol{A}^2\boldsymbol{B}=0,\cdots,\boldsymbol{\alpha}^{\mathrm{T}}\boldsymbol{A}^{n-1}\boldsymbol{B}=0$$

又可写为

$$\boldsymbol{\alpha}^{\mathrm{T}}[\boldsymbol{B}\quad\boldsymbol{A}\boldsymbol{B}\quad\boldsymbol{A}^2\boldsymbol{B}\quad\cdots\quad\boldsymbol{A}^{n-1}\boldsymbol{B}]=\boldsymbol{\alpha}^{\mathrm{T}}\boldsymbol{M}=0$$

由于 $\boldsymbol{\alpha}\neq0$，所以意味着 $\boldsymbol{M}$ 行线性相关，即 $\mathrm{rank}\boldsymbol{M}<n$，和 $\mathrm{rank}\boldsymbol{M}=n$ 相矛盾。所设不成立，系统为完全可控。

② 必要性：

证明若已知系统完全可控，则必有 $\mathrm{rank}\boldsymbol{M}=n$。

设 $\mathrm{rank}\boldsymbol{M}<n$，这意味着 $\boldsymbol{M}$ 为线性相关，因此必然存在一个非零 n 维常数向量 $\boldsymbol{\alpha}$ 使

$$\boldsymbol{\alpha}^{\mathrm{T}}\boldsymbol{M}=\boldsymbol{\alpha}^{\mathrm{T}}[\boldsymbol{B}\quad\boldsymbol{A}\boldsymbol{B}\quad\boldsymbol{A}^2\boldsymbol{B}\quad\cdots\quad\boldsymbol{A}^{n-1}\boldsymbol{B}]=0$$

成立。考虑到问题的一般性，由式(7-2-4)可导出

$$\boldsymbol{\alpha}^{\mathrm{T}}\boldsymbol{A}^i\boldsymbol{B}=0\quad(i=0,1,2,\cdots,n-1)$$

根据凯莱-哈密顿定理，$\boldsymbol{A}^n$，$\boldsymbol{A}^{n+1}$，…均可表示为 $\boldsymbol{A}$ 的$(n-1)$阶多项式，因而 $\boldsymbol{\alpha}^{\mathrm{T}}\boldsymbol{M}$ 可写为

$$\boldsymbol{\alpha}^{\mathrm{T}}\boldsymbol{A}^i\boldsymbol{B}=0 \quad (i=0,1,2,3\cdots)$$

从而对任意 $t_1>0$，有

$$(-1)^i\boldsymbol{\alpha}^{\mathrm{T}}\frac{\boldsymbol{A}^i t^i}{i!}\boldsymbol{B}=0 \quad \forall t\in[0,t_1] \quad (i=0,1,2,3\cdots)$$

或
$$\boldsymbol{\alpha}^{\mathrm{T}}\left[I-\boldsymbol{A}t+\frac{1}{2}\boldsymbol{A}^2t^2-\frac{1}{3!}\boldsymbol{A}^3t^3+\cdots\right]\boldsymbol{B}=\boldsymbol{\alpha}^{\mathrm{T}}\mathrm{e}^{-\boldsymbol{A}t}\boldsymbol{B}=0 \quad \forall t\in[0,t_1]$$

因而有
$$\boldsymbol{\alpha}^{\mathrm{T}}\int_0^{t_1}\mathrm{e}^{-\boldsymbol{A}t}\boldsymbol{B}\boldsymbol{B}^{\mathrm{T}}\mathrm{e}^{-\boldsymbol{A}^{\mathrm{T}}t}\mathrm{d}t\boldsymbol{\alpha}=\boldsymbol{\alpha}^{\mathrm{T}}\boldsymbol{W}(0,t_1)\boldsymbol{\alpha}=0 \tag{7-2-7}$$

因为已知 $\boldsymbol{\alpha}\neq 0$，若式(7-2-7)成立，则 $W(0,t_1)$必为奇异，系统不完全可控，与已知结果相矛盾。于是有 $\mathrm{rank}\boldsymbol{M}=n$，必然性得证。

【例 7.5】 设系统状态方程为

$$\dot{\boldsymbol{x}}=\begin{pmatrix}1&2&1\\0&1&0\\1&0&3\end{pmatrix}\boldsymbol{x}+\begin{pmatrix}1&0\\0&1\\0&0\end{pmatrix}\boldsymbol{u}$$

试判断系统的可控性。

解：利用可控性矩阵判据。系统的可控性矩阵为

$$\boldsymbol{M}=[\boldsymbol{B}\quad \boldsymbol{AB}\quad \boldsymbol{A}^2\boldsymbol{B}]=\begin{pmatrix}1&0&1&2&2&4\\0&1&0&1&0&1\\0&0&1&0&4&2\end{pmatrix}$$

将 $\boldsymbol{M}$ 进行初等变换

$$\boldsymbol{M}\rightarrow\begin{pmatrix}1&0&0&2&-2&2\\0&1&0&1&0&1\\0&0&1&0&4&2\end{pmatrix}\rightarrow\begin{pmatrix}1&0&0&0&0&0\\0&1&0&0&0&0\\0&0&1&0&0&0\end{pmatrix}$$

所以

$$\mathrm{rank}\boldsymbol{M}=3$$

可控性矩阵 $\boldsymbol{M}$ 为满秩，所以系统完全可控。

(3) PBH 秩判据

线性定常系统完全可控的充分必要条件是，对矩阵 $\boldsymbol{A}$ 的所有特征值 $\lambda_i(i=1,2,\cdots,n)$

$$\mathrm{rank}[\lambda_i I-\boldsymbol{A}\quad \boldsymbol{B}]=n \tag{7-2-8}$$

均成立。

由于这一判据是由波波夫和贝尔维奇首先提出，并由塔斯最先指出其可广泛应用性，故称为 PBH 秩判据。

证明：

① 必要性：

证明若已知系统完全可控，则必有式(7-2-8)成立。

设对某个特征值 λ_i 有 $\mathrm{rank}[\lambda_i\boldsymbol{I}-\boldsymbol{A}\quad \boldsymbol{B}]<n$，则意味着$[\lambda_i\boldsymbol{I}-\boldsymbol{A}\quad \boldsymbol{B}]$为行线性相关，因而必存在一个非零 n 维常数向量 $\boldsymbol{\alpha}$ 使

$$\boldsymbol{\alpha}^{\mathrm{T}}[\lambda_i\boldsymbol{I}-\boldsymbol{A}\quad \boldsymbol{B}]=0$$

成立。考虑到问题的一般性，可导出

$$\boldsymbol{\alpha}^{\mathrm{T}}\boldsymbol{A}=\lambda_i\boldsymbol{\alpha}^{\mathrm{T}}$$

进而可得
$$\boldsymbol{\alpha}^{\mathrm{T}}\boldsymbol{B}=0 \quad \boldsymbol{\alpha}^{\mathrm{T}}\boldsymbol{AB}=\lambda_i\boldsymbol{\alpha}^{\mathrm{T}}\boldsymbol{B}=0\cdots\boldsymbol{\alpha}^{\mathrm{T}}\boldsymbol{A}^{n-1}\boldsymbol{B}=0$$

于是有
$$\boldsymbol{\alpha}^{\mathrm{T}}[\boldsymbol{B} \quad \boldsymbol{AB} \quad \cdots \quad \boldsymbol{A}^{n-1}\boldsymbol{B}]=\boldsymbol{\alpha}^{\mathrm{T}}\boldsymbol{M}=0$$

已知 $\boldsymbol{\alpha}\neq 0$，所以欲使上式成立，必有

$$\mathrm{rank}\boldsymbol{M}<n$$

这意味着系统不可控，显然与已知条件相矛盾，因而所设不成立，必要性得证。

② 充分性：

证明已知式(7-2-8)成立，则系统完全可控。

设系统不完全可控，由可控性矩阵判据知 $\mathrm{rank}\boldsymbol{M}<n$，则必存在一个非零 n 维常数向量 $\boldsymbol{\alpha}$ 使

$$\boldsymbol{\alpha}^{\mathrm{T}}\boldsymbol{M}=\boldsymbol{\alpha}^{\mathrm{T}}[\boldsymbol{B} \quad \boldsymbol{AB} \quad \cdots \quad \boldsymbol{A}^{n-1}\boldsymbol{B}]=0$$

成立。即有
$$\boldsymbol{\alpha}^{\mathrm{T}}\boldsymbol{B}=0,\boldsymbol{\alpha}^{\mathrm{T}}\boldsymbol{AB}=0,\cdots,\boldsymbol{\alpha}^{\mathrm{T}}\boldsymbol{A}^{n-1}\boldsymbol{B}=0 \tag{7-2-9}$$

将 $\boldsymbol{\alpha}^{\mathrm{T}}\boldsymbol{B}=0$ 两边同乘系统的一个特征值 λ_i 得到

$$\lambda_i\boldsymbol{\alpha}^{\mathrm{T}}\boldsymbol{B}=0 \tag{7-2-10}$$

比较式(7-2-9)和式(7-2-10)得到

$$\boldsymbol{\alpha}^{\mathrm{T}}\boldsymbol{A}=\lambda_i\boldsymbol{\alpha}^{\mathrm{T}} \quad \boldsymbol{\alpha}^{\mathrm{T}}\boldsymbol{B}=0$$

即
$$[\lambda_i\boldsymbol{I}-\boldsymbol{A} \quad \boldsymbol{B}]$$

因为 $\boldsymbol{\alpha}^{\mathrm{T}}$ 为非零的常数向量，所以 $[\lambda_i\boldsymbol{I}-\boldsymbol{A} \quad \boldsymbol{B}]$ 为行线性相关，即 $\mathrm{rank}[\lambda_i\boldsymbol{I}-\boldsymbol{A} \quad \boldsymbol{B}]<n$，与已知相矛盾。所设不成立，充分性得证。

【例 7.6】 已知系统的状态方程为

$$\dot{\boldsymbol{x}}=\begin{pmatrix}0 & 1 & 0 & 0\\0 & 0 & -1 & 0\\0 & 0 & 0 & 1\\0 & 0 & 5 & 0\end{pmatrix}\boldsymbol{x}+\begin{pmatrix}0 & 1\\1 & 0\\0 & 1\\-2 & 0\end{pmatrix}\boldsymbol{u}$$

试判别系统的可控性。

解：利用 PBH 秩判据。根据系统状态方程，可得

$$[\lambda_i\boldsymbol{I}-\boldsymbol{A} \quad \boldsymbol{B}]=\begin{pmatrix}\lambda_i & -1 & 0 & 0 & 0 & 1\\0 & \lambda_i & 1 & 0 & 1 & 0\\0 & 0 & \lambda_i & -1 & 0 & 1\\0 & 0 & -5 & \lambda_i & -2 & 0\end{pmatrix} \tag{7-2-11}$$

系统状态矩阵 $\boldsymbol{A}$ 的特征方程为

$$|\lambda\boldsymbol{I}-\boldsymbol{A}|=\begin{vmatrix}\lambda & -1 & 0 & 0\\0 & \lambda & 1 & 0\\0 & 0 & \lambda & -1\\0 & 0 & -5 & \lambda\end{vmatrix}=\lambda\begin{vmatrix}\lambda & 1 & 0\\0 & \lambda & -1\\0 & -5 & \lambda\end{vmatrix}=\lambda^2(\lambda+\sqrt{5})(\lambda-\sqrt{5})$$

故系统状态矩阵 $\boldsymbol{A}$ 的特征值为

$$\lambda_1=\lambda_2=0 \quad \lambda_3=\sqrt{5} \quad \lambda_4=-\sqrt{5}$$

当将 $\lambda_1=\lambda_2=0$ 代入式(7-2-11)得到

$$\operatorname{rank}[\lambda_1 \boldsymbol{I}-\boldsymbol{A} \quad \boldsymbol{B}]=\operatorname{rank}\begin{pmatrix}0 & -1 & 0 & 0 & 0 & 1\\ 0 & 0 & 1 & 0 & 1 & 0\\ 0 & 0 & 0 & -1 & 0 & 1\\ 0 & 0 & -5 & 0 & -2 & 0\end{pmatrix}=4$$

当将 $\lambda_3=\sqrt{5}$ 代入式(7-2-11)得到

$$\operatorname{rank}[\lambda_3 \boldsymbol{I}-\boldsymbol{A} \quad \boldsymbol{B}]=\operatorname{rank}\begin{pmatrix}\sqrt{5} & -1 & 0 & 0 & 0 & 1\\ 0 & \sqrt{5} & 1 & 0 & 1 & 0\\ 0 & 0 & \sqrt{5} & -1 & 0 & 1\\ 0 & 0 & -5 & \sqrt{5} & -2 & 0\end{pmatrix}=4$$

当将 $\lambda_4=-\sqrt{5}$ 代入式(7-2-11)得到

$$\operatorname{rank}[\lambda_4 I-\boldsymbol{A} \quad \boldsymbol{B}]=\operatorname{rank}\begin{pmatrix}-\sqrt{5} & -1 & 0 & 0 & 0 & 1\\ 0 & -\sqrt{5} & 1 & 0 & 1 & 0\\ 0 & 0 & -\sqrt{5} & -1 & 0 & 1\\ 0 & 0 & -5 & -\sqrt{5} & -2 & 0\end{pmatrix}=4$$

所以系统是完全可控的。

3. 输出可控性

在实际的控制系统设计中，需要控制的是输出，而不是系统的状态。对于系统的输出，状态完全可控性既不是必要的，也不是充分的。因此，有必要再定义输出完全可控性。

设系统为：

$$\begin{aligned}\dot{\boldsymbol{x}}&=\boldsymbol{Ax}+\boldsymbol{Bu}\\ \boldsymbol{y}&=\boldsymbol{Cx}+\boldsymbol{Du}\end{aligned} \tag{7-2-12}$$

(1) 输出可控性的定义

如果能构造一个无约束的控制向量 $\boldsymbol{u}(t)$，在有限的时间间隔 $t_0\leqslant t\leqslant t_1$ 内，使任一给定的初始输出 $\boldsymbol{y}(t_0)$ 转移到任一最终输出 $\boldsymbol{y}(t_1)$，那么称由方程(7-2-12)描述的系统为输出完全可控的。

(2) 输出可控性判据

输出完全可控的充分必要条件为：当且仅当 $m\times(n+1)r$ 矩阵

$$\boldsymbol{M}_0=[\boldsymbol{CB} \quad \boldsymbol{CAB} \quad \boldsymbol{CA}^2\boldsymbol{B} \quad \cdots \quad \boldsymbol{CA}^{n-1}\boldsymbol{B} \quad \boldsymbol{D}] \tag{7-2-13a}$$

的秩等于输出变量的维数 m 时，即

$$\operatorname{rank}\boldsymbol{M}_0=m \tag{7-2-13b}$$

式中：n 为状态变量个数，r 为输入变量个数，m 为输出变量个数。

【例 7.7】 已知系统的状态方程和输出方程为

$$\dot{\boldsymbol{x}}=\begin{pmatrix}0 & 1\\ -1 & -2\end{pmatrix}\boldsymbol{x}+\begin{pmatrix}1\\ -1\end{pmatrix}\boldsymbol{u} \quad \boldsymbol{y}=[1 \quad 0]\boldsymbol{x}$$

试判断系统的状态可控性和输出可控性。

解：系统的状态可控性矩阵为

$$M=[B\quad AB]=\begin{pmatrix}1 & -1\\ -1 & 1\end{pmatrix}$$

由于$|M|=0$,所以 $\text{rank}M<2$,故状态不完全可控。

输出可控性矩阵为 $M_0=[CB\quad CAB\quad D]=[1\quad -1\quad 0]$

$\text{rank}M_0=1=m$。故输出可控。

由此可见,系统状态可控性和输出可控性是两个不同的概念,没有什么必然的联系。

7.2.2 系统可观测性

1. 系统可观测性定义

设连续时间线性定常系统状态空间描述为

$$\begin{aligned}\dot{x}&=Ax+Bu\\ y&=Cx+Du\end{aligned}\tag{7-2-14}$$

状态方程的解为

$$x(t)=e^{At}x(0)+\int_0^t e^{A(t-\tau)}Bu(\tau)d\tau\tag{7-2-15}$$

系统输出的解为

$$y(t)=Ce^{At}x(0)+C\int_0^t e^{A(t-\tau)}Bu(\tau)d\tau+Du\tag{7-2-16}$$

由于矩阵 A,B,C,D 均已知,$u(t)$也已知,所以式(7-2-19)右端最后两项已知,因而在讨论系统可观测性条件时,可以把它们从被观测值 $y(t)$中消去。因此,为研究可观测性的充要条件,只要考虑如下的无外作用力的系统

$$\dot{x}=Ax\qquad y=Cx\tag{7-2-17}$$

系统可观测性的定义如下:

如果在有限时间区间$[t_0,t_1]$内,根据测量到的输出向量 $y(t)$和输入向量 $u(t)$,能够唯一地确定系统在 t_0时刻状态 $x_i(t_0)$,则称 $x_i(t_0)$在$[t_0,t_1]$上是可观测的;若系统所有状态 $x(t)$都在$[t_0,t_1]$上可观测,则称系统是完全可观测的,也称系统是可观测的。

2. 系统可观测性判据

考虑输入 $u=0$ 时系统的状态方程和输出方程

$$\dot{x}=Ax\qquad x(0)=x_0\qquad y=Cx\tag{7-2-18}$$

(1) 格兰姆矩阵判据

系统完全可观测的充要条件是,存在时刻 $t_1>0$,使如下定义的格兰姆矩阵

$$M(0,t_1)\overset{\text{def}}{=}\int_0^{t_1}e^{A^{T}t}C^{T}Ce^{At}dt\tag{7-2-19}$$

为非奇异。

(2) 可观测性矩阵判据

线性定常连续系统完全可观测的充分必要条件是

$$\text{rank}\begin{pmatrix}C\\ CA\\ \vdots\\ CA^{n-1}\end{pmatrix}=n\tag{7-2-20a}$$

或者
$$\mathrm{rank}[\boldsymbol{C}^{\mathrm{T}} \quad \boldsymbol{A}^{\mathrm{T}}\boldsymbol{C}^{\mathrm{T}} \quad (\boldsymbol{A}^{\mathrm{T}})^2\boldsymbol{C}^{\mathrm{T}} \quad \cdots \quad (\boldsymbol{A}^{\mathrm{T}})^{n-1}\boldsymbol{C}^{\mathrm{T}}]=n \tag{7-2-20b}$$
式中，n 是矩阵 $\boldsymbol{A}$ 的维数，$\boldsymbol{N}=[\boldsymbol{C}^{\mathrm{T}} \quad \boldsymbol{A}^{\mathrm{T}}\boldsymbol{C}^{\mathrm{T}} \quad (\boldsymbol{A}^{\mathrm{T}})^2\boldsymbol{C}^{\mathrm{T}} \quad \cdots \quad (\boldsymbol{A}^{\mathrm{T}})^{n-1}\boldsymbol{C}^{\mathrm{T}}]$ 称为系统的可观测性矩阵。

【例 7.8】 判断下列系统的可观测性

(1) $\dot{\boldsymbol{x}}=\begin{pmatrix}1 & -1\\ 1 & 1\end{pmatrix}\boldsymbol{x}+\begin{pmatrix}2 & -1\\ 1 & 0\end{pmatrix}\boldsymbol{u}$　　　　$\boldsymbol{y}=\begin{pmatrix}1 & 0\\ -1 & 1\end{pmatrix}\boldsymbol{x}$

(2) $\dot{\boldsymbol{x}}=\begin{pmatrix}0 & 1 & 0\\ 0 & 0 & 1\\ -6 & -11 & -6\end{pmatrix}\boldsymbol{x}+\begin{pmatrix}0\\ 0\\ 1\end{pmatrix}\boldsymbol{u}$　　　　$\boldsymbol{y}=[4 \quad 5 \quad 1]\boldsymbol{x}$。

解：

① $\mathrm{rank}\boldsymbol{N}=\mathrm{rank}[\boldsymbol{C}^{\mathrm{T}} \quad \boldsymbol{A}^{\mathrm{T}}\boldsymbol{C}^{\mathrm{T}}]=\mathrm{rank}\begin{pmatrix}1 & -1 & 1 & 0\\ 0 & 1 & -1 & 2\end{pmatrix}=2=n$，故系统是可观测的。

② 可观测矩阵为

$$[\boldsymbol{C}^{\mathrm{T}} \quad \boldsymbol{A}^{\mathrm{T}}\boldsymbol{C}^{\mathrm{T}} \quad (\boldsymbol{A}^{\mathrm{T}})^2\boldsymbol{C}^{\mathrm{T}}]=\begin{pmatrix}4 & -6 & -6\\ 5 & -7 & 5\\ 1 & -1 & -1\end{pmatrix}$$

因为
$$\mathrm{rank}\boldsymbol{N}=\begin{vmatrix}4 & -6 & -6\\ 5 & -7 & 5\\ 1 & -1 & -1\end{vmatrix}=\begin{vmatrix}1 & 0 & 0\\ 0 & 1 & 0\\ 0 & 0 & 0\end{vmatrix}=2$$
所以 $\mathrm{rank}\boldsymbol{N}<n=3$，故系统不可观测。

(3) PBH 秩判据

线性定常系统完全可观测的充分必要条件是，对矩阵 $\boldsymbol{A}$ 的所有特征值 $\lambda_i(i=1,2,\cdots,n)$，
$$\mathrm{rank}\begin{pmatrix}\boldsymbol{C}\\ \lambda_i\boldsymbol{I}-\boldsymbol{A}\end{pmatrix}=n \tag{7-2-21}$$
均成立。

7.2.3　对偶原理

1. 对偶系统

该系统 S_1 为
$$\begin{aligned}\dot{\boldsymbol{x}}&=\boldsymbol{A}\boldsymbol{x}+\boldsymbol{B}\boldsymbol{u}\\ \boldsymbol{y}&=\boldsymbol{C}\boldsymbol{x}\end{aligned} \tag{7-2-22}$$
系统 S_2 为
$$\begin{aligned}\dot{\boldsymbol{z}}&=\boldsymbol{A}^{\mathrm{T}}\boldsymbol{z}+\boldsymbol{C}^{\mathrm{T}}\boldsymbol{v}\\ \boldsymbol{w}&=\boldsymbol{B}^{\mathrm{T}}\boldsymbol{z}\end{aligned} \tag{7-2-23}$$
则称二系统是对偶系统。

容易证明，对偶系统具有相同的特征方程，它们的传递函数矩阵互为转置。

2. 对偶原理

一个系统的完全可控性等价于其对偶系统的完全可观性；完全可观性等价于其对偶系

统的完全可控性。

证明：

对于系统 S_1，状态完全可控的充要条件是可控性矩阵

$$[\boldsymbol{B} \quad \boldsymbol{AB} \quad \cdots \quad \boldsymbol{A}^{n-1}\boldsymbol{B}]$$

的秩为 n。

状态完全可观测的充要条件是可观测性矩阵

$$[\boldsymbol{C}^{\mathrm{T}} \quad \boldsymbol{A}^{\mathrm{T}}\boldsymbol{C}^{\mathrm{T}} \quad \cdots \quad (\boldsymbol{A}^{\mathrm{T}})^{n-1}\boldsymbol{C}^{\mathrm{T}}]$$

的秩为 n。

对于系统 S_2 状态完全可控的充要条件是可控性矩阵

$$[\boldsymbol{C}^{\mathrm{T}} \quad \boldsymbol{A}^{\mathrm{T}}\boldsymbol{C}^{\mathrm{T}} \quad \cdots \quad (\boldsymbol{A}^{\mathrm{T}})^{n-1}\boldsymbol{C}^{\mathrm{T}}]$$

的秩为 n。

状态完全可观测的充要条件是可观测性矩阵

$$[\boldsymbol{B} \quad \boldsymbol{AB} \quad \cdots \quad \boldsymbol{A}^{n-1}\boldsymbol{B}]$$

的秩为 n。

结果是显见的。

对偶原理揭示了系统可控性和可观性的内在联系，这使我们可以把系统的可观性分析转化为对其对偶系统的可控性分析，反之亦然。这在很多情况下可以简化问题。对偶原理不仅沟通了系统可控性和对偶系统可观性的内在联系，也建立了系统最优控制问题和最优状态估计问题之间的内在联系。

7.3 线性定常系统的线性变换

为便于对系统进行分析和综合设计，经常需要对系统进行各种非奇异变换，例如将系数矩阵 $\boldsymbol{A}$ 化为对角规范型、约当规范型，将系统 $\{\boldsymbol{A},\boldsymbol{B}\}$ 化为可控标准型，将系统 $\{\boldsymbol{A},\boldsymbol{C}\}$ 化为可观测标准型，或者将系统进行结构分解等。

7.3.1 线性变换

设线性系统为

$$\begin{aligned}\dot{\boldsymbol{x}} &= \boldsymbol{Ax}+\boldsymbol{Bu}\\ \boldsymbol{y} &= \boldsymbol{Cx}+\boldsymbol{Du}\end{aligned} \tag{7-3-1}$$

所谓线性变换是指对线性空间的向量作如下变换

$$\boldsymbol{x}=\boldsymbol{P}\bar{\boldsymbol{x}} \tag{7-3-2}$$

或

$$\bar{\boldsymbol{x}}=\boldsymbol{P}^{-1}\boldsymbol{x} \tag{7-3-3}$$

式中，$\boldsymbol{P}$ 是 $n\times n$ 变换矩阵。由于变换是可逆的(即 $\boldsymbol{P}$ 是非奇异的)，因而又称这种变换为线性非奇异变换。

上述状态方程经线性变换后，具有如下形式

$$\boldsymbol{P}\dot{\bar{x}}=\boldsymbol{AP}\bar{x}+\boldsymbol{B}u$$

$$\boldsymbol{y}=\boldsymbol{CP}\overline{\boldsymbol{x}}+\boldsymbol{Du} \tag{7-3-4}$$

或

$$\begin{cases}\dot{\overline{\boldsymbol{x}}}=\boldsymbol{P}^{-1}\boldsymbol{AP}\overline{\boldsymbol{x}}+\boldsymbol{P}^{-1}\boldsymbol{Bu}=\overline{\boldsymbol{A}}\,\overline{\boldsymbol{x}}+\overline{\boldsymbol{B}}\boldsymbol{u}\\ \boldsymbol{y}=\boldsymbol{CP}\overline{\boldsymbol{x}}+\boldsymbol{Du}=\overline{\boldsymbol{C}}\,\overline{\boldsymbol{x}}+\overline{\boldsymbol{D}}\boldsymbol{u}\end{cases} \tag{7-3-5}$$

式中，$\overline{\boldsymbol{A}}=\boldsymbol{P}^{-1}\boldsymbol{AP}$，$\overline{\boldsymbol{B}}=\boldsymbol{P}^{-1}\boldsymbol{B}$，$\overline{\boldsymbol{C}}=\boldsymbol{CP}$，$\overline{\boldsymbol{D}}=\boldsymbol{D}$。

7.3.2　化系统$\{\boldsymbol{A},\boldsymbol{B}\}$为可控标准型

1. 单变量系统的可控标准型

在讨论状态空间表达式的建立问题时，曾得到如下的形式

$$\begin{pmatrix}\dot{x}_1\\ \dot{x}_2\\ \vdots\\ \dot{x}_{n-1}\\ \dot{x}_n\end{pmatrix}=\begin{pmatrix}0 & 1 & 0 & \cdots & 0\\ 0 & 0 & 1 & \cdots & 0\\ \vdots & \vdots & \vdots & & \vdots\\ 0 & 0 & 0 & \cdots & 1\\ -a_0 & -a_1 & -a_2 & \cdots & -a_{n-1}\end{pmatrix}\begin{pmatrix}x_1\\ x_2\\ \vdots\\ x_{n-1}\\ x_n\end{pmatrix}+\begin{pmatrix}0\\ 0\\ \vdots\\ 0\\ 1\end{pmatrix}\boldsymbol{u} \tag{7-3-6}$$

此状态方程的可控性矩阵 $\boldsymbol{M}$ 为

$$\boldsymbol{M}=[\boldsymbol{B}\quad \boldsymbol{AB}\quad \boldsymbol{A}^2\boldsymbol{B}\quad \boldsymbol{A}^{n-1}\boldsymbol{B}]=\begin{pmatrix}0 & 0 & 0 & \cdots & 0 & 1\\ 0 & 0 & 0 & \cdots & 1 & \times\\ \vdots & \vdots & \vdots & & \vdots & \vdots\\ 0 & 0 & 1 & \cdots & \times & \times\\ 0 & 1 & \times & \cdots & \times & \times\\ 1 & \times & \times & \cdots & \times & \times\end{pmatrix} \tag{7-3-7}$$

式中“×”表示任意值。由于其次对角元素全为 1，$\mathrm{rank}\boldsymbol{M}=n$，故系统完全可控。定义如式(7-3-6)的状态方程表达式称为系统的可控标准型。

假设一个单变量系统的传递函数为

$$H(s)=\frac{b_{n-1}s^{n-1}+b_{n-2}s^{n-2}+\cdots+b_0}{s^n+a_{n-1}s^{n-1}+\cdots+a_1s+a_0} \tag{7-3-8}$$

则系统可控标准型的 $\boldsymbol{A}_c$、$\boldsymbol{B}_c$形式如下

$$\boldsymbol{A}_c=\begin{pmatrix}0 & 1 & 0 & \cdots & 0\\ 0 & 0 & 1 & \cdots & 0\\ \vdots & \vdots & \vdots & & \vdots\\ 0 & 0 & 0 & \cdots & 1\\ -a_0 & -a_1 & -a_2 & \cdots & -a_{n-1}\end{pmatrix}\quad \boldsymbol{B}_c=\begin{pmatrix}0\\ 0\\ \vdots\\ 0\\ 1\end{pmatrix} \tag{7-3-9}$$

此时

$$\boldsymbol{C}_c=[b_0\quad b_1\quad b_2\quad \cdots\quad b_{n-1}]$$

2. 化系统为可控标准型

设系统的状态空间表达式为

$$\begin{cases}\dot{\boldsymbol{x}}=\boldsymbol{Ax}+\boldsymbol{Bu}\\ \boldsymbol{y}=\boldsymbol{Cx}\end{cases} \tag{7-3-10}$$

我们知道，通过非奇异线性变换 $\boldsymbol{x}=\boldsymbol{P}\overline{\boldsymbol{x}}$可将上式变为

$$\dot{\bar{x}}=P^{-1}AP\bar{x}+P^{-1}Bu \\ y=CP\bar{x} \tag{7-3-11}$$

如果系统完全能控,则可以通过非奇异线性变换将系统的一般状态空间表达式变为可控标准型。

设 $a_0,a_1,\cdots,a_{n-1}$ 为系统矩阵 A 的特征多项式系数,即

$$|\lambda I-A|=\lambda^n+a_{n-1}\lambda^{n-1}+\cdots+a_1\lambda+a_0 \tag{7-3-12}$$

那么,对于完全可控系统,取非奇异线性变换矩阵

$$P_c=[B\quad AB\quad \cdots\quad A^{n-1}B]\begin{pmatrix} a_1 & a_2 & \cdots & a_{n-1} & 1 \\ a_2 & a_3 & \cdots & 1 & 0 \\ \vdots & \vdots & & \vdots & \vdots \\ a_{n-1} & 1 & \cdots & 0 & 0 \\ 1 & 0 & \cdots & 0 & 0 \end{pmatrix} \tag{7-3-13}$$

可将一般状态方程转化为可控标准型,如式(7-3-6)所示。

证明:即证 $P_c^{-1}AP_c=A_c$,且 $P_c^{-1}B=B_c$。

令 $P_c=[p_1\quad p_2\quad \cdots\quad p_n]$则

$$\begin{aligned} AP_c &= [Ap_1\quad Ap_2\quad \cdots\quad Ap_n] \\ &= [AB\quad A^2B\quad \cdots\quad A^nB]\begin{pmatrix} a_1 & a_2 & \cdots & a_{n-1} & 1 \\ a_2 & a_3 & \cdots & 1 & 0 \\ \vdots & \vdots & & \vdots & \vdots \\ a_{n-1} & 1 & \cdots & 0 & 0 \\ 1 & 0 & \cdots & 0 & 0 \end{pmatrix} \end{aligned} \tag{7-3-14}$$

上式等号两边比较,由第 n 列相等可知 $Ap_n=AB \rightarrow p_n=B$

由凯莱-哈密顿定理知

$$A^n+a_{n-1}A^{n-1}+\cdots+a_1A+a_0I=0 \tag{7-3-15}$$

考查式(7-3-14)等式两边的第一列相等,并利用式(7-3-15)得

$$Ap_1=(a_1A+a_2A^2+\cdots+a_{n-1}A^{n-1}+A^n)B=-a_0B=-a_0p_n \tag{7-3-16}$$

考查式(7-3-14)等式两边的第二列相等,并利用式(7-3-15)和式(7-3-16)得

$$\begin{aligned} Ap_2 &= (a_2A+a_3A^2+\cdots+a_{n-1}A^{n-2}+A^{n-1})B \\ &= A^{-1}(-a_0-a_1A)B=-a_0A^{-1}B-a_1p_n=p_1-a_1p_n \end{aligned} \tag{7-3-17}$$

依次类推,得

$$Ap_i=p_{i-1}-a_{i-1}p_n,(i=2,3,\cdots,n)$$

将式(7-3-15)～式(7-3-17)代入式(7-3-14)有

$$\begin{aligned} AP_c &= [-a_0p_n\quad p_1-a_1p_n\quad \cdots\quad p_{n-1}-a_{n-1}p_n] \\ &= [p_1\quad p_2\quad \cdots\quad p_n]\begin{pmatrix} 0 & 1 & 0 & \cdots & 0 \\ 0 & 0 & 1 & \cdots & 0 \\ \vdots & \vdots & \vdots & & \vdots \\ 0 & 0 & 0 & \cdots & 1 \\ -a_0 & -a_1 & -a_2 & \cdots & -a_{n-1} \end{pmatrix}=P_cA_c \end{aligned}$$

由于系统完全可控，变换矩阵 $\boldsymbol{P}_c$ 可逆，于是有 $\boldsymbol{P}_c^{-1}\boldsymbol{A}\boldsymbol{P}_c=\boldsymbol{A}_c$

同时，由于
$$\boldsymbol{P}_c\boldsymbol{B}_c=[p_1\quad p_2\quad \cdots\quad p_n]\begin{pmatrix}0\\0\\ \vdots\\1\end{pmatrix}=p_n=\boldsymbol{B}$$

即
$$\boldsymbol{P}_c^{-1}\boldsymbol{B}=\boldsymbol{B}_c$$

故变换矩阵 $\boldsymbol{P}_c$ 为化一般状态空间表达式为可控标准型的变换矩阵。

7.3.3　化系统{A,C}为可观测标准型

1. 单变量系统的可观测标准型

在讨论状态空间表达式的建立问题时，曾得到如下的形式

$$\begin{pmatrix}\dot{x}_1\\ \dot{x}_2\\ \vdots\\ \dot{x}_{n-1}\\ \dot{x}_n\end{pmatrix}=\begin{pmatrix}0&0&\cdots&0&-a_0\\1&0&\cdots&0&-a_1\\0&1&\cdots&0&-a_2\\ \vdots&\vdots&&\vdots&\vdots\\0&0&\cdots&1&-a_{n-1}\end{pmatrix}\begin{pmatrix}x_1\\x_2\\ \vdots\\x_{n-1}\\x_n\end{pmatrix}+\begin{pmatrix}b_0\\b_1\\b_2\\ \vdots\\b_{n-1}\end{pmatrix}\boldsymbol{u}\tag{7-3-18}$$

$$\boldsymbol{y}=[0\quad 0\quad \cdots\quad 0\quad 1]\begin{pmatrix}x_1\\x_2\\ \vdots\\x_{n-1}\\x_n\end{pmatrix}$$

式(7-3-18)为系统的可观测标准型。

假设一个单变量系统的传递函数为

$$H(s)=\frac{b_{n-1}s^{n-1}+b_{n-2}s^{n-2}+\cdots+b_0}{s^n+a_{n-1}s^{n-1}+\cdots+a_1+a_0}\tag{7-3-19}$$

则系统可观测标准型的 $\boldsymbol{A}_o$、$\boldsymbol{B}_o$、$\boldsymbol{C}_o$ 形式如下

$$\boldsymbol{A}_o=\begin{pmatrix}0&0&\cdots&0&-a_0\\1&0&\cdots&0&-a_1\\0&1&\cdots&0&-a_2\\ \vdots&\vdots&&\vdots&\vdots\\0&0&\cdots&1&-a_{n-1}\end{pmatrix}\qquad \boldsymbol{C}_o=[0\quad 0\quad \cdots\quad 0\quad 1]\tag{7-3-20}$$

此时
$$\boldsymbol{B}_o=\begin{pmatrix}b_0\\b_1\\b_2\\ \vdots\\b_{n-1}\end{pmatrix}$$

2. 化系统为可观测标准型

设系统的状态空间表达式为

$$\dot{\boldsymbol{x}}=\boldsymbol{A}\boldsymbol{x}+\boldsymbol{B}\boldsymbol{u} \qquad \boldsymbol{y}=\boldsymbol{C}\boldsymbol{x} \tag{7-3-21}$$

通过非奇异线性变换 $\boldsymbol{x}=\boldsymbol{P}\bar{\boldsymbol{x}}$ 可将上式变为

$$\begin{aligned}\dot{\bar{\boldsymbol{x}}}&=\boldsymbol{P}^{-1}\boldsymbol{A}\boldsymbol{P}\bar{\boldsymbol{x}}+\boldsymbol{P}^{-1}\boldsymbol{B}\boldsymbol{u}\\ \boldsymbol{y}&=\boldsymbol{C}\boldsymbol{P}\bar{\boldsymbol{x}}\end{aligned} \tag{7-3-22}$$

如果系统完全可观测，则可以通过非奇异线性变换将系统的一般状态空间表达式变为可观标准型。

设 $a_0, a_1, \cdots, a_{n-1}$ 为系统矩阵 $\boldsymbol{A}$ 的特征多项式系数，即

$$|\lambda\boldsymbol{I}-\boldsymbol{A}|=\lambda^n+a_{n-1}\lambda^{n-1}+\cdots+a_1\lambda+a_0 \tag{7-3-23}$$

那么，对于完全可观系统，取非奇异线性变换矩阵

$$\boldsymbol{P}_{\mathrm{O}}=\begin{pmatrix}\boldsymbol{C}\\ \boldsymbol{C}\boldsymbol{A}\\ \vdots\\ \boldsymbol{C}\boldsymbol{A}^{n-1}\end{pmatrix}^{-1}\begin{pmatrix}a_1 & a_2 & \cdots & a_{n-1} & 1\\ a_2 & a_3 & \cdots & 1 & 0\\ \vdots & \vdots & \cdots & \vdots & \vdots\\ a_{n-1} & 1 & \cdots & 0 & 0\\ 1 & 0 & \cdots & 0 & 0\end{pmatrix}^{-1} \tag{7-3-24}$$

可将式(7-3-19)的一般状态方程转化为可观标准型，即如式(7-3-18)所示。

【例 7.9】 设系统状态空间表达式为

$$\dot{\boldsymbol{x}}=\begin{pmatrix}1 & 0 & 0\\ 0 & 2 & 1\\ 0 & 0 & 2\end{pmatrix}\boldsymbol{x}+\begin{pmatrix}1\\ 0\\ 1\end{pmatrix}\boldsymbol{u} \qquad \boldsymbol{y}=[1\quad 1\quad 0]\boldsymbol{x}$$

试分别将其转换成可控标准型和可观测标准型。

解：(1) 由于系统能控性矩阵

$$\boldsymbol{M}=[\boldsymbol{B}\quad \boldsymbol{A}\boldsymbol{B}\quad \boldsymbol{A}^2\boldsymbol{B}]=\begin{pmatrix}1 & 1 & 1\\ 0 & 1 & 4\\ 1 & 2 & 4\end{pmatrix}$$

的秩为 3，所以系统完全可控，因此可以变换为可控标准型。系统的特征多项式为

$$|\lambda\boldsymbol{I}-\boldsymbol{A}|=\lambda^3-5\lambda^2+8\lambda-4$$

即 $a_0=-4, a_1=8, a_2=-5$。可得转换矩阵为

$$\boldsymbol{P}_c=\begin{pmatrix}1 & 1 & 1\\ 0 & 1 & 4\\ 1 & 2 & 4\end{pmatrix}\begin{pmatrix}8 & -5 & 1\\ -5 & 1 & 0\\ 1 & 0 & 0\end{pmatrix}=\begin{pmatrix}4 & -4 & 1\\ -1 & 1 & 0\\ 2 & -3 & 1\end{pmatrix}$$

经变换 $\boldsymbol{x}=\boldsymbol{P}_c\bar{\boldsymbol{x}}$，可控标准型

$$\dot{\bar{\boldsymbol{x}}}=\begin{pmatrix}0 & 1 & 0\\ 0 & 0 & 1\\ 4 & -8 & 5\end{pmatrix}\bar{\boldsymbol{x}}+\begin{pmatrix}0\\ 0\\ 1\end{pmatrix}\boldsymbol{u} \quad \boldsymbol{y}=[3\quad -3\quad 1]\bar{\boldsymbol{x}}$$

(2) 由于系统的可观测性矩阵为

$$\boldsymbol{N}=[\boldsymbol{C}^{\mathrm{T}}\quad \boldsymbol{A}^{\mathrm{T}}\boldsymbol{C}^{\mathrm{T}}\quad (\boldsymbol{A}^{\mathrm{T}})^2\boldsymbol{C}^{\mathrm{T}}]=\begin{pmatrix}1 & 1 & 1\\ 1 & 2 & 4\\ 0 & 1 & 4\end{pmatrix}$$

其秩为 3，故系统完全可观测，可以变换为可观测标准型。构成的变换矩阵为

$$
\boldsymbol{P}_{\mathrm{O}}=\begin{pmatrix}1&1&0\\1&2&1\\1&4&4\end{pmatrix}^{-1}\begin{pmatrix}8&-5&1\\-5&1&0\\1&0&0\end{pmatrix}^{-1}=\begin{pmatrix}4&2&-1\\-4&-3&1\\1&1&0\end{pmatrix}^{-1}
$$

经变换 $\boldsymbol{x}=\boldsymbol{P}_{\mathrm{O}}\overline{\boldsymbol{x}}$，可观测标准型为

$$
\dot{\overline{\boldsymbol{x}}}=\begin{pmatrix}0&0&4\\1&0&-8\\0&1&5\end{pmatrix}\overline{\boldsymbol{x}}+\begin{pmatrix}3\\-3\\1\end{pmatrix}\boldsymbol{u}\qquad \boldsymbol{y}=[0\quad 0\quad 1]\overline{\boldsymbol{x}}
$$

7.4　控制系统的状态空间设计

前面章节讨论了对已知控制系统的分析方法，但是，在大多数情况下，我们的主要任务是对未知控制系统进行设计，使其满足控制目标和控制性能。无论是在经典控制理论还是在现代控制理论中，反馈都是系统设计的主要方式。由于经典控制理论是用传递函数来描述的，它只能用输出量作为反馈量。而现代控制理论由于采用系统内部的状态变量来描述系统的物理特性，因而除了输出反馈外，还经常采用状态反馈。在进行系统的分析综合时，状态反馈将能提供更多的校正信息，因而在形成最优控制规律、抑制或消除扰动影响、实现系统解耦控制等诸方面，状态反馈均获得了广泛应用。

为了利用状态进行反馈，必须用传感器来测量状态变量，但并不是所有状态变量在物理上都可测量，于是提出了用状态观测器给出状态估计值的问题。因此，状态反馈与状态观测器的设计便构成了用状态空间法综合设计系统的主要内容。

7.4.1　线性定常系统常用反馈结构及其对系统特性的影响

1. 两种常用反馈结构

在系统的综合设计中，两种常用的反馈形式是输出反馈和状态反馈。

设有 n 维线性定常系统

$$
\dot{\boldsymbol{x}}=\boldsymbol{A}\boldsymbol{x}+\boldsymbol{B}\boldsymbol{u}\qquad \boldsymbol{y}=\boldsymbol{C}\boldsymbol{x}\tag{7-4-1}
$$

(1) 输出反馈

在经典控制理论中是用传递函数来描述的，所以都用输出量作为反馈量。输出反馈的目的首先是使系统闭环成为稳定系统，然后在此基础上进一步改善闭环系统性能。

输出反馈的系统结构图如图 7-1 所示。图中 $\boldsymbol{F}$ 为输出反馈矩阵，输出反馈系统动态方程为

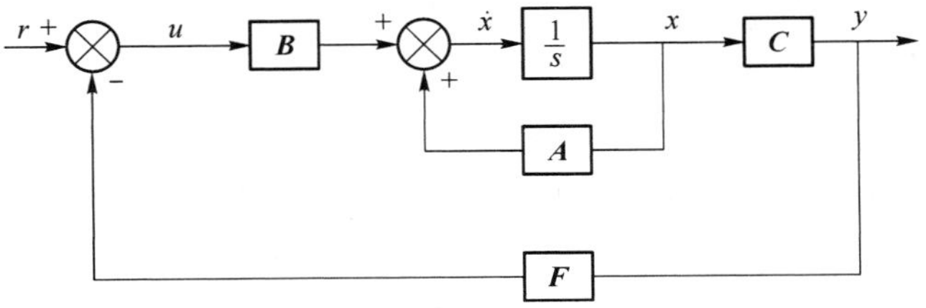

图 7-1　输出反馈系统结构图

$$\begin{aligned} \dot{\boldsymbol{x}} &= (\boldsymbol{A}-\boldsymbol{BFC})\boldsymbol{x}+\boldsymbol{Br} \\ \boldsymbol{y} &= \boldsymbol{Cx} \end{aligned} \tag{7-4-2}$$

其传递函数矩阵为

$$H(s)=\boldsymbol{C}(s\boldsymbol{I}-\boldsymbol{A}+\boldsymbol{BFC})^{-1}\boldsymbol{B} \tag{7-4-3}$$

(2) 状态反馈

当将系统的控制量 $\boldsymbol{u}$ 取为状态变量的线性函数

$$\boldsymbol{u}=\boldsymbol{r}-\boldsymbol{Kx} \tag{7-4-4}$$

式中,$\boldsymbol{r}$ 为 p 维参考输入向量,$\boldsymbol{K}$ 为 $p\times n$ 维实反馈增益矩阵。在研究状态反馈时,假定所有的状态变量都是可以用来反馈的。

将式(7-4-4)代入式(7-4-1)可得状态反馈系统动态方程

$$\begin{aligned} \dot{\boldsymbol{x}} &= (\boldsymbol{A}-\boldsymbol{BK})\boldsymbol{x}+\boldsymbol{Br} \\ \boldsymbol{y} &= \boldsymbol{Cx} \end{aligned} \tag{7-4-5}$$

其传递函数矩阵为

$$H(s)=\boldsymbol{C}(s\boldsymbol{I}-\boldsymbol{A}+\boldsymbol{BK})^{-1}\boldsymbol{B} \tag{7-4-6}$$

因此可用$\{\boldsymbol{A}-\boldsymbol{BK},\boldsymbol{B},\boldsymbol{C}\}$来表示引入状态反馈后的闭环系统。由式(7-4-5)可以看出,引入状态反馈后系统的输出方程没有变化。

加入状态反馈后结构图如图 7-2 所示。

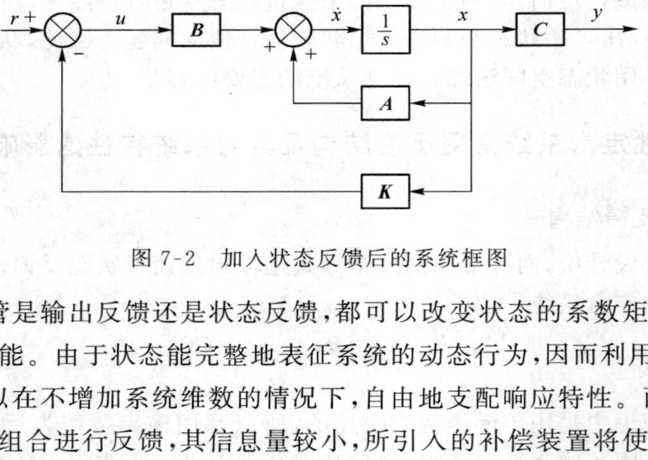

图 7-2 加入状态反馈后的系统框图

不难看出,不管是输出反馈还是状态反馈,都可以改变状态的系数矩阵,但这并不表明两者具有等同的功能。由于状态能完整地表征系统的动态行为,因而利用状态反馈时,其信息量大而完整,可以在不增加系统维数的情况下,自由地支配响应特性。而输出反馈仅利用了状态变量的线性组合进行反馈,其信息量较小,所引入的补偿装置将使系统维数增加,且难以得到任意的所期望的响应特性。一个输出反馈系统的性能,一定有对应的状态反馈系统与之等同,例如对于图 7-2 所示反馈系统,只要令 $\boldsymbol{FC}=\boldsymbol{K}$ 便可确定状态反馈增益矩阵;但是,对于一个状态反馈系统,却不一定有对应的输出反馈系统与之等同,这是由于令 $\boldsymbol{K}=\boldsymbol{FC}$ 来求解矩阵 $\boldsymbol{F}$ 时,有可能因 $\boldsymbol{F}$ 含有高阶导数而无法实现。对于非最小相位受控对象,如果含有在复平面右半平面上的极点,并且选择在复平面右半平面上的校正零点来加以对消时,便会潜藏有不稳定的隐患。但是,由于输出反馈所用的输出变量总是容易测量的,实现起来比较方便,因而获得了较广泛的应用。对于状态反馈系统中不便测量或不能测量的状态变量,需要利用状态观测器进行重新构造。有关状态观测器的设计问题,后面将做进一步阐述。

2. 反馈结构对系统性能的影响

由于引入反馈，系统状态的系数矩阵发生了变化，对系统的可控性、可观测性、稳定性、响应特性等均有影响。

（1）对系统可控性和可观测性的影响

状态反馈的引入不改变系统的可控性，但可能改变系统的可观测性。

输出至状态微分反馈的引入不改变系统的可观测性，但可能改变系统的可控性。

输出至参考输入反馈的引入能同时不改变系统的可控性和可观测性，即输出反馈系统 S_F为可控（可观测）的充分必要条件是被控系统 S_o为可控（可观测）。

（2）对系统稳定性的影响

状态反馈和输出反馈都能影响系统的稳定性。加入反馈，通过反馈构成的闭环系统成为稳定系统，这个过程称之为镇定。由于状态反馈具有许多优越性，且输出反馈系统总可以找到与之性能等同的状态反馈系统，故只需讨论状态反馈的镇定问题。

对于线性定常受控系统

$$\dot{\boldsymbol{x}} = \boldsymbol{Ax} + \boldsymbol{Bu} \tag{7-4-7}$$

如果可以找到状态反馈控制律

$$\boldsymbol{u} = -\boldsymbol{Kx} + \boldsymbol{r} \tag{7-4-8}$$

式中，$\boldsymbol{r}$ 为参考输入，使得通过反馈构成的闭环系统

$$\dot{\boldsymbol{x}} = (\boldsymbol{A} - \boldsymbol{BK})\boldsymbol{x} + \boldsymbol{Br} \tag{7-4-9}$$

是渐近稳定的，即$(\boldsymbol{A} - \boldsymbol{BK})$的特征值均具有负实部，则称系统实现了状态反馈镇定。

7.4.2　状态反馈的极点配置设计法

系统的动态性能与系统的极点有密切的关系。因此，对极点进行适当配置是系统综合的一个重要原则。在经典控制理论综合方法中，通常控制器是利用系统输出变量的反馈来实现极点的配置的。然而，利用输出反馈的极点配置方法，虽然可以实现闭环传递函数的极点配置，却可能出现不稳定极点的对消现象。闭环系统内部有不稳定状态，当然这是不能容许的，而且，输出反馈控制器通常是由比例、积分、微分等动态环节构成。

当采用状态空间表达式来描述系统时，由于状态向量反映系统的所有内外部信息，如果控制器采用状态向量反馈实现系统的极点配置，就可以避免上述问题，取得更好的控制效果。而且，控制器是常数矩阵（向量）。但是，状态变量往往不是都能测量到的。为了使状态向量反馈策略得到实现，还必须利用一个装置根据测量到的输入、输出变量来估计状态向量，这个装置就称为状态估计器或状态观测器。应该说明的是，观测器设计中也有极点配置问题。

1. 极点配置定理

若线性系统是完全可控的，则一定能够通过状态反馈方法将闭环极点设置于任意期望的位置。这就是极点配置定理。

极点配置定理在系统综合过程中，可以根据性能指标要求来确定期望的闭环极点位置，并通过状态反馈加以实现。这个过程由图 7-2 中可见，就是恰当地确定状态反馈向量 K。

2. 单变量状态反馈向量的设计

设单变量系统的状态空间方程为

$$\dot{x}=Ax+Bu$$
$$y=Cx \tag{7-4-10}$$

且为完全可控。

其特征多项式为

$$|sI-A|=s^n+a_{n-1}s^{n-1}+\cdots+a_1s+a_0 \tag{7-4-11}$$

若 A 不是能控标准型，则可通过非奇异线性变换将其变换为可控标准型。

定义变换矩阵 T 为

$$T=MW \tag{7-4-12}$$

式中 $M=[B \quad AB \quad \cdots \quad A^{n-1}B]$

$$W=\begin{pmatrix} a_1 & a_2 & a_3 & \cdots & a_{n-1} & 1 \\ a_2 & a_3 & a_4 & \cdots & 1 & 0 \\ \vdots & & & & & \vdots \\ a_{n-1} & 1 & 0 & \cdots & 0 & 0 \\ 1 & 0 & 0 & \cdots & 0 & 0 \end{pmatrix}$$

a_i 即 $|sI-A|$ 的系数。

令 $x=T\overline{X}$ 则系统由(7-4-10)形式变换为

$$\dot{\overline{x}}=T^{-1}AT\overline{X}+T^{-1}Bu$$
$$y=CT\overline{X} \tag{7-4-13}$$

它是该系统的可控标准形式，即

$$T^{-1}AT=\begin{pmatrix} 0 & 1 & 0 & \cdots & 0 \\ 0 & 0 & 1 & \cdots & 0 \\ \vdots & & & & \vdots \\ 0 & 0 & 0 & \cdots & 1 \\ -a_0 & -a_1 & -a_2 & \cdots & -a_{n-1} \end{pmatrix}$$

$$T^{-1}B=\begin{pmatrix} 0 \\ 0 \\ \vdots \\ 0 \\ 1 \end{pmatrix}$$

若 A 已经是可控标准型，则有 $T=I, X=\overline{X}$。

由于采用状态反馈，则有

$$u=r-KT\overline{X} \tag{7-4-14}$$

式中 $KT=[k_1 \quad k_2 \quad \cdots \quad k_n]$

代入式(7-4-13)得

$$\dot{\overline{x}}=T^{-1}AT\overline{X}+T^{-1}B(r-KT\overline{X})=(T^{-1}AT-T^{-1}BKT)\overline{X}+T^{-1}Br \tag{7-4-15}$$

可见，这种反馈的引入并没有改变输入矩阵，只改变了状态矩阵，即改变了原有系统的闭环极点。

设改变后的闭环极点为 $\lambda_1, \lambda_2, \cdots, \lambda_n$，则其特征多项式为

$$\prod_{i=1}^{n}(s-\lambda_i)=s^n+b_{n-1}s^{n-1}+\cdots+b_1s+b_0 \tag{7-4-16}$$

而由式(7-4-15)又可得其特征多项式的另一种表达方式：

$$\begin{aligned}&|s\boldsymbol{I}-\boldsymbol{T}^{-1}\boldsymbol{AT}+\boldsymbol{T}^{-1}\boldsymbol{BKT}|\\ &=\left|sI-\begin{pmatrix}0&1&0&\cdots&0\\0&0&1&\cdots&0\\ \vdots&&&&\vdots\\0&0&0&\cdots&1\\-a_0&-a_1&-a^2&\cdots&-a_{n-1}\end{pmatrix}+\begin{pmatrix}0\\0\\ \vdots\\0\\1\end{pmatrix}(k_1\quad k_2\quad\cdots\quad k_n)\right| \quad (7\text{-}4\text{-}17)\\ &=s^n+(a_{n-1}+k_n)s^{n-1}+\cdots+(a_1+k_2)s+(a_0+k_1)\end{aligned}$$

显然，若要使闭环极点为 $\lambda_1\sim\lambda_n$，则令

$$\begin{cases}b_{n-1}=a_{n-1}+k_n\\ \quad\vdots\\ b_1=a_1+k_2\\ b_0=a_0+k_1\end{cases}$$

即：

$$\begin{cases}k_1=b_0-a_0\\ k_2=b_1-a_1\\ \quad\vdots\\ k_n=b_{n-1}-a_{n-1}\end{cases} \tag{7-4-18}$$

实现了任意位置闭环极点的设置。

3. 极点配置设计

(1) 步骤

① 检查系统可控性，若可控则继续进行；

② 由 $\boldsymbol{A}$ 求得其特征多项式，从而确定系数 $a_0\sim a_{n-1}$；

③ 若原状态空间不是可控标准型，经 $\boldsymbol{T}$ 变换为标准型；

④ 由期望特征值(闭环极点)列写特征多项式，从而确定 $b_0\sim b_{n-1}$；

⑤ 求取k反馈后的特征多项式，并求取k值。

(2) 例题

【例 7.10】 已知单变量系统的闭环传递函数为

$$H(s)=\frac{100}{s(s+1)(s+2)}$$

试设计一状态反馈阵，使闭环极点为 $\lambda_1=-5$，$\lambda_2=-2+\mathrm{j}2$，$\lambda_3=-2-\mathrm{j}2$。

解：由于传递函数没有零极点对消，所以系统的状态是完全可控完全可观的，其可控规范型为

$$\dot{\boldsymbol{x}}=\begin{pmatrix}0&1&0\\0&0&1\\0&-2&-3\end{pmatrix}\boldsymbol{x}+\begin{pmatrix}0\\0\\1\end{pmatrix}\boldsymbol{u}$$

令状态反馈阵为

$$\boldsymbol{K}=[k_1\quad k_2\quad k_3]$$

则经 $\boldsymbol{K}$ 引入的状态反馈后系统的系数矩阵为

$$\boldsymbol{A}-\boldsymbol{BK}=\begin{pmatrix}0 & 1 & 0\\ 0 & 0 & 1\\ -k_1 & -k_2-2 & -k_3-3\end{pmatrix}$$

其特征多项式为

$$|s\boldsymbol{I}-(\boldsymbol{A}-\boldsymbol{BK})|=s^3+(k_3+3)s^2+(k_2+2)s+k_1$$

由给定闭环极点要求的特征多项式为

$$(s+5)(s+2+\mathrm{j}2)(s+2-\mathrm{j}2)=s^3+9s^2+28s+40$$

令两个特征多项式相等可解出

$$k_1=40, k_2=26, k_3=6$$

即

$$\boldsymbol{K}=[40\quad 26\quad 6]$$

系统闭环传递函数为

$$\Phi(s)=\frac{100}{s^3+9s^2+28s+40}$$

由此可见,状态反馈不改变系统的零点。

具有上述状态反馈系统的状态变量图如图 7-3 所示。

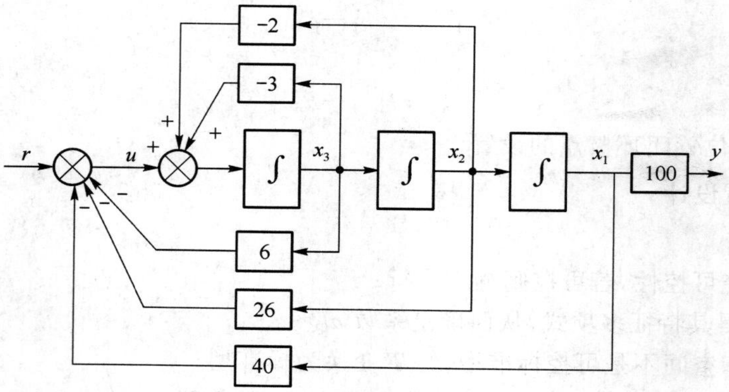

图 7-3　系统框图

【例 7.11】　将系统

$$\dot{x}=\begin{pmatrix}1 & 0\\ -1 & 2\end{pmatrix}x+\begin{pmatrix}-1\\ 1\end{pmatrix}u$$

通过状态反馈,闭环极点设置于 $\lambda_{1,2}=-2\pm\mathrm{j}2$。

解:检查可控性

$$\mathrm{rank}\boldsymbol{M}=\mathrm{rank}[\boldsymbol{B}\quad \boldsymbol{AB}]=\mathrm{rank}\begin{pmatrix}-1 & -1\\ 1 & 3\end{pmatrix}=2$$

知系统完全可控。

求原特征多项式为

$$|s\boldsymbol{I}-\boldsymbol{A}|=\begin{vmatrix}s-1 & 0\\ 1 & s-2\end{vmatrix}=s^2-3s+2$$

则

$$\boldsymbol{W}=\begin{pmatrix}-3 & 1\\ 1 & 0\end{pmatrix}\qquad \boldsymbol{T}=\boldsymbol{M}\boldsymbol{W}=\begin{pmatrix}2 & -1\\ 0 & 1\end{pmatrix}\qquad \boldsymbol{T}^{-1}=\begin{pmatrix}\frac{1}{2} & \frac{1}{2}\\ 0 & 1\end{pmatrix}$$

$$\boldsymbol{T}^{-1}\boldsymbol{A}\boldsymbol{T}=\begin{pmatrix}\frac{1}{2} & \frac{1}{2}\\ 0 & 1\end{pmatrix}\begin{pmatrix}1 & 0\\ -1 & 2\end{pmatrix}\begin{pmatrix}2 & -1\\ 0 & 1\end{pmatrix}=\begin{pmatrix}0 & 1\\ -2 & 3\end{pmatrix}$$

$$\boldsymbol{T}^{-1}\boldsymbol{B}=\begin{pmatrix}\frac{1}{2} & \frac{1}{2}\\ 0 & 1\end{pmatrix}\begin{pmatrix}-1\\ 1\end{pmatrix}=\begin{pmatrix}0\\ 1\end{pmatrix}$$

则状态方程变为

$$\dot{\bar{\boldsymbol{x}}}=\begin{pmatrix}0 & 1\\ -2 & 3\end{pmatrix}\bar{\boldsymbol{x}}+\begin{pmatrix}0\\ 1\end{pmatrix}\boldsymbol{u}$$

$$\left|s\boldsymbol{I}-\begin{pmatrix}0 & 1\\ -2 & 3\end{pmatrix}\right|=\begin{vmatrix}s & -1\\ 2 & s-3\end{vmatrix}=s^2-3s+2$$

可见这种变换并未改变系统，只是变换为标准型。

设 $\boldsymbol{K}=[k_1\quad k_2]$并反馈变换，则有

$$\left|s\boldsymbol{I}-\begin{pmatrix}0 & 1\\ -2 & 3\end{pmatrix}+\begin{pmatrix}0\\ 1\end{pmatrix}[k_1\quad k_2]\right|=\begin{vmatrix}s & -1\\ 2+k_1 & s-3+k_2\end{vmatrix}=s^2+(k_2-3)s+k_1+2$$

由 $\lambda_{1,2}=-2\pm \mathrm{j}2$ 得期望特征多项式为

$$(s+2+\mathrm{j}2)(s+2-\mathrm{j}2)=s^2+4s+8$$

令

$$\begin{cases}k_2-3=4\\ k_1+2=8\end{cases}$$

则

$$\boldsymbol{K}=[6\quad 7]$$

其状态变量图如图 7-4 所示。

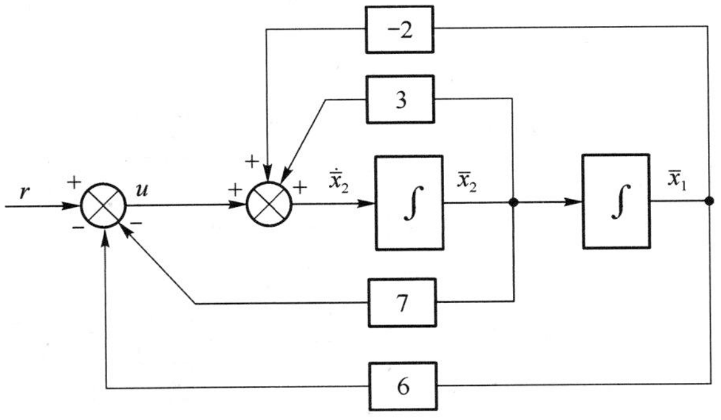

图 7-4　系统框图

7.4.3　状态观测器设计及分离特性

由于系统的所有状态往往不能都测量到，导致状态反馈不能直接实现，这时就需要估计

不可测量的状态变量,不可测量的状态变量的估计通常称为状态观测。需要强调的是:即使系统具有完全可观测性,也只说明某时刻的状态向量在该时刻以后经过一段时间能够确定,而不能即时地得到状态向量的值。为了满足状态反馈控制器对状态向量即时值的需要,也须设计一种装置来对状态向量进行估计。完成状态变量估计的装置称为状态估计器或观测器,这种理论是由伦伯格(Luenberger)首先建立的,因此又称为伦伯格观测器。如果状态观测器能观测到系统的所有状态变量,不管其是否能直接测量,这种状态观测器均称为全阶观测器。有时,只需观测不可测量的状态变量,而不是可直接测量的状态变量。例如,由于输出变量是可观测的,并且它们与状态变量线性相关,所以无须观测所有的状态变量,而只观测 $n-m$ 个状态变量,其中 n 是状态向量的维数,m 是输出向量的维数。估计少于 n 个状态变量的观测器称为降阶状态观测器,或简称为降阶观测器;如果降阶观测器的阶数是最小的,则称该观测器为最小阶状态观测器或最小阶观测器。

1. 全阶状态观测器

状态观测器是基于输出的测量和控制变量来估计状态变量。设被观测系统的状态空间描述为

$$\begin{aligned}\dot{\boldsymbol{x}}&=\boldsymbol{A}\boldsymbol{x}+\boldsymbol{B}\boldsymbol{u}\\ \boldsymbol{y}&=\boldsymbol{C}\boldsymbol{x}\end{aligned} \tag{7-4-19}$$

若取观测器数学模型与系统完全相同,且输入相同,即

$$\begin{aligned}\dot{\overline{\boldsymbol{x}}}&=\boldsymbol{A}\overline{\boldsymbol{x}}+\boldsymbol{B}\boldsymbol{u}\\ \overline{\boldsymbol{y}}&=\boldsymbol{C}\overline{\boldsymbol{x}}\end{aligned} \tag{7-4-20}$$

式中,$\overline{\boldsymbol{x}}$ 为观测器内部状态,即状态 $\boldsymbol{x}$ 的一个估计。当两者初始条件相同时,$\overline{\boldsymbol{x}}=\boldsymbol{x}$,$\overline{\boldsymbol{x}}$ 便是状态 $\boldsymbol{x}$ 的精确估计。这种简单的观测器称为开环观测器,其观测的结果不够精确。因为 $\boldsymbol{A}$ 与实际系统的系数矩阵有误差,$\boldsymbol{B}$ 与实际系统的输入矩阵有误差,而且由于系统的某些状态本身就不能测量,因而观测器的初始状态的设置难免与系统初始状态有误差,所以,这种观测器方案难以达到 $\overline{\boldsymbol{x}}=\boldsymbol{x}$,需要加以改进。

考虑到状态有差异时,输出便有差异,可利用输出偏差信号 $\boldsymbol{y}-\overline{\boldsymbol{y}}$ 通过反馈矩阵 $\boldsymbol{K}_e$ 加到 $\overline{\boldsymbol{x}}$,以期对 $\overline{\boldsymbol{x}}$ 进行校正,如图 7-5 所示。

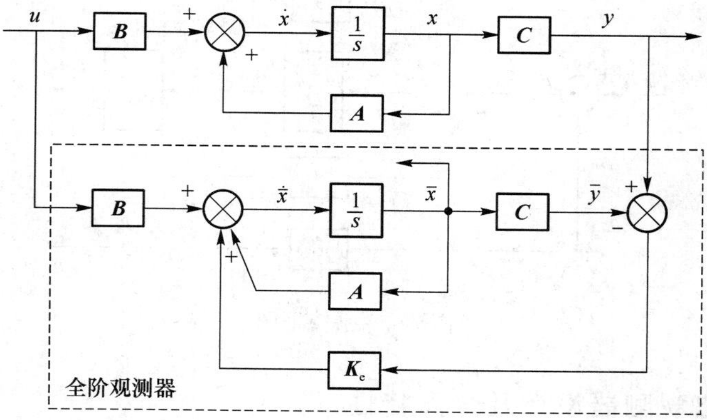

图 7-5　带全阶观测器的系统结构图

这样，观测器的闭环方程为

$$\dot{\bar{\boldsymbol{x}}}=\boldsymbol{A}\bar{\boldsymbol{x}}+\boldsymbol{B}\boldsymbol{u}+\boldsymbol{K}_{\mathrm{e}}(\boldsymbol{y}-\boldsymbol{C}\bar{\boldsymbol{x}}) \tag{7-4-21}$$

注意到状态观测器的输入为 $\boldsymbol{y}$ 和 $\boldsymbol{u}$，输出为 $\bar{\boldsymbol{x}}$。观测器模型方程(7-4-21)的右端最后一项包含被观测系统输出 $\boldsymbol{y}$ 和估计输出 $\boldsymbol{C}\bar{\boldsymbol{x}}$ 之间差的修正项。矩阵 $\boldsymbol{K}_{\mathrm{e}}$ 起到权矩阵的作用。修正项监控状态变量 $\bar{\boldsymbol{x}}$。当此观测器模型使用的矩阵 $\boldsymbol{A}$ 和 $\boldsymbol{B}$ 与实际使用的矩阵 $\boldsymbol{A}$ 和 $\boldsymbol{B}$ 之间存在差异时，由于动态模型和实际系统之间的差异，该附加的修正项将减小这些影响。

假设在此模型中使用的矩阵 $\boldsymbol{A}$ 和 $\boldsymbol{B}$ 与实际系统使用的相同。

为了得到观测器的误差方程，用方程式(7-4-19)减去方程式(7-4-21)，可得

$$\dot{\boldsymbol{x}}-\dot{\bar{\boldsymbol{x}}}=\boldsymbol{A}\boldsymbol{x}-\boldsymbol{A}\bar{\boldsymbol{x}}-\boldsymbol{K}_{\mathrm{e}}(\boldsymbol{C}\boldsymbol{x}-\boldsymbol{C}\bar{\boldsymbol{x}})=(\boldsymbol{A}-\boldsymbol{K}_{\mathrm{e}}\boldsymbol{C})(\boldsymbol{x}-\bar{\boldsymbol{x}}) \tag{7-4-22}$$

定义 $(\boldsymbol{x}-\bar{\boldsymbol{x}})$ 为误差向量，即

$$\mathbf{e}=\boldsymbol{x}-\bar{\boldsymbol{x}}$$

则方程式(7-4-22)改写为

$$\dot{\mathbf{e}}=(\boldsymbol{A}-\boldsymbol{K}_{\mathrm{e}}\boldsymbol{C})\mathrm{e} \tag{7-4-23}$$

由方程式(7-4-23)可看出，误差向量的动态特性由矩阵 $\boldsymbol{A}-\boldsymbol{K}_{\mathrm{e}}\boldsymbol{C}$ 的特征值决定。如果矩阵 $\boldsymbol{A}-\boldsymbol{K}_{\mathrm{e}}\boldsymbol{C}$ 是稳定矩阵，则对任意初始误差向量 $\mathbf{e}(0)$，误差向量都将趋近于零。也就是说，不管 $\boldsymbol{x}(0)$ 和 $\bar{\boldsymbol{x}}(0)$ 的值如何，$\bar{\boldsymbol{x}}(t)$ 都将收敛到 $\boldsymbol{x}(t)$。如果所选的矩阵 $\boldsymbol{A}-\boldsymbol{K}_{\mathrm{e}}\boldsymbol{C}$ 的特征值使得误差向量的动态特性渐近稳定且足够快，则任意误差向量都将以足够快的速度趋近于零。如果系统是完全可观测的，则可证明，可以选择 $\boldsymbol{K}_{\mathrm{e}}$，使得 $\boldsymbol{A}-\boldsymbol{K}_{\mathrm{e}}\boldsymbol{C}$ 具有任意所期望的特征值。也就是说，可以确定观测器的增益矩阵 $\boldsymbol{K}_{\mathrm{e}}$，以产生所期望的矩阵 $\boldsymbol{A}-\boldsymbol{K}_{\mathrm{e}}\boldsymbol{C}$。

2. 全阶状态观测器的设计

设系统

$$\begin{aligned}\dot{\boldsymbol{x}}&=\boldsymbol{A}\boldsymbol{x}+\boldsymbol{B}\boldsymbol{u}\\ \boldsymbol{y}&=\boldsymbol{C}\boldsymbol{x}\end{aligned} \tag{7-4-24}$$

是完全可观测的。

在设计全阶观测器时，如果将方程式(7-4-24)给出的系统变换为可观测标准型就很方便了。如前所述，可按下列步骤进行。

定义系统可观测标准型的变换矩阵 $\boldsymbol{P}_{\mathrm{O}}$，则有：

$$\boldsymbol{P}_{\mathrm{O}}=(\boldsymbol{W}\boldsymbol{N}^{*})^{-1} \tag{7-4-25}$$

式中

$$\boldsymbol{N}^{*}=\begin{pmatrix}\boldsymbol{C}\\ \boldsymbol{C}\boldsymbol{A}\\ \vdots\\ \boldsymbol{C}\boldsymbol{A}^{n-1}\end{pmatrix}=[\boldsymbol{C}^{\mathrm{T}}\quad \boldsymbol{A}^{\mathrm{T}}\boldsymbol{C}^{\mathrm{T}}\quad \cdots\quad (\boldsymbol{A}^{\mathrm{T}})^{n-1}\boldsymbol{C}^{\mathrm{T}}]^{\mathrm{T}} \tag{7-4-26a}$$

$$\boldsymbol{W}=\begin{pmatrix}a_1 & a_2 & \cdots & a_{n-1} & 1\\ a_2 & a_3 & \cdots & 1 & 0\\ \vdots & \vdots & \vdots & \vdots & \vdots\\ a_{n-1} & 1 & \cdots & 0 & 0\\ 1 & 0 & \cdots & 0 & 0\end{pmatrix} \tag{7-4-26b}$$

$\boldsymbol{W}$ 中，$a_1, a_2, \cdots, a_{n-1}$ 为方程式(7-4-24)给出系统的特征方程

$$|s\boldsymbol{I}-\boldsymbol{A}|=s^n+a_{n-1}s^{n-1}+\cdots+a_1s+a_0=0$$

的系数。

现定义一个新的 n 维状态向量 ξ

$$\boldsymbol{x}=\boldsymbol{P}_{\mathrm{O}}\boldsymbol{\xi}$$

则方程式(7-4-24)变换为

$$\begin{aligned}\dot{\boldsymbol{\xi}}&=\boldsymbol{P}_{\mathrm{O}}^{-1}\boldsymbol{A}\boldsymbol{P}_{\mathrm{O}}\boldsymbol{\xi}+\boldsymbol{P}_{\mathrm{O}}^{-1}\boldsymbol{B}\boldsymbol{u}\\ \boldsymbol{y}&=\boldsymbol{C}\boldsymbol{P}_{\mathrm{O}}\boldsymbol{\xi}\end{aligned}\tag{7-4-27}$$

式中 $\boldsymbol{P}_{\mathrm{O}}^{-1}\boldsymbol{A}\boldsymbol{P}_{\mathrm{O}}=\begin{pmatrix}0 & 0 & \cdots & 0 & -a_0\\ 1 & 0 & \cdots & 0 & -a_1\\ 0 & 1 & \cdots & 0 & -a_2\\ \vdots & \vdots & \cdots & \vdots & \vdots\\ 0 & 0 & \cdots & 1 & -a_{n-1}\end{pmatrix}$。

$$\boldsymbol{C}\boldsymbol{P}_{\mathrm{O}}=[0\quad 0\quad \cdots\quad 0\quad 1]\tag{7-4-28}$$

方程式(7-4-27)将式(7-4-24)变换为可观测标准型。

如前所述，选择由

$$\begin{aligned}\dot{\bar{\boldsymbol{x}}}=\boldsymbol{A}\bar{\boldsymbol{x}}+\boldsymbol{B}\boldsymbol{u}+\boldsymbol{K}_{\mathrm{e}}(\boldsymbol{y}-\boldsymbol{C}\bar{\boldsymbol{x}})&=(\boldsymbol{A}-\boldsymbol{K}_{\mathrm{e}}\boldsymbol{C})\bar{\boldsymbol{x}}+\boldsymbol{B}\boldsymbol{u}+\boldsymbol{K}_{\mathrm{e}}\boldsymbol{y}\\ &=(\boldsymbol{A}-\boldsymbol{K}_{\mathrm{e}}\boldsymbol{C})\bar{\boldsymbol{x}}+\boldsymbol{B}\boldsymbol{u}+\boldsymbol{K}_{\mathrm{e}}\boldsymbol{C}\boldsymbol{x}\end{aligned}\tag{7-4-29}$$

给出的状态观测器的动态方程。现定义

$$\bar{\boldsymbol{x}}=\boldsymbol{P}_{\mathrm{O}}\bar{\boldsymbol{\xi}}\tag{7-4-30}$$

将方程式(7-4-30)代入方程式(7-4-29)可得

$$\dot{\bar{\boldsymbol{\xi}}}=\boldsymbol{P}_{\mathrm{O}}^{-1}(\boldsymbol{A}-\boldsymbol{K}_{\mathrm{e}}\boldsymbol{C})\boldsymbol{P}_{\mathrm{O}}\bar{\boldsymbol{\xi}}+\boldsymbol{P}_{\mathrm{O}}^{-1}\boldsymbol{B}\boldsymbol{u}+\boldsymbol{P}_{\mathrm{O}}^{-1}\boldsymbol{K}_{\mathrm{e}}\boldsymbol{C}\boldsymbol{P}_{\mathrm{O}}\boldsymbol{\xi}\tag{7-4-31}$$

用方程式(7-4-27)减去方程式(7-4-31)得到

$$\dot{\boldsymbol{\xi}}-\dot{\bar{\boldsymbol{\xi}}}=\boldsymbol{P}_{\mathrm{O}}^{-1}(\boldsymbol{A}-\boldsymbol{K}_{\mathrm{e}}\boldsymbol{C})\boldsymbol{P}_{\mathrm{O}}(\boldsymbol{\xi}-\bar{\boldsymbol{\xi}})\tag{7-4-32}$$

定义

$$\boldsymbol{\varepsilon}=\boldsymbol{\xi}-\bar{\boldsymbol{\xi}}$$

则方程式(7-4-32)变为

$$\dot{\boldsymbol{\varepsilon}}=\boldsymbol{P}_{\mathrm{O}}^{-1}(\boldsymbol{A}-\boldsymbol{K}_{\mathrm{e}}\boldsymbol{C})\boldsymbol{P}_{\mathrm{O}}\boldsymbol{\varepsilon}\tag{7-4-33}$$

要求误差动态方程是渐近稳定的，且 $\boldsymbol{\varepsilon}(t)$ 以足够快的速度趋近于零，只有 $\boldsymbol{K}_{\mathrm{e}}$ 是未知的。确定矩阵 $\boldsymbol{K}_{\mathrm{e}}$ 的步骤是先选择所期望的观测器极点（$\boldsymbol{A}-\boldsymbol{K}_{\mathrm{e}}\boldsymbol{C}$ 的特征值），然后确定 $\boldsymbol{K}_{\mathrm{e}}$，使其给出所期望的观测器极点。

设观测器状态反馈向量 $\boldsymbol{K}_{\mathrm{e}}$ 为

$$\boldsymbol{K}_{\mathrm{e}}=\begin{pmatrix}k_0\\ k_1\\ \vdots\\ k_{n-2}\\ k_{n-1}\end{pmatrix}$$

则有

$$\boldsymbol{P}_{\mathrm{O}}^{-1}\boldsymbol{K}_{\mathrm{e}}=\begin{pmatrix} a_1 & a_2 & \cdots & a_{n-1} & 1 \\ a_2 & a_3 & \cdots & 1 & 0 \\ \vdots & \vdots & \cdots & \vdots & \vdots \\ a_{n-1} & 1 & \cdots & 0 & 0 \\ 1 & 0 & \cdots & 0 & 0 \end{pmatrix}\begin{pmatrix} \boldsymbol{C} \\ \boldsymbol{CA} \\ \vdots \\ \boldsymbol{CA}^{n-2} \\ \boldsymbol{CA}^{n-1} \end{pmatrix}\begin{pmatrix} k_0 \\ k_1 \\ \vdots \\ k_{n-2} \\ k_{n-1} \end{pmatrix}$$

由于 $\boldsymbol{P}_{\mathrm{O}}^{-1}\boldsymbol{K}_{\mathrm{e}}$是一个 n 维向量，则有

$$\boldsymbol{P}_{\mathrm{O}}^{-1}\boldsymbol{K}_{\mathrm{e}}=\begin{pmatrix} \delta_0 \\ \delta_1 \\ \vdots \\ \delta_{n-2} \\ \delta_{n-1} \end{pmatrix} \tag{7-4-34}$$

参阅式(7-4-28)，有

$$\boldsymbol{P}_{\mathrm{O}}^{-1}\boldsymbol{K}_{\mathrm{e}}\boldsymbol{C}\boldsymbol{P}_{\mathrm{O}}=\begin{pmatrix} \delta_0 \\ \delta_1 \\ \vdots \\ \delta_{n-2} \\ \delta_{n-1} \end{pmatrix}\begin{bmatrix} 0 & 0 & \cdots & 0 & 1 \end{bmatrix}=\begin{pmatrix} 0 & 0 & \cdots & 0 & \delta_0 \\ 0 & 0 & \cdots & 0 & \delta_1 \\ \vdots & \vdots & \cdots & \vdots & \vdots \\ 0 & 0 & \cdots & 0 & \delta_{n-2} \\ 0 & 0 & \cdots & 0 & \delta_{n-1} \end{pmatrix}$$

则

$$\boldsymbol{P}_{\mathrm{O}}^{-1}(\boldsymbol{A}-\boldsymbol{K}_{\mathrm{e}}\boldsymbol{C})\boldsymbol{P}_{\mathrm{O}}=\boldsymbol{P}_{\mathrm{O}}^{-1}\boldsymbol{A}\boldsymbol{P}_{\mathrm{O}}-\boldsymbol{P}_{\mathrm{O}}^{-1}\boldsymbol{K}_{\mathrm{e}}\boldsymbol{C}\boldsymbol{P}_{\mathrm{O}}=\begin{pmatrix} 0 & 0 & \cdots & 0 & -a_0-\delta_0 \\ 1 & 0 & \cdots & 0 & -a_1-\delta_1 \\ \vdots & \vdots & \cdots & \vdots & \vdots \\ 0 & 0 & \cdots & 0 & -a_{n-2}-\delta_{n-2} \\ 0 & 0 & \cdots & 1 & -a_{n-1}-\delta_{n-1} \end{pmatrix}$$

方程式(7-4-33)的特征方程为

$$\left|s\boldsymbol{I}-\boldsymbol{P}_{\mathrm{O}}^{-1}(\boldsymbol{A}-\boldsymbol{K}_{\mathrm{e}}\boldsymbol{C})\boldsymbol{P}_{\mathrm{O}}\right|=0$$

即

$$\begin{vmatrix} s & 0 & \cdots & 0 & a_0+\delta_0 \\ -1 & s & \cdots & 0 & a_1+\delta_1 \\ \vdots & \vdots & \cdots & \vdots & \vdots \\ 0 & 0 & \cdots & s & a_{n-2}+\delta_{n-2} \\ 0 & 0 & \cdots & -1 & s+a_{n-1}+\delta_{n-1} \end{vmatrix}=0$$

或者

$$s^n+(a_{n-1}+\delta_{n-1})s^{n-1}+\cdots+(a_1+\delta_1)s+(a_0+\delta_0)=0 \tag{7-4-35}$$

假设误差动态方程所期望的特征方程为

$$s^n+\beta_{n-1}s^{n-1}+\cdots+\beta_1 s+\beta_0=0 \tag{7-4-36}$$

比较方程式(7-4-35)和式(7-4-36)，可得

$$\beta_0 = a_0 + \delta_0$$
$$\beta_1 = a_1 + \delta_1$$
$$\cdots$$
$$\beta_{n-2} = a_{n-2} + \delta_{n-2}$$
$$\beta_{n-1} = a_{n-1} + \delta_{n-1}$$

于是，由方程式(7-4-34)得到

$$\boldsymbol{P}_{\mathrm{O}}^{-1}\boldsymbol{K}_{\mathrm{e}} = \begin{pmatrix} \delta_0 \\ \delta_1 \\ \vdots \\ \delta_{n-2} \\ \delta_{n-1} \end{pmatrix} = \begin{pmatrix} \beta_0 - a_0 \\ \beta_1 - a_1 \\ \vdots \\ \beta_{n-2} - a_{n-2} \\ \beta_{n-1} - a_{n-1} \end{pmatrix}$$

因此

$$\boldsymbol{K}_{\mathrm{e}} = \boldsymbol{P}_{\mathrm{O}}^{-1} \begin{pmatrix} \beta_0 - a_0 \\ \beta_1 - a_1 \\ \vdots \\ \beta_{n-2} - a_{n-2} \\ \beta_{n-1} - a_{n-1} \end{pmatrix} = (\boldsymbol{W}\boldsymbol{N}^*)^{-1} \begin{pmatrix} \beta_0 - a_0 \\ \beta_1 - a_1 \\ \vdots \\ \beta_{n-2} - a_{n-2} \\ \beta_{n-1} - a_{n-1} \end{pmatrix} \tag{7-4-37}$$

方程式(7-4-37)确定了所需的状态观测器增益矩阵 $\boldsymbol{K}_{\mathrm{e}}$。

一旦选择了所期望的特征值，只要系统完全可观测，就能设计全阶状态观测器。在设计矩阵 $\boldsymbol{K}_{\mathrm{e}}$ 时，通常要求 $\boldsymbol{A}-\boldsymbol{K}_{\mathrm{e}}\boldsymbol{C}$ 的特征值位于 s 左半平面适当位置上，但不能过分远离虚轴。否则实现有困难，且可能造成观测器频带过宽，高频噪声的影响会过大。所选择的特征方程的期望特征值，应使得状态观测器的响应速度至少比所考虑的闭环系统快 2～5 倍。

注意，迄今为止，假设观测器中的矩阵 $\boldsymbol{A}$ 和 $\boldsymbol{B}$ 与实际系统的严格相同，但实际上这不可能，因此，应尽量建立观测器的精确数学模型，以使误差小到令人满意的程度。

与极点配置的情况类似，如果系统是低阶次的，可将矩阵 $\boldsymbol{K}_{\mathrm{e}}$ 直接代入所期望的特征多项式，这将会更加简单。

【例 7.12】 设被观测的系统为

$$\dot{\boldsymbol{x}} = \begin{pmatrix} -2 & 1 \\ 0 & -1 \end{pmatrix}\boldsymbol{x} + \begin{pmatrix} 0 \\ 1 \end{pmatrix}\boldsymbol{u}$$
$$\boldsymbol{y} = [1 \quad 0]\boldsymbol{x}$$

系统是完全可观测的，试设计状态观测器，使其特征值为：$s_1=-3$，$s_2=-3$。

解：设状态反馈向量为

$$\boldsymbol{K}_{\mathrm{e}} = \begin{pmatrix} k_0 \\ k_1 \end{pmatrix}$$

则

$$\boldsymbol{A} - \boldsymbol{K}_{\mathrm{e}}\boldsymbol{C} = \begin{pmatrix} -2-k_0 & 1 \\ -k_1 & -1 \end{pmatrix}$$

其特征多项式为

$$|s\boldsymbol{I} - (\boldsymbol{A} - \boldsymbol{K}_{\mathrm{e}}\boldsymbol{C})| = s^2 + (3+k_0)s + 2 + k_0 + k_1$$

而状态观测器所期望的特征多项式为

$$(s+3)^2=s^2+6s+9$$

比较上下两式同次幂系数，得 $k_0=3, k_1=4$

于是所期望的状态观测器方程为

$$\dot{\bar{\boldsymbol{x}}}=(\boldsymbol{A}-\boldsymbol{K}_e\boldsymbol{C})\bar{\boldsymbol{x}}+\boldsymbol{B}\boldsymbol{u}+\boldsymbol{K}_e\boldsymbol{y}=\begin{pmatrix}-5 & 1\\ -4 & -1\end{pmatrix}\bar{\boldsymbol{x}}+\begin{pmatrix}0\\ 1\end{pmatrix}\boldsymbol{u}+\begin{pmatrix}3\\ 4\end{pmatrix}\boldsymbol{y}$$

其结构如图 7-6 所示。

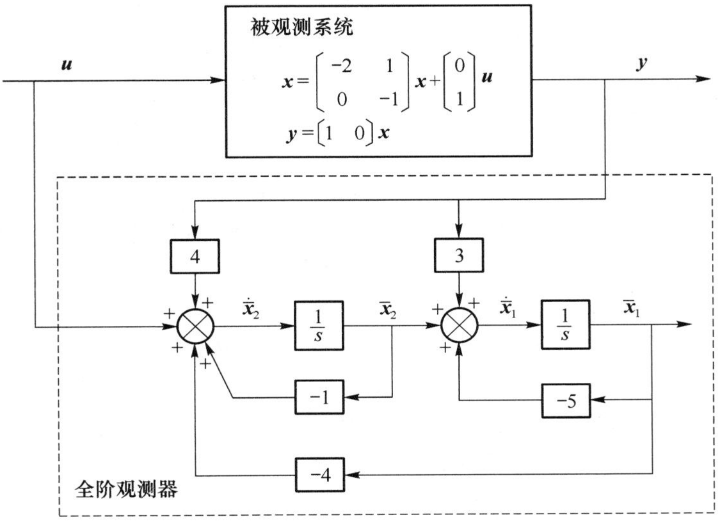

图 7-6 带全阶观测器的系统结构图

下面来讨论此状态观测器对估计误差的衰减情况。估计误差由

$$\dot{\mathbf{e}}=(\boldsymbol{A}-\boldsymbol{K}_e\boldsymbol{C})\mathbf{e}$$

给出，则

$$\dot{\mathbf{e}}(t)=\begin{pmatrix}-5 & 1\\ -4 & -1\end{pmatrix}\mathbf{e}(t)$$

由齐次状态方程的解法，可得

$$\mathbf{e}(t)=\boldsymbol{\Phi}(t)\mathbf{e}(0)$$

式中

$$\boldsymbol{\Phi}(t)=L^{-1}[(s\boldsymbol{I}-\boldsymbol{A}+\boldsymbol{K}_eC)^{-1}]=\begin{pmatrix}e^{-3t}-2te^{-3t} & te^{-3t}\\ -4te^{-3t} & e^{-3t}+2te^{-3t}\end{pmatrix}$$

若设

$$\mathbf{e}(0)=\begin{pmatrix}0.5\\ 0\end{pmatrix}$$

则可得此状态观测器的估计误差衰减函数为

$$\mathbf{e}(t)=\begin{pmatrix}(0.5-t)e^{-3t}\\ -2te^{-3t}\end{pmatrix}$$

其衰减曲线如图 7-7 所示。估计误差大约在 1.5s 后消失。

3. 分离特性

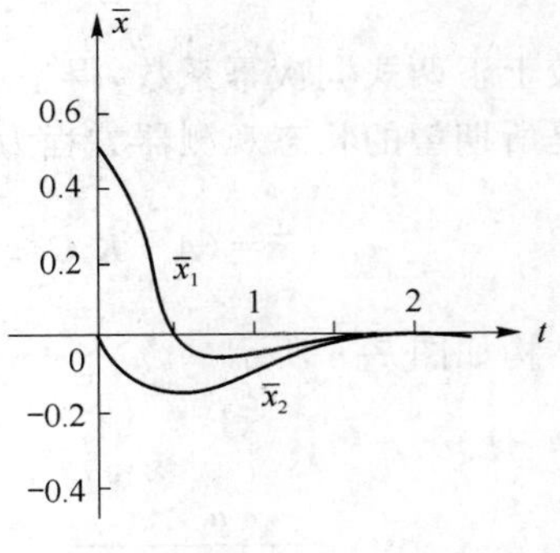

图 7-7 估计误差衰减曲线

在极点配置的设计过程中,假设真实状态 $\boldsymbol{x}(t)$ 可用于反馈。然而实际上,真实状态 $\boldsymbol{x}(t)$ 可能无法测量,所以必须设计一个观测器,并且将观测到的状态 $\bar{\boldsymbol{x}}(t)$ 用于反馈,如图 7-8 所示。因此,该设计过程分为两个阶段,第一阶段是确定反馈增益矩阵 $\boldsymbol{K}$,以产生所期望的特征方程;第二个阶段是确定观测器的增益矩阵 $\boldsymbol{K}_e$,以产生所期望的观测器特征方程。但用状态估计值 $\bar{\boldsymbol{x}}(t)$ 进行反馈与用真实状态 $\boldsymbol{x}(t)$ 进行反馈有何异同?状态反馈设计与观测器设计之间有无相互影响呢?

考虑由方程

$$\dot{\boldsymbol{x}}=\boldsymbol{A}\boldsymbol{x}+\boldsymbol{B}\boldsymbol{u}\quad \boldsymbol{y}=\boldsymbol{C}\boldsymbol{x}$$

定义状态完全可控和完全可观测的系统。对基于观测状态 $\bar{\boldsymbol{x}}(t)$ 的状态反馈控制为

$$\boldsymbol{u}=-\boldsymbol{K}\bar{\boldsymbol{x}}$$

利用该控制(默认输入 $\boldsymbol{r}$ 为 0),状态方程为

$$\dot{\boldsymbol{x}}=\boldsymbol{A}\boldsymbol{x}-\boldsymbol{B}K\bar{\boldsymbol{x}}=(\boldsymbol{A}-\boldsymbol{B}\boldsymbol{K})\boldsymbol{x}+\boldsymbol{B}\boldsymbol{K}(\boldsymbol{x}-\bar{\boldsymbol{x}}) \tag{7-4-38a}$$

其真实状态 $\boldsymbol{x}(t)$ 和观测状态 $\bar{\boldsymbol{x}}(t)$ 的差定义为误差:

$$\mathbf{e}(t)=\boldsymbol{x}(t)-\bar{\boldsymbol{x}}(t)$$

将误差向量代入方程式(7-4-38a),得

$$\dot{\boldsymbol{x}}=(\boldsymbol{A}-\boldsymbol{B}\boldsymbol{K})\boldsymbol{x}+\boldsymbol{B}\boldsymbol{K}\mathbf{e} \tag{7-4-38b}$$

观测器的误差方程为

$$\dot{\mathbf{e}}=(\boldsymbol{A}-\boldsymbol{K}_e\boldsymbol{C})\mathbf{e} \tag{7-4-39}$$

将方程式(7-4-38b)和式(7-4-39)合并,可得

$$\begin{pmatrix}\dot{\boldsymbol{x}}\\ \dot{\mathbf{e}}\end{pmatrix}=\begin{pmatrix}\boldsymbol{A}-\boldsymbol{B}\boldsymbol{K} & \boldsymbol{B}\boldsymbol{K}\\ 0 & \boldsymbol{A}-\boldsymbol{K}_e\boldsymbol{C}\end{pmatrix}\begin{pmatrix}\boldsymbol{x}\\ \mathbf{e}\end{pmatrix} \tag{7-4-40}$$

方程式(7-4-40)描述了采用观测器的状态反馈如图 7-8 所示的控制系统的动态特性。该系统的特征方程为

$$\begin{vmatrix}s\boldsymbol{I}-\boldsymbol{A}+\boldsymbol{B}\boldsymbol{K} & -\boldsymbol{B}\boldsymbol{K}\\ 0 & s\boldsymbol{I}-\boldsymbol{A}+\boldsymbol{K}_e\boldsymbol{C}\end{vmatrix}=0$$

即

$$|s\boldsymbol{I}-\boldsymbol{A}+\boldsymbol{B}\boldsymbol{K}|\,|s\boldsymbol{I}-\boldsymbol{A}+\boldsymbol{K}_e\boldsymbol{C}|=0 \tag{7-4-41}$$

可见,采用状态观测器的状态反馈控制系统的闭环极点包括由极点配置单独设计产生的极点和由观测器单独设计产生的极点。这意味着,极点配置和观测器设计是相互独立的,互不影响,它们可以分别进行设计,并合并为由观测器和状态反馈构成的复合系统,这就是分离特性。如果系统的阶次为 n,采用全阶观测器的阶次也是 n,则整个闭环系统的特征方程为 $2n$ 阶。

由状态反馈(极点配置)选择所产生的期望闭环极点,应使系统能满足性能要求。观测器极点的选取通常使得观测器的响应比系统的响应快得多。一个经验法则是选择观测器的响应至少比系统的响应快 2~5 倍。因为观测器通常不是硬件结构,而是计算机软件,所以

它可以加快响应速度，使观测状态迅速收敛到真实状态。观测器的最大响应速度通常只受到控制系统中的噪声和灵敏性的限制。注意，由于在极点配置中，观测器极点位于所期望的闭环极点的左边，所以后者在响应中起主导作用。

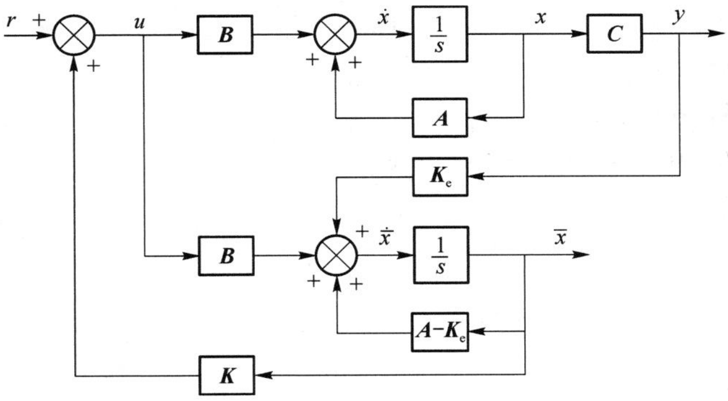

图 7-8　观测状态反馈系统

7.5　状态空间法的 MATLAB 仿真

1. 判断系统可控性

已知系统的状态方程为：$\dot{\boldsymbol{x}}=\begin{pmatrix}1 & 1 & -2\\0 & 1 & 0\\1 & -4 & 3\end{pmatrix}\boldsymbol{x}+\begin{pmatrix}0\\1\\1\end{pmatrix}\boldsymbol{u}$，试判定系统的可控性。

用 MATLAB 程序判断：

```
A = [1  1  - 2;0  1  0;1  - 4  3];
B = [0;1;1];
n = 3;
Qk = ctrb(A,B)
Qkrank = rank(Qk)
if Qkrank = = n
disp('系统是可控的')
elseif Qkrank<n
disp('系统是不可控的')
end
```

结果：

```
Qk =
     0     - 1     2
     1     1       1
     1     - 1     - 8
Qkrank = 3
系统是可控的
```

2. 判断系统可观性

已知系统的状态方程为：$\dot{\boldsymbol{x}}=\begin{pmatrix}0 & 1 & 0\\ 0 & 0 & 1\\ -6 & -11 & -6\end{pmatrix}\boldsymbol{x}+\begin{pmatrix}0\\0\\1\end{pmatrix}\boldsymbol{u}$，输出方程为 $\boldsymbol{y}=[4\ 5\ 1]\boldsymbol{x}$；试判定系统的可观测性。

用 MATLAB 程序判断：

```
A=[0  1  0;0  0  1;-6  -11  -6];
C=[4  5  1];
n=3;
Qc=obsv(A,C)
Qcrank=rank(Qc)
if Qcrank==n
disp('系统是可观的')
elseif Qcrank<n
disp('系统是不可观的')
end
```

结果：

```
Qc =
     4      5      1
    -6     -7     -1
     6      5     -1
Qcrank =
    2
系统是不可观的
```

3. 状态反馈的设计

已知被控对象的状态方程为：$\dot{\boldsymbol{x}}=\begin{pmatrix}0 & 1 & 0\\ 0 & 0 & 1\\ 0 & -2 & -3\end{pmatrix}\boldsymbol{x}+\begin{pmatrix}0\\0\\1\end{pmatrix}\boldsymbol{u}$，试用状态反馈控制设计使闭环极点位于 $\lambda_{1,2}=-2\pm j2, \lambda_3=-5$ 处。

用 MATLAB 程序实现

```
%(只求状态反馈增益矩阵);
A=[0  1  0;0  0  1;0  -2  -3];
B=[0;0;1];
P=[-2+j*2;-2-j*2;-5];
Ka=acker (A,B,P)(适用于 SISO 系统,)
Kp=place(A,B,P)(适用于 MIMO 系统)
Ka =40   26    6
Kp =40.0000  26.0000  6.0000
```

4. 状态观测器设计

已知被控对象的状态方程为：$\dot{\boldsymbol{x}}=\begin{pmatrix}-2 & 1\\ 0 & -1\end{pmatrix}\boldsymbol{x}+\begin{pmatrix}0\\1\end{pmatrix}\boldsymbol{u}$，输出方程为 $\boldsymbol{y}=[1\ \ 0\ ]\boldsymbol{x}$；

试设计全阶状态观测器使观测器的极点位于 $s_{1,2}=-3$ 处(只设计状态观测器的状态反馈增益矩阵)。

用 MATLAB 程序实现：

```
A=[-2  1;0  -1];
r=A';
C=[1  1];
P=[-3 ;-3];
Kcc=acker(A',C',P)'        %(A'和 C'分别是 A 和 C 矩阵的转置)
a=(A-Kcc*C)
```

结果：

$$\text{Kcc} = \begin{pmatrix}3\\4\end{pmatrix}$$

$$\text{a} = \begin{pmatrix}-5 & 1\\ -4 & -1\end{pmatrix}$$

习　　题

7.1　系统的状态方程为

$$\begin{pmatrix}\dot{x}_1\\ \dot{x}_2\end{pmatrix}=\begin{pmatrix}0 & 1\\ -2 & -3\end{pmatrix}\begin{pmatrix}x_1\\ x_2\end{pmatrix}$$

当 $\boldsymbol{x}(0)=\begin{pmatrix}1\\-1\end{pmatrix}$时，试求 $\boldsymbol{x}_1(t)$和 $\boldsymbol{x}_2(t)$。

7.2　已知系统的状态方程为

$$\begin{pmatrix}\dot{x}_1\\ \dot{x}_2\end{pmatrix}=\begin{pmatrix}0 & 1\\ -6 & -5\end{pmatrix}\begin{pmatrix}x_1\\ x_2\end{pmatrix}+\begin{pmatrix}1\\1\end{pmatrix}\boldsymbol{u}(t)$$

当 $\boldsymbol{x}(0)=0$，$\boldsymbol{u}(t)=1(t)$时，试求状态方程的解。

7.3　试求下式描述的系统的 $x_1(t)$和 $x_2(t)$

$$\begin{pmatrix}\dot{x}_1\\ \dot{x}_2\end{pmatrix}=\begin{pmatrix}0 & 1\\ -3 & -2\end{pmatrix}\begin{pmatrix}x_1\\ x_2\end{pmatrix}$$

初始条件为

$$\begin{pmatrix}x_1(0)\\ x_2(0)\end{pmatrix}=\begin{pmatrix}1\\-1\end{pmatrix}$$

7.4　试求下式系统的输出 y。

(1) $\begin{pmatrix}\dot{x}_1\\ \dot{x}_2\end{pmatrix}=\begin{pmatrix}-3 & 1\\ -2 & 0\end{pmatrix}\begin{pmatrix}x_1\\ x_2\end{pmatrix}+\begin{pmatrix}4\\ -5\end{pmatrix}1(t)\qquad \boldsymbol{y}=[1\quad -1]\begin{pmatrix}x_1\\ x_2\end{pmatrix}$（系统初始状态为零。）

(2) $\begin{pmatrix}\dot{x}_1\\ \dot{x}_2\end{pmatrix}=\begin{pmatrix}1 & 2\\ -3 & -1\end{pmatrix}\begin{pmatrix}x_1\\ x_2\end{pmatrix}+\begin{pmatrix}1\\ 1\end{pmatrix}\sin 3t\qquad \boldsymbol{y}=[1\quad 2]\begin{pmatrix}x_1\\ x_2\end{pmatrix}$

$\begin{pmatrix}x_1(0)\\ x_2(0)\end{pmatrix}=\begin{pmatrix}2\\ 1\end{pmatrix}$

(3) $\begin{pmatrix}\dot{x}_1\\ \dot{x}_2\\ \dot{x}_3\end{pmatrix}=\begin{pmatrix}-4 & 1 & 0\\ 0 & -5 & 1\\ 0 & 0 & -2\end{pmatrix}\begin{pmatrix}x_1\\ x_2\\ x_3\end{pmatrix}+\begin{pmatrix}0\\ 0\\ 1\end{pmatrix}1(t)\qquad \boldsymbol{y}=[1\quad 0\quad 0]\begin{pmatrix}x_1\\ x_2\\ x_3\end{pmatrix}$

7.5　已知控制系统的动态方程为

$$\begin{pmatrix}\dot{x}_1\\ \dot{x}_2\end{pmatrix}=\begin{pmatrix}0 & 1\\ -3 & -4\end{pmatrix}\begin{pmatrix}x_1\\ x_2\end{pmatrix}+\begin{pmatrix}0\\ 1\end{pmatrix}\boldsymbol{u}\qquad \boldsymbol{y}=[2\quad 0]\begin{pmatrix}x_1\\ x_2\end{pmatrix}\qquad \begin{pmatrix}x_1(0)\\ x_2(0)\end{pmatrix}=\begin{pmatrix}1\\ 0\end{pmatrix}$$

试求系统对于单位脉冲函数 $\boldsymbol{\delta}(t)$ 和单位阶跃函数 $\boldsymbol{I}(t)$ 的状态响应 $\boldsymbol{x}(t)$ 和输出响应 $\boldsymbol{y}(t)$。

7.6　试判断下列系统的状态可控性。

(1) $\dot{\boldsymbol{x}}=\begin{pmatrix}-2 & 2 & -1\\ 0 & -2 & 0\\ 1 & -4 & 0\end{pmatrix}\boldsymbol{x}+\begin{pmatrix}0\\ 0\\ 1\end{pmatrix}\boldsymbol{u}$

(2) $\dot{\boldsymbol{x}}=\begin{pmatrix}1 & 1 & 0\\ 0 & 1 & 0\\ 0 & 1 & 1\end{pmatrix}\boldsymbol{x}+\begin{pmatrix}0\\ 1\\ 0\end{pmatrix}\boldsymbol{u}$

(3) $\dot{\boldsymbol{x}}=\begin{pmatrix}1 & 1 & 0\\ 0 & 1 & 0\\ 0 & 1 & 1\end{pmatrix}\boldsymbol{x}+\begin{pmatrix}0 & 0\\ 0 & 1\\ 1 & 0\end{pmatrix}\begin{pmatrix}u_1\\ u_2\end{pmatrix}$

(4) $\dot{\boldsymbol{x}}=\begin{pmatrix}\lambda_1 & 1 & 0 & 0\\ 0 & \lambda_1 & 0 & 0\\ 0 & 0 & \lambda_1 & 0\\ 0 & 0 & 0 & \lambda_1\end{pmatrix}\boldsymbol{x}+\begin{pmatrix}0\\ 1\\ 1\\ 1\end{pmatrix}\boldsymbol{u}$

(5) $\dot{\boldsymbol{x}}=\begin{pmatrix}\lambda_1 & 1 & 0 & 0\\ 0 & \lambda_1 & 0 & 0\\ 0 & 0 & \lambda_1 & 0\\ 0 & 0 & 0 & \lambda_1\end{pmatrix}\boldsymbol{x}+\begin{pmatrix}0\\ 0\\ 1\\ 1\end{pmatrix}\boldsymbol{u}$

7.7　判断下述系统的状态可观性

(1) $\dot{\boldsymbol{x}}(t)=\begin{pmatrix}1 & 3 & 2\\ 0 & 2 & 0\\ 0 & 1 & 3\end{pmatrix}\boldsymbol{x}(t)+\begin{pmatrix}2 & 1\\ 1 & 1\\ -1 & -1\end{pmatrix}\boldsymbol{u}(t)$

$\boldsymbol{y}(t)=[1\quad 0\quad 0]\boldsymbol{x}(t)$

(2) $\dot{\boldsymbol{x}}(t)=\begin{pmatrix}-3 & 1 & 0\\ 0 & -3 & 0\\ 0 & 0 & -1\end{pmatrix}\boldsymbol{x}(t)+\begin{pmatrix}0 & 1\\ -1 & 1\\ 1 & 0\end{pmatrix}\boldsymbol{u}(t)$

$\boldsymbol{y}(t)=\begin{pmatrix}0 & 1 & 0\\ 0 & 2 & 0\end{pmatrix}\boldsymbol{x}(t)$

(3) $\dot{\boldsymbol{x}}(t)=\begin{pmatrix}-2 & 0 & 0\\ 0 & 1 & 0\\ 0 & 0 & 2\end{pmatrix}\boldsymbol{x}(t)+\begin{pmatrix}0 & -1\\ 0 & 0\\ 2 & 0\end{pmatrix}\boldsymbol{u}(t)$

$\boldsymbol{y}(t)=\begin{pmatrix}1 & 0 & 1\\ -1 & 1 & 0\end{pmatrix}\boldsymbol{x}(t)$

7.8　已知系统传递函数

$$G(s)=\frac{s^2+6s+8}{s^2+4s+3}$$

试求可控标准型,可观测标准型,对角型状态空间表达式。

7.9　设系统传递函数为

$$G(s)=\frac{s+a}{s^3+7s^2+14s+8}$$

试求系统状态可控的 a。

7.10　给定二阶系统

$$\dot{\boldsymbol{x}}(t)=\begin{pmatrix}a & 1\\ 0 & b\end{pmatrix}\boldsymbol{x}(t)+\begin{pmatrix}1\\ 1\end{pmatrix}\boldsymbol{u}(t)$$

$$\boldsymbol{y}(t)=[1 \quad -1]\boldsymbol{x}(t)$$

a 和 b 取何值时,系统状态既完全可控又完全可观。

7.11　系统传递函数为

$$G(s)=\frac{K(s+a)}{s^3+6s^2+11s+6}$$

(1) 当 a 取何值时系统是既可控又可观的。

(2) 当 $a=1$ 时,试选择一组状态空间表达式,使系统是可控但是不可观的。

(3) 当 $a=1$ 时,试选择一组状态空间表达式,使系统是不可控但是可观的。

7.12　已知系统的状态空间表达式为:

$$\begin{pmatrix}\dot{x}_1\\ \dot{x}_2\\ \dot{x}_3\end{pmatrix}=\begin{pmatrix}0 & 1 & 0\\ 0 & 0 & 1\\ -6 & -11 & -6\end{pmatrix}\begin{pmatrix}x_1\\ x_2\\ x_3\end{pmatrix}+\begin{pmatrix}0\\ 1\\ 0\end{pmatrix}\boldsymbol{u} \qquad \boldsymbol{y}=[c_1 \quad c_2 \quad c_3]\begin{pmatrix}x_1\\ x_2\\ x_3\end{pmatrix}$$

除了明显地选择 $c_1=c_2=c_3=0$ 外,试找出使得该系统不可观测的一组 c_1、c_2 和 c_3。

7.13　设电路如题图 7-1 所示。外加电压 u 为输入,总电流 i 为输出,电容电压 x_1 和电感电流 x_2 为状态变量。试判定此系统的能控性与能观性。若 $R_1=R_2$,$R_1^2C=L$,情况又如何?

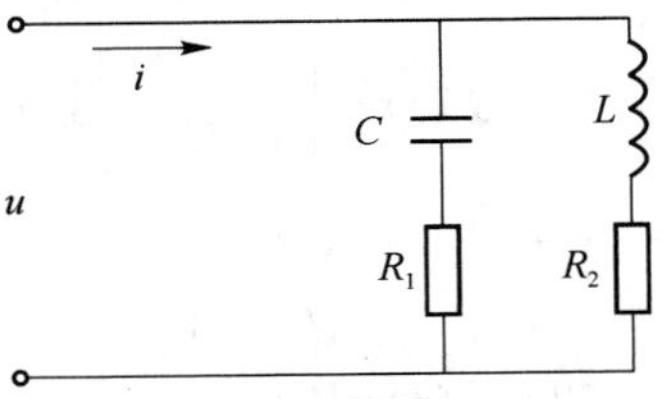

题图 7-1

7.14　将下列状态方程化为可控标准型

(1) $\dot{x}=\begin{pmatrix}1 & -2\\ 3 & 4\end{pmatrix}\boldsymbol{x}+\begin{pmatrix}1\\ 1\end{pmatrix}\boldsymbol{u}$

(2) $\dot{x}=\begin{pmatrix}-1 & 1 & 0\\ 0 & -1 & 0\\ 0 & 0 & -2\end{pmatrix}\boldsymbol{x}+\begin{pmatrix}0\\ 4\\ 3\end{pmatrix}\boldsymbol{u}$

7.15　考虑以下系统的传递函数

$$\frac{Y(s)}{U(s)}=\frac{s+6}{s^2+5s+6}$$

试求该系统状态空间可控标准型和可观测标准型。

7.16　考虑下列系统

$$\dddot{y}+6\ddot{y}+11\dot{y}+6y=6u$$

试求该系统状态空间的对角线标准型。

7.17　已知控制系统的动态方程如下，将其变换成能观测标准型。

(1) $\dot{\boldsymbol{x}}=\begin{pmatrix}1 & 0\\ -2 & 4\end{pmatrix}\boldsymbol{x}$　　$\boldsymbol{y}=[-1\quad 1]\boldsymbol{x}$

(2) $\dot{\boldsymbol{x}}=\begin{pmatrix}1 & 1\\ 2 & -1\end{pmatrix}\boldsymbol{x}+\begin{pmatrix}2\\ 1\end{pmatrix}\boldsymbol{u}$　　$\boldsymbol{y}=[1\quad 1]\boldsymbol{x}$

(3) $\dot{\boldsymbol{x}}=\begin{pmatrix}0 & 1 & 0\\ 1 & 1 & 0\\ 1 & 0 & -1\end{pmatrix}\boldsymbol{x}$　　$\boldsymbol{y}=[0\quad 0\quad 1]\boldsymbol{x}$

7.18　试将下列系统按可控性和观测性进行结构分解。

(1) $\dot{\boldsymbol{x}}=\begin{pmatrix}0 & 0 & -1\\ 1 & 0 & -3\\ 0 & 1 & -3\end{pmatrix}\boldsymbol{x}+\begin{pmatrix}1\\ 1\\ 0\end{pmatrix}\boldsymbol{u}$　　$\boldsymbol{y}=[0\quad 1\quad -2]\boldsymbol{x}$

(2) $\dot{\boldsymbol{x}}=\begin{pmatrix}-2 & 1 & -1\\ 0 & -2 & 0\\ 0 & -4 & 0\end{pmatrix}\boldsymbol{x}+\begin{pmatrix}0\\ 0\\ 1\end{pmatrix}\boldsymbol{u}$　　$\boldsymbol{y}=[1\quad -1\quad 1]\boldsymbol{x}$

7.19　系统的状态方程如下，如果状态完全可控，试将它们变成可控规范型。

(1) $\dot{\boldsymbol{x}}(t)=\begin{pmatrix}-1 & 0\\ 0 & -2\end{pmatrix}\boldsymbol{x}+\begin{pmatrix}2\\ 5\end{pmatrix}\boldsymbol{u}(t)$

(2) $\dot{\boldsymbol{x}}(t)=\begin{pmatrix}-1 & 1 & 0\\ 0 & -1 & 0\\ 0 & 0 & -2\end{pmatrix}\boldsymbol{x}(t)+\begin{pmatrix}0\\ 4\\ 3\end{pmatrix}\boldsymbol{u}(t)$

7.20　已知下列系统是状态完全可观的，试将它们化为可观规范型。

(1) $\dot{\boldsymbol{x}}(t)=\begin{pmatrix}3 & 2\\ 1 & -1\end{pmatrix}\boldsymbol{x}(t)+\begin{pmatrix}1\\ 2\end{pmatrix}\boldsymbol{u}(t)$

$\boldsymbol{y}=[1\quad 1]\boldsymbol{x}(t)$

(2) $\dot{\boldsymbol{x}}(t)=\begin{pmatrix}0 & 1 & 0\\ 1 & 1 & 0\\ 1 & 0 & -1\end{pmatrix}\boldsymbol{x}(t)+\begin{pmatrix}1\\ 0\\ 2\end{pmatrix}\boldsymbol{u}(t)$

$\boldsymbol{y}(t)=[0\quad 0\quad 1]\boldsymbol{x}(t)$

7.21　系统的状态空间表达式如下，试求传递函数。

(1) $\dot{\boldsymbol{x}}(t)=\begin{pmatrix}1 & 1\\ 2 & -1\end{pmatrix}\boldsymbol{x}(t)+\begin{pmatrix}1\\ 2\end{pmatrix}\boldsymbol{u}(t)$

$\boldsymbol{y}=[1\quad 1]\boldsymbol{x}(t)$

(2) $\dot{\boldsymbol{x}}(t)=\begin{pmatrix}0 & 1 & 0\\ 0 & 0 & 1\\ -6 & -11 & -6\end{pmatrix}\boldsymbol{x}(t)+\begin{pmatrix}0\\ 1\\ -3\end{pmatrix}\boldsymbol{u}(t)$

$\boldsymbol{y}(t)=[4\quad 5\quad 1]\boldsymbol{x}(t)$

7.22　设控制对象传递函数为

$$\frac{Y(s)}{U(s)}=\frac{10}{s(s+2)(s+5)}$$

试用状态反馈使闭环极点配置在-4，$-1\pm \mathrm{j}1$。

7.23　设系统状态方程为

$$\dot{\boldsymbol{x}}=\begin{pmatrix}0 & 1 & 0\\ 0 & -1 & 1\\ 0 & -1 & -10\end{pmatrix}\boldsymbol{x}+\begin{pmatrix}0\\ 0\\ 10\end{pmatrix}\boldsymbol{u}$$

试问能否通过状态反馈任意配置极点，若指定闭环极点为-10、$-1\pm \mathrm{j}\sqrt{3}$，求状态反馈向量$\boldsymbol{k}$，并画出反馈系统结构图。

7.24　设系统传递函数为

$$G(s)=\frac{(s-1)(s+2)}{(s+1)(s-2)(s+3)}$$

能否利用状态反馈将传递函数变成

$$G(s)=\frac{s-1}{(s+2)(s+3)}$$

若有可能，求出状态反馈阵 $\boldsymbol{k}$，并画出状态变量图。（提示：状态反馈不改变原传递函数零点。）

7.25　控制对象的状态方程与输出方程为

$$\dot{\boldsymbol{x}}(t)=\begin{pmatrix}0 & 1\\ 0 & -5\end{pmatrix}\boldsymbol{x}(t)+\begin{pmatrix}0\\ 100\end{pmatrix}\boldsymbol{u}(t)$$

$$\boldsymbol{y}(t)=[1\quad 0]\boldsymbol{x}(t)$$

试设计全维状态观测器，并用观测器的状态进行状态反馈，使系统的闭环极点为$-5\pm \mathrm{j}4$，观测器的极点为-20，-25。

7.26　系统的状态空间表达式如下：

$$\dot{\boldsymbol{x}}(t)=\begin{pmatrix}1 & 0\\ 0 & 0\end{pmatrix}\boldsymbol{x}(t)+\begin{pmatrix}1\\ 1\end{pmatrix}\boldsymbol{u}(t)$$

$$\boldsymbol{y}(t)=[2\quad -1]\boldsymbol{x}(t)$$

设计降维观测器，使观测器的极点为-10。

7.27　系统的状态空间表达式如下：

$$\dot{\boldsymbol{x}}(t)=\begin{pmatrix}-1 & 0 & 0\\ 0 & 1 & 1\\ 0 & 0 & 1\end{pmatrix}\boldsymbol{x}(t)+\begin{pmatrix}1 & 0\\ 0 & 1\\ 0 & 1\end{pmatrix}\boldsymbol{u}(t)$$

$$\boldsymbol{y}(t)=\begin{pmatrix}1 & 0 & 0\\ 0 & 1 & 1\end{pmatrix}\boldsymbol{x}(t)$$

设计降维观测器，使观测器的极点为－3。

7.28　设系统状态空间表达式为

$$\dot{\boldsymbol{x}}=\begin{pmatrix}0&0&5\\1&0&1\\0&1&-3\end{pmatrix}\boldsymbol{x}+\begin{pmatrix}-2&0\\1&-2\\0&1\end{pmatrix}\begin{pmatrix}u_1\\u_2\end{pmatrix}\qquad \boldsymbol{y}=[0\quad 0\quad 1]\boldsymbol{x}$$

试检查系统的可控性、可观测性，求输出至输入的反馈矩阵 $\boldsymbol{k}$，使闭环极点位于－0.57、－0.22±j1.3，并画出观测器结构图。

7.29　设系统状态空间表达式为

$$\dot{\boldsymbol{x}}=\begin{pmatrix}0&1\\0&0\end{pmatrix}\boldsymbol{x}+\begin{pmatrix}0\\1\end{pmatrix}\boldsymbol{u}\qquad \boldsymbol{y}=[1\quad 0]\boldsymbol{x}$$

试设计全阶观测器，使其极点在－1、－2，并画出观测器结构图。

7.30　设系统状态空间表达式为

$$\dot{\boldsymbol{x}}=\begin{pmatrix}1&1\\0&-2\end{pmatrix}\boldsymbol{x}+\begin{pmatrix}1\\1\end{pmatrix}\boldsymbol{u}\qquad \boldsymbol{y}=[2\quad 1]\boldsymbol{x}$$

试设计状态以馈向量使闭环极点在－1±2j，并设计一全阶观测器，使其极点在－3、－4，并画出观测器的状态反馈结构图。

7.31　设系统状态空间表达式为

$$\dot{\boldsymbol{x}}=\begin{pmatrix}-1&0&0\\0&1&1\\0&0&1\end{pmatrix}\boldsymbol{x}+\begin{pmatrix}1&0\\0&1\\0&1\end{pmatrix}\boldsymbol{u}\qquad \boldsymbol{y}=\begin{pmatrix}1&0&0\\0&1&1\end{pmatrix}\boldsymbol{x}$$

试设计降价观测器，使其极点在－3，并画出观测器结构图。

第8章　数据采集与数据保持

8.1　概　述

计算机控制系统的框图如图 8-1 所示，系统由 A/D 转换器、D/A 转换器、保持器、数字计算机、被控对象和传感器/转换器等组成。系统框图中的信号以不同的幅值特性和时间特性出现在系统的不同位置，大体分为四类：

(1) 幅值连续-时间连续信号，如图 8-1 中输入信号 $r(t)$，输出信号 $y(t)$（也称被控量）和误差信号 $e(t)$。

(2) 幅值连续-时间离散信号，如图 8-1 中 $e^*(t)$ 信号（$e(t)$信号经过采样开关作用后为 $e^*(t)$信号）。

(3) 幅值离散-时间离散信号，如图 8-1 中 $e(kT)$信号（$e^*(t)$经过 A/D 的量化编码成为数字信号 $e(kT)$），处理后输出的信号 $u(kT)$。

(4) 幅值离散-时间连续信号，如图 8-1 中，计算机输出的信号 $u(kT)$经过 D/A 转换和保持使得数字信号变成 $u(t)$，该信号呈现阶梯状。

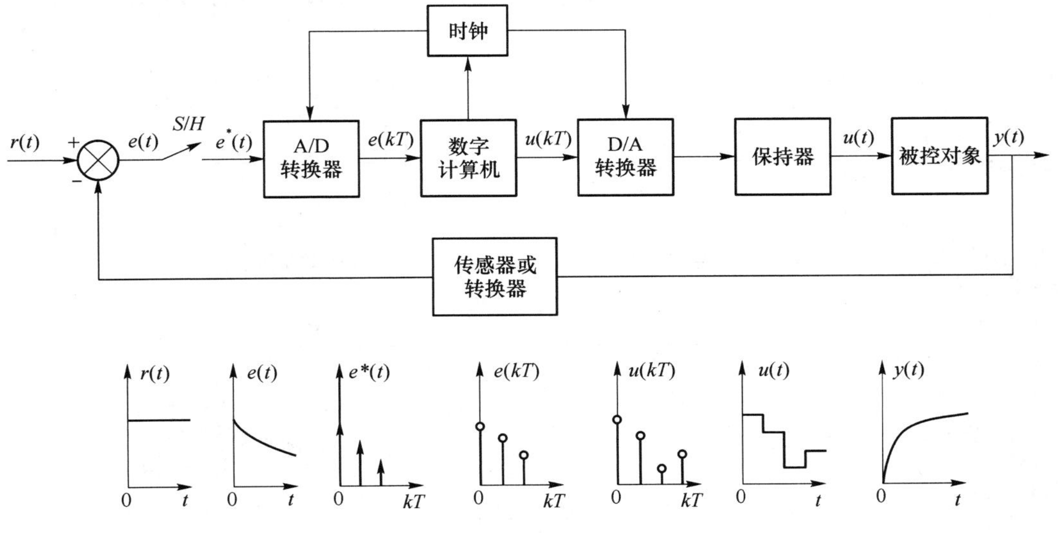

图 8-1　计算机控制系统框图

从控制系统的结构特点和信号的分布特点上看，整个系统由离散环节（如计算机）和连续环节（被控对象）两类环节组成。尽管存在两类环节，但在对整个计算机控制系统分析和处理时，常常按离散时间系统处理。

计算机控制系统与连续控制系统比较，其结构类型是不同的，计算机控制系统具有S/H（采样/保持器），A/D（模拟/数字转换器），计算机，D/A（数字/模拟转换器），保持器和时钟。因此其处理的信号以及工作过程与连续控制系统是有区别的。计算机控制系统的工作过程大体如下：被控对象输出幅值连续-时间连续信号 $y(t)$，经传感器/转换器的处理后，与输入量 $r(t)$ 进行比较产生连续的误差信号 $e(t)$，误差信号通过 S/H 处理后，输出幅值连续-时间离散信号 $e^*(t)$，经过 A/D 转换器量化编码成为数字信号 $e(kT)$，该信号被送入计算机，根据控制系统的要求和特点形成一个有针对性的算法，进行一系列处理产生新序列 $u(kT)$ 作为控制量输出，这种控制量是数字信号，直接作用于连续对象上将产生波动。序列 $u(kT)$ 经过 D/A 转换和保持器作用得到幅值离散-时间连续信号 $u(t)$，该信号通过执行机构作用到被控对象上，使控制系统的性能满足要求。

从以上的分析过程，可以清楚看到计算机控制系统的分析和设计必须涉及模拟信号的采样问题、控制序列的转换保持问题和采样频率的选取问题。

8.2 信号采样问题

8.2.1 采样过程

信号的采样是通过采样开关完成的，如图 8-2(c)所示，设采样开关每隔一定时间 T（T：为采样周期）闭合一次，闭合时间为 τ，其中 $T \gg \tau$。采样开关的动作规律由实际采样脉冲函数 $p(t)$ 控制。输入的模拟信号 $f(t)$ 经采样开关作用后输出采样信号 $f^*(t)$，$f^*(t)$ 是一个采样脉冲序列。这种将模拟信号通过采样开关后变成脉冲序列的过程称为采样过程。

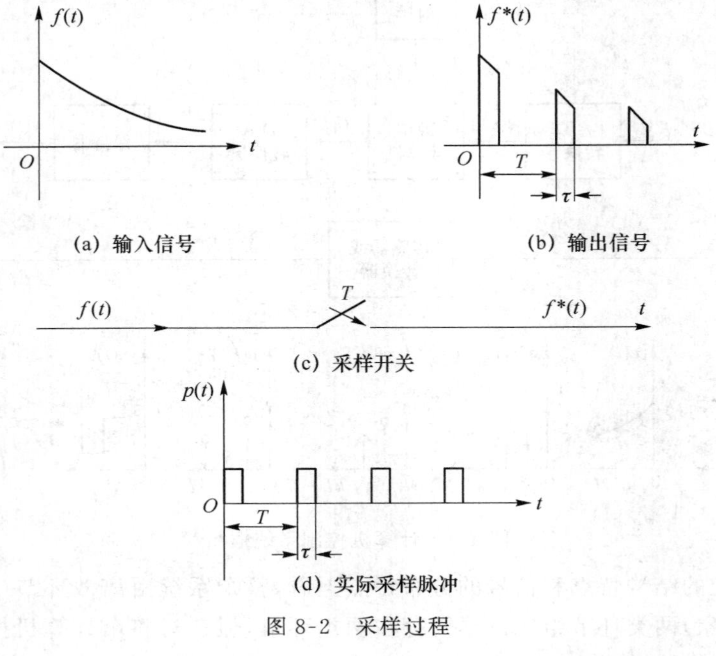

图 8-2 采样过程

8.2.2 理想采样信号的时域表示

理想采样是实际采样脉冲函数 $p(t)$ 当持续时间 $\tau\to 0$ 时的极限情况，这时实际采样脉冲函数 $p(t)$ 变成了理想采样的周期单位取样函数 $\delta_T(t)$，如图 8-3(b)所示。让采样开关按 $\delta_T(t)$ 的规律动作，对模拟信号进行采样，得到的采样信号称为理想采样信号 $f^*(t)$，如图 8-4 所示。

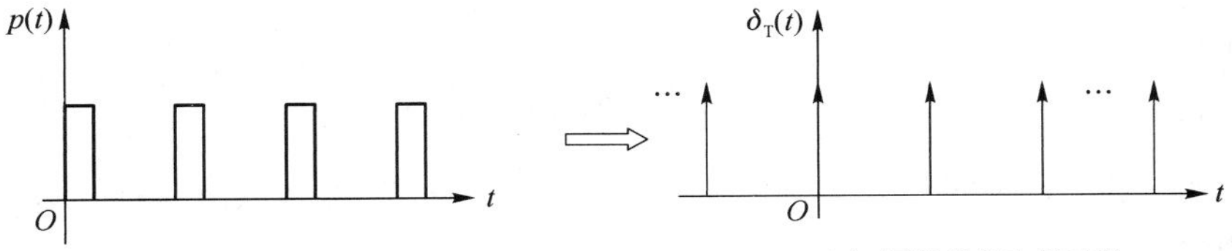

(a) 实际采样脉冲　　(b) 周期单位取样函数

图 8-3　实际采样脉冲和周期单位取样函数

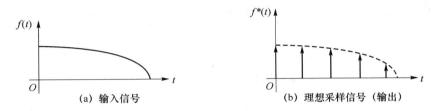

(a) 输入信号　　(b) 理想采样信号（输出）

图 8-4　理想采样和理想采样信号

由图 8-3(b)所示，周期单位取样函数 $\delta_T(t)$ 的数学表示形式如下式：

$$\delta_T(t)=\sum_{k=-\infty}^{\infty}\delta(t-kT) \tag{8-2-1}$$

其中 $\delta(t-kT)$ 表示在 $t=kT$ 时刻产生冲激，显然 $\delta(t-kT)$ 当 $t=kT$ 时有非零值，$t\neq kT$ 时 $\delta(t-kT)=0$。将理想采样器的输出信号表示如下：

$$f^*(t)=f(t)\delta_T(t)=\sum_{k=-\infty}^{\infty}f(t)\delta(t-kT) \tag{8-2-2}$$

$f(t)$ 可以移进求和号内，因为求和变量 k 与 t 无关。根据 $\delta(t-kT)$ 的性质，可以进一步把 $f^*(t)$ 写成如下形式：

$$f^*(t)=\sum_{k=-\infty}^{\infty}f(kT)\delta(t-kT) \tag{8-2-3}$$

考虑到当 $t<0$ 时 $f(t)=0$ 则公式(8-2-3)求和下限 k 取值从零开始。公式(8-2-4)是采样信号的时域表达式(因果信号)。

$$f^*(t)=\sum_{k=0}^{\infty}f(kT)\delta(t-kT) \tag{8-2-4}$$

8.2.3 理想采样信号的频域表达

对采样信号 $f^*(t)$ 进行傅里叶变换可以得到其频谱特性，并和 $f(t)$ 的频谱特性比较，找出原信号的谱与采样信号谱之间的关系。

设原信号 $f(t)$的谱为 $F(\mathrm{j}\omega)=F[f(t)]$,其中 F 为傅里叶变换的符号,采样信号 $f^*(t)$的谱为

$$F^*(\mathrm{j}\omega)=F[f^*(t)]=F[f(t)\delta_T(t)] \tag{8-2-5}$$

可以将 $\delta_T(t)$表示傅里叶级数的复数形式,如下所示:

$$\delta_T(t)=\sum_{k=-\infty}^{\infty}\delta(t-kT)=\sum_{k=-\infty}^{\infty}C_k e^{jk\omega_s t} \tag{8-2-6}$$

$\delta_T(t)$是以 T 为周期的周期函数,其角频率为 $\omega_s=2\pi/T$,因此傅里叶级数存在。傅里叶级数的系数为

$$C_k=\frac{1}{T}\int_{-\frac{T}{2}}^{\frac{T}{2}}\delta_T(t)e^{-jk\omega_s t}\mathrm{d}t \tag{8-2-7}$$

对于 $\delta_T(t)$在积分区间 $-T/2\sim T/2$ 内$k=0$,即 $\delta_T(t)$变成了 $\delta(t)$,因此式(8-2-7)可以写成如下形式:

$$C_k=\frac{1}{T}\int_{-\frac{T}{2}}^{\frac{T}{2}}\delta(t)e^{-jk\omega_s t}\mathrm{d}t \tag{8-2-8}$$

利用 $\delta(t)$函数的积分性质即 $\int_{-\infty}^{\infty}f(t)\delta(t)\mathrm{d}t=f(0)$,则 $C_k=\frac{1}{T}$,

$$\delta_T(t)=\frac{1}{T}\sum_{k=-\infty}^{\infty}e^{jk\omega_s t} \tag{8-2-9}$$

将(8-2-9)式代入式(8-2-5)中,得出下式:

$$F^*(\mathrm{j}\omega)=F[f(t)\delta_T(t)]=F\left[f(t)\frac{1}{T}\sum_{k=-\infty}^{\infty}e^{jk\omega_s t}\right]=\frac{1}{T}\sum_{k=-\infty}^{\infty}F[f(t)e^{jk\omega_s t}] \tag{8-2-10}$$

由连续域的傅里叶变换复位移定理,式(8-2-10)可以进一步写为

$$F^*(\mathrm{j}\omega)=\frac{1}{T}\sum_{k=-\infty}^{\infty}F(\mathrm{j}\omega-\mathrm{j}k\omega_s) \tag{8-2-11}$$

式(8-2-11)是理想采样信号的频域表达,与原信号 $f(t)$的谱进行比较,有以下特点:

(1) 非周期连续函数 $f(t)$的谱 $F(\mathrm{j}\omega)$ 是孤立的非周期谱,频谱分布在 $-\omega_{max}$至 ω_{max}之间。如图 8-5(a)所示。

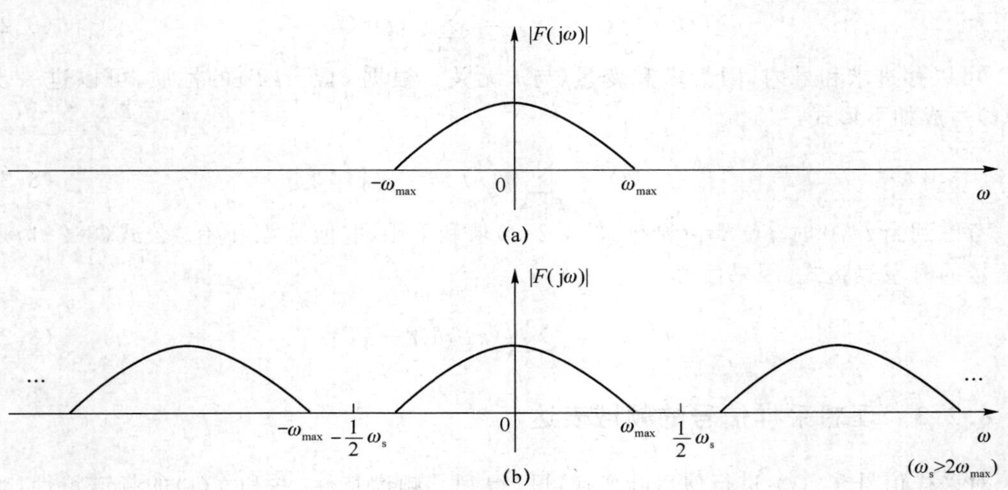

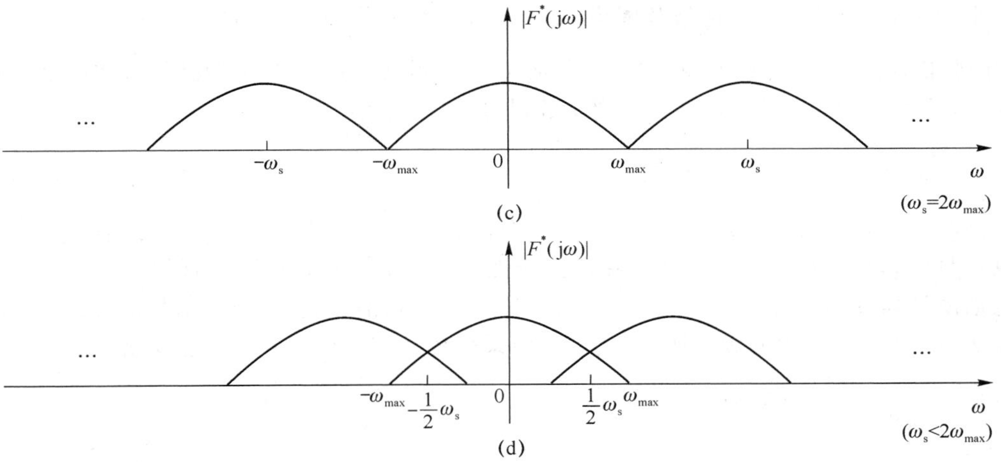

图 8-5　理想采样信号的频谱特性

(2) $F^*(j\omega)$是以 ω_s 为周期的周期函数，$k=\pm 1,\pm 2,\pm 3\cdots$时重复$k=0$ 时的频谱。$k=0$ 时的谱与 $f(t)$谱只相差一系数$\frac{1}{T}$，参见式(8-2-11)当$k=0$ 时的结果。

上述时域函数 $f(t)$的谱 $F(j\omega)$ 与采样后信号的谱 $F^*(j\omega)$之间的关系是在满足采样定理时才成立。

8.2.4　采样定理

若时域连续信号是带宽有限信号，频率范围从$-\omega_{max}$到 ω_{max}之间(其中 ω_{max}是信号的最高频率)，若对 $f(t)$以采样频率 $\omega_s>2\omega_{max}$的频率进行采样时，采样后的频谱 $F^*(j\omega)$随着不同k值的分布是互相错开的，不产生混叠。情况如图 8-5(b)所示。实际上保证采样信号的谱不重叠的条件是 $\omega_s>2\omega_{max}$，$\omega_s=2\omega_{max}$是采样频率的下限，这种情况对应采样信号的频谱随着不同k值的分布刚好不重叠，如图 8-5(c)所示。因此采样定理为：若连续信号频谱是带限的，最高频率为 ω_{max}，对此信号进行采样时采样频率必需满足 $\omega_s>2\omega_{max}$，这就是采样定理。

若不满足采样定理，则采样后信号的频谱随着不同k值的分布就会产生重叠，如图 8-5(d)所示。一旦发生频谱混叠就无法不失真的从采样信号恢复原信号。需要指出，通常实际应用中采样频率仅仅满足 $\omega_s=2\omega_{max}$是不行的，但也不是越高越好，根据具体问题的要求而定。例如在计算机控制系统中，有一种设计方法是将连续控制系统离散化成计算机控制系统，当采样频率为连续系统闭环带宽的 25 倍左右时，计算机控制系统的性能与连续系统的性能十分接近。当采样频率远远低于连续系统闭环带宽 25 倍时，计算机控制系统性能与连续系统的性能相差甚远。此时随着采样频率的逐步提高计算机控制系统性能不断逼近连续系统的性能。

从频域看，采样信号的频谱 $F^*(j\omega)$是以采样频率 ω_s 为周期的周期函数，只要将$k=0$ 的频谱完全取出来，将$k\neq 0$ 频谱滤掉，再将取出的频谱乘以系数 T(采样周期 $T=\frac{2\pi}{\omega_s}$)，这时的频谱与原信号频谱 $F(j\omega)$相等。实际上在时域，相当于由时域采样信号 $f^*(t)$不失真的恢复 $f(t)$。关键问题之一是必需满足采样定理，否则采样信号的频谱将出现混叠，即无法由时域采样信号 $f^*(t)$不失真恢复 $f(t)$。另一问题是若满足采样定理，从采样信号中取出$k=0$频谱的方法是构

造一个理想低通滤波器，其通带范围为$|\omega_{\max}|\leqslant|\omega|\leqslant\left|\frac{1}{2}\omega_s\right|$，通带幅度为采样周期 T，取出 $k=0$的频谱，$k\neq0$ 的频谱被滤掉，实现了由时域采样信号不失真的恢复原信号。用图 8-6 在频域说明，其中 $G(s)$为理想滤波器的传递函数，其幅频和相频特性如下：

$$G(\mathrm{j}\omega)=\begin{cases}T\mathrm{e}^{-\mathrm{j}\omega t_0}, & |\omega|\leqslant\omega_{\max}\\ 0, & |\omega|>\omega_{\max}\end{cases}\tag{8-2-12}$$

当$|\omega|\leqslant\omega_{\max}$时，$|G(\mathrm{j}\omega)|=T,\theta(\omega)=\angle G(\mathrm{j}\omega)=-\omega t_0$；当$|\omega|>\omega_{\max}$时，$|G(\mathrm{j}\omega)|=0$。可见通带内，幅频特性为常数，相频特性为线性。满足信号在频域不失真传输的条件。由理想低通滤波器取出采样信号$k=0$ 的频谱，滤掉$k\neq0$ 的频谱，取出的与原信号的频谱 $F(\mathrm{j}\omega)$完全相等，如图 8-6(c)中的虚线所示，实现了由采样信号 $f^*(t)$不失真的恢复原信号。

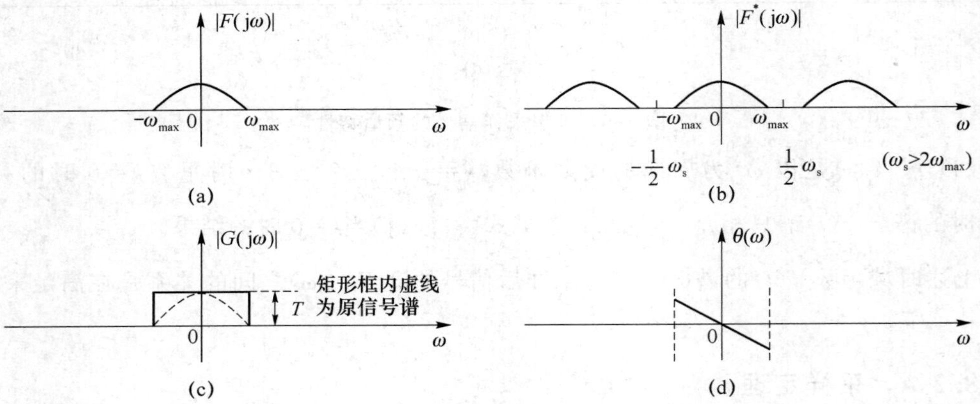

图 8-6　用理想低通滤波器恢复采样信号

通常一般连续信号不满足有限带宽的条件，所谓理想低通滤波器实际上也是不存在的。因此，实际工作中不可能由采样信号不失真地恢复原连续信号。由理想低通的幅频和相频特性的公式(8-2-12)，对 $G(\mathrm{j}\omega)$进行傅里叶逆变换求得对应的理想低通的冲激响应为

$$\begin{aligned}g(t)&=F^{-1}[G(\mathrm{j}\omega)]=\frac{1}{2\pi}\int_{-\infty}^{\infty}G(\mathrm{j}\omega)\mathrm{e}^{\mathrm{j}\omega t}\mathrm{d}\omega=\frac{1}{2\pi}\int_{-\omega_{\max}}^{\omega_{\max}}T\mathrm{e}^{-\mathrm{j}\omega t_0}\mathrm{e}^{\mathrm{j}\omega t}\mathrm{d}\omega\\&=T\frac{\omega_{\max}}{\pi}\frac{\sin\omega_{\max}(t-t_0)}{\omega_{\max}(t-t_0)}\end{aligned}\tag{8-2-13}$$

这是 $\mathrm{Sa}(t)$函数，其峰值位于 $t=t_0$。我们知道冲激响应对应的输入是冲激信号 $\delta(t)$，其特点为仅在 $t=0$ 时产生冲激作用，$t\neq0$ 时不产生冲激作用。但是理想低通的冲激响应在$t<0$ 时已经出现，如图 8-7 所示。显然该系统为非因果系统，非因果系统是不可物理实现的。

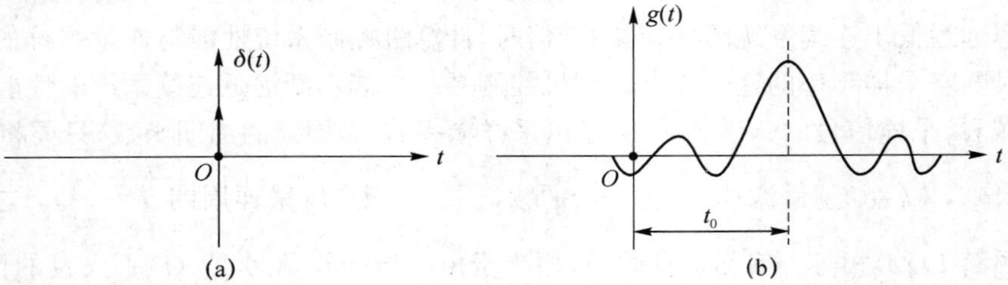

图 8-7　理想低通的冲激响应

从频域上看,佩利和维纳证明了幅度函数 $|G(\mathrm{j}\omega)|$ 可实现的条件为

$$\int_{-\infty}^{\infty} \frac{|\ln|G(\mathrm{j}\omega)||}{1+\omega} \mathrm{d}\omega < \infty \tag{8-2-14}$$

且 $|G(\mathrm{j}\omega)|^2$ 满足

$$\int_{-\infty}^{\infty} |G(\mathrm{j}\omega)|^2 \mathrm{d}\omega < \infty \tag{8-2-15}$$

式(8-2-14)称为佩利一维纳准则。它要求通带和阻带之间一定要有过渡带,同时不允许一个有限频带内幅度为零。理想低通,理想高通,理想带通,理想带阻都违背这一准则,因此都不可实现。满足采样定理可由采样信号不失真地恢复原信号,这是理想条件下的理想化的结果。实际上我们只能构造一个低通滤波器去逼近理想低通特性,因此由采样信号恢复原信号,是逼近原信号的过程,一定不是准确的恢复。我们只能根据具体问题的要求尽可能逼近原连续信号。

8.3 零阶保持器

工程上要求找到一种由采样序列 $f^*(t)$恢复原连续信号的装置,即结构简单,又可方便的恢复信号,还可以达到满意恢复精度,此种装置就是保持器。在计算机控制系统中,被控对象常常是连续系统,对应的执行机构也应是连续的,执行机构接收连续信号,作用到被控对象也是连续信号,若将采样信号序列直接作用到执行机构,必然使执行机构的输出产生大幅度的跳动,对系统是不利的。因此希望将采样信号序列恢复成连续信号后作用到执行机构。从时域看,将采样信号恢复成连续信号,就是将采样后的时域脉冲序列 $f^*(t)$,即$f(0)$,$f(T)$,$f(2T)\cdots f(kT)$重构成原连续信号。我们只能以当前时刻和过去时刻的采样值作为重构信号的已知条件,进行信号的物理重构,尽可能的逼近原来的连续信号。重构的关键是相邻的两个采样点kT和$(k+1)T$之间的连续信号 $f_\mathrm{k}(t)$如何恢复。实际上只能用$f(t)$在$(k+1)T$以前的kT,$(k-1)T$,$(k-2)T$等采样时刻的值进行外推实现。两点间的函数 $f_\mathrm{k}(t)$可以展开成泰勒级数

$$f_\mathrm{k}(t)=f(kT)+f'(kT)(t-T)+\frac{1}{2!}f''(kT)(t-T)^2+\cdots \quad kT\leqslant t\leqslant(k+1)T \tag{8-3-1}$$

其中

$$f_\mathrm{k}(t)=f(t) \quad kT\leqslant t\leqslant(k+1)T$$

$$f'(kT)=\frac{\mathrm{d}f(t)}{\mathrm{d}t}\Big|_{t=kT}\approx\frac{f(kT)-f(k-1)T}{T}$$

$$f''(kT)=\frac{\mathrm{d}^2 f(t)}{\mathrm{d}t^2}\Big|_{t=kT}\approx\frac{f'(kT)-f'(k-1)T}{T}$$

$$=[f(kT)-2f((k-1)T)+f((k-2)T)]\frac{1}{T^2}$$

$$\vdots$$

可见 $f'(kT)$和 $f''(kT)$的近似式中,导数阶次高,延时数目多,对于系统相当于带来滞后相移多,造成系统相位裕度下降,系统稳定性下降,甚至破坏系统的稳定性。因此常用式(8-3-1)的第一项重构连续信号,其对应的保持器称为零阶保持器。保持器的阶数与式(8-3-1)的导数的阶数一致。一阶保持器取公式的前两项,即

$$f_\mathrm{k}(t)\approx f(kT)+[f(kT)-f(k-1)T]\frac{(t-T)}{T} \quad kT\leqslant t\leqslant(k+1)T \tag{8-3-2}$$

8.3.1 零阶保持器的时域特性

零阶保持器定义为

$$f_{\mathrm{k}}(t)=f(kT),\quad kT\leqslant t\leqslant(k+1)T$$

零阶保持器的特点是将kT时刻的采样值一直不变地保持到$(k+1)T$时刻之前，使采样信号$f^*(t)$，即$f(kT)(k=0,1,2,3\cdots)$经零阶保持器处理输出分段的阶梯状信号。若零阶保持器的输入如图 8-8 中的(a)图所示，则对应的输出如图 8-8 中的(b)图所示。把阶梯信号各水平直线取中点光滑连接起来，得到的信号与原信号大体一致，而时间滞后$T/2$。

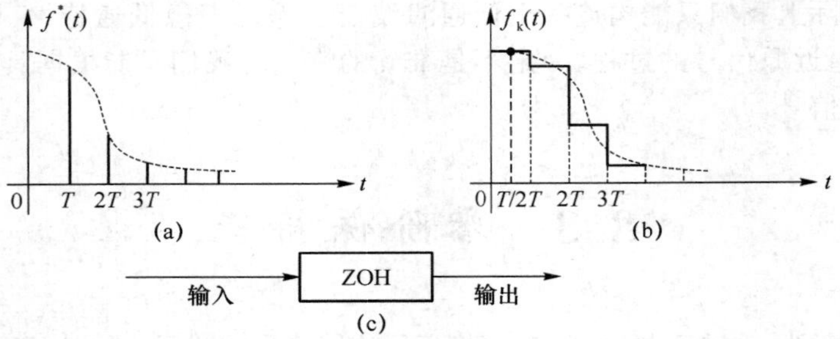

图 8-8　零阶保持器的作用

先从时域冲激响应入手，输入为冲激函数$\delta(t)$，零阶保持器的冲激响应$h(t)$为单位阶跃函数$u(t)$和延迟一个采样周期T的单位阶跃函数$u(t-T)$之差。即$h(t)=u(t)-u(t-T)$如图 8-9 所示。

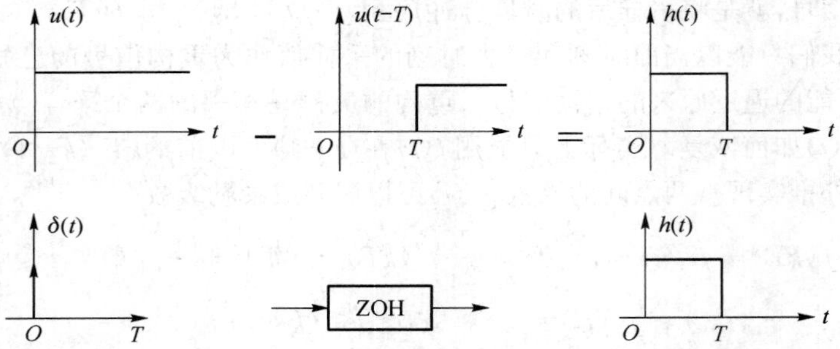

图 8-9　保持器的冲激响应

8.3.2 零阶保持器的频域特性

对零阶保持器的冲激响应函数，取拉普拉斯变换求得零保器的传递函数

$$H_{\mathrm{h}}(s)=L[h(t)]=L[u(t)-u(t-T)]=\frac{1}{s}-\frac{\mathrm{e}^{-Ts}}{s}=\frac{1-\mathrm{e}^{-Ts}}{s}\tag{8-3-3}$$

令$s=\mathrm{j}\omega$，求零阶保持器的频率特性

$$\begin{aligned}H_{\mathrm{h}}(s)\big|_{s=\mathrm{j}\omega}&=\frac{1-\mathrm{e}^{-\mathrm{j}\omega T}}{\mathrm{j}\omega}=\frac{\mathrm{e}^{-\mathrm{j}\omega T/2}(\mathrm{e}^{\mathrm{j}\omega T/2}-\mathrm{e}^{-\mathrm{j}\omega T/2})}{\mathrm{j}\omega}\\&=T\frac{\sin(\omega T/2)}{\omega T/2}\mathrm{e}^{-\mathrm{j}\omega T/2}\qquad(8\text{-}3\text{-}4)\\&=\frac{2\pi}{\omega_{\mathrm{s}}}\frac{\sin(\pi\omega/\omega_{\mathrm{s}})}{\pi\omega/\omega_{\mathrm{s}}}\mathrm{e}^{-\mathrm{j}\pi\omega/\omega_{\mathrm{s}}}\end{aligned}$$

其幅频特性为

$$|H_h(j\omega)| = \frac{2\pi}{\omega_s}\left|\frac{\sin(\pi\omega/\omega_s)}{\pi\omega/\omega_s}\right| \tag{8-3-5}$$

零阶保持器频率响应特性如图 8-10 所示。零阶保持器具有低通特性，但在频率为 ω_s，$2\omega_s$，$3\omega_s$…等处均为截止频率点，而在频率为 $3\omega_s/2$，$5\omega_s/2$…等处出现依次减小的增益峰值。可见由于零阶保持器幅频特性不是常数，而且有无限多个依次减少的增益峰值点，使得零阶保持器的输出波形呈现台阶状，这是零阶保持器的特性决定（波形含有不希望的高频）。通常零阶保持器后放置低通滤波器，使阶梯波形圆滑。零阶保持器相频特性为

$$\begin{aligned}\angle H_h(j\omega) &= \angle \frac{2\pi}{\omega_s}\frac{\sin(\pi\omega/\omega_s)}{\pi\omega/\omega_s}e^{-j\omega\pi/\omega_s} \\ &= \angle \sin(\pi\omega/\omega_s) + (-\omega\pi/\omega_s)\end{aligned} \tag{8-3-6}$$

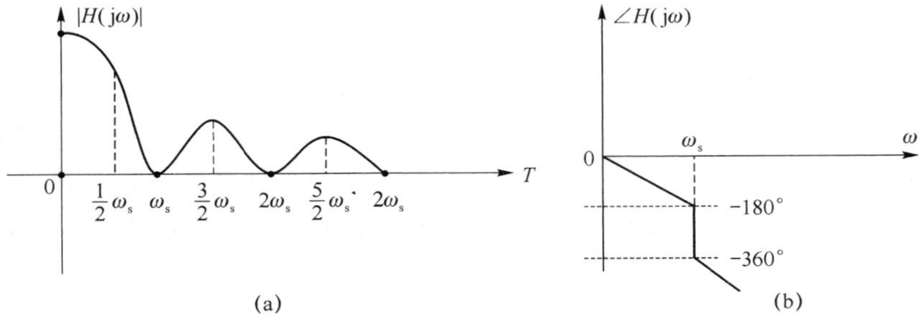

图 8-10　零阶保持器的幅度和相位特性

零阶保持器对相位的贡献分为两部分。一部分为 $\sin(\pi\omega/\omega_s)$ 的贡献，另一部分为 $-\pi\omega/\omega_s$。前者当 ω 从 0 增加到 ω_s，$2\omega_s$，$3\omega_s$…时，每增加一个 ω_s，$\sin(\pi\omega/\omega_s)$ 值产生±交变，可以看成 $-180°$ 的相位贡献。$-\pi\omega/\omega_s$ 随着 ω 的增加对相位呈现线性负方向变化。前者的相位贡献可以不考虑 $\left(\omega \leqslant \frac{1}{2}\omega_s\right)$，一般只考虑后者。

总之，零阶保持器的幅度特性具有明显的低通滤波作用，但它具有多个截止频率。零阶保持器允许通过基本频率，也允许通过附加的高频。因此零阶保持器恢复的信号与原来的信号是有区别的，零阶保持器恢复信号呈现阶梯状，是因为零阶保持器的输出端出现附加高频造成的，通过增加采样频率，零阶保持器恢复的信号与原信号逼近的程度得到改善。零阶保持器是滞后环节，产生一个滞后相移，因此减少了系统的相位储备，造成系统的稳定性下降。在计算机控制系统中要注意这个问题，必要时进行超前补偿。零阶保持器结构简单，实现方便，效果满足一般要求，在计算机控制系统中得到广范应用。

习　题

8.1　试写出理想采样信号的时域表示式。

8.2　试写出理想采样信号的频域表示式。

8.3　什么是采样定理？在实际采样时通常要注意什么？

8.4　试写出零阶保持器的传递函数。简述零阶保持器的特点，使用时注意什么？

第9章 线性离散控制系统数学描述与分析

9.1 概 述

连续控制系统与离散控制系统在结构上是不同的，连续系统各个环节都是连续的，离散系统既有离散环节又有连续环节(被控对象)，在进行离散系统分析时将其连续环节离散化处理后，整个系统按离散时间系统处理。连续控制系统通常借助于微分方程、传递函数和状态方程等表达形式来描述。与连续系统对应的离散控制系统分析通常借助于差分方程、脉冲传递函数和离散状态方程等数学工具。

9.2 脉冲传递函数

离散系统脉冲传递函数的定义为：当初始条件为零时，系统的输出的 Z 变换与输入的 Z 变换之比称为脉冲传递函数(也称 Z 传递函数)。

与连续系统类似，离散系统的脉冲传递函数描述了离散系统的输入/输出之间的关系，仅取决于系统本身的特性，与输入序列无关。

离散系统的脉冲传递函数具体表达式为

$$G(z)=\frac{Y(z)}{R(z)} \tag{9-2-1}$$

$Y(z)$：系统的输出的 Z 变换。$R(z)$：系统输入的 Z 变换。

9.2.1 求脉冲传递函数

(1) 由离散系统的差分方程，求脉冲传递函数

$$y(k)+a_1y(k-1)+a_2y(k-2)+\cdots+a_ny(k-n)=b_0r(k)+b_1r(k-1)+\cdots+b_mr(k-m) \tag{9-2-2}$$

对上式两端取 Z 变换，利用 Z 变换实数平移定理，并考虑初始条件为零。有如下结果：

$$Y(z)+a_1z^{-1}Y(z)+a_2z^{-2}Y(z)+\cdots+a_nz^{-n}Y(z)=b_0R(z)+b_1z^{-1}R(z)+\cdots+b_mz^{-m}R(z) \tag{9-2-3}$$

经整理，脉冲传递函数写为

$$G(z)=\frac{Y(z)}{R(z)}=\frac{b_0+b_1z^{-1}+b_2z^{-2}+\cdots+b_mz^{-m}}{1+a_1z^{-1}+a_2z^{-2}+\cdots+a_nz^{-n}}=\frac{\sum_{i=0}^{m}b_iz^{-i}}{1+\sum_{j=1}^{n}a_jz^{-j}} \qquad (9\text{-}2\text{-}4)$$

该系统的特征方程为

$$1+\sum_{j=1}^{n}a_jz^{-j}=0\Rightarrow 1+a_1z^{-1}+a_2z^{-2}+\cdots+a_nz^{-n}=0 \qquad (9\text{-}2\text{-}5)$$

【例 9.1】 已知差分方程 $y(k)-\frac{1}{2}y(k-1)=r(k-1)$，求脉冲传递函数。

解：对上边方程取 Z 变换，利用实数位移定理，并考虑初始条件有如下结果：

$Y(z)-\frac{1}{2}z^{-1}Y(z)=z^{-1}R(z)$，经整理脉冲传递函数为

$$G(z)=\frac{Y(z)}{R(z)}=\frac{z^{-1}}{1-\frac{1}{2}z^{-1}}$$

(2) 已知离散系统的单位脉冲响应 $h(k)$，求脉冲传递函数 $G(z)$

根据单位脉冲响应的定义，显然脉冲传递函数 $G(z)$ 等于对单位脉冲响应 $h(k)$ 取 Z 变换 $Z[h(k)]$。

(3) 已知连续系统的传递函数 $G(s)$，求脉冲传递函数，按如下三步进行。

① $g(t)=L^{-1}[G(s)]$（L^{-1} 表示取拉普拉斯反变换）；

② 将 $g(t)$ 按采样周期 T 离散化，求出 $g(0)$，$g(1)$，…的值；

③ 由 Z 变换的定义求离散的脉冲传递函数即

$$G(z)=\sum_{k=0}^{\infty}g(k)z^{-k}$$

求 Z 变换可以简单记为 $G(z)=Z[G(s)]$。

【例 9.2】 已知连续系统的传递函数 $G(s)=\frac{1}{s(s+2)}$，求对应的离散系统的脉冲传递函数。

解：
$$G(s)=\frac{1}{s(s+2)}=\frac{1/2}{s}+\frac{-1/2}{s+2}$$

$$G(z)=\frac{\frac{1}{2}z}{z-1}-\frac{\frac{1}{2}z}{z-e^{-2T}}=\frac{\frac{1}{2}z(z-e^{-2T})-\frac{1}{2}z(z-1)}{(z-1)(z-e^{-2T})}=\frac{\frac{1}{2}z(1-e^{-2T})}{(z-1)(z-e^{-2T})}$$

系统的特征方程为

$$(z-1)(z-e^{-2T})=0$$

可见系统的极点分别为 $z=1$，$z=e^{-2T}$。（注：此方法对过程进行简化）

9.2.2 对开环和闭环系统求脉冲传递函数

1. 脉冲采样信号的拉普拉斯变换

在分析离散系统时，常常遇到带星号的信号，为了进行离散系统分析，以及求出脉冲传递函数，必须研究带星号信号的拉普拉斯变换。设开环系统的输入输出关系如图 9-1 所示。

其中 $r^*(t)$ 和 $R^*(s)$ 分别是 $r(t)$ 和 $R(s)$ 的冲激采样。开环系统的输出为

$$Y(s)=R^*(s)G(s) \tag{9-2-6}$$

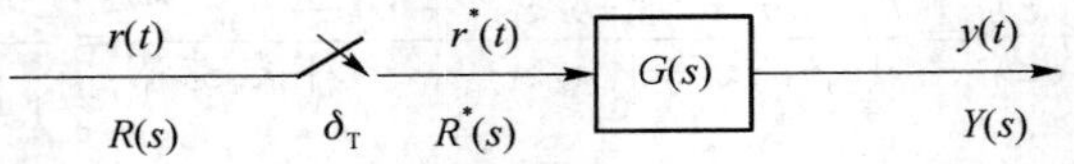

图 9-1　带有冲激采样的系统

根据采样信号的时域表示

$$r^*(t)=\sum_{k=0}^{\infty}r(kT)\delta(t-kT)=r(0)\delta(0)+r(T)\delta(t-T)+\cdots+r(kT)\delta(t-kT)+\cdots \tag{9-2-7}$$

式(9-2-7)的拉普拉斯变换有

$$\begin{aligned}R^*(s)&=L[r^*(t)]=r(0)L[\delta(t)]+r(T)L[\delta(t-T)]+\cdots+r(kT)L[\delta(t-kT)]+\cdots\\&=r(0)+r(T)e^{-Ts}+r(2T)e^{-2Ts}+\cdots=\sum_{k=0}^{\infty}r(kT)e^{-kTs}\end{aligned} \tag{9-2-8}$$

令 $z=e^{Ts}\Rightarrow s=\frac{1}{T}\ln z$

$$R^*(s)\Big|_{s=\frac{1}{T}\ln z}=\sum_{k=0}^{\infty}r(kT)z^{-k} \tag{9-2-9}$$

显然式(9-2-9)是 Z 变换的定义式，因此时域采样的拉普拉斯变换就是 Z 变换。应该强调指出 s 与 z 的关系是 $s=\frac{1}{T}\ln z$，而不是简单的用 z 直接代替 s。

2. 采样信号的拉普拉斯变换的周期性

若 $L[r^*(t)]=R^*(s)L[x^*(t)]=X^*(s)$，则 $R^*(s+\mathrm{j}k\omega_s)=R^*(s)$

证明：

采样信号的谱是原信号的谱以采样频率为周期延拓并乘以 $1/T$ 倍，即表示为

$R^*(s)=\frac{1}{T}\sum_{n=-\infty}^{\infty}R(s+\mathrm{j}n\omega_s)$，同样 $R^*(s+\mathrm{j}k\omega_s)$ 可以表示成如下形式：

$$R^*(s+\mathrm{j}k\omega_s)=\frac{1}{T}\sum_{n=-\infty}^{\infty}R[(s+\mathrm{j}k\omega_s)+\mathrm{j}n\omega_s]=\frac{1}{T}\sum_{n=-\infty}^{\infty}R[s+(\mathrm{j}k\omega_s+\mathrm{j}n\omega_s)] \tag{9-2-10}$$

令 $n+k=n'$ 则有

$$R^*(s+\mathrm{j}k\omega_s)=\frac{1}{T}\sum_{n'=-\infty}^{\infty}R(s+\mathrm{j}n'\omega_s)=\frac{1}{T}\sum_{n=-\infty}^{\infty}R(s+\mathrm{j}n\omega_s)=R^*(s) \tag{9-2-11}$$

可见具有周期性。

3. 星号的运算

若采样信号的拉普拉斯变换与连续信号的拉普拉斯变换乘积之后再采样，则采样信号的拉普拉斯变换可以由星号运算中提出来，即

$$Y^*(s)=[R^*(s)G(s)]^*=R^*(s)[G(s)]^*=R^*(s)G^*(s) \tag{9-2-12}$$

实际上星号拉普拉斯变换可视为 Z 变换的缩略表示符，故得证。在推导脉冲传递函数

和简化离散时间控制系统框图的过程中非常重要。星号运算的推导略。

4. 串联环节的脉冲传递函数

1)环节间有采样开关

环节串联且环节之间具有采样开关的开环系统的脉冲传递函数,如图 9-2 所示。

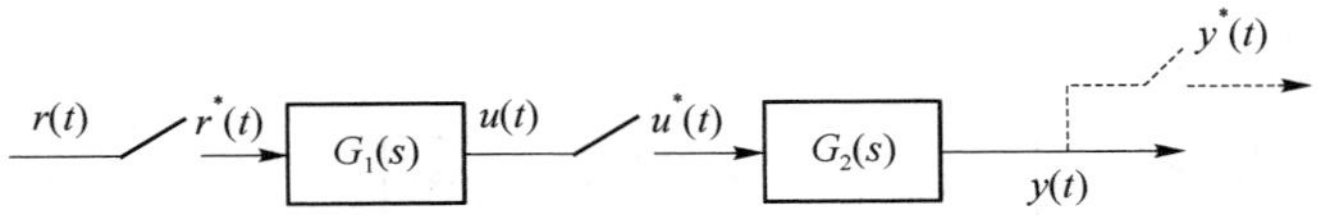

图 9-2　环节串联且环节间设有采样开关

根据图 9-2 有如下关系:

$$\begin{cases} U(s)=G_1(s)R^*(s) \\ Y(s)=G_2(s)U^*(s) \end{cases} \tag{9-2-13}$$

取式(9-2-13)的采样形式

$$\begin{cases} U^*(s)=[G_1(s)R^*(s)]^*=G_1^*(s)R^*(s) \\ Y^*(s)=[G_2(s)U^*(s)]^*=G_2^*(s)U^*(s)=G_2^*(s)G_1^*(s)R^*(s) \end{cases} \tag{9-2-14}$$

将式(9-2-14)中 $Y^*(s)$写成 Z 变换的形式

$$Y(z)=G_2(z)G_1(z)R(z) \tag{9-2-15}$$

环节间插采样开关的串联系统开环脉冲传递函数为

$$G(z)=\frac{Y(z)}{R(z)}=G_1(z)G_2(z) \tag{9-2-16}$$

结论:环节间插入采样开关的串联系统,系统的脉冲传递函数是每个环节的脉冲传递函数之积。

2) 环节间无采样开关

环节间无采样开关的串联系统的框图如图 9-3 所示。求该开环系统的脉冲传递函数。

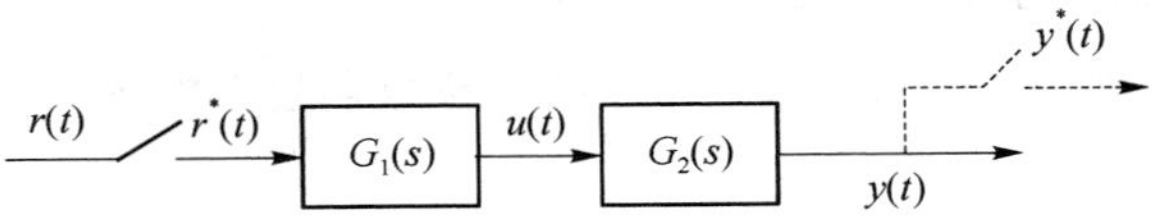

图 9-3　环节间无采样开关

环节间无采样开关开环系统的输出为

$$Y(s)=G_1(s)G_2(s)R^*(s) \tag{9-2-17}$$

取式(9-2-17)的采样形式。

$$Y^*(s)=[G_1(s)G_2(s)R^*(s)]^*=[G_1(s)G_2(s)]^*R^*(s) \tag{9-2-18}$$

环节间无采样开关开环系统的输出写成 Z 变换形式

$$Y(z)=R(z)Z[G_1(s)G_2(s)] \tag{9-2-19}$$

写成脉冲传递函数的形式

$$\frac{Y(z)}{R(z)}=Z[G_1(s)G_2(s)]=G_1G_2(z)=G_2G_1(z) \tag{9-2-20}$$

结论:环节间无采样开关的 Z 传递函数是连续环节的传递函数乘积之后求 Z 变换。

特别强调：

$$G_1(z)G_2(z)\neq G_1G_2(z)=G_2G_1(z)=Z[G_1(s)G_2(s)]$$

【例 9.3】 已知环节 $G_1(s)=\frac{1}{s}$，环节 $G_2(s)=\frac{1}{s+1}$分别求出环节间插入采样开关和不插入采样开关时两种开环系统的脉冲传递函数，如图 9-4 和图 9-5 所示。

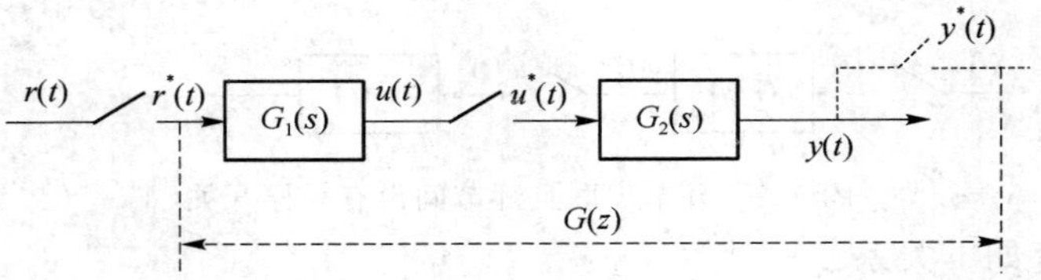

图 9-4 环节间插入采样开关

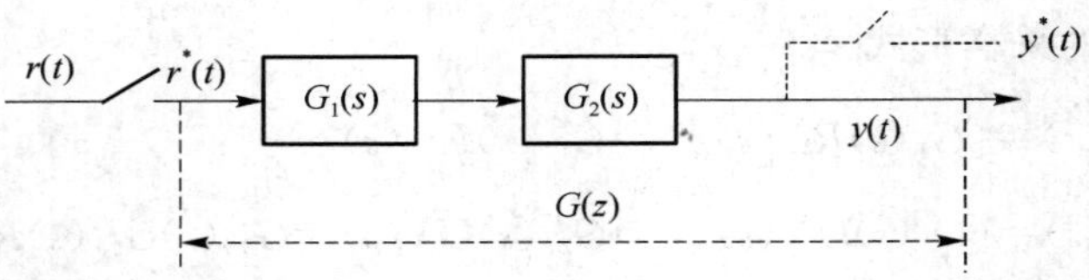

图 9-5 环节间不插入采样开关

环节间插采样开关的开环脉冲传递函数为

$$\frac{Y(z)}{R(z)}=G(z)=G_1(z)G_2(z)=Z\left[\frac{1}{s}\right]Z\left[\frac{1}{s+1}\right]=\frac{z}{z-1}\cdot\frac{z}{z-\mathrm{e}^{-T}}$$

环节间无采样开关的开环脉冲传递函数为

$$\frac{Y(z)}{R(z)}=G(z)=Z[G_1(s)G_2(s)]=Z\left[\frac{1}{s}\cdot\frac{1}{s+1}\right]=\frac{z}{z-1}-\frac{z}{z-\mathrm{e}^{-T}}$$

可见环节间插采样开关和不插采样开关，开环脉冲传递函数是不同的。

5. 插入零阶保持器的开环系统的脉冲传递函数

在计算机控制系统中零阶保持器常常与连续对象组合起来构成广义对象，其框图如图 9-6 所示，其中 $G_0(s)=\frac{1-\mathrm{e}^{-Ts}}{s}$。

根据图 9-6，开环系统的脉冲传递函数为

$$\frac{Y(z)}{R(z)}=G(z)=Z\left[\frac{1-\mathrm{e}^{-Ts}}{s}\cdot G_{\mathrm{p}}(s)\right]=Z\left[\frac{G_{\mathrm{p}}(s)}{s}\right]-Z\left[\frac{G_{\mathrm{p}}(s)}{s}\mathrm{e}^{-Ts}\right]=(1-z^{-1})Z\left[\frac{G_{\mathrm{p}}(s)}{s}\right] \tag{9-2-21}$$

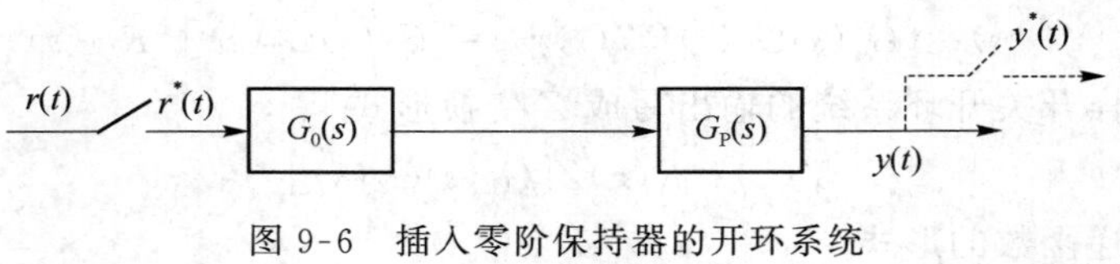

图 9-6 插入零阶保持器的开环系统

证明：$G(s)=\frac{1-\mathrm{e}^{-Ts}}{s}G_{\mathrm{p}}(s)=(1-\mathrm{e}^{-Ts})G_1(s)$，其中 $G_1(s)=\frac{G_{\mathrm{p}}(s)}{s}$

考虑

$$X_1(s)=\mathrm{e}^{-Ts}G_1(s)$$

因为 $X_1(s)$ 为两函数的拉普拉斯变换之积，故改写为卷积形式：

$$x_1(t)=\int_0^t g_0(t-\tau)g_1(\tau)\mathrm{d}\tau$$

其中 $g_0(t)=L^{-1}[\mathrm{e}^{-Ts}]=\delta(t-T)\quad g_1(t)=L^{-1}[G_1(s)]$

因此 $$x_1(t)=\int_0^t \delta(t-T-\tau)g_1(\tau)\mathrm{d}\tau=g_1(t-T)$$

由 $Z[g_1(t)]=G_1(z)$ 可得 $Z[g_1(t-T)]=z^{-1}G_1(z)$

根据 $G(s)$ 的表达式，可求出 $G(z)$ 为

$$\begin{aligned}G(z)&=Z[G_1(s)-\mathrm{e}^{Ts}G_1(s)]=Z[g_1(t)]-Z[g_1(t-T)]\\&=G_1(z)-z^{-1}G_1(z)=(1-z^{-1})G_1(z)\\&=(1-z^{-1})Z\left[\frac{G_p(s)}{s}\right]\end{aligned}$$

上面证明：如果 $G(s)$ 含有因子 $(1-\mathrm{e}^{-Ts})$，则求 $G(s)$ 的 Z 变换时，可以提取公因子 $1-\mathrm{e}^{-Ts}=1-z^{-1}$，这样 $G(z)$ 就等于剩余项 z 变换与 $(1-z^{-1})$ 的乘积。

【例 9.4】 已知被控对象为 $G_p(s)=\dfrac{1}{s(s+1)}$，插入零阶保持器 $G_0(s)=\dfrac{1-\mathrm{e}^{-Ts}}{s}$ 与被控对象组成广义对象，其结构形式如图 9-6 所示，试求开环系统的脉冲传递函数。

解： $$\frac{Y(z)}{R(z)}=(1-z^{-1})Z\left[\frac{G_p(s)}{s}\right]$$

$$Z\left[\frac{G_P(s)}{s}\right]=Z\left[\frac{1}{s^2(s+1)}\right]=Z\left[\frac{1}{s^2}-\frac{1}{s}+\frac{1}{s+1}\right]=\frac{Tz}{(z-1)^2}-\frac{z}{z-1}+\frac{z}{z-\mathrm{e}^{-T}}$$

$$\begin{aligned}\frac{Y(z)}{R(z)}&=(1-z^{-1})\left(\frac{Tz}{(z-1)^2}-\frac{z}{z-1}+\frac{z}{z-\mathrm{e}^{-T}}\right)\\&=\frac{T}{z-1}-1+\frac{z-1}{z-\mathrm{e}^{-T}}=\frac{T(z-\mathrm{e}^{-T})-(z-1)(z-\mathrm{e}^{-T})+(z-1)^2}{(z-1)(z-\mathrm{e}^{-T})}\\&=\frac{(T+\mathrm{e}^{-T}-1)z+(1-T\mathrm{e}^{-T}-\mathrm{e}^{-T})}{(z-1)(z-\mathrm{e}^{-T})}\end{aligned}$$

【例 9.5】 零阶保持器如图 9-7 所示，证明 $Y^*(s)=R^*(s)$

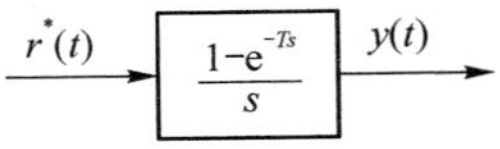

图 9-7　零阶保持器

证明：

$$Y(s)=G(s)R^*(s)=\frac{1-\mathrm{e}^{Ts}}{s}R^*(s)$$

作带星号拉普拉斯变换

$$Y^*(s)=\left(\frac{1-\mathrm{e}^{Ts}}{s}\right)^*R^*(s)$$

使用 Z 变换的符号

$$Y(z)=Z\left[\frac{1-\mathrm{e}^{Ts}}{s}\right]R(z)=(1-z^{-1})Z\left[\frac{1}{s}\right]R(z)=R(z)$$

使用带星号拉普拉斯变换符号，得证。

6. 环节并联的脉冲传递函数

环节并联的结构框图如图 9-8 所示。

解： $$Y(s)=[G_1(s)+G_2(s)]R^*(s)\tag{9-2-22}$$

对式(9-2-22)取采样形式。

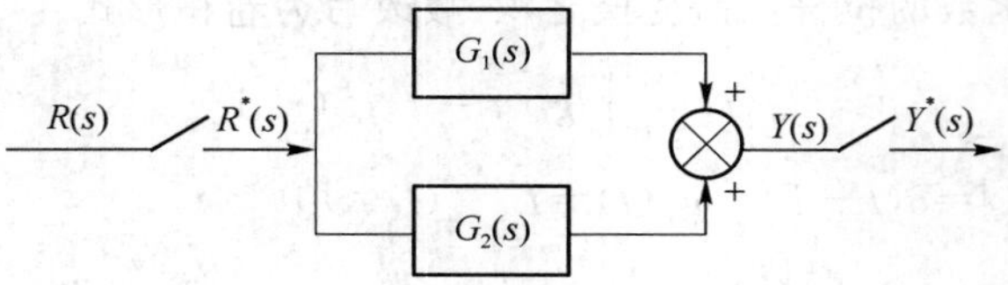

图 9-8　环节并联的离散系统

$$Y^*(s)=[(G_1(s)+G_2(s))R^*(s)]^*=G^*{}_1(s)R^*(s)+G^*{}_2(s)R^*(s) \tag{9-2-23}$$

两个环节并联总的脉冲传递函数为

$$\frac{Y(z)}{R(z)}=Z[G_1(s)+G_2(s)]=Z[G_1(s)]+Z[G_2(s)]=G_1(z)+G_2(z) \tag{9-2-24}$$

总结：n 个环节的并联，系统总的脉冲传递函数是每个环节的脉冲传递函数之和。

7. 反馈连接的闭环脉冲传递函数

计算机控制系统采用反馈连接时，离散系统的闭环脉冲传递函数与采样开关的位置关系也是非常密切。当输入端无采样开关时，离散闭环系统只有输出表达式，而不存在离散系统的脉冲传递函数。

(1) 前向通道设有采样开关，其结构框图如图 9-9 所示。

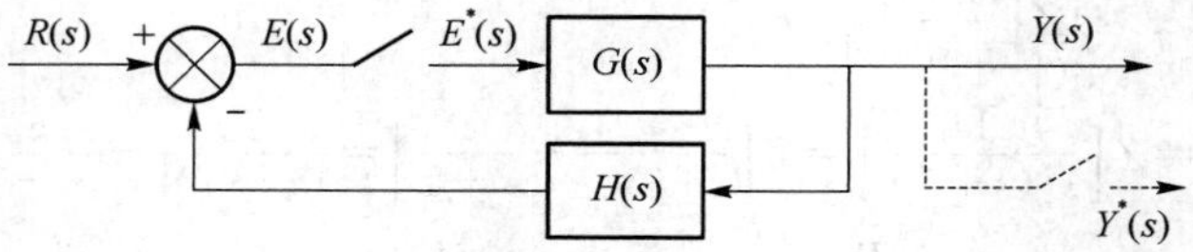

图 9-9　前向通道设有采样开关

由输出端和误差节点列写方程：

$$\begin{cases} Y(s)=E^*(s)G(s) \\ E(s)=R(s)-E^*(s)G(s)H(s) \end{cases} \tag{9-2-25}$$

进一步对式(9-2-25)取采样形式：

$$\begin{cases} Y^*(s)=[E^*(s)G(s)]^* \\ E^*(s)=[R(s)-E^*(s)G(s)H(s)]^*=R^*(s)-E^*(s)[G(s)H(s)]^* \end{cases} \tag{9-2-26}$$

$$E^*(s)=\frac{R^*(s)}{1+[G(s)H(s)]^*}=\frac{R^*(s)}{1+GH^*(s)}$$

$$Y^*(s)=\frac{G^*(s)}{1+GH^*(s)}R^*(s) \tag{9-2-27}$$

对式(9-2-27)取 Z 变换形式：

$$Y(z)=\frac{G(z)}{1+GH(z)}R(z) \tag{9-2-28}$$

同样对于该系统可以求其误差脉冲传递函数，可按如下过程进行：

在误差端列写方程：

$$E(s)=R(s)-E^*(s)G(s)H(s)$$

对误差取采样形式：

$$E^*(s)=[R(s)-E^*(s)G(s)H(s)]^*=R^*(s)-E^*(s)[G(s)H(s)]^*$$

误差传递函数为

$$\frac{E^*(s)}{R^*(s)}=\frac{1}{1+[G(s)H(s)]^*}\Rightarrow\frac{E(z)}{R(z)}=\frac{1}{1+GH(z)}=\frac{1}{1+HG(z)} \tag{9-2-29}$$

(2) 在反馈回路设有采样开关,其结构框图如图 9-10 所示。

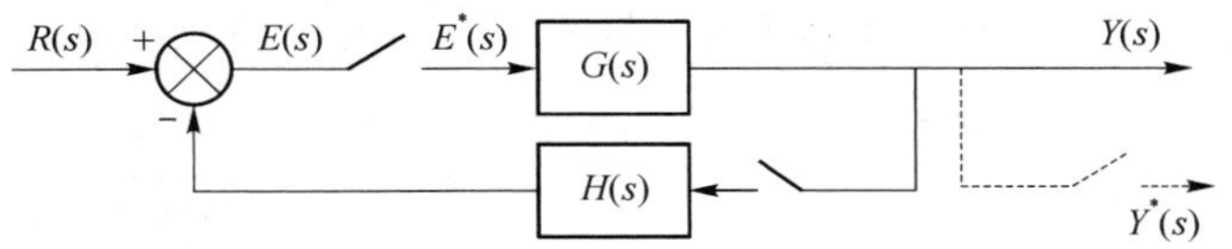

图 9-10　反馈回路设有采样开关

在输出通道和误差节点列写方程:

$$\begin{cases}Y(s)=E^*(s)G(s)\\E(s)=R(s)-E^*(s)G^*(s)H(s)\end{cases} \tag{9-2-30}$$

取式(9-2-30)的采样形式:

$$\begin{cases}Y^*(s)=[E^*(s)G(s)]^*\\E^*(s)=[R(s)-E^*(s)G^*(s)H(s)]^*\end{cases}\Rightarrow E^*(s)=\frac{R^*(s)}{1+G^*(s)H^*(s)} \tag{9-2-31}$$

$$Y^*(s)=\frac{G^*(s)R^*(s)}{1+G^*(s)H^*(s)} \tag{9-2-32}$$

$$\frac{Y^*(s)}{R^*(s)}=\frac{G^*(s)}{1+G^*(s)H^*(s)} \tag{9-2-33}$$

取式(9-2-33)的 Z 变换形式:

$$\frac{Y(z)}{R(z)}=\frac{G(z)}{1+G(z)H(z)} \tag{9-2-34}$$

(3) 前向通道(误差处)不设采样开关,这种情况单独讨论,其框图如图 9-11 所示。

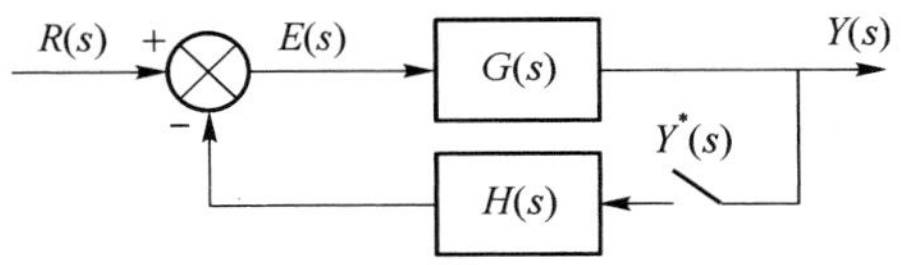

图 9-11　前向通道(误差处)不设采样开关

在前向通道和误差节点列写方程:

$$\begin{cases}Y(s)=E(s)G(s)\\E(s)=R(s)-[E(s)G(s)]^*H(s)\end{cases} \tag{9-2-35}$$

将式(9-2-35)中 $Y(s)$ 式表示成取样形式

$$Y^*(s)=G^*(s)E(s)=\frac{G^*(s)R(s)}{1+H(s)G^*(s)} \tag{9-2-36}$$

将式(9-2-36)表示成 Z 变换的形式

$$Y(z)=\frac{GR(z)}{1+HG(z)}=\frac{RG(z)}{1+GH(z)} \tag{9-2-37}$$

$R(s)$不能从 $G(s)R^*(s)$中独立出来,即相当于对$[G^*(s)R(s)]$或$[G(s)R^*(s)]$求 Z 变换,结果为 $GR(z)$或 $RG(z)$。这里应特别指出,误差通道不设采样开关,只存在输出的 Z 变换表达,而不存在脉冲传递函数。

还根据离散系统的梅森公式(信号流图法)直接列写离散系统输出的 Z 变换表达式,注意将 $R(s)$ 当成一个环节画在框图上,并且把凡是没有被采样开关作用的所有传递函数先乘积后当成一个独立环节。则离散闭环系统输出的 Z 变换表达方法类似于连续系统的梅森公式,这里不再赘述。

为了方便起见给出常见的几种典型的采样系统输出的 Z 变换表达,如表 9-1 所示。

表 9-1 典型采样系统输出的变换表示

采样系统框图	输出的 Z 变换表示 $Y(z)$
1. 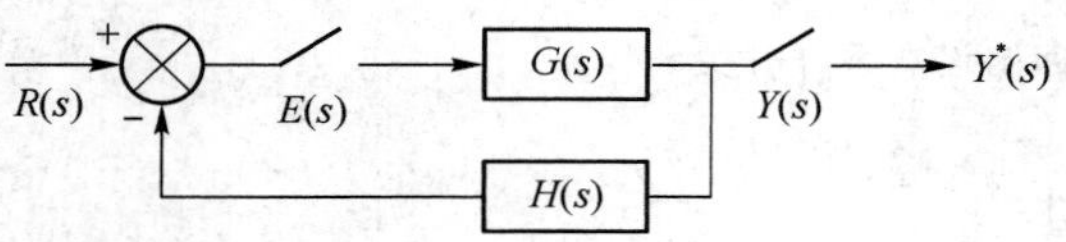	1. $Y(z)=\dfrac{G(z)R(z)}{1+GH(z)}$
2. 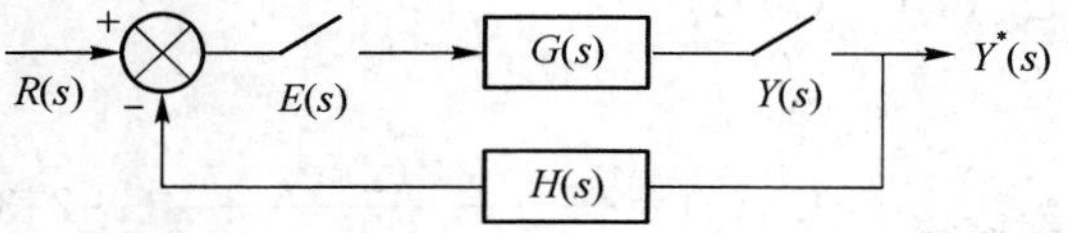	2. $Y(z)=\dfrac{G(z)R(z)}{1+G(z)H(z)}$
3. 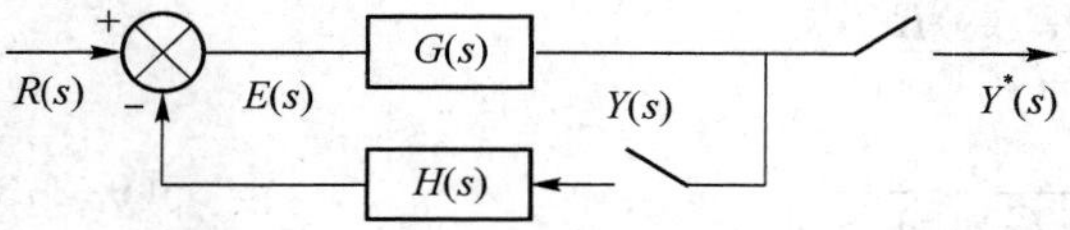	3. $Y(z)=\dfrac{GR(z)}{1+GH(z)}$(无 Z 传递函数)
4. 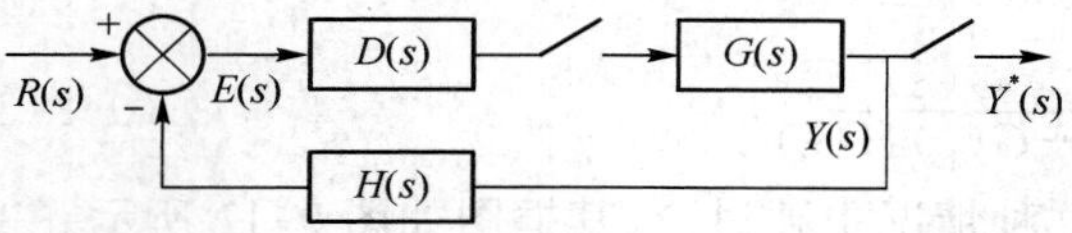	4. $Y(z)=\dfrac{G(z)DR(z)}{1+GDH(z)}$(无 Z 传递函数)
5. 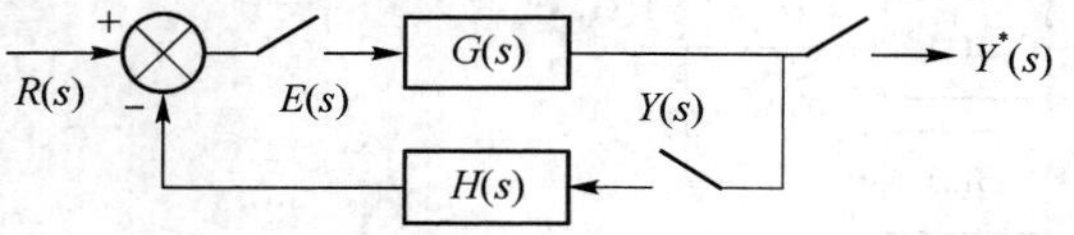	5. $Y(z)=\dfrac{G(z)R(z)}{1+G(z)H(z)}$
6. 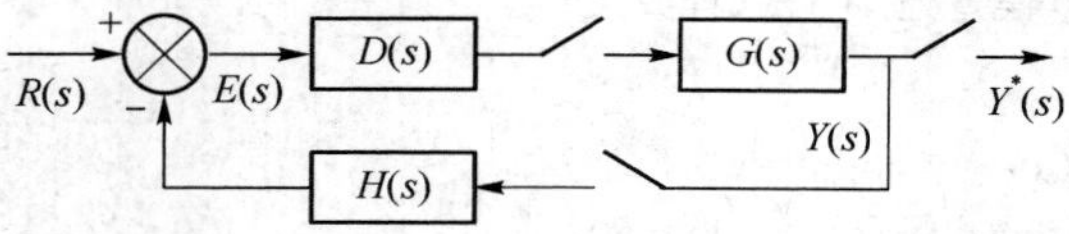	6. $Y(z)=\dfrac{G(z)DR(z)}{1+DH(z)G(z)}$(无 Z 传递函数)
7. 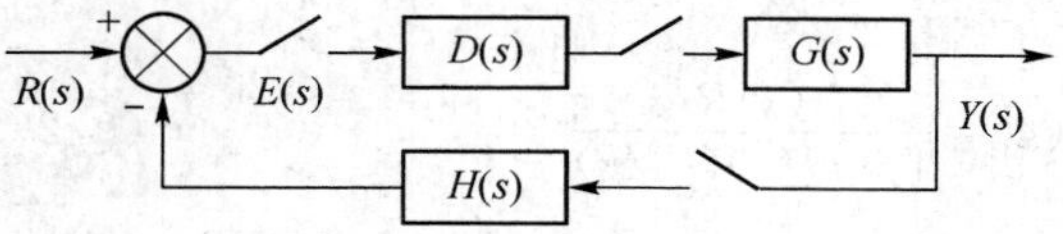	7. $Y(z)=\dfrac{G(z)D(z)R(z)}{1+D(z)G(z)H(z)}$
8. 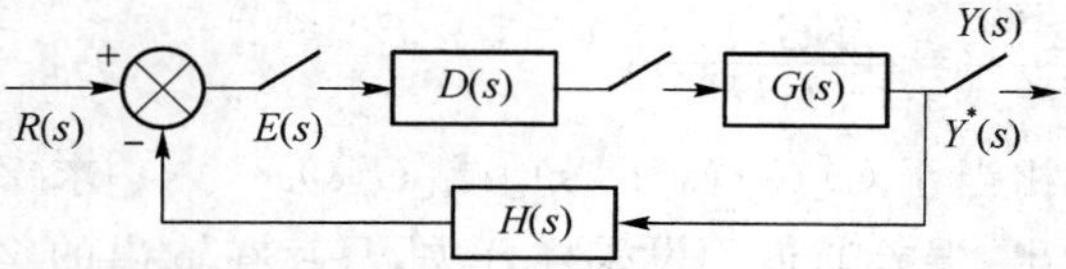	8. $Y(z)=\dfrac{G(z)D(z)R(z)}{1+D(z)GH(z)}$

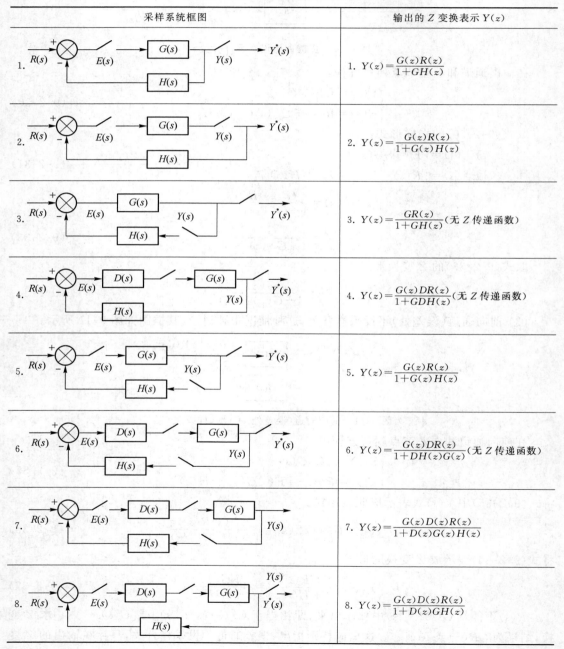

8. 由离散控制系统的脉冲传递函数求响应

【例 9.6】 离散控制系统的结构框图如图 9-12 所示。

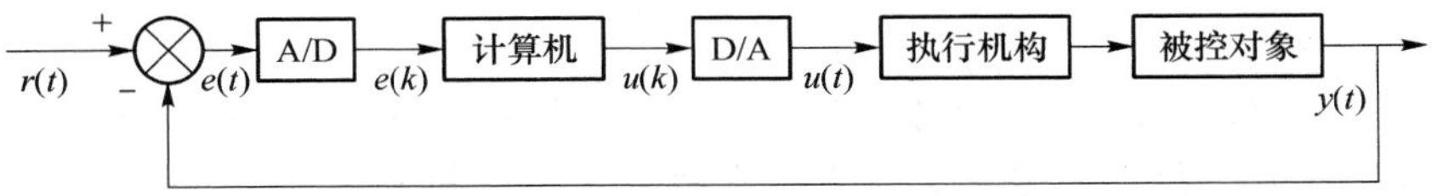

图 9-12　离散控制系统的结构图

其中 A/D 实现了采样和转换功能，计算机可看成为数字控制器（控制算法）$D(z)$，D/A 具有零阶保持器的功能，还有执行机构和被控对象（它们组合起来称为广义对象 $G(s)$）。图 9-12 简画成图 9-13。

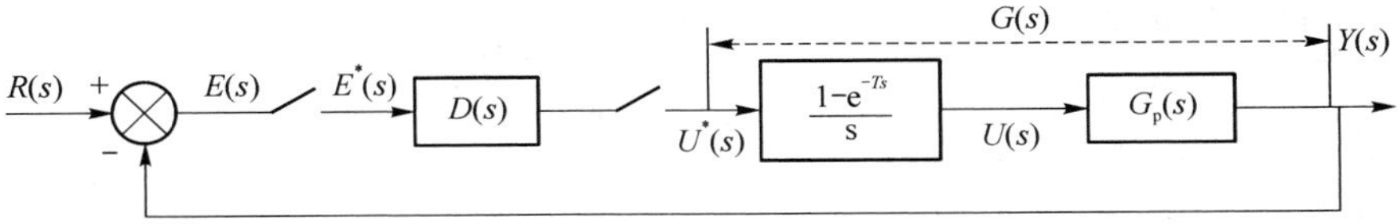

图 9-13　离散控制系统的框图

由图 9-13 的输出端和误差端列写方程：

$$Y(s)=E^*(s)D^*(s)G(s) \tag{9-2-38}$$

$$E(s)=R(s)-Y(s)=R(s)-E^*(s)D^*(s)G(s) \tag{9-2-39}$$

将式(9-2-38)和式(9-2-39)写成采样形式：

$$Y^*(s)=E^*(s)D^*(s)G^*(s)$$

$$E^*(s)=R^*(s)-E^*(s)D^*(s)G^*(s)\Rightarrow E^*(s)=\frac{R^*(s)}{1+D^*(s)G^*(s)} \tag{9-2-40}$$

将误差式代入输出方程则有

$$\frac{Y^*(s)}{R^*(s)}=\frac{D^*(s)G^*(s)}{1+G^*(s)D^*(s)} \tag{9-2-41}$$

该闭环系统的脉冲传递函数为

$$\frac{Y(z)}{R(z)}=\frac{D(z)G(z)}{1+D(z)G(z)} \tag{9-2-42}$$

顺便指出闭环系统输出响应的计算（Z 变换法）步骤：

(1) 将脉冲传递函数改写成输出形式

$$Y(z)=\frac{D(z)G(z)}{1+D(z)G(z)}R(z)$$

(2) 将 $R(z)$ 的具体输入波形表达式（如单位阶跃、斜坡、抛物线等输入函数）代入闭环系统的输出式 $Y(z)$ 中；

(3) 将 $Y(z)$ 部分分式展开求 Z 反变换；

(4) 通过计算机迭代计算（简单的通过手算）$y(k)$ 响应序列。

9.3 离散状态空间描述

脉冲传递函数仅适用于 SISO 系统，离散状态空间方法不仅适用于 SISO 系统，更适用于 MIMO(多入多出)系统，特别适合计算机求解。状态空间描述是用现代控制理论进行分析、设计的基础。

一阶微分方程组构成连续系统的状态方程，一阶差分方程组构成离散系统的状态方程，线性常系数离散系统的状态方程和输出方程分别为

$$\boldsymbol{x}(k+1)=\boldsymbol{F}\boldsymbol{x}(k)+\boldsymbol{G}\boldsymbol{u}(k) \tag{9-3-1}$$

$$\boldsymbol{y}(k)=\boldsymbol{C}\boldsymbol{x}(k)+\boldsymbol{D}\boldsymbol{u}(k) \tag{9-3-2}$$

其中$\boldsymbol{F}$：$n\times n$ 的系统矩阵；

$\boldsymbol{G}$：$n\times p$ 的输入矩阵；

$\boldsymbol{C}$：$m\times n$ 的输出矩阵；

$\boldsymbol{D}$：$m\times p$ 的直接传输矩阵；

$\boldsymbol{x}(k)$：$n\times 1$ 的状态向量，包含 n 个变量；

$\boldsymbol{y}(k)$：$m\times 1$ 的输出向量，包含 m 个变量；

$\boldsymbol{u}(k)$：$p\times 1$ 的输入向量，包含 p 个变量。

在离散控制系统状态空间设计中，常常需给出状态方程所对应的框图，图 9-14 给出框图的一般形式。

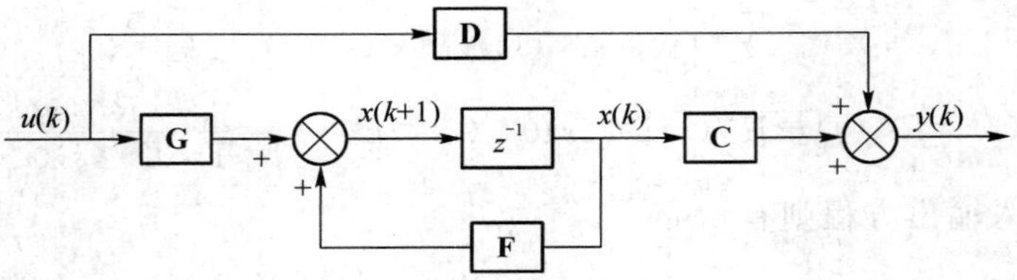

图 9-14 离散系统状态方程框图

为了处理问题简单、方便，常常将状态方程写成四种典型的标准型，可控标准型、可观标准型、对角线型和约当标准型，这里仅介绍前两种标准型。

1. 可控标准型

设系统的差分方程为

$$y(k)+a_1y(k-1)+a_2y(k-2)+\cdots+a_ny(k-n)=b_0u(k)+b_1u(k-1)+\cdots+b_nu(k-n) \tag{9-3-3}$$

对应的脉冲传递函数为

$$G(z)=\frac{Y(z)}{U(z)}=\frac{b_0+b_1z^{-1}+b_2z^{-2}+\cdots+b_nz^{-n}}{1+a_1z^{-1}+a_2z^{-2}+\cdots+a_nz^{-n}}=\frac{\sum\limits_{i=0}^{n}b_iz^{-i}}{1+\sum\limits_{j=1}^{n}a_jz^{-j}} \tag{9-3-4}$$

可控标准型的状态方程为(其表达形式随状态变量取法不同而改变)

$$\begin{pmatrix} x_1(k+1) \\ x_2(k+1) \\ \vdots \\ x_n(k+1) \end{pmatrix} = \begin{pmatrix} 0 & 1 & 0 & \cdots & 0 \\ 0 & 0 & 1 & \vdots & 0 \\ \vdots & \vdots & \vdots & \ddots & \vdots \\ -a_n & -a_{n-1} & -a_{n-2} & \cdots & -a_1 \end{pmatrix} \cdot \begin{pmatrix} x_1(k) \\ x_2(k) \\ \vdots \\ x_n(k) \end{pmatrix} + \begin{pmatrix} 0 \\ 0 \\ \vdots \\ 1 \end{pmatrix} u(k) \quad (9\text{-}3\text{-}5)$$

输出方程为

$$y(k) = [(b_n - b_0 a_n) \quad (b_{n-1} - b_0 a_{n-1}) \quad \cdots \quad (b_2 - b_0 a_2) \quad (b_1 - b_0 a_1)] \begin{pmatrix} x_1(k) \\ x_2(k) \\ \vdots \\ x_n(k) \end{pmatrix} + b_0 u(k)$$

(9-3-6)

可控标准型结构框图如图 9-15 所示。

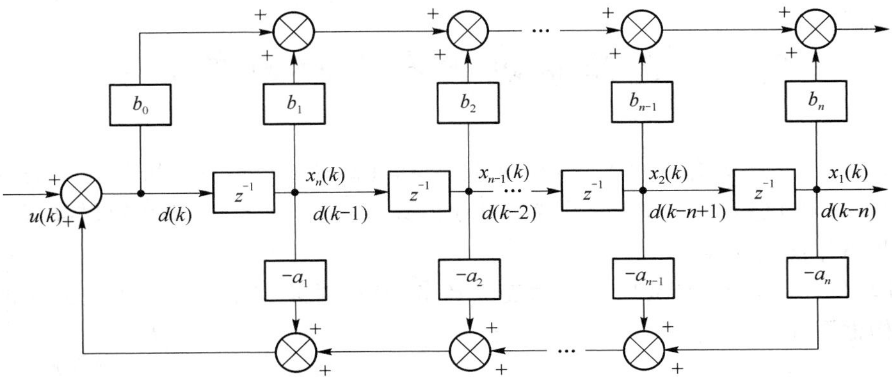

图 9-15 可控标准型结构框图

2. 可观标准型

根据差分方程(9-3-3)式有

$$\begin{aligned} y(k) &= b_0 u(k) + b_1 u(k-1) + \cdots + b_n u(k-n) - a_1 y(k-1) - a_2 y(k-2) - \cdots - a_n y(k-n) \\ &= \sum_{i=0}^{n} b_i u(k-i) - \sum_{i=1}^{n} a_i y(k-i) \end{aligned}$$

(9-3-7)

可观标准型结构框图，如图 9-16 所示。

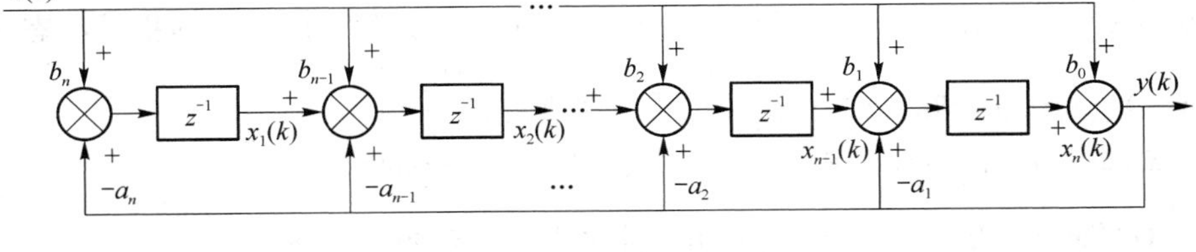

图 9-16 可观标准型结构框图

可观标准型的状态方程

$$\begin{pmatrix} x_1(k+1) \\ x_2(k+1) \\ \vdots \\ x_n(k+1) \end{pmatrix} = \begin{pmatrix} 0 & 0 & \cdots & 0 & 0 & -a_n \\ 1 & 0 & \cdots & 0 & 0 & -a_{n-1} \\ \vdots & \vdots & \ddots & \vdots & \vdots & \vdots \\ 0 & 0 & \cdots & 1 & 0 & -a_2 \\ 0 & 0 & \cdots & 0 & 1 & -a_1 \end{pmatrix} \cdot \begin{pmatrix} x_1(k) \\ x_2(k) \\ \vdots \\ x_{n-1}(k) \\ x_n(k) \end{pmatrix} + \begin{pmatrix} b_n - b_0 a_n \\ b_{n-1} - b_0 a_{n-1} \\ \vdots \\ b_2 - b_0 a_2 \\ b_1 - b_0 a_1 \end{pmatrix} \boldsymbol{u}(k) \tag{9-3-8}$$

可观标准型的输出方程的矩阵表示：

$$\boldsymbol{y}(k) = [0 \quad 0 \quad \cdots \quad 0 \quad 1] \cdot \begin{pmatrix} x_1(k) \\ x_2(k) \\ \vdots \\ x_n(k) \end{pmatrix} + b_0 \boldsymbol{u}(k) \tag{9-3-9}$$

9.4 连续系统状态方程的离散化

计算机控制系统既有连续环节又有离散环节，在离散域里进行分析和设计，必须将连续环节离散化。对于连续系统，无论是状态方程形式，还是传递函数，都可以转换成离散的状态方程，具体作法概述如下。

在计算机控制系统中，被控对象为连续环节，被控对象和零阶保持器一起构成广义对象，其结构框图如图 9-17 所示。

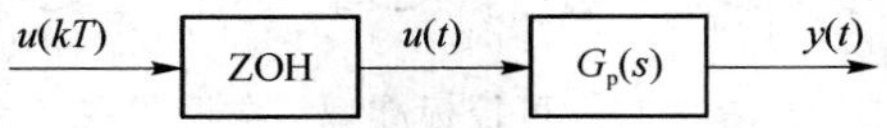

图 9-17 广义对象的结构图

其中 $u(kT)$ 为计算机（数字控制器）输出的数字序列；$u(t)$ 为零阶保持器输出；$y(t)$ 为被控对象的输出；ZOH 为零阶保持器。

假定描述被控对象状态方程和输出方程分别为

$$\begin{cases} \dot{\boldsymbol{x}}(t) = \boldsymbol{A}\boldsymbol{x}(t) + \boldsymbol{B}\boldsymbol{u}(t) & \text{（连续被控对象的状态方程）} \\ \boldsymbol{y}(t) = \boldsymbol{C}\boldsymbol{x}(t) + \boldsymbol{D}\boldsymbol{u}(t) & \text{（输出方程）} \end{cases} \tag{9-4-1}$$

1. 求式(9-4-1)中状态方程的状态解

$\boldsymbol{x}(t) = e^{\boldsymbol{A}(t-t_0)}\boldsymbol{x}(t_0) + \int_{t_0}^{t} e^{\boldsymbol{A}(t-\tau)}\boldsymbol{B}\boldsymbol{u}(\tau)d\tau$（先给出状态方程的解），下面推导状态解。

对 $\dot{\boldsymbol{x}}(t) - \boldsymbol{A}\boldsymbol{x}(t) = \boldsymbol{B}\boldsymbol{u}(t)$ 方程两边同乘 $e^{-\boldsymbol{A}t}$ 则有：

$e^{-\boldsymbol{A}t}(\dot{\boldsymbol{x}}(t) - \boldsymbol{A}\boldsymbol{x}(t)) = e^{-\boldsymbol{A}t}\boldsymbol{B}\boldsymbol{u}(t)$，对此式两边取 $t_0 \to t$ 的积分。

$\int_{t_0}^{t} \frac{d}{dt}(e^{-\boldsymbol{A}t}\boldsymbol{x}(t))dt = \int_{t_0}^{t} e^{-\boldsymbol{A}\tau}\boldsymbol{B}\boldsymbol{u}(\tau)d\tau$，对此式积分有如下结果：

$$e^{-\boldsymbol{A}t}\boldsymbol{x}(t) - e^{-\boldsymbol{A}t_0}\boldsymbol{x}(t_0) = \int_{t_0}^{t} e^{-\boldsymbol{A}\tau}\boldsymbol{B}\boldsymbol{u}(\tau)d\tau$$

因此有

$$x(t)=e^{A(t-t_0)}x(t_0)+\int_{t_0}^{t}e^{A(t-\tau)}Bu(\tau)d\tau \tag{9-4-2}$$

状态解的离散化处理

设 $t_0=kT$，$t=(k+1)T$，将其代入式(9-4-2)则有

$$x[(k+1)T]=e^{AT}x(kT)+\int_{kT}^{(k+1)T}e^{A[(k+1)T-\tau]}Bu(\tau)d\tau \tag{9-4-3}$$

其中：$u(\tau)$ 为零阶保持器的输出，在 $kT\to(k+1)T$ 之间保持常数，等于 kT 点的值 $u(kT)$，考虑此关系代入式(9-4-3)有

$$x[(k+1)T]=e^{AT}x(kT)+\int_{kT}^{(k+1)T}e^{A[(k+1)T-\tau]}d\tau Bu(kT) \tag{9-4-4}$$

令 $(k+1)T-\tau=\eta$ 则有(考虑简化将 T 去掉)。

$$x(k+1)=e^{AT}x(k)+\int_{0}^{T}e^{A\eta}d\eta Bu(k) \tag{9-4-5}$$

令 $\Phi(T)=e^{AT}=F$，$\theta(T)=\int_0^T e^{A\eta}d\eta B=G$，则离散的状态方程和输出方程分别为

$$\begin{cases}x(k+1)=\Phi(T)x(k)+\theta(T)u(k)=Fx(k)+Gu(k)\\y(k)=Cx(k)+Du(k)\end{cases} \tag{9-4-6}$$

2. 离散系统的脉冲传递矩阵和特征方程

(1) 离散系统的脉冲传递矩阵

设离散系统的状态方程和输出方程分别为

$$\begin{cases}x(k+1)=Fx(k)+Gu(k)\\y(k)=Cx(k)+Du(k)\end{cases} \tag{9-4-7}$$

对式(9-4-7)取 Z 变换则有

$$\begin{cases}zX(z)-zx(0)=FX(z)+GU(z)\\Y(z)=CX(z)+DU(z)\end{cases} \tag{9-4-8}$$

$X(z)=(zI-F)^{-1}GU(z)$，其中初始条件 $x(0)=0$，由传递函数的定义决定的。

将上式代入输出方程则有

$$Y(z)=[C(zI-F)^{-1}G+D]U(z)=W(z)U(z) \tag{9-4-9}$$

$W(z)$：是离散系统的脉冲传递矩阵，它描述了离散系统的 I/O 之间的关系，传递矩阵是针对 MIMO 系统的描述，当然也适用于 SISO 系统，在 MIMO 系统中 $W(z)$ 不能表示为 $W(z)=\dfrac{Y(z)}{U(z)}$，它们是矩阵运算。只有 MIMO 系统变成 SISO 系统时，才可以表示为脉冲传递函数 $\dfrac{Y(z)}{U(z)}=W(z)$。

(2) 特征方程

由于 $(zI-F)^{-1}=\dfrac{\mathrm{adj}(zI-F)}{|zI-F|}$，则有

$$W(z)=\frac{C\mathrm{adj}(zI-F)G}{|zI-F|}+D \tag{9-4-10}$$

$W(z)$ 的极点就是 $|zI-F|=0$ 的根，方程 $|zI-F|=0$ 就是该系统的特征方程，特征方程的根对应系统的极点，极点的位置决定系统的动态特性。

3. 离散系统状态方程的求解

主要介绍两种方法，迭代法和 Z 变换法。

(1) 用迭代法求解状态方程

若已知状态初值 $x(0)$ 和输入向量 $u(j)$，$j=0,1,2\cdots k-1$，设系统的状态方程为 $\boldsymbol{x}(k+1)=\boldsymbol{F}\boldsymbol{x}(k)+\boldsymbol{G}\boldsymbol{u}(k)$，就能用迭代法求得现时刻的状态 $x(k)$。

$$\begin{aligned}\boldsymbol{x}(1) &= \boldsymbol{F}\boldsymbol{x}(0)+\boldsymbol{G}\boldsymbol{u}(0)\\ \boldsymbol{x}(2) &= \boldsymbol{F}\boldsymbol{x}(1)+\boldsymbol{G}\boldsymbol{u}(1)=\boldsymbol{F}^2\boldsymbol{x}(0)+\boldsymbol{F}\boldsymbol{G}\boldsymbol{u}(0)+\boldsymbol{G}\boldsymbol{u}(1)\\ &\vdots\\ \boldsymbol{x}(k) &= \boldsymbol{F}^k\boldsymbol{x}(0)+\sum_{j=0}^{k-1}\boldsymbol{F}^{k-j-1}\boldsymbol{G}\boldsymbol{u}(j)\end{aligned} \tag{9-4-11}$$

(2) 用 Z 变换法求解状态方程

先对状态方程求 Z 变换则有

$$z\boldsymbol{X}(z)-z\boldsymbol{x}(0)=\boldsymbol{F}\boldsymbol{X}(z)+\boldsymbol{G}\boldsymbol{U}(z) \tag{9-4-12}$$

$\boldsymbol{X}(z)=(z\boldsymbol{I}-\boldsymbol{F})^{-1}[z\boldsymbol{x}(0)+\boldsymbol{G}\boldsymbol{U}(z)]$，再对此式求 Z 反变换。

$$x(k)=Z^{-1}[(z\boldsymbol{I}-\boldsymbol{F})^{-1}z]x(0)+Z^{-1}[(z\boldsymbol{I}-\boldsymbol{F})^{-1}\boldsymbol{G}\boldsymbol{U}(z)] \tag{9-4-13}$$

其中式(9-4-13)等号右侧第一项表示由初始条件 $x(0)$(此初始条件不一定为零，因为是求状态响应而不是脉冲传递函数)引起的状态转移，第二项表示由输入引起的状态转移。

4. 状态转移矩阵和计算法

由连续系统有

$$L^{-1}\{[s\boldsymbol{I}-\boldsymbol{A}]^{-1}\}=\boldsymbol{I}+\boldsymbol{A}t+\frac{(\boldsymbol{A}t)^2}{2!}+\cdots=\mathrm{e}^{\boldsymbol{A}t} \tag{9-4-14}$$

$$\boldsymbol{\Phi}(T)=\mathrm{e}^{\boldsymbol{A}T}=\boldsymbol{\Phi}(t)\big|_{t=T}=L^{-1}[(s\boldsymbol{I}-\boldsymbol{A})^{-1}]\big|_{t=T}$$

【例 9.7】 $\boldsymbol{A}$、$\boldsymbol{B}$ 分别为连续系统的系统矩阵和输入矩阵，$\boldsymbol{A}=\begin{pmatrix}-4 & -1\\ 3 & 0\end{pmatrix}$，$\boldsymbol{B}=[0\quad 1]^{\mathrm{T}}$ 求状态转移矩阵 $\boldsymbol{\Phi}(T)$ 和 $\boldsymbol{\theta}(T)$，并写出离散的状态方程。

解：$[s\boldsymbol{I}-\boldsymbol{A}]=\begin{pmatrix}s+4 & 1\\ -3 & s\end{pmatrix}$

$$\boldsymbol{\Phi}(t)=L^{-1}\left\{\begin{pmatrix}s+4 & 1\\ -3 & s\end{pmatrix}^{-1}\right\}=L^{-1}\left\{\frac{\begin{pmatrix}s & -1\\ 3 & s+4\end{pmatrix}}{(s+1)(s+3)}\right\}$$

$$=\begin{pmatrix}-\frac{1}{2}\mathrm{e}^{-t}+\frac{3}{2}\mathrm{e}^{-3t} & -\frac{1}{2}\mathrm{e}^{-t}+\frac{1}{2}\mathrm{e}^{-3t}\\ \frac{3}{2}\mathrm{e}^{-t}-\frac{3}{2}\mathrm{e}^{-3t} & \frac{3}{2}\mathrm{e}^{-t}-\frac{1}{2}\mathrm{e}^{-3t}\end{pmatrix}$$

$$\boldsymbol{\Phi}(t)\Big|_{t=T}=\begin{pmatrix}-\frac{1}{2}\mathrm{e}^{-T}+\frac{3}{2}\mathrm{e}^{-3T} & -\frac{1}{2}\mathrm{e}^{-T}+\frac{1}{2}\mathrm{e}^{-3T}\\ \frac{3}{2}\mathrm{e}^{-T}-\frac{3}{2}\mathrm{e}^{-3T} & \frac{3}{2}\mathrm{e}^{-T}-\frac{1}{2}\mathrm{e}^{-3T}\end{pmatrix}$$

$$\boldsymbol{\theta}(T)=\int_0^T e^{\boldsymbol{A}\eta}\mathrm{d}\eta\boldsymbol{B}=\int_0^T\begin{pmatrix}-\frac{1}{2}e^{-\eta}+\frac{3}{2}e^{-3\eta} & -\frac{1}{2}e^{-\eta}+\frac{1}{2}e^{-3\eta}\\ \frac{3}{2}e^{-\eta}-\frac{3}{2}e^{-3\eta} & \frac{3}{2}e^{-\eta}-\frac{1}{2}e^{-3\eta}\end{pmatrix}\begin{pmatrix}0\\1\end{pmatrix}\mathrm{d}\eta$$

$$=\begin{pmatrix}\frac{1}{2}e^{-T}-\frac{1}{3}-\frac{1}{6}e^{-3T}\\ \frac{-3}{2}e^{-T}+\frac{1}{6}e^{-3T}+\frac{4}{3}\end{pmatrix}$$

因此得到离散状态方程为

$$\begin{pmatrix}x_1(k+1)\\x_2(k+1)\end{pmatrix}=\begin{pmatrix}-\frac{1}{2}e^{-T}+\frac{3}{2}e^{-3T} & -\frac{1}{2}e^{-T}+\frac{1}{2}e^{-3T}\\ \frac{3}{2}e^{-T}-\frac{3}{2}e^{-3T} & \frac{3}{2}e^{-T}-\frac{1}{2}e^{-3T}\end{pmatrix}\begin{pmatrix}x_1(k)\\x_2(k)\end{pmatrix}+\begin{bmatrix}\frac{1}{2}e^{-T}-\frac{1}{3}-\frac{1}{6}e^{-3T}\\ \frac{-3}{2}e^{-T}+\frac{1}{6}e^{-3T}+\frac{4}{3}\end{bmatrix}u(k)$$

9.5　线性定常离散系统的稳定性分析

构造一个计算机控制系统必须先保证该系统是稳定的，只有控制系统是稳定的，才能进一步考虑性能指标问题，稳定性分析同样是计算机控制理论中的一个十分重要的内容。

控制系统稳定的定义概括起来就是：在有界的输入信号作用下，系统输出是有界的。控制系统稳定性实质上是由系统极点的分布位置决定的，对于离散系统，只要极点分布在单位圆内，系统就是稳定的。极点分布在单位圆上，系统是临界稳定的。极点分布在单位圆外，系统是不稳定的。

离散控制系统的稳定性判据也类似于连续系统，但是劳斯判据和伯德图要先进行平面变换后才能按连续系统的方法进行离散系统的稳定性判定。为此将 Z 平面变换到另一平面即 W 平面，使 W 平面和 S 平面有完全一致的对应关系，即左半平面对应左半平面，右半平面对应右半平面，虚轴对应虚轴，这样连续系统在 S 平面能作的事，离散系统在 W 平面也能作。

9.5.1　S 平面与 Z 平面的关系

复变量 s 与复变量 z 之间的关系为

$$z=e^{Ts} \tag{9-5-1}$$

令 $s=\sigma+j\omega\Rightarrow z=e^{T(\sigma+j\omega)}=e^{T\sigma}e^{j(T\omega)}$，$z$ 的模 $|z|=e^{T\sigma}$。

当 $\sigma=0$ 时，$|z|=e^{T\sigma}=1$，即 S 平面上的虚轴映射到 Z 平面上是以原点为圆心的单位圆；当 $\sigma>0$ 时，$|z|=e^{T\sigma}>1$，即 S 平面上的右半平面映射到 Z 平面是以原点为圆心的单位圆外；当 $\sigma<0$ 时，$|z|=e^{T\sigma}<1$，即 S 平面上的左半平面映射到 Z 平面是以原点为圆心的单位圆内，如图 9-18 所示。

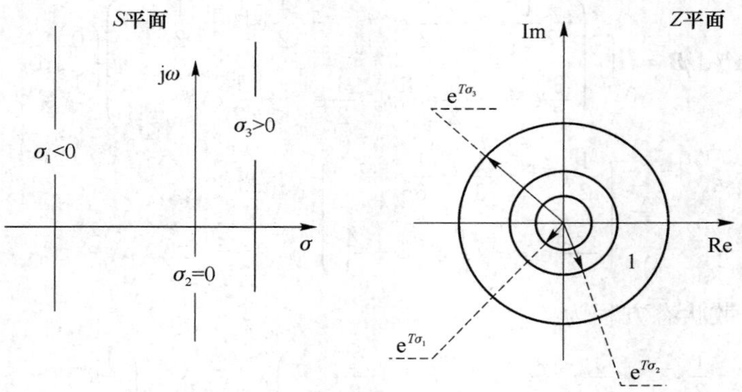

图 9-18 S 平面等衰减曲线与 Z 平面的映射关系

9.5.2 稳定性判别

1. 直接求特征方程的根判别

【例 9.8】 已知系统如图 9-19 所示，采样周期 $T=1\text{s}$，被控对象传递函数 $G_p(s)=\dfrac{1}{s(s+2)}$，试判定该闭环系统的稳定性。

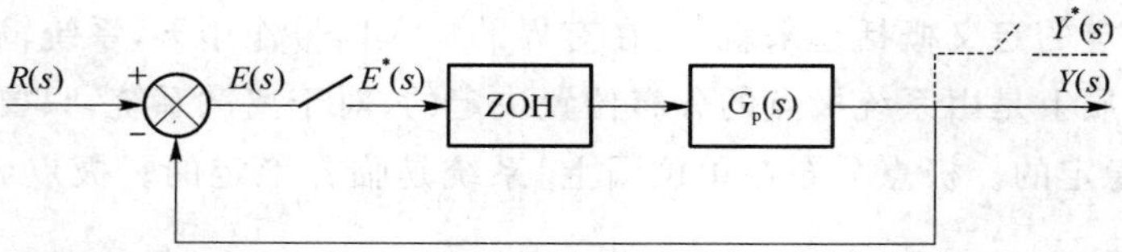

图 9-19 单位反馈系统

解： 由开环传递函数求开环脉冲传递函数

$$G(z)=Z\left[\frac{1-\mathrm{e}^{-Ts}}{s}\frac{1}{s(s+2)}\right]=\frac{z-1}{z}Z\left[\frac{1/2}{s^2}+\frac{1/4}{s+2}-\frac{1/4}{s}\right]$$

$$=\frac{z-1}{z}\left[\frac{1}{2}\frac{Tz}{(z-1)^2}-\frac{1}{4}\frac{z}{z-1}+\frac{1}{4}\frac{z}{z-\mathrm{e}^{-2T}}\right]=\frac{1}{4}\left[\frac{2T}{z-1}+\frac{z-1}{z-\mathrm{e}^{-2T}}-1\right]$$

$$=\frac{2T(z-\mathrm{e}^{-2T})+(z-1)^2-(z-1)(z-\mathrm{e}^{-2T})}{4(z-1)(z-\mathrm{e}^{-2T})}$$

求闭环系统的脉冲传递函数 $Y(z)$

$$Y(z)=\frac{G(z)}{1+G(z)}$$

系统的闭特环征方程为

$$1+G(z)=0\Rightarrow=\frac{2T(z-\mathrm{e}^{-2T})+(z-1)^2-(z-1)(z-\mathrm{e}^{-2T})}{4(z-1)(z-\mathrm{e}^{-2T})}+1=0$$

$$4(z-1)(z-\mathrm{e}^{-2T})+2T(z-\mathrm{e}^{-2T})+(z-1)^2-(z-1)(z-\mathrm{e}^{-2T})=0$$

$z_{1,2}=0.43\pm \mathrm{j}0.32$，可见极点分布在 Z 平面的单位圆内，该闭环系统稳定的。

此种方法非常适合于一阶或二阶简单系统的稳定性判定，对于高阶系统则相当困难。因此试图用连续系统的方法，来解决离散控制系统的稳定性问题。例如用连续系统的劳斯-霍尔维茨判据判定；但是在 Z 平面直接运用是不行的，因为 Z 平面和 S 平面的对应关系将限制直接用该判据，必须将 Z 平面变换到 W 平面，使得 W 平面与 S 平面有完全一致的对应关系。引入 z-w 变换，间接得到 W 平面和 S 平面的这种对应关系。

$$令\ z=\frac{1+w}{1-w}\ (或\ w=\frac{z-1}{z+1}) \tag{9-5-2}$$

其中 w,z 均为复变量

下面证明两种平面的对应关系成立。

设
$$\begin{cases} z=x+\mathrm{j}y \\ w=u+\mathrm{j}v \end{cases} \tag{9-5-3}$$

$$w=\frac{z-1}{z+1}=\frac{x+\mathrm{j}y-1}{x+\mathrm{j}y+1}=\frac{x^2+y^2-1}{(x+1)^2+y^2}+\mathrm{j}\frac{2y}{(x+1)^2+y^2}=u+\mathrm{j}v \tag{9-5-4}$$

当 $x^2+y^2-1>0$ 时，$\mathrm{Re}(w)=u>0$，这表明 Z 平面的单位圆外映射到 W 平面的右半平面。

当 $x^2+y^2-1=0$ 时，$\mathrm{Re}(w)=u=0$，表明 Z 平面的单位圆上映射到 W 平面的虚轴上。

当 $x^2+y^2-1<0$ 时，$\mathrm{Re}(w)=u<0$，表明 Z 平面的单位圆内映射到 W 平面的左半平面。

可见 W 平面与 Z 平面的映射关系为 W 平面的左半平面与 Z 平面的单位圆内对应，W 右半平面与 Z 平面的单位圆外对应，W 平面的虚轴与 Z 平面的单位圆上对应。考虑 Z 平面与 S 平面的对应关系，则 W 平面与 S 平面的对应关系为，W 平面的左半平面与 S 平面的左半平面对应，W 平面的右半平面与 S 平面的右半平面对应，W 平面的虚轴与 S 平面的虚轴对应。

2. 离散系统的劳斯-霍尔维茨判据

运用离散系统的劳斯-霍尔维茨判据，先运用 Z-W 变换，将 Z 平面的闭环特征方程，变换到 W 平面，然后和连续系统的劳斯判据的过程一样。

【例 9.9】 用离散系统的劳斯判据判定图 9-20 所示系统的稳定性，并确定k的取值范围。

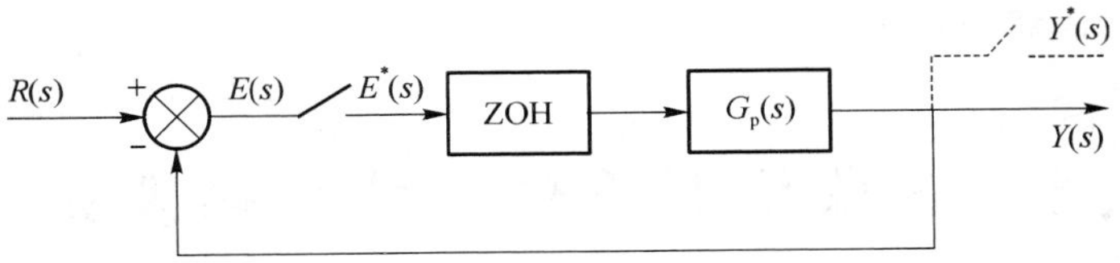

图 9-20　闭环反馈系统

其中 $G_p(s)=\dfrac{k}{s(s+2)}$。

解：由开环传递函数 $G_p(s)$ 和零阶保持器求脉冲传递函数 $G(z)$：

$$G(z)=Z\left[\frac{1-\mathrm{e}^{-Ts}}{s}\frac{k}{s(s+2)}\right]=k\frac{z-1}{z}\left[\frac{1}{2}\frac{Tz}{(z-1)^2}-\frac{1}{4}\frac{z}{z-1}+\frac{1}{4}\frac{z}{z-\mathrm{e}^{-2T}}\right]$$

设 $T=1$ s，求特征方程

$$1+G(z)=0\Rightarrow 1+\frac{k}{4}\frac{[(1+\mathrm{e}^{-2})z+(1-3\mathrm{e}^{-2})]}{(z-1)(z-\mathrm{e}^{-2})}=0(令\ h=\mathrm{e}^{-2})$$

则有

$$z^2+\frac{1}{4}(k-4)(h+1)z+\frac{k}{4}(1-3h)+h=0$$

进行 z-w 变换，将 $z=\dfrac{1+w}{1-w}$代入上式则有

$$\frac{(1+w)^2}{(1-w)^2}+\frac{1+w}{1-w}\left[\frac{k}{4}(h+1)-(h+1)\right]+\frac{k}{4}(1-3h)+h=0$$

$$2(2+2h-kh)w^2+(4-k-4h+3kh)w+k(1-h)=0$$

令 $a_0=2+2h-kh$，$a_1=\frac{1}{2}(4-k-4h+3kh)$，$a_2=\frac{k}{2}(1-h)$，上式可表示为

$$a_0w^2+a_1w+a_2=0$$

列劳斯阵列

$$\begin{array}{c|cc|} w^2 & a_0 & a_2 \\ w^1 & a_1 & 0 \\ w^0 & a_2 & \end{array}$$（系统稳定的条件是阵列的第一列元素均为正数）

$$\begin{cases} a_0=2+2h-kh>0 \\ a_1=\frac{1}{2}(4-k-4h+3kh)>0 \\ a_2=\frac{k}{2}(1-h)>0 \end{cases}$$

得：
$$\begin{cases} k<\frac{2(1+h)}{h}=16.7781 \\ k<\frac{4(h-1)}{3h-1}=5.8227 \\ k>0 \end{cases}$$

即 $0<k<5.8227$，系统是稳定的。

总结：用离散系统的劳斯判据，先求闭环系统的脉冲传递函数，再求特征方程，引入 z-w 变换，将 Z 域特征方程变换成 W 域的特征方程，用劳斯判据。对于高阶系统 z-w 变换也很困难，可以通过 MATLAB 编程解决。

9.6 离散控制系统的稳态误差分析

稳态误差是控制系统的一个重要指标，它反映了系统跟踪给定信号的精度和能力。在连续系统中，通常是用三种典型信号：阶跃信号、速度信号和加速度信号，作用于典型系统：0 型、Ⅰ型和Ⅱ型系统，来研究系统的跟踪情况和稳态控制精度。在计算机控制系统中稳态误差的分析方法大体上与连续系统相同。

首先给出要讨论的系统，如图 9-21 所示的单位反馈系统。并且假定该系统是稳定的。稳态误差通常用符号 e_{ss} 表示即

$$e_{ss}=\lim_{k\to\infty}e(k)=\lim_{z\to 1}(1-z^{-1})E(z) \tag{9-6-1}$$

其中 $E(z)=Z[e(k)]$。

根据图 9-21 的单位负反馈系统，系统的误差和系统的输出分别为

$$\begin{cases} E(s)=R(s)-Y(s) \\ Y(s)=E^*(s)D(s)G(s) \end{cases} \tag{9-6-2}$$

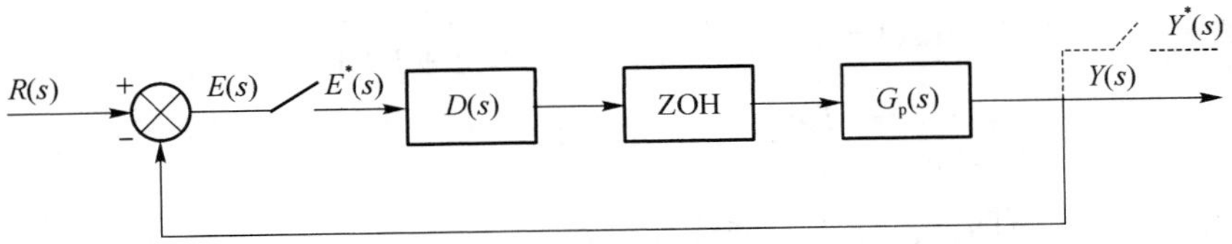

图 9-21　单位负反馈系统

其中 $G(s)=\frac{1-e^{-Ts}}{s}G_p(s)$，取采样形式有

$$\begin{cases}E^*(s)=R^*(s)-Y^*(s)\\Y^*(s)=E^*(s)[D(s)G(s)]^*\end{cases}\tag{9-6-3}$$

$$E^*(s)=R^*(s)-Y^*(s)=R^*(s)-E^*(s)[D(s)G(s)]^*\tag{9-6-4}$$

$$E^*(s)=\frac{R^*(s)}{1+[D(s)G(s)]^*}\tag{9-6-5}$$

将上式写成 Z 域形式

$$E(z)=\frac{R(z)}{1+DG(z)}\tag{9-6-6}$$

针对三种典型输入信号：单位阶跃，单位速度、单位加速度，作用于三种典型系统的情况来研究。三种典型输入信号分别表示如下：

	S 域 信 号		Z 域 信 号
单位阶跃	$R_0(s)=\frac{1}{s}$	⇒	$R_0(z)=\frac{1}{1-z^{-1}}$
单位速度	$R_1(s)=\frac{1}{s^2}$	⇒	$R_1(z)=\frac{Tz^{-1}}{(1-z^{-1})^2}$
单位加速度	$R_2(s)=\frac{1}{s^3}$	⇒	$R_2(z)=\frac{T^2z^{-1}(1+z^{-1})}{2(1-z^{-1})^3}$

连续域的积分环节为$\frac{1}{s}$，对应的离散域的积分环节为 $\frac{1}{1-z^{-1}}$，离散系统不含积分的为零型系统，含有一重积分的为Ⅰ型系统，含有二重积分的为Ⅱ型系统。分别表示如下：

0 型系统
$$DG(z)=\frac{G_0(z)}{(1-z^{-1})^0}=G_0(z)\tag{9-6-7}$$

Ⅰ型系统
$$DG(z)=\frac{G_0(z)}{(1-z^{-1})^1}\tag{9-6-8}$$

Ⅱ型系统
$$DG(z)=\frac{G_0(z)}{(1-z^{-1})^2}\tag{9-6-9}$$

可见$(1-z^{-1})$因子的幂次数就是系统的型数。$G_0(z)$为系统中不含$(1-z^{-1})$的因子。

如果幂级数信号的幂次低于类型值，则其所造成的误差为 0；等于类型值其误差为常量；如果高于类型值则误差为∞。

(1) 若输入信号为单位阶跃信号，则其所造成的误差为

$$e_{ss}=\lim_{z\to1}(1-z^{-1})\frac{R_0(z)}{1+DG(z)}=\frac{1}{1+\lim DG(z)}\bigg|_{z=1}=\frac{1}{1+K_p}\tag{9-6-10}$$

定义：$K_p=\lim\limits_{z\to1}DG(z)$称为位置误差系数

(2) 若输入信号为单位速度信号，则其所造成的误差为

$$e_{ss}=\lim_{z\to 1}(1-z^{-1})\frac{R_1(z)}{1+DG(z)}=\lim_{z\to 1}\frac{(1-z^{-1})}{1+DG(z)}\frac{Tz^{-1}}{(1-z^{-1})^2}$$
$$=\frac{Tz^{-1}}{\lim\limits_{z\to 1}(1-z^{-1})DG(z)}=\frac{1}{K_v} \tag{9-6-11}$$

定义：$K_v=\lim\limits_{z\to 1}(1-z^{-1})DG(z)$称为速度误差系数。

(3) 若输入信号为单位加速度信号，则有

$$e_{ss}=\lim_{z\to 1}(1-z^{-1})\frac{R_2(z)}{1+DG(z)}=\lim_{z\to 1}\frac{(1-z^{-1})}{1+DG(z)}\frac{T^2z^{-1}(1+z^{-1})}{2\,(1-z^{-1})^3}$$
$$=\frac{T^2}{\lim\limits_{z\to 1}(1-z^{-1})^2DG(z)}=\frac{1}{K_a} \tag{9-6-12}$$

定义：$K_a=\lim\limits_{z\to 1}(1-z^{-1})^2DG(z)$称为加速度误差系数。

稳态误差 e_{ss}与输入和系统的型数都有关系，型数高稳态误差改善，系统的滞后增加，对系统的稳定性不利。实际系统有零阶保持器时，稳态误差与采样周期无关，故不能通过降低采样周期来减少稳态误差。表 9-2 给出了在三种典型信号作用下三种典型系统的误差和误差系数表。

表 9-2　误差和误差系数表

误差和误差系数 / 系统型数	e_{ss}	k_p	e_{ss}	k_v	e_{ss}	k_a
0	$\frac{1}{1+G_0(1)}$	$G_0(1)$	∞	0	∞	0
Ⅰ	0	∞	$\frac{T}{G_0(1)}$	$\frac{G_0(1)}{T}$	∞	0
Ⅱ	0	∞	0	∞	$\frac{T^2}{G_0(1)}$	$\frac{G_0(1)}{T^2}$

9.7 MATLAB 在模型转换、稳定性、稳态误差和规范型转换中的应用

1. 三种模型的转换

三种模型的转换之间的关系如图 9-22 所示。

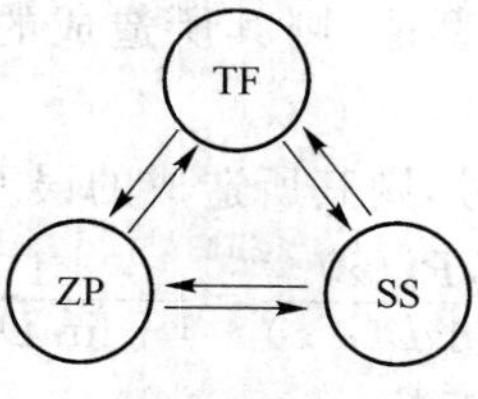

图 9-22　三种模型的六种转换方式

其中：TF 为脉冲传递函数模型；ZP 为零极点增益模型；SS 为状态空间模型。

MATLAB 命令为

（1）脉冲传递函数模型命令

```
sysd = tf(num,den,T)
```

其中：num 和 den 分别是脉冲传递函数分子和分母多项式按照 z 的降幂排列的系数构成的向量；T 为采样周期；tf()为命令形式。

（2）零极点增益模型命令

```
sysd = zpk(z,p,k,T)
```

其中：z，p，k 分别是系统的零点、极点和增益。

（3）状态空间模型命令

```
sysd = ss(F,G,C,D,T)
```

其中：F，G，C，D，分别是状态方程的系统矩阵、输入矩阵、输出矩阵和前馈矩阵。

（4）三种模型的六种转换方式

三种模型的六种转换方式对于不同场合所需的不同的模型提供了极大的方便，大大简化了系统的分析和设计问题。现给出三种模型的六种转换表。

表 9-3　三种模型的六种转换表

函数	模型转换功能	语句格式
tf2ss	TF 转换到 SS	[F,G,C,D]=tf2ss(num,den)
tf2zp	TF 转换到 ZP	[z,p,k]=tf2zp(num,den)
ss2tf	SS 转换到 TF	[num,den]=ss2tf(F,G,C,D)
ss2zp	SS 转换到 ZP	[z,p,k]=ss2zp(F,G,C,D)
zp2tf	ZP 转换到 TF	[num,den]=zp2tf(z,p,k)
zp2ss	ZP 转换到 SS	[F,G,C,D]=zp2ss(z,p,k)

【例 9.10】 已知离散系统的脉冲传递函数为

$$F(z)=\frac{5z}{z^2-0.7z+0.1},T=0.1\ \text{s}$$

试用 MATLAB 编程求出脉冲传递函数模型、状态空间模型、零极点增益模型和模型之间的转换。

MATLAB 程序：

```
num = [5  0];
den = [1 - 0.7  0.1];
TF = tf(num,den,0.1)                    %('脉冲传递函数模型')
ZP = zpk(TF)                            %('零极点增益模型')
SS = ss(TF)                             %('状态空间模型')
TF1 = filt(num,den,0.1)
[F,G,C,D] = tf2ss(num,den)              %('传递函数模型转换成状态空间模型')
[z,p,k] = tf2zp(num,den)                %('传递函数模型转换成零极点增益模型')
```

```
[num1,den1] = ss2tf(F,G,C,D)          %('状态空间模型转换成传递函数模型')
[z,p,k] = ss2zp(F,G,C,D)              %('状态空间模型转换成零极点增益模型')

[F,G,C,D] = zp2ss(z,p,k)              %('零极点增益模型转换成状态空间模型')
[num2,den2] = zp2tf(z,p,k)            %('零极点增益模型转换成传递函数模型')
```

在 MatlabR2012a 环境下仿真结果如下：

脉冲传递函数模型

```
TF =

         5 z
  -------------------
   z^2 - 0.7 z + 0.1

Sample time: 0.1 seconds
Discrete-time transfer function.
```

零极点增益模型

```
ZP =

        5 z
  ---------------
  (z - 0.5) (z - 0.2)

Sample time: 0.1 seconds
Discrete - time zero/pole/gain model.
```

状态空间模型

```
SS =

  a =

          x1     x2
   x1    0.7   - 0.4
   x2   0.25       0

  b =

        u1
   x1    2
   x2    0

  c =

         x1   x2
   y1   2.5    0

  d =

        u1
   y1    0

Sample time: 0.1 seconds
```

```
Discrete-time state-space model.
```

filt(num,den,0.1)对应的结果

```
TF1 =

                5
  -----------------------
  1 - 0.7 z^-1 + 0.1 z^-2

Sample time: 0.1 seconds
Discrete-time transfer function.
```

传递函数模型转换成状态空间模型

```
F =
    0.7000   -0.1000
    1.0000         0
G =
     1
     0
C =
     5     0
D =
     0
```

传递函数模型转换成零极点增益模型

```
z =
     0
p =
    0.5000
    0.2000
k =
     5
```

状态空间模型转换成传递函数模型

```
num1 =

     0     5     0
den1 =
    1.0000   -0.7000    0.1000
```

状态空间模型转换成零极点增益模型

```
z =
```

```
    0
p =
   0.5000
   0.2000
k =
    5
```

零极点增益模型转换成状态空间模型

```
F =
   0.7000   -0.3162
   0.3162         0
G =
    1
    0
C =
    5    0
D =
    0
```

零极点增益模型转换成传递函数模型

```
num2 =
    0    5    0
den2 =
   1.0000   -0.7000    0.1000
```

2. 稳定性判据

(1) 对闭环脉冲传递函数 $G(z)=(z^2+2z)/(z^2+5z+6)$ 进行稳定性判定。

MATLAB 程序：

```
num = [1  2  0];
den = [1  5  6];
G = tf(num,den,0.1)
[z,p] = tf2zp(num,den)
wd = find(abs(p) >= 1)
N1 = length(wd);
if (N1>0)
    disp('system is unstable');
else
    disp('system is stable')
end
```

结果：
脉冲传递函数

```
G =

      z^2 + 2 z
  -------------
   z^2 + 5 z + 6
Sample time: 0.1 seconds
Discrete - time transfer function.


z =
      0
     - 2
p =
   - 3.0000
   - 2.0000
wd =
      1
      2
system is unstable
```

(2) 对$(z^2+2z)/(z^4+0.1z^3-0.59z^2-0.249z-0.027)$进行稳定性判据

MATLAB 程序：

```
num = [1 2 0];
den = [1 0.1 - 0.59 - 0.249 - 0.027];
G = tf(num,den,0.1)
[z,p] = tf2zp(num,den)
wd = find(abs(p)> = 1)
N1 = length(wd);
if (N1>0)
    disp('system is unstable');
else
    disp('system is stable')
end
```

仿真结果如下：

```
G =

                     z^2 + 2 z
  ------------------------------------------
   z^4 + 0.1 z^3 - 0.59 z^2 - 0.249 z - 0.027
```

```
 Sample time: 0.1 seconds
Discrete - time transfer function.
z =
      0
     - 2
p =
     0.9000
   - 0.5000
   - 0.3000
   - 0.2000
wd =
   Empty matrix: 0 - by - 1
system is stable
```

(3) 对 $5z/(z^2+5z+6)$进行稳定性判定(给出极点的位置)

MATLAB 程序:

```
den = [1  5  6];
p = roots(den)
```

结果:

```
p =
   - 3.0000
   - 2.0000
```

可根据根的分布判定稳定性。

3. 稳态误差

设误差脉冲传递函数为 $1/((1+k/(3*z+1))$

MATLAB 程序:

```
syms z
for i = 1:3 k = input('k = ')
     ess = limit(1/(1 + k/(3 * z + 1)),z,1)
end
```

仿真结果如下:

```
k = 1
ess = 4/5
k = 5
ess = 4/9
k = 10
ess = 2/7
```

习　题

9.1　根据题图 9-1 所示，试写出对应的输出表达式和对应的脉冲传递函数。

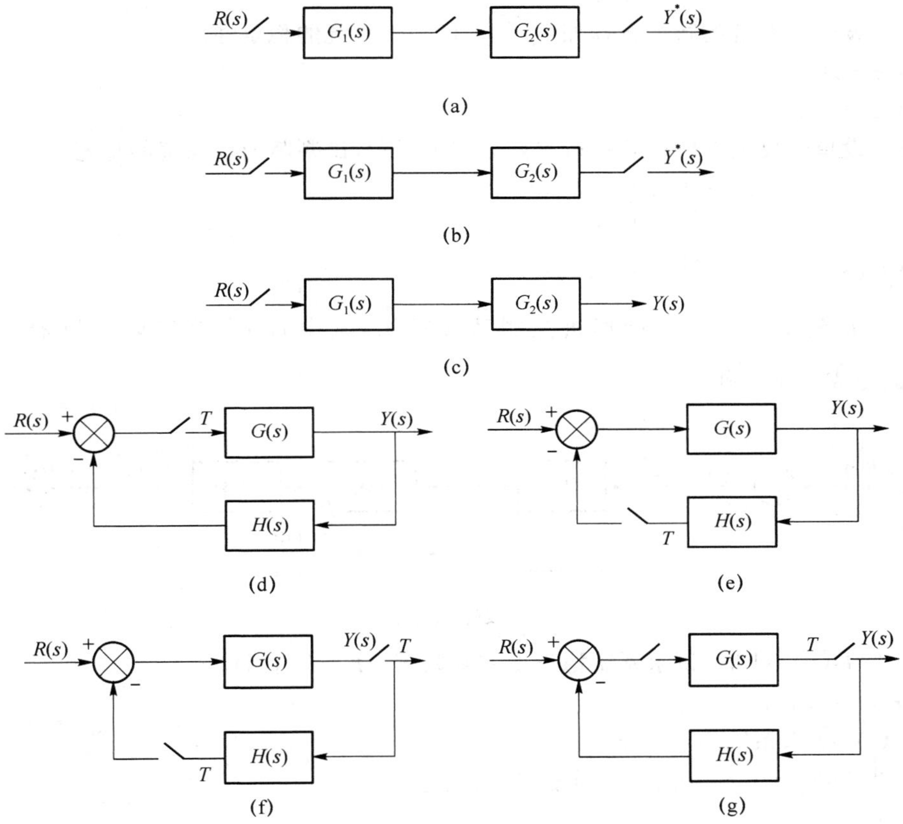

题图 9-1

9.2　离散系统的脉冲传递函数为

$$G(z)=\frac{z^{-1}(z^{-1}+1)}{(1+0.5z^{-1})(1-0.5z^{-1})}$$

求其状态空间的以下两种表达形式(1) 可控标准型;(2) 可观测标准型;

9.3　离散系统的脉冲传递函数为

$$G(z)=\frac{(0.8z^{-1}+1)}{(1-z^{-1}+0.5z^{-2})}$$

求其状态空间的以下两种表达形式(1) 可控标准型;(2) 可观测标准型;

9.4　将下面的状态方程化成可控标准型

$$\boldsymbol{x}(k+1)=\begin{pmatrix}-2 & 1 & 1\\ 0 & 2 & -1\\ 0 & 1 & 3\end{pmatrix}\boldsymbol{x}(k)+\begin{pmatrix}1\\ 0\\ -1\end{pmatrix}\boldsymbol{u}(k),$$

$$\begin{pmatrix} y_1(k) \\ y_2(k) \end{pmatrix} = \begin{pmatrix} 2 & 0 & 1 \\ 0 & -2 & 4 \end{pmatrix} \begin{pmatrix} x_1(k) \\ x_2(k) \\ x_3(k) \end{pmatrix} + \begin{pmatrix} -3 \\ 5 \end{pmatrix} \boldsymbol{u}(k)$$

9.5 $G(z)$是计算机单位反馈控制系统开环脉冲传递函数，试求出闭环系统稳定时，K值的取值范围，其中：$G(z)=\dfrac{K(z-0.5)^2}{z(z-1)(z+0.5)}$

9.6 设闭环系统的特征方程如下所示，试判断系统的稳定性。

(1) $z^3-1.0z^2+0.5z+1=0$

(2) $z^3-1.5z^2-0.25z+0.5=0$

9.7 设单位反馈系统的开环传递函数如下所示，试判断闭环系统的稳定性。

(1) $G(z)=\dfrac{(0.3z+0.2)}{(z^2-1.5z+0.3)}$

(2) $G(z)=\dfrac{5z}{(z^2-1.5z+0.4)}$

9.8 如题图 9-2 所示计算机控制系统框图，其中 $G_0(s)$为零阶保持器，$G_p(s)=\dfrac{2}{(s+1)}$试完成如下工作：

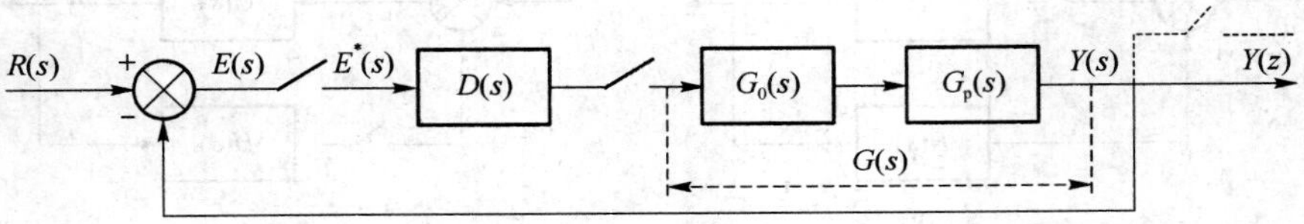

题图 9-2

(1) 当 $D(z)=1$ 时，试求系统稳态误差常数 K_p，K_v，K_a，当输入为

① $r(t)=u(t)$；

② $r(t)=t$ 求系统的稳态误差。

(2) 当 $D(z)=1.5-0.5z^{-1}$，重复(1)的问题。

第 10 章　离散控制系统的经典法设计

10.1　概　述

控制系统设计的核心工作是控制器的设计。在连续控制系统中，控制器的设计使用模拟器件实现，在计算机控制系统中，控制器的设计用软件编程实现，无论是连续控制系统还是计算机控制系统，都要借助于数学工具。在连续系统，时域设计用到微分方程，频域设计用到传递函数。在计算机控制系统，时域设计涉及差分方程，频域设计涉及脉冲传递函数。人们习惯于用连续系统成熟的理论解决计算机控制系统的某些分析和设计问题，控制器的设计同样如此。通常先设计连续控制器，再将描述连续控制器的数学模型时域的微分方程或频域的传递函数转化成时域的差分方程或频域的脉冲传递函数即数字控制器的数学模型。数字控制器的设计大体上分成两大类：经典法设计和状态空间法。经典法设计可分两种方法：离散化法和直接法。离散化法则是先设计连续系统的控制器，然后通过某种离散化方法转化成数字控制器，这种方法仅能逼近连续系统的性能，不会优于连续系统的性能。但对熟悉连续系统设计者也不失为一种较好的方法。直接法为 Z 平面的根轨迹法、W 平面的伯德图法等等，这方面的内容将放在第 11 章处理。

10.2　控制系统的离散化方法

10.2.1　六种离散化方法

这里将介绍前向差分法、后向差分法、双线性变换法、脉冲响应不变法、阶跃响应不变法、零极点匹配法等六种方法。

已知控制器的传递函数为$\dfrac{U(s)}{E(s)}=D(s)=\dfrac{b}{s+b}$，用前向差分法将其离散化成数字控制器脉冲传递函数。

将连续控制器的传递函数转化成微分方程

$$U(s)(s+b)=E(s)b\Rightarrow u'(t)+bu(t)=be(t)$$

再将微分方程改写成积分形式

$$u(t) = \int_0^t [-bu(\tau) + be(\tau)]\mathrm{d}\tau \tag{10-2-1}$$

积分直观的几何意义就是求曲线下的面积，把连续积分化成近似的数字积分，如图 10-1 所示，有三种近似方法，前向矩形积分、后向矩形积分和梯形积分。与连续积分对应的数字积分为

$$\begin{aligned} u(kT) &= \int_0^{kT-T} [-bu(\tau) + be(\tau)]\mathrm{d}\tau + \int_{kT-T}^{kT} [-bu(\tau) + be(\tau)]\mathrm{d}\tau \\ &= u(kT-T) + [-bu+be]\text{从}(kT-T)\text{到}kT\text{的面积。} \end{aligned} \tag{10-2-2}$$

1. 前向差分法

前向矩形积分如图 10-1(a)图所示近似为

$$u_f(kT) = u_f(kT-T) + [-bu_f(kT-T) + be(kT-T)]T \tag{10-2-3}$$

曲线在 $kT-T$ 点取值，积分从 $kT-T$ 到 kT，积分区间长度为 T。由差分方程求其 Z 变换

$$U_f(z) = z^{-1}U_f(z) - Tbz^{-1}U_f(z) + Tbz^{-1}E(z) \tag{10-2-4}$$

脉冲传递函数 $$G_f(z) = \frac{bTz^{-1}}{1-(1-bT)z^{-1}} = \frac{b}{(z-1)/T+b} \tag{10-2-5}$$

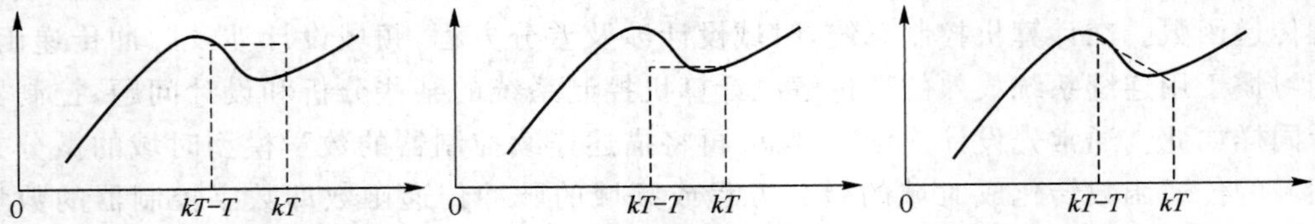

(a) 前向矩形积分　(b) 后向矩形积分　(c) 梯形积分

图 10-1

连续控制器的传递函数 $D(s)$　　离散控制器的脉冲传递函数 $G_f(z)$

$$\frac{U(s)}{E(s)} = D(s) = \frac{b}{s+b} \qquad \Rightarrow G_f(z) = \frac{b}{(z-1)/T+b}$$

比较连续系统的模拟控制器和离散系统的数字控制器的 s 与 z 的关系则有

$$s = \frac{z-1}{T} \tag{10-2-6}$$

前向矩形积分的结果，也是前向差分变换关系，将模拟控制器的传递函数 $D(s)$ 离散化成数字控制器就是将 $D(s)$ 中的 s 用 $\frac{z-1}{T}$ 代替即可。但必须强调用前向差分关系将连续控制器离散化成数字控制器时稳定性不能保证。因此很少应用。

2. 后向差分

后向矩形积分如图 10-1(b)图所示，近似为

$$u_b(kT) = u_b(kT-T) + T[-bu_b(kT) + be(kT)] \tag{10-2-7}$$

将其转化成脉冲传递函数则有

$$U_b(z) = z^{-1}U_b(z) - TbU_b(z) + TbE(z) \Rightarrow \frac{U_b(z)}{E(z)} = \frac{b}{(z-1)/Tz+b}$$

连续控制器的传递函数 $D(s)$　　离散控制器的脉冲传递函数 $G_b(z)$

$$\frac{U(s)}{E(s)} = D(s) = \frac{b}{s+b} \qquad \Rightarrow G_b(z) = \frac{b}{(z-1)/Tz+b}$$

可见 s 与 z 的关系为

$$s=\frac{z-1}{Tz} \tag{10-2-8}$$

这是后向矩形积分的结果，也称后向差分变换关系。

用后向差分关系将连续控制器离散化成数字控制器时稳定性没有任何问题。即在连续系统时是稳定的，通过后向差分离散化后，离散系统一定稳定。

因此给定传递函数 $G(s)$ 通过后向差分法离散化成数字控制器，就是将 $s=\frac{(z-1)}{Tz}$，代入 $G(s)$ 中，即 $G(z)=G(s)\big|_{s=\frac{z-1}{Tz}}$。

3. 双线性变换法

梯形积分如图 10-1 中的图(c)所示，式(10-2-2)右边第二项积分，是前两者第二个积分的平均，梯形的上底为曲线在 $kT-T$ 处的值，下底为曲线在 kT 处的值，梯形的高为 T，因此下式成立：

$$u_t(kT)=u_t(kT-T)+\frac{T}{2}[-bu_t(kT-T)+be(kT-T)-bu_t(kT)+be(kT)] \tag{10-2-9}$$

对式(10-2-9)取 Z 变换：

$$U_t(z)=z^{-1}U(z)+\frac{T}{2}[-z^{-1}bU_t(z)+z^{-1}bE(z)-bU_t(z)+bE(z)] \tag{10-2-10}$$

经整理写成脉冲传递函数

$$\frac{U_t(z)}{E(z)}=\frac{bT(z+1)}{2z-2+Tb+Tbz}=\frac{bT(z+1)}{2(z-1)+Tb(z+1)}=\frac{b}{\frac{2}{T}\frac{(z-1)}{(z+1)}+b}$$

连续控制器的传递函数 $D(s)$　　　　离散控制器的脉冲传递函数 $G_t(z)$

$$\frac{U(s)}{E(s)}=D(s)=\frac{b}{s+b} \qquad \Rightarrow G_t(z)=\frac{b}{\frac{2}{T}\frac{(z-1)}{(z+1)}+b}$$

可见将连续控制器通过双线性变换法离散化成数字控制器，s 与 z 的变换关系为

$$s=\frac{2}{T}\frac{(z-1)}{(z+1)} \tag{10-2-11}$$

因此给定传递函数 $G(s)$ 通过双线性变换离散化成数字控制器，就是将 $s=\frac{2}{T}\frac{(z-1)}{(z+1)}$ 代入 $G(s)$ 中，即 $G(z)=G(s)\big|_{s=\frac{2(z-1)}{T(z+1)}}$，该变换保证系统的稳定性不改变。

下面把三种变换关系总结如下：

变换方法		s 与 z 的变换关系		z 与 s 的变换关系
前向差分	⇒	$s=\frac{z-1}{T}$	⇔	$z=sT+1$
后向差分	⇒	$s=\frac{z-1}{Tz}$	⇔	$z=\frac{1}{1-sT}$
双线性变换	⇒	$s=\frac{2}{T}\frac{(z-1)}{(z+1)}$	⇔	$z=\frac{1+Ts/2}{1-Ts/2}$

以上讨论了三种变换关系，第一种变换关系稳定性不能保证，因此不能应用。第二种变换关系和第三种变换关系，稳定性均无问题。下面讨论三者的稳定性问题。将 z 与 s 的关系重新列出。

由表 10-1 可知前向差分法将连续系统变换到离散系统，连续系统是稳定的转换之后的离散系统不一定是稳定的，因此很少应用。用后向差分法或双线性变换法，将连续系统变换到离散系统，连续系统是稳定的转换之后的离散系统一定是稳定的。从转换的接近程度看，双线性变换法为最佳。

表 10-1　三种变换关系

前向差分 z 与 s 的关系	后向差分 z 与 s 的关系	双线性变换 z 与 s 的关系
$z=sT+1$ $\Downarrow$	$z=\dfrac{1}{1-sT}$ $\Downarrow$	$z=\dfrac{1+Ts/2}{1-Ts/2}$ $\Downarrow$
$z=1+\sigma T+\mathrm{j}\omega T$ $\lvert z\rvert^2=(1+\sigma T)^2+(\omega T)^2$ 令 $\lvert z\rvert=1$，对应 S 平面是个圆。 $\dfrac{1}{T^2}=\left(\sigma+\dfrac{1}{T}\right)^2+(\omega+0)^2$，是 s 平面以点 $\left(\dfrac{-1}{T},0\right)$ 为圆心，以 $\dfrac{1}{T}$ 为半径范围内的极点映射到 Z 平面单位圆内，对于整个 S 左半平面映射 Z 平面是 1 为边缘的整个 Z 平面。 $\mathrm{Re}\left[\dfrac{z-1}{T}\right]<0$，令 $z=\sigma+\mathrm{j}\omega$，则 $\mathrm{Re}\left[\dfrac{\sigma+\mathrm{j}\omega-1}{T}\right]<0$，即 $\sigma<1$	$z=\dfrac{1}{2}+\left[\dfrac{1}{1-sT}-\dfrac{1}{2}\right]$ $=\dfrac{1}{2}+\left[\dfrac{1}{2}\,\dfrac{1+Ts}{1-Ts}\right]$ $\Rightarrow\left\lvert z-\dfrac{1}{2}\right\rvert=\dfrac{1}{2}$，$(s=\mathrm{j}\omega)$ 可见是以点(1/2,0)为圆心，1/2 为半径的圆。	$z=\dfrac{1+T\mathrm{j}\omega/2}{1-T\mathrm{j}\omega/2}(s=\mathrm{j}\omega)$ $\lvert z\rvert=1$ 可见为单位圆。
Z平面 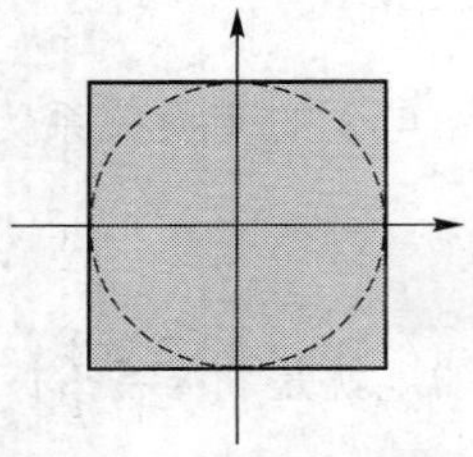	Z平面 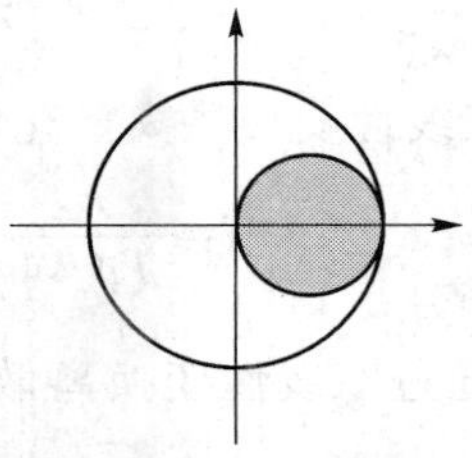	Z平面 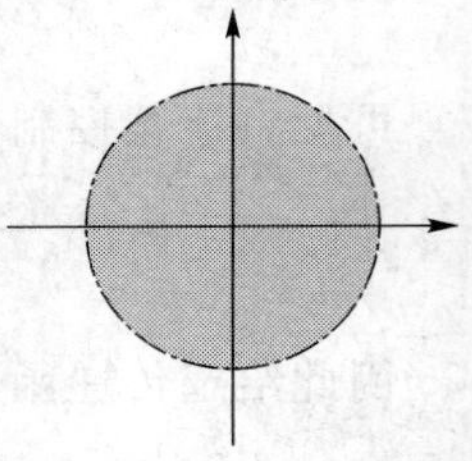

【例 10.1】 分别用前向差分法、后向差分法和双线性变换法将传递函数 $G(s)=\dfrac{1}{(s+0.1+\mathrm{j}0.5)(s+0.1-\mathrm{j}0.5)}$ 离散化成脉冲传递函数。

解：(1) 三种变换法

① 前向差分法

$$G_{\mathrm{f}}(z)=\frac{1}{\left(\dfrac{z-1}{T}\right)^2+0.2\dfrac{z-1}{T}+0.26}=\frac{T^2}{(z-1)^2+0.2(z-1)T+0.26T^2}$$

$$=\frac{1}{z^2-1.8z+1.06}=\frac{1}{(z-0.9+\mathrm{j}0.5)(z-0.9-\mathrm{j}0.5)}\text{，设 }T=1\mathrm{s}$$

② 后向差分法

$$G_b(z)=\frac{1}{\left(\frac{z-1}{Tz}\right)^2+0.2\frac{z-1}{Tz}+0.26}=\frac{T^2z^2}{(z-1)^2+0.2Tz(z-1)+0.26(Tz)^2}$$

$$=\frac{z^2/1.46}{z^2-1.5068z+0.68493}\text{，设 }T=1\text{s}$$

③ 双线性变换法

$$G_t(z)=\frac{1}{\left(\frac{2}{T}\frac{(z-1)}{(z+1)}\right)^2+0.2\frac{2}{T}\frac{(z-1)}{(z+1)}+0.26}=\frac{T^2(z+1)^2}{[2(z-1)]^2+0.4(z-1)T(z+1)+0.26T^2(z+1)^2}$$

$$=\frac{(z+1)^2}{4(z^2-2z+1)+0.4(z^2-1)+0.26(z^2+2z+1)}=\frac{(z+1)^2/4.66}{z^2-1.605z+0.8283}\text{，(设 }T=1\text{s)}$$

将 $G(s)$ 通过 $z=e^{sT}$ 转换成脉冲传递函数，然后与前向差分、后向差分法和双线性变换法的结果进行比较。通过 $z=e^{sT}$ 转换成脉冲传递函数对应的极点(设 $T=1$s)

$$z_1=e^{(-0.1+j0.5)T}=e^{-0.1}e^{j0.5}=0.9048\angle 0.5,$$

$$z_2=e^{(-0.1-j0.5)T}=e^{-0.1}e^{-j0.5}=0.9048\angle -0.5$$

(2) 三种变换法的稳定性

① 前向差分法

$$G_f(z)=\frac{1}{z^2-1.8z+1.06}=\frac{1}{(z-0.9+j0.5)(z-0.9-j0.5)}$$

$$z_1=0.9-j0.5, z_2=0.9+j0.5$$

$$z_{1,2}=1.03\angle \pm 0.5071$$

显然极点在单位圆外，系统不稳定。

② 后向差分法

$$G_b(z)=\frac{z^2}{z^2-1.5068z+0.68493}=\frac{z^2/1.46}{(z-0.7534+j0.34253)(z-0.7534-j0.34253)}$$

$$z_{1,2}=0.8276\angle \pm 0.4267$$

显然极点在单位圆内，系统是稳定的。

③ 双线性变换法

$$G_t(z)=\frac{(z+1)^2/4.66}{z^2-1.605z+0.8283}=\frac{(z+1)^2/4.66}{(z-0.8025+j0.4293)(z-0.8025-j0.4293)}$$

$$z_{1,2}=0.9101\angle \pm 0.4912$$

显然极点在单位圆内，系统是稳定的。

通过这三种方法得到的离散化结果与通过 $z=e^{Ts}$ 的数学关系的离散化结果比较，双线性变换法更接近准确值。

4. 阶跃响应不变法

这种变换关系是通过离散近似后数字控制器的阶跃响应序列，与连续控制器的阶跃响应采样值相等。

设 $D(z)$ 为离散控制器，$D(s)$ 为连续控制器。即

$$\left(\frac{1}{1-z^{-1}}\right)D(z)=Z\left[\frac{1}{s}D(s)\right] \tag{10-2-12}$$

$\left(\frac{1}{1-z^{-1}}\right)D(z)$为数字控制器的阶跃响应序列，$Z\left[\frac{1}{s}D(s)\right]$为连续控制器阶跃响应采样值。

$$D(z)=(1-z^{-1})Z\left[\frac{1}{s}D(s)\right] \tag{10-2-13}$$

这就是阶跃响应不变法的公式。

5. 脉冲响应不变法

这种变换关系是通过离散近似后数字控制器的脉冲响应序列，与连续控制器的脉冲响应采样值相等。设 $D(z)$为离散控制器，$D(s)$为连续控制器。即

$$D(z)=TZ[D(s)] \tag{10-2-14}$$

其中 T 为采样周期，上式等号右边的 T 是补偿采样引进的 $1/T$ 因子。

【例 10.2】 已知连续控制器的传递函数的 $D(s)=\frac{1}{(s+1)(s+2)}$，试用阶跃响应不变法和脉冲响应不变法将连续控制器离散成数字控制器。

解：

(1) 阶跃响应不变法

$$D(z)=(1-z^{-1})Z\left[\frac{1}{s}\frac{1}{(s+1)(s+2)}\right]=(1-z^{-1})Z\left[\frac{1/2}{s}+\frac{-1}{s+1}+\frac{1/2}{s+2}\right]$$
$$=\frac{z-1}{z}\left[\frac{1}{2}\frac{z}{z-1}-\frac{z}{z-\mathrm{e}^{-T}}+\frac{1}{2}\frac{z}{z-\mathrm{e}^{-2T}}\right]=\frac{1}{2}-\frac{z-1}{z-\mathrm{e}^{-T}}+\frac{1}{2}\frac{z-1}{z-\mathrm{e}^{-2T}}$$

(2) 脉冲响应不变法

$$D(z)=TZ[D(s)]=TZ\left[\frac{1}{(s+1)(s+2)}\right]=TZ\left[\frac{1}{s+1}-\frac{1}{s+2}\right]=T\left[\frac{z}{z-\mathrm{e}^{-T}}-\frac{z}{z-\mathrm{e}^{-2T}}\right]$$

6. 零极点匹配等效法

利用 z 与 s 的关系 $z=\mathrm{e}^{Ts}$，实现有限零极点的转换，$s\to\infty$的零点的转换需要单独讨论。通过映射保证连续和离散控制器的零极点匹配，映射规则如下。

(1) $D(s)$的全部有限零点和极点按照 $z=\mathrm{e}^{Ts}$ 映射到 Z 平面。

(2) $D(s)$的全部无限远的零点映射到 Z 平面为 $z=-1$。（这是近似映射关系）

(3) 让数字控制器的增益在某一主频处与模拟控制器的增益匹配，即

① 若 $D(s)$具有低通特性则令$D(s)\big|_{s=0}=D(z)\big|_{z=1}$

② 若 $D(s)$具有高通特性则令$D(s)\big|_{s=\infty}=D(z)\big|_{z=-1}$

③ 若 $D(s)$既不具有高通特性也不具有低通特性则在一个特殊频率处令

$$D(s)\big|_{s=\mathrm{j}\omega_0}=D(z)\big|_{z=\mathrm{e}^{\mathrm{j}T\omega_0}}$$

下面对 $D(s)$的全部无限远的零点映射到 Z 平面为 $z=-1$ 这一点进一步阐述：

当 ω 从 $0\to\frac{\omega_s}{2}=\frac{\pi}{T}$ 时 $z=\mathrm{e}^{\mathrm{j}T0}=1,\to\mathrm{e}^{\mathrm{j}T\frac{\pi}{T}}=-1$。相当于 $\mathrm{j}\omega$ 轴上从 $0\to\frac{\pi}{T}$这段对应于 Z 平面从 $z=1\to z=-1$ 的半个单位圆。$\omega=\frac{\omega_s}{2}=\frac{\pi}{T}$时，该 ω 是信号的最高频率，高于此频率则不满足采样定理，另外通常 $D(s)$具有低通特性，即

$$D(s)\big|_{s=\mathrm{j}\omega=\mathrm{j}\frac{\omega_s}{2}}\cong 0$$

严格应 $\omega\to\infty$，因此应有如下关系：

$$D(s)\big|_{\omega=\frac{1}{2}\omega_s}=0\to D(z)\big|_{z=-1}=0\quad(z=e^{jT\frac{\pi}{T}}=-1)$$

因此将 $s\to\infty$ 零点映射到 Z 平面，相当于 $s\to\infty$ 的零点与 $D(z)$ 的 $z=-1$ 的零点对应，也就是说在的 $D(s)$ 上有一个 $s\to\infty$ 的零点时，则在 $D(z)$ 的分子上补一个 $(z+1)$ 因子，有两个 $s\to\infty$ 的零点，在 $D(z)$ 的分子上补一个 $(z+1)^2$，以此类推。

【例 10.3】 已知连续系统控制器传递函数为 $D(s)=\dfrac{s+2}{(s+1)(s+3)}$，试用零极点匹配等效法离散化连续控制器的传递函数成数字控制器的脉冲传递函数。

解：

(1) 将连续系统的有限零极点映射到 Z 平面

① 有限零点 $s=-2$，$\to z=e^{-2T}$，即 $z-e^{-2T}=0$

② 有限极点 $s=-1$，$s=-3\to z=e^{-T}$（与 $s=-1$ 对应），$z=e^{-3T}$（与 $s=-3$ 对应）

(2) 将连续系统的 $s\to\infty$ 零点映射到 Z 平面，对应于 $D(z)$ 分子上的 $(z+1)$ 因子。

$$D(s)\big|_{s=\infty}=\frac{s+2}{(s+1)(s+3)}\bigg|_{s=\infty}=0\quad（可见\ s\to\infty\ 为\ D(s)\ 的零点）$$

$D(s)\big|_{s=\infty}$ 的零点对应 $D(z)$ 分子上的 $(z+1)$ 因子

$$\frac{s+2}{(s+1)(s+3)}\bigg|_{s=\infty}=0 \quad\longleftrightarrow\quad \frac{(z+1)(z-e^{-2T})}{(z-e^{-3T})(z-e^{-T})}\bigg|_{z=-1}=0$$

(3) 匹配增益因子

$D(s)\big|_{s=\infty}=0$，$D(s)\big|_{s=0}=2/3$，可见 $D(s)$ 有低通特性，因此增益因子为

$$D(z)\big|_{z=1}=D(s)\bigg|_{s=0}\Rightarrow\frac{K(z+1)(z-e^{-2T})}{(z-e^{-3T})(z-e^{-T})}\bigg|_{z=1}=\frac{s+2}{(s+1)(s+3)}\bigg|_{s=0}$$

$$\frac{2K(1-e^{-2T})}{(1-e^{-3T})(1-e^{-T})}=\frac{2}{3}\Rightarrow K=\frac{(1-e^{-3T})(1-e^{-T})}{3(1-e^{-2T})}$$

通过零极点匹配等效法，得到的总的脉冲传递函数为

$$D(z)=\frac{(1-e^{-3T})(1-e^{-T})(z+1)(z-e^{-2T})}{3(1-e^{-2T})(z-e^{-3T})(z-e^{-T})}\Rightarrow D(z)=\frac{0.231\ 551(z+1)(z-0.135\ 34)}{(z-0.049\ 787)(z-0.367\ 88)},T=1\text{s}$$

10.2.2　六种离散化方法的特点

任何一种离散化方法，都是一种近似的方法。如果希望由连续设计技术通过离散化方法得到离散化系统，设计者应该交替使用几种等效技术，以求得到满意的结果，通常零极点匹配映射法和双线性变换法会给出令人满意的结果，尤其借助于 MATLAB 工具处理会使问题简化。下边分别介绍六种方法的各自特点：

1. 前向差分法

前向差分法稳定性不能保证，因为只有 S 平面以 $\left(\dfrac{-1}{T},0\right)$ 为圆心、以 $\dfrac{1}{T}$ 为半径的圆内极

点映射到 Z 平面单位圆内，对于整个 S 左半平面映射 Z 平面是以 1 为边缘的整个 Z 平面，因此映射后的系统稳定性不确定，它取决于极点来自 S 左半平面的区域，此方法应用很少。

2. 后向差分法

(1) 是将整个 S 左半平面映射到 Z 平面以(1/2,0)点为圆心，以 1/2 为半径的圆。因此稳定性无任何问题。

(2) 稳态增益维持不变。

(3) 这种离散化方法是将 S 域的稳定区映射到 Z 平面的单位圆内的一个半径为 1/2 的小圆，因此用这种方法得到的离散滤波器(控制器)暂态特性和频率响应特性与连续(滤波器)控制器特性有相当大的差别，采用高采样率可减少这种差别。

3. 脉冲响应不变法

实际上就是 Z 变换法，再将 Z 变换的结果乘 T 系数，保证采样后的幅度特性不变。该方法稳定性无问题，但却存在频率混叠问题，脉冲响应不变法只适用于连续控制器具有陡峭的衰减特性，且为带限信号的场合，当采样频率选择足够高时，可以减小频率混叠，使离散控制器的频率特性接近连续控制器频率特性。

4. 阶跃响应不变法

阶跃响应不变法也是 Z 变换法，连续系统稳定，离散化后系统一定稳定。阶跃响应不变法，相当于连续环节串联一个零阶保持器后取 Z 变换，增加了计算的复杂，常常用来求取控制系统的对象或其他环节的离散等效，可以使其动态特性获得很好的逼近。该方法也会出现频率混叠，但由于被变换项存在 $1/s$ 项，相当于积分作用，增加了高频衰减，因此与脉冲响应不变法相比混叠较小，该方法要求信号必须是带限的。同脉冲响应不变法一样，稳态增益不变。

5. 双线性变换法

稳定性无问题，保证连续系统稳定，离散化后的系统一定稳定。双线性变换法，导致频率特性的严重畸变，在伯德图的设计中或系统要求较高时，则要对变换式进行修正。

6. 零极点匹配等效法

该方法运用 S 平面和 Z 平面的映射关系，因此稳定性一定保证，这种映射有较好的逼近特性，同时考虑了采样定理的运用$\left(\omega_{\max}=\dfrac{\omega_s}{2}\right)$和控制器的低通特性，将 $s\to\infty$ 的零点映射到 Z 平面，就是在脉冲传递函数上分子添加一个$(z+1)$因子。

10.3 PID 控制器及其算式

10.3.1 PID 控制器

1. PID 控制器的基本原理

PID 控制器在连续控制系统中取得了非常好地控制效果，并得到广泛应用，PID 控制器的时域微分方程如式(10-3-1)所示。

$$u(t)=K_p\left[e(t)+\frac{1}{T_i}\int e(t)\mathrm{d}t+T_d\frac{\mathrm{d}e(t)}{\mathrm{d}t}\right] \quad (10\text{-}3\text{-}1)$$

式中，K_p 为比例系数，T_i 为积分时间常数，T_d 为微分时间常数，$u(t)$ 为控制量，(PID 控制器的输出与误差的比例、积分、微分有关)，$e(t)$ 为偏差量。

在 S 域用传递函数表示，其形式如下：

$$D(s)=\frac{U(s)}{E(s)}=K_p\left[1+\frac{1}{T_i s}+T_d s\right] \quad (10\text{-}3\text{-}2)$$

具有 PID 控制器的闭环控制系统的框图如图 10-2 所示，由 PID 控制器的传递函数可见，PID 控制器由三个环节的并联构成，具体结构如图 10-3 所示。

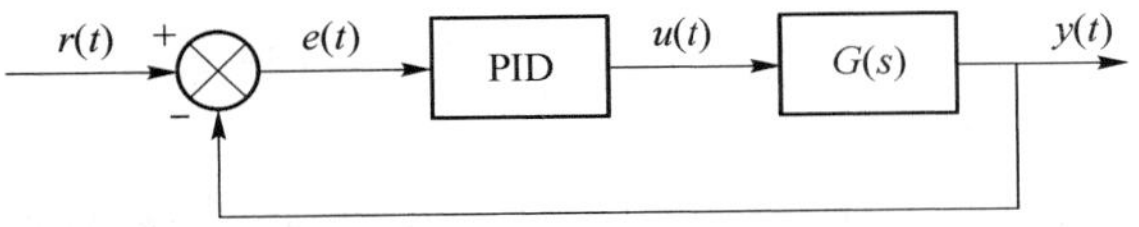

图 10-2　具有 PID 控制器的闭环控制系统

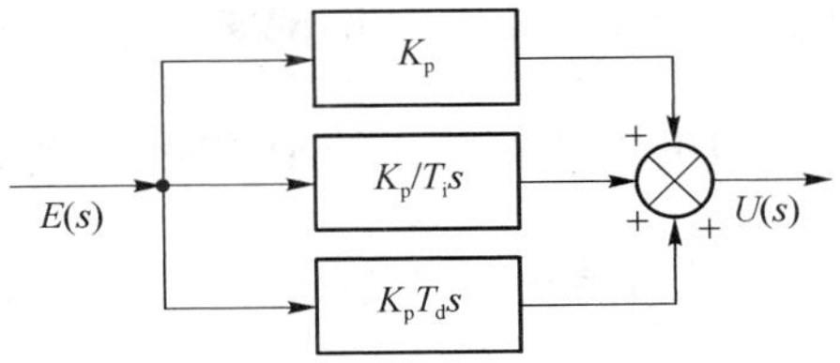

图 10-3　PID 控制器结构图

在图 10-3 中：

(1) K_p 为控制器的比例项(环节)，K_p 增大可增大系统的响应速度，减小稳态误差，提高控制精度。但随着 K_p 增大系统稳定性下降，严重时造成系统的稳定性破坏，因此 K_p 值要适度。

(2) $(K_p/T_i s)$ 为控制器的积分项(环节)，它的主要特点是对稳态起控制作用，改善系统的稳态特性，提高系统的稳态控制精度，但积分过强稳定性随着下降，严重时造成系统不稳定，一般和比例项配合使用。

(3) $(K_p T_d s)$ 为控制器的微分项(环节)，它的主要特点是对动态起控制作用，可以加快动态响应，上升快，超调小，具有预调节的作用，一般与比例项组合使用。

总之 PID 控制器是三种参数的适当配合，这种配合关系不是通过公式计算的，而是在系统中通过整定来确定的。

2. PID 控制器的离散化表示

下面将连续域描述 PID 控制器的微分方程通过后向差分法离散化

$$\begin{aligned}u(k)&=K_p\left[e(k)+\frac{1}{T_i}\sum_{i=0}^{k}e(i)T+T_d\frac{e(k)-e(k-1)}{T}\right]\\&=K_pe(k)+\frac{K_pT}{T_i}\sum_{i=0}^{k}e(i)+\frac{K_pT_d}{T}(e(k)-e(k-1))\\&=K_pe(k)+K_i\sum_{i=0}^{k}e(i)+K_d[e(k)-e(k-1)]\\&=u_p(k)+u_i(k)+u_d(k)\end{aligned} \quad (10\text{-}3\text{-}3)$$

其中 $K_i=\frac{K_pT}{T_i}$ 为积分系数，$K_d=\frac{K_pT_d}{T}$ 为微分系数。

3. PID 控制器的两种形式

(1) 位置式 PID

公式(10-3-3)是数字控制器的差分表示，其数字控制器的控制量 $u(k)$ 与执行机构的阀门开启位置一一对应，因此式(10-3-3)称为位置式PID算式，位置PID算式容易产生积分饱和，并且不利于手动自动的切换，因此改进的算法为PID增量式算法。

(2) 增量式PID

$$
\begin{aligned}
\Delta u(k) &= u(k)-u(k-1)\\
&= K_p[e(k)-e(k-1)]+K_p\frac{T}{T_i}e(k)+K_p\frac{T_d}{T}[e(k)-2e(k-1)+e(k-2)]\\
&= (K_p+K_i+K_d)e(k)-(K_p+2K_d)e(k-1)+K_de(k-2)\\
&= me(k)+ne(k-1)+re(k-2)
\end{aligned}
\tag{10-3-4}
$$

式(10-3-4)中 $m=(K_p+K_i+K_d)$，$n=(K_p+2K_d)$，$r=K_d$。增量算法的优点是改善积分饱和，手动自动切换冲击小，系统超调减少，动态时间缩短，动态性能改善。

10.3.2 PID控制器的各种算法

1. 不完全微分PID控制算法

数字PID控制的位置算式中，$u_d(k)=K_d[e(k)-e(k-1)]$为常规PID控制算式的微分项，式中 $K_d=K_p\frac{T_d}{T}$。微分项的作用是根据误差的变化率的大小进行调节，其变化率的大小决定微分控制量的大小，而误差值的绝对大小不影响微分控制量强弱，也就是说微分控制量取决于误差变化率的大小，而与误差的绝对大小无关。微分控制具有预见性的控制作用，通常的组合为PD和PID，单独的微分是不能用的，因为是超前环节，在计算机控制系统很难实现。在应用位置PID算式时要注意这样的问题，当突然大幅度改变给定值时，会导致误差突然大幅度改变，引起很大的误差变化率，因此产生很强的微分控制量，在一个采样周期全部输出，使控制系统出现超调和振荡，系统的调节性能下降，因此引进一种改进的微分算法，即不完全微分PID算法，其传递函数如下：

$$
\frac{U(s)}{E(s)}=K_{rp}\left[1+\frac{1}{T_{ri}s}+\frac{T_{rd}s}{1+\frac{T_{rd}}{K_{rd}}s}\right]
\tag{10-3-5}
$$

其中：$U(s)$为PID控制器的输出；$E(s)$为偏差(控制器的输入)；K_{rp}实际的比例放大系数；T_{ri}实际的积分时间常数；T_{rd}实际的微分时间常数。

微分项为 $U_{rd}(s)=\frac{K_{rp}T_{rd}s}{1+\frac{T_{rd}}{K_{rd}}s}E(s)$，比例和积分项为 $U_{rpi}(s)=K_{rp}(1+\frac{1}{T_{ri}s})E(s)$，先处理微分项。

$$
U_{rd}(s)\left(1+\frac{T_{rd}}{K_{rd}}s\right)=K_{rp}T_{rd}sE(s)
\tag{10-3-6}
$$

将上式改写成时域微分方程

$$
u_{rd}(t)+\frac{T_{rd}}{K_{rd}}\frac{du_{rd}(t)}{dt}=K_{rp}T_{rd}\frac{de(t)}{dt}
\tag{10-3-7}
$$

通过后向差分法离散化

$$
u_{rd}(k)+\frac{T_{rd}}{K_{rd}}\frac{u_{rd}(k)-u_{rd}(k-1)}{T}=K_{rp}T_{rd}\frac{e(k)-e(k-1)}{T}
\tag{10-3-8}
$$

$$
u_{rd}(k)(1+\frac{T_{rd}}{K_{rd}T})=\frac{T_{rd}}{K_{rd}T}u_{rd}(k-1)+K_{rp}T_{rd}\frac{1}{T}(e(k)-e(k-1))
\tag{10-3-9}
$$

$$u_{rd}(k)=\frac{\frac{T_{rd}}{K_{rd}}}{\frac{T_{rd}}{K_{rd}}+T}u_{rd}(k-1)+\frac{K_{rP}T_{rd}}{\frac{T_{rd}}{K_{rd}}+T}[e(k)-e(k-1)] \quad (10\text{-}3\text{-}10)$$

$$=Au_{rd}(k-1)+B[e(k)-e(k-1)]$$

其中：

$$A=\frac{\frac{T_{rd}}{K_{rd}}}{\frac{T_{rd}}{K_{rd}}+T},B=\frac{K_{rP}T_{rd}}{\frac{T_{rd}}{K_{rd}}+T}$$

将不完全微分 PID 算式的 PI 部分 $U_{rpi}(s)=K_{rp}\left(1+\frac{1}{T_{ri}s}\right)E(s)$转化成时域差分方程。

$$u_{rpi}(k)=K_{rp}[e(k)+\frac{T}{T_{ri}}\sum_{j=0}^{k}e(j)] \quad (10\text{-}3\text{-}11)$$

不完全微分 PID 算式的差分方程为

$$u(k)=K_{rp}\{e(k)+\frac{1}{T_{ri}}\sum_{j=0}^{k}e(j)T+\frac{T_{rd}}{\frac{T_{rd}}{K_{rd}}+T}[e(k)-e(k-1)]\}+\frac{\frac{T_{rd}}{K_{rd}}}{\frac{T_{rd}}{K_{rd}}+T}u_{rd}(k-1) \quad (10\text{-}3\text{-}12)$$

可见不完全微分 PID 算式比常规的位置 PID 算式多一项，在阶跃信号的作用下，完全微分 PID 和不完全微分 PID 的微分调节作用差别很大，正是由于不无完全微分 PID 算法多了这一项使得微分调节作用大为改善，常规 PID 的微分算式的微分调节，对于阶跃作用第一个周期而言，产生很强的调节作用，不按偏差变化趋势在整个调节过程起作用，调节作用在一个周期内迅速下降到零，使系统容易产生超调和振荡；而不完全微分 PID 控制算式多了 $Au_{rd}(k-1)$项，会使微分控制量通过多个周期均匀输出，微分控制平稳，系统控制性能改善，如图 10-4 所示。

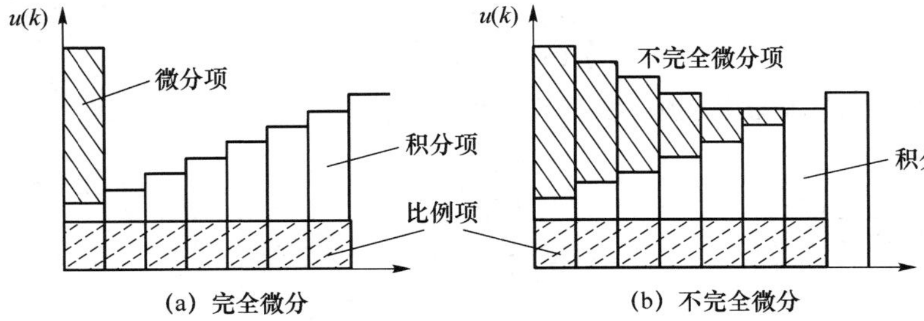

图 10-4

【例 10.4】 研究含有一阶低通传递函数为$\frac{1}{T_{LP}s+1}$的不完全微分 PID 算式。常规的 PID 算式为 $K_p\left[1+\frac{1}{T_is}+T_ds\right]$，两者串联起来，就构成了含有一阶低通的不完全微分 PID 算式。含有一阶低通的不完全微分 PID 控制器的传递函数为

$$D(s)=\frac{U(s)}{E(s)}=\frac{1}{T_{LP}s+1}K_p[1+\frac{1}{T_is}+T_ds]=\frac{K_p(1+T_is+T_dT_is^2)}{T_is(T_{LP}s+1)} \quad (10\text{-}3\text{-}13)$$

一阶低通滤波器主要滤掉控制系统所在环境的高频噪声，防止高频噪声干扰控制系统

的正常工作。令上式各参数有如下关系

$$T_{LP}=aT_2;\quad K_p=K_1(T_1+T_2)/T_1;\quad T_i=T_1+T_2;\quad T_d=\frac{T_1T_2}{T_1+T_2}$$

则可以将串接一阶低通的 PID 控制器的传递函数写成为如下形式：

$$\begin{aligned}D(s)=\frac{U(s)}{E(s)}&=\frac{K_1(T_1+T_2)/T_1[1+(T_1+T_2)s+T_1T_2s^2)}{(T_1+T_2)s(aT_2s+1)}\\&=\frac{K_1[1+(T_1+T_2)s+T_1T_2s^2)}{T_1s(aT_2s+1)}\\&=\frac{K_1(T_1s+1)(T_2s+1)}{T_1s(aT_2s+1)}=\frac{T_2s+1}{aT_2s+1}K_1\left(1+\frac{1}{T_1s}\right)\end{aligned}\tag{10-3-14}$$

式(10-3-14)中 T_1 为实际积分时间，T_2 为实际微分时间，K_1 为放大系数，a 为微分放大系数(通常取 a 为 $0<a<1$ 之间)，$a<1$ 时微分起主要作用。带有一阶低通的 PID 控制器的结构框图如图 10-5 所示，它们分成三个环节，微分环节在前，比例和积分环节并联后并且与前边的微分环节串联。

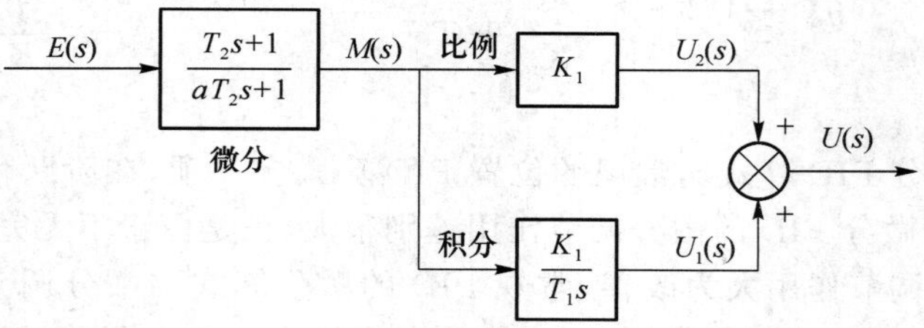

图 10-5　不完全微分 PID 控制器

下面讨论不完全微分 PID 的算法，也称微分先行 PID。

(1) 微分环节

$$\frac{M(s)}{E(s)}=\frac{T_2s+1}{aT_2s+1}\tag{10-3-15}$$

通过双线性变换法离散化将连续的微分环节离散化成数字微分环节

$$\frac{M(z)}{E(z)}=\frac{T_2s+1}{aT_2s+1}\Bigg|_{s=\frac{2}{T}\frac{1-z^{-1}}{1+z^{-1}}}=\frac{T_2\dfrac{2}{T}\dfrac{1-z^{-1}}{1+z^{-1}}+1}{aT_2\dfrac{2}{T}\dfrac{1-z^{-1}}{1+z^{-1}}+1}=\frac{T_2(1-z^{-1})+\dfrac{T}{2}(1+z^{-1})}{aT_2(1-z^{-1})+\dfrac{T}{2}(1+z^{-1})}$$

$$M(z)\left[(aT_2+\frac{T}{2})+(\frac{T}{2}-aT_2)z^{-1}\right]=E(z)\left[\left(T_2+\frac{T}{2}\right)+\left(\frac{T}{2}-T_2\right)z^{-1}\right]$$

$$\begin{aligned}m(k)&=\left[\left(aT_2-\frac{T}{2}\right)m(k-1)+\left(T_2+\frac{T}{2}\right)e(k)+\left(\frac{T}{2}-T_2\right)e(k-1)\right]\left(\frac{2}{2aT_2+T}\right)\\&=\left[\frac{2aT_2-T}{2}m(k-1)+\left(\frac{2T_2+T}{2}\right)e(k)+\left(\frac{T-2T_2}{2}\right)e(k-1)\right]\left(\frac{2}{2aT_2+T}\right)\\&=\frac{(2aT_2-T)}{2aT_2+T}m(k-1)+\frac{2T_2+T}{2aT_2+T}e(k)+\frac{T-2T_2}{2aT_2+T}e(k-1)\end{aligned}\tag{10-3-16}$$

可见只要知道 $m(k-1)$，$e(k)$和 $e(k-1)$就可以计算出微分器的输出(差分方程的迭代)。

(2) 积分环节$\frac{K_1}{T_1 s}$

将积分环节通过双线性变换法转化成差分方程

$$\frac{U_1(s)}{M(s)}=\frac{K_1}{T_1 s}\Rightarrow\frac{U_1(z)}{M(z)}=\frac{K_1}{T_1\ \frac{2}{T}\frac{1-z^{-1}}{1+z^{-1}}}=\frac{K_1 T(1+z^{-1})}{2T_1(1-z^{-1})} \tag{10-3-17}$$

$$u_1(k)=u_1(k-1)+\frac{K_1 T}{2T_1}m(k)+\frac{K_1 T}{2T_1}m(k-1) \tag{10-3-18}$$

(3) 比例环节 K_1

$$U_2(s)/M(s)=K_1\Rightarrow U_2(z)=K_1 M(z) \tag{10-3-19}$$

$$u_2(k)=K_1 m(k) \tag{10-3-20}$$

不完全微分 PID 控制器的总的输出是

$$u(k)=u_1(k)+u_2(k) \tag{10-3-21}$$

2. 积分分离 PID 算法

积分控制是通过对误差的积分产生控制量来提高系统的控制精度，但是当偏差很大时，投入积分控制既没有必要，又会带来负作用，这是因为一般系统的执行机构工作的线性范围都是有限的，采用位置式 PID 时，当系统开始工作、停止工作或大幅度改变给定值时，都会产生很大的偏差，这时由积分项产生的控制量将很强，导致系统长时间的超调和大幅度的振荡，系统产生积分饱和。数字控制系统中要消除这种现象，可以采用积分分离的方法解决，当误差很大时，不投入积分，当误差比较小时加入积分，改善系统的稳态控制精度，可以设定一个阀值 a，按照下边方式控制。

$$|e(k)|\begin{cases}>a & \text{取消积分,采用 PD 控制}\\ \leqslant a & \text{采用 PID 控制}\end{cases}$$

3. 变速积分 PID 算法

在常规的 PID 算法中，当误差大时，积分控制作用就强，当误差小时积分控制作用就弱，这对控制系统是不利的。因为积分过强容易使系统产生超调，严重时出现积分饱和，误差较小时，应加强积分迅速消除静态误差。实际上系统的积分控制应该是误差大时减小积分作用，防止超调和积分饱和，误差小时，加强积分迅速减少稳态误差，提高系统的控制精度。具体的解决办法如下：

设置积分系数是误差的函数，即 $f(e(k))$，$f(e(k))$随着$|e(k)|$的增加而减少，反之$f(e(k))$随着$|e(k)|$的减少而增加。

变速积分 PID 的积分项为

$$u_i(k) = K_i\left\{\sum_{j=0}^{k-1}e(j)+f[e(k)]e(k)\right\} \tag{10-3-22}$$

$f[e(k)]$可以设为如下形式：

$$f[e(k)]=\begin{cases}1 & |e(k)|\leqslant b\\ \frac{a-|e(k)|+b}{a} & b<|e(k)|\leqslant a+b\\ 0 & |e(k)|>a+b\end{cases} \tag{10-3-23}$$

可见 $f[e(k)]$在 0～1 之间变化，偏差下限为 b，上限为 $a+b$，偏差大于 $a+b$，$f[e(k)]=0$，不再累加 $e(k)$，积分减慢。当偏差 $|e(k)|\leqslant b$ 时，则 $f[e(k)]=1$，$e(k)$进入累加项，即积分变为 $u_i(k)=K_i\left\{\sum_{j=0}^{k}e(j)\right\}$，与一般的 PID 积分项相同，进行全速积分，当偏差位于 $b<|e(k)|\leqslant b+a$ 时，当前值 $e(k)$ 被部分累加，因此整个积分速度随着 $|e(k)|$ 的变化，在 $K_i\sum_{j=0}^{k-1}e(j)$ 到 $K_i\sum_{j=0}^{k}e(j)$ 之间变化 。

在位置型 PID 算式基础上考虑变速积分，则总的变速积分 PID 算式为

$$u(k)=K_p e(k)+K_i\left\{\sum_{i=0}^{k-1}e(i)+f[e(k)]e(k)\right\}+K_d[e(k)-e(k-1)] \quad (10\text{-}3\text{-}24)$$

变速积分 PID 与常规 PID 和积分分离 PID 相比，有许多优点。

(1) 能充分发挥积分消除稳态误差的作用，又能完全消除积分饱和；

(2) 大大减少了超调量，可以使系统的稳定性得到改善；

(3) 这种控制算法，能适应较复杂的情况，克服常规 PID 控制器不理想的调节特性；

(4) 参数整定简单，参数之间相互影响小。对参数 a、b 精度要求不高，且确定简单；

(5) 积分分离控制属于开关控制，而变速积分控制连续性好，且控制平稳。因此变速积分控制性能优于积分分离控制。

4. 带死区的 PID 算式

在计算机控制系统中，为了防止执行机构频繁动作，引起系统的不稳定则可以采用带死区的 PID 控制算式，其框图如图 10-6 所示，程序流程图如图 10-7 所示。

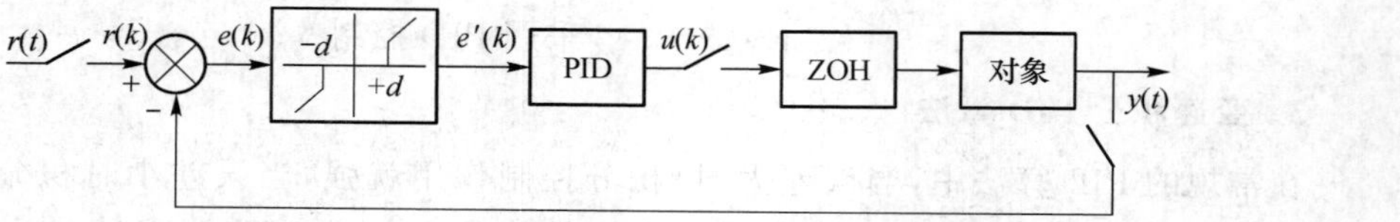

图 10-6 带死区的 PID

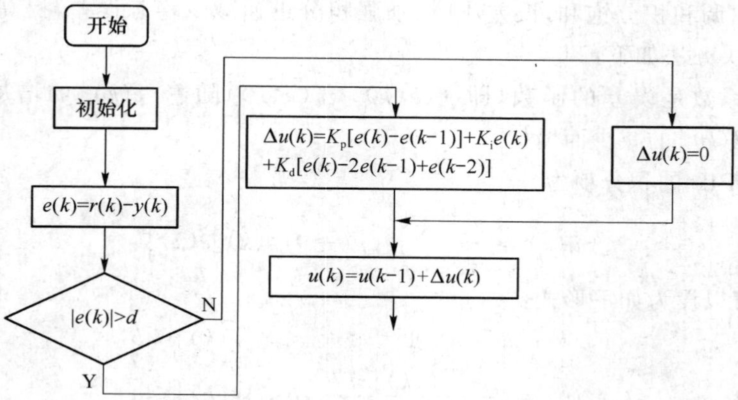

图 10-7 带死区的 PID 的控制量产生的程序流程图

其中 $e'(k)=\begin{cases}0 & |e(k)|\leqslant d\\ e(k) & |e(k)|>d\end{cases}$

这种算法的特点是当系统对稳态控制精度要求不很高，或者仅满足系统对控制精度的一般要求，不再追求更高的精度，例如液位控制等，可以采用此法。执行此算法时，$\Delta u(k)$的取值取决于$|e(k)|$大于 d 还是小于 d，大于 d 时，进行增量计算，反之则不进行增量计算。

10.4　数字 PID 控制器的参数整定

简单介绍四种整定方法：扩充临界比例度法、扩充响应曲线法、归一参数整定法、优选法。

10.4.1　扩充临界比例度法

临界比例度法是模拟 PID 控制器的整定方法，而扩充临界比例度法是以临界比例度法为基础的一种数字 PID 控制器的简易工程整定方法。按照这种方法整定，确定参数 K_{p}，T_{i}，T_{d} 和 T 的步骤如下：

(1) 选择一个足够短的采样周期 $T_{\min}$，若系统具有纯滞后时间 θ，则选择 $T_{\min}\leqslant\frac{1}{10}\theta$；

(2) 将 $T_{\min}$代入数字控制系统，去掉积分和微分作用，保留比例作用，逐步增大比例系数，使系统产生等幅震荡，此时的比例系数称为临界 K 值记为 K_{u}($\delta_{\mathrm{u}}=\frac{1}{K_{\mathrm{u}}}$，其中 δ_{u} 称为临界比例度)，对应的振荡周期称为临界振荡周期 T_{u}，记下临界比例度 δ_{u} 和临界振荡周期 T_{u}；

(3) 选择控制度。控制度是以模拟控制器为基准，将数字控制器的控制效果与模拟控制器的效果进行比较，可以表示为

$$\text{控制度}=\frac{\left[\int_0^{\infty}\mathrm{e}^2(t)\mathrm{d}t\right]_{\mathrm{DDC}}}{\left[\int_0^{\infty}\mathrm{e}^2(t)\mathrm{d}t\right]_{\mathrm{AC}}}$$

在实际应用中不需要计算两个误差的积分，仅仅是控制效果的比较，控制度的取值分别为 1.05、1.2、1.5、2.0，取值 1.05 表明数字控制器的效果和模拟控制器的效果相当，控制度依次取大，则数字控制器的控制效果依次变差，根据控制要求选取。

(4) 根据控制度进行查表，表 10-2 给出了扩充临界比例度法参数整定表，可确定参数 K_{p}、T_{i}、T_{d}和 T；

表 10-2　扩充临界比例度法参数整定表

控制度	控制规律	T	K_{p}	T_{i}	T_{d}
1.05	PI	$0.03T_{\mathrm{u}}$	$0.53\delta_{\mathrm{u}}$	$0.88T_{\mathrm{u}}$	—
	PID	$0.014T_{\mathrm{u}}$	$0.63\delta_{\mathrm{u}}$	$0.49T_{\mathrm{u}}$	$0.14T_{\mathrm{u}}$
1.2	PI	$0.05T_{\mathrm{u}}$	$0.49\delta_{\mathrm{u}}$	$0.91T_{\mathrm{u}}$	—
	PID	$0.043T_{\mathrm{u}}$	$0.47\delta_{\mathrm{u}}$	$0.47T_{\mathrm{u}}$	$0.16T_{\mathrm{u}}$

续表

控制度	控制规律	T	k_p	T_i	T_d
1.5	PI	$0.14T_u$	$0.42\delta_u$	$0.99T_u$	—
	PID	$0.09T_u$	$0.34\delta_u$	$0.43T_u$	$0.20T_u$
2.0	PI	$0.22T_u$	$0.36\delta_u$	$1.05T_u$	—
	PID	$0.16T_u$	$0.27\delta_u$	$0.4T_u$	$0.22T_u$

(5) 通过上述四步确定的四个参数，还要到系统中实际运行，检验控制效果，必要时进行反复的调整，直至获得满意的控制效果；

(6) 适用于一阶纯滞后被控对象。

10.4.2 扩充响应曲线法

类似模拟PID控制器响应曲线法整定，数字控制器的PID参数可以用扩充响应曲线法进行整定，这种整定需要已知系统的飞升特性曲线，而扩充临界比例度法，则不需要，这是两种整定方法的区别。扩充响应曲线法整定法步骤如下：

(1) 断开数字PID，使系统处于手动状态，当系统在给定值达到稳态时，突然加入一个阶跃输入；

(2) 测量和记录系统在突然加入阶跃信号作用下的响应情况，绘制飞升特性曲线；

(3) 在飞升特性曲线的最大斜率处作切线，求出被控对象的滞后时间和等效时间常数。如图10-8所示，其中 θ 为对象的滞后时间，T_P 为对象的等效时间常数；

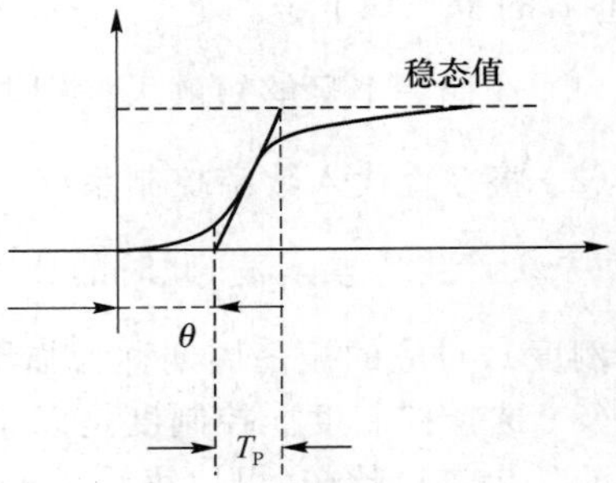

图 10-8 飞升特性曲线

(4) 根据求得的 θ、T_P 和 T_P/θ 的值查表(表10-3 扩充响应曲线法PID参数整定表)确定数 K_p，T_i，T_d 和 T 的值；

(5) 适用于一阶纯滞后对象。

表 10-3 扩充响应曲线法 PID 参数整定

控制量	控制规律	T	K_p	T_i	T_d
1.05	PI	0.1θ	$0.84T_p/\theta$	0.34θ	—
	PID	0.05θ	$0.15T_p/\theta$	2.0θ	0.45θ
1.2	PI	0.2θ	$0.78T_p/\theta$	3.6θ	—
	PID	0.16θ	$1.0T_p/\theta$	1.9θ	0.55θ
1.5	PID	0.5θ	$0.68T_p/\theta$	3.9θ	—
	PI	0.34θ	$0.85T_p/\theta$	1.62θ	0.65θ
2.0	PID	0.8θ	$0.57T_p/\theta$	4.2θ	—
	PI	0.6θ	$0.6T_p/\theta$	1.5θ	0.82θ

10.4.3　归一参数整定法

归一参数整定法实际上是简化的扩充临界比例度法，因为整定时只需整定一个参数，因此叫归一参数整定法。增量 PID 算式为

$$\Delta u(k)=K_p[e(k)-e(k-1)]+K_p\frac{T}{T_i}e(k)+K_p\frac{T_d}{T}[e(k)-2e(k-1)+e(k-2)] \quad (10\text{-}4\text{-}1)$$

可以根据 Ziegler-Nichle 条件进行整定，例如令 $T=0.1T_u$；$T_i=0.5T_u$；$T_d=0.125T_u$

其中：T_u 就是扩充临界比例度法的临界振荡周期。将参数代入增量算式(10-4-1)有：

$$\begin{aligned}\Delta u(k)&=K_p[e(k)-e(k-1)]+K_p\frac{0.1T_u}{0.5T_u}e(k)+K_p\frac{0.125T_u}{0.1T_u}[e(k)-2e(k-1)+e(k-2)]\\&=K_p[e(k)(1+0.2+1.25)-(2.5+1)e(k-1)+1.25e(k-2)]\\&=K_p[2.45e(k)-3.5e(k-1)+1.25e(k-2)] \quad (10\text{-}4\text{-}2)\end{aligned}$$

可见参数整定只需整定一个参数 K_p，通过调整 K_p，改变控制效果，一直到取得满意的控制效果为止。

10.4.4　优选法(0.618 法)

PID 参数整定通常还是反复试凑完成参数整定，优选法就是其中之一。其整定的过程简述如下：

选定其中之一的参数，用黄金分割法(0.618 法)进行优选，选出最优整定参数。接下来按此法再整定另一个参数，并获得最优整定参数，一直到最后一个参数整定完。再根据所选结果取一组最佳值。

10.5　用 MATLAB 进行连续模型的离散化等效和 PID 参数仿真研究

连续时间模型的离散化等效的 MATLAB 命令：c2d()

调用格式：

sysd = c2d(sys,T)或

sysd = c2d(sys,T,method)

其中：sys 为连续时间模型；T 为采样周期；sysd 为离散时间模型；method 表示离散化方法，离散化方法有五种，具体如表 10-4 所示。

表 10-4　离散化方法的 MATLAB 命令表

替换项	功能
'zoh'	零阶保持器法
'foh'	一阶保持器法
'imp'	脉冲响应不变法
'tustin'	双线性变换法
'matched'	零极点匹配法

注：当选用某种离散化方法时，就用对应的替换项带替 methed，默认方式为'zoh'。

1. 用五种离散方法，将某一闭环传递函数 10(s+2)/[(s+2)(s+3)(s+5)] 离散化，T=0.1s。

MATLAB 程序

```
num = [10  20];
den = conv(conv([1,2],[1,3]),[1,5]);
T = 0.1;
G = tf(num,den);
('零阶保持器法')
Gzoh = c2d(G,T,'zoh')
('一阶保持器法')
Gfoh = c2d(G,T,'foh')
('脉冲响应不变法')
Gimp = c2d(G,T,'imp')
('双线性变换法')
Gtu = c2d(G,T,'tustin')
('零极点匹配法')
Gmat = c2d(G,T,'matched')
```

结果：

```
零阶保持器法
0.0385 z^2 - 0.002035 z - 0.02414
-----------------------------------
z^3 - 2.166 z^2 + 1.552 z - 0.3679
Sampling time: 0.1
一阶保持器法
0.01371 z^3 + 0.03387 z^2 - 0.02773 z - 0.007523
-----------------------------------
        z^3 - 2.166 z^2 + 1.552 z - 0.3679
Sampling time: 0.1
脉冲响应不变法
0.06714 z^2 - 0.05497 z + 1.221e-017
-----------------------------------
z^3 - 2.166 z^2 + 1.552 z - 0.3679
Sampling time: 0.1
双线性变换法
0.01739 z^3 + 0.02055 z^2 - 0.01107 z - 0.01423
-----------------------------------
```

```
      z^3 - 2.157 z^2 + 1.539 z - 0.3628
Sampling time: 0.1
零极点匹配法
0.03399 z^2 + 0.006162 z - 0.02783
-----------------------------------------
z^3 - 2.166 z^2 + 1.552 z - 0.3679
Sampling time: 0.1
```

2. 某系统闭环框图如图 10-9 所示。

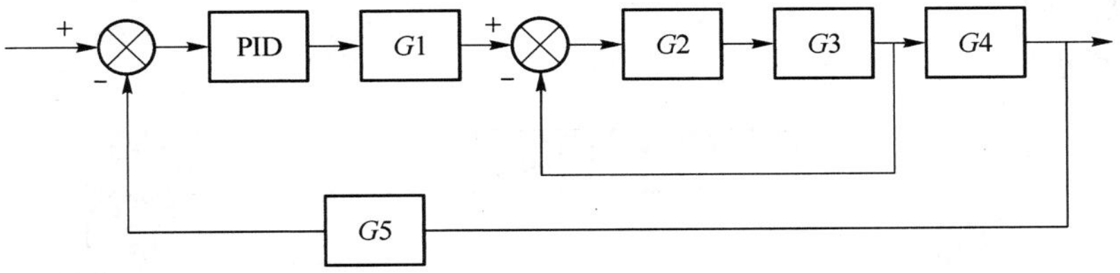

图 10-9　系统闭环框图

其中：

$$G1=\frac{44}{0.00165s+1},G2=\frac{1}{0.0175s+1},G3=\frac{1}{0.075s},G4=\frac{1}{0.195},G5=0.01178$$

研究三种参数对系统性能的影响。

(1) Kp

MATLAB 程序

```
num1 = 44;
den1 = [0.00165   1];
Gtf1 = tf(num1,den1);
num2 = 1;
den2 = [0.0175   1];
Gtf2 = tf(num2,den2);
num3 = 1
den3 = [0.075   0];
Gtf3 = tf(num3,den3)
Gtf4 = tf(1, 0.195);
Gtf23 = feedback(Gtf2 * Gtf3,1);
Gtf = Gtf1 * Gtf4 * Gtf23;
Kp = [0.1   0.5   1   2   3   4   8];
for i = 1:7
G = feedback(Kp(i) * Gtf,0.01178);
step(G)
hold on
```

```
end
axis([0,0.3,0,140]);
gtext('Kp = 0.1')
gtext('Kp = 0.5')
gtext('Kp = 1')
gtext('Kp = 2')
gtext('Kp = 3')
gtext('Kp = 4')
gtext('Kp = 8')
```

仿真结果如图 10-10 所示。

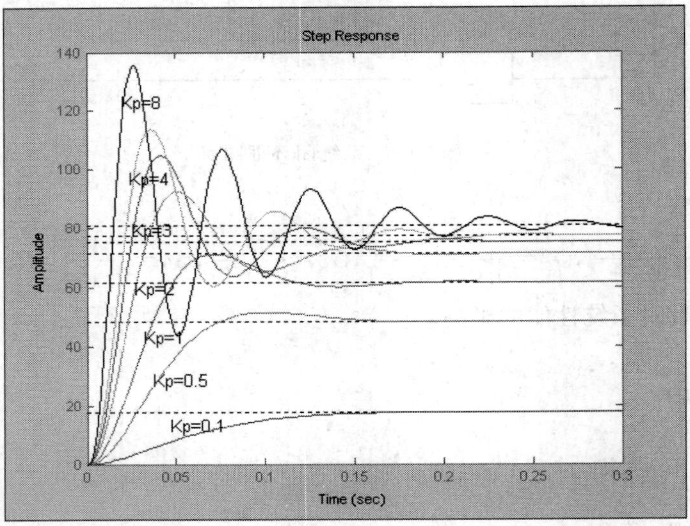

图 10-10　系统阶跃响应随 Kp 变化曲线

(2) Ti

MATLAB 程序

```
num1 = 44;
den1 = [0.00165  1];
Gtf1 = tf(num1,den1);
num2 = 1;
den2 = [0.0175  1];
Gtf2 = tf(num2,den2);
num3 = 1
den3 = [0.075  0];
Gtf3 = tf(num3,den3)
Gtf4 = tf(1, 0.195);
Gtf23 = feedback(Gtf2 * Gtf3,1);
```

```
Gtf = Gtf1 * Gtf4 * Gtf23;
Kp = 2;Ti = [0.02  0.03  0.05  0.06  0.07  0.15];
for i = 1 : 6
num = [Kp * Ti(i),Kp];
den = [Ti(i),0];
Gti = tf(num,den)
G = feedback(Gti * Gtf,0.01178);
step(G)
hold on
end
axis([0,1.0,0,140]);
gtext('0.02')
gtext('0.03')
gtext('0.05')
gtext('0.06')
gtext('0.07')
gtext('0.15')
```

仿真结果如图 10-11 所示。

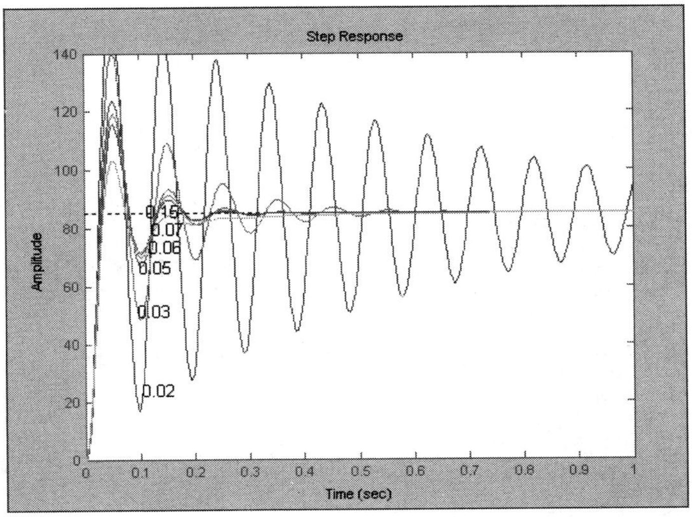

图 10-11　系统阶跃响应随 T_i 变化曲线

(3) Td

MATLAB 程序

```
num1 = 44;
den1 = [0.00165  1];
Gtf1 = tf(num1,den1);
```

```
num2 = 1;
den2 = [0.0175  1];
Gtf2 = tf(num2,den2);
num3 = 1
den3 = [0.075  0];
Gtf3 = tf(num3,den3)
Gtf4 = tf(1, 0.195);
Gtf23 = feedback(Gtf2 * Gtf3,1);
Gtf = Gtf1 * Gtf4 * Gtf23;
Kp = 0.02;Ti = 0.02;Td = [10  30  50  70  90];
for i = 1:length(Td)
num = [Kp * Ti * Td(i),Kp * Ti,Kp];
den = [Ti, 0]
Gtd = tf(num,den)
G = feedback(Gtd * Gtf,0.01178);
step(G)
hold on
end
gtext('Td = 10')
gtext('Td = 30')
gtext('Td = 50')
gtext('Td = 70')
gtext('Td = 90')
```

仿真结果如图 10-12 所示。

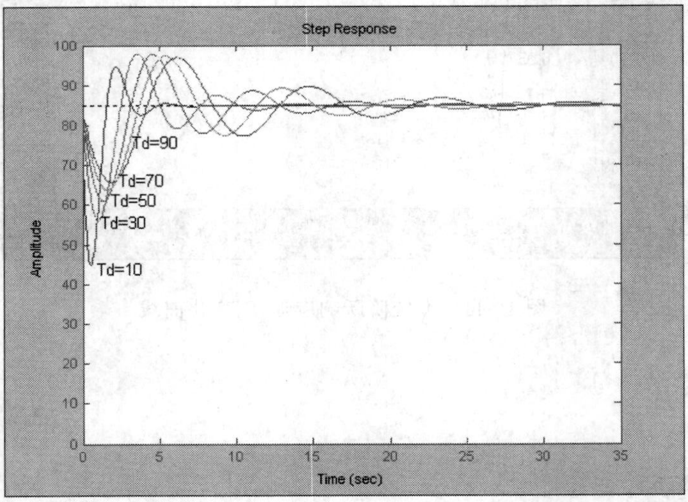

图 10-12　系统阶跃响应随 T_d 变化曲线

习　题

10.1　已知连续控制系统传递函数为 $G(s)=\frac{1}{(s+1)(s+4)}$，试用六种离散化方法对传递函数 $G(s)$ 进行离散化处理，求取等效的离散脉冲传递函数 $G(z)$，其中 $T=1\text{s}$。

10.2　已知 PID 控制器的传递函数为 $D(s)=K_p+\frac{K_i}{s}+K_d s$，试用零极点匹配法将 $D(s)$ 离散化成脉冲传递函数 $D(z)$，并写出用后向差分法离散化成的差分方程。设 T 为采样周期。

10.3　设系统的传递函数为 $G(s)=\frac{1}{(s+3)}$，$T=0.2\text{s}$。

(1) 用脉冲响应不变法求脉冲传递函数 $G_1(z)$，并写出相应的单位阶跃响应序列。

(2) 用阶跃响应不变法求脉冲传递函数 $G_2(z)$，并写出相应的单位阶跃响应序列。

10.4　设系统的传递函数为 $G(s)=\frac{(s+1)}{s(s+4)}$，试用零极点匹配法将 $G(s)$ 离散化成脉冲传递函数 $G(z)$，设 $T=0.2\text{s}$。

10.5　设某环节的传递函数为 $D(s)=\frac{1}{0.5s+1}$，试用双线性变换法求相应的脉冲传递函数 $D(z)$，$T=0.1\text{s}$。

10.6　位置式 PID 算法和增量式 PID 算法有什么区别，各自的特点是什么？

10.7　在计算机控制理论中为什么 PID 得到广泛应用？什么情况下不适于单纯的 PID 控制？

10.8　PID 控制算法的改进形式有几种？各适用于什么场合？各自的特点是什么？

10.9　已知模拟 PID 控制器的传递函数为 $D(s)=\frac{1+0.15s+0.5s^2}{0.08s}$。要用数字 PID 控制器实现算法，试分别写出相应的位置式和增量式 PID 算法。设 $T=0.1\text{s}$。

10.10　计算控制系统如题图 10-1 所示，$D(z)$ 采用 PI 和 PID 控制算法，采样时间 $T=1\text{s}$。$G_0(s)=\frac{1-e^{-sT}}{s}$，$G_p(s)=\frac{e^{-1.2s}}{(4s+1)}$，分别采用扩充临界比例度法和扩充响应法曲线法，求取数字控制器 PI 和 PID 的参数。

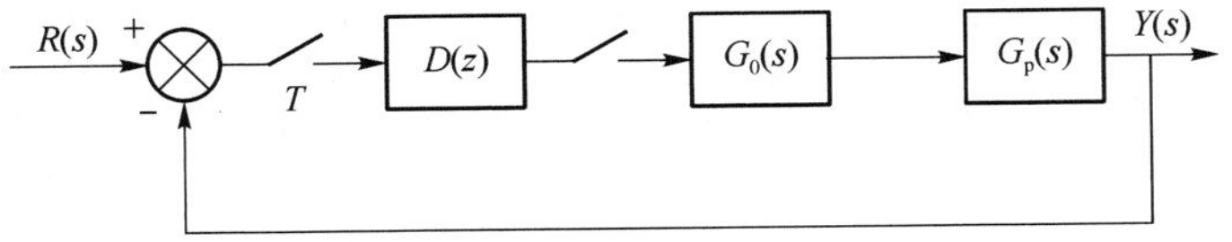

题图 10-1

10.11　计算机控制系统如题图 10-2 所示，采用 PID 控制器，其脉冲传递函数为

$D(z)=K_p+\frac{K_i}{1-z^{-1}}+K_d(1-z^{-1})$，采样周期为 $T=1$s。试分别分析三个参数的作用及参数的选择。

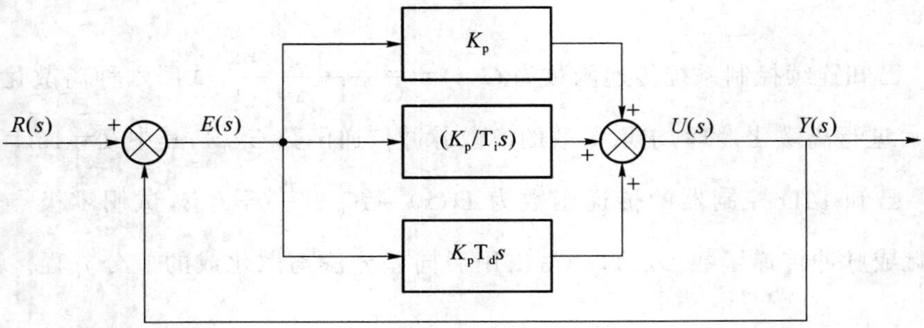

题图 10-2

10.12　试简述采用扩充临界比较法整定 PID 控制参数的步骤。

10.13　试简述采用扩充响应曲线法整定 PID 控制参数的步骤。

10.14　试简述采用 PID 控制时；比例、积分和微分控制的各自特点(优点和问题)。

第 11 章　数字控制器的直接设计

11.1 概　述

伯德图法和根轨迹法等方法是连续控制系统设计成熟的方法，通常工程设计者希望将连续系统的设计方法引入离散控制系统的设计中，但是这两种方法用于离散控制系统的设计还要进行适当的处理，例如伯德图法直接用于 Z 域是不行的，所以需要进行适当的变换后方可采用频率域伯德图法，为了解决这个问题首先引入 Z 平面到 W 平面的变换，方法就是双线性变换，通过平面变换后，离散域伯德图设计方法与连续控制系统完全类似。离散控制系统的根轨迹法设计，可以参照连续控制系统根轨迹设计方法，但需要进行部分处理。处理之后离散控制系统根轨迹设计与连续控制系统根轨迹设计也完全类似。

11.2 W'平面的频域法设计

11.2.1　两种平面的变换

1. $Z\leftrightarrow W$ 平面变换

令 $z=\dfrac{1+w}{1-w}$ 把 Z 平面转换到 W 平面，$w=\dfrac{z-1}{z+1}$即 W 平面与 S 平面有类似的对应关系。

设 ω_w 为 W 平面的频率；ω_z 为 Z 平面的频率，则有

$$w\Bigg|_{w=j\omega_w}=\frac{z-1}{z+1}\Bigg|_{z=e^{j\omega_z T}}=\frac{e^{j\omega_z T}-1}{e^{j\omega_z T}+1}=\frac{e^{j\omega_z T/2}-e^{-j\omega_z T/2}}{e^{j\omega_z T/2}+e^{-j\omega_z T/2}}=j\tan(\omega_z T/2) \quad (11\text{-}2\text{-}1)$$

即 $\omega_w=\tan\left(\dfrac{\omega_z T}{2}\right)$。

可见 Z 域到 W 域的频率关系是非线性的。通常在频率域设计时必须尽可能改善这种非线性。

2. $Z\leftrightarrow W'$平面变换

为了改善这种非线性，需要引入 $Z\leftrightarrow W'$变换，具体方法是把变换式中添加一个$\dfrac{2}{T}$因

子。即：

$$w'=\frac{2}{T}w=\frac{2}{T}\cdot\frac{z-1}{z+1} \tag{11-2-2}$$

当采样频率很高时 $T\to 0$，对于低频段 ω_z 很小，由于$\frac{\omega_z T}{2}$的值很小，因此有：

$$\tan\frac{\omega_z T}{2}\approx\frac{\omega_z T}{2} \tag{11-2-3}$$

显然此时：$\omega_{w'}=\omega_z$，可见 W'平面的变换能使离散系统在性能上更接近连续系统。

11.2.2 W'平面伯德图法设计

1. W'平面频域设计步骤

W'平面频域设计步骤如下：

(1) 将已给定的连续对象 $G_p(z)$连同零阶保持器 $G_0(z)$一起变换到 Z 平面则有

$$G(z)=G_0G_p(z)$$

(2) 把 $G_0G_p(z)$变换到 W'平面

$$G(w')=G_0G_p(w')=G_0G_p(z)\Big|_{z=\frac{2+Tw'}{2-Tw'}} \tag{11-2-4}$$

(3) 选择采样周期：根据采样频率是闭环系统带宽 10 倍选择 T。

根据稳态精度要求确定开环回路增益，画广义对象的开环伯德图，如不满足设计要求则按照步骤(4)设计。

(4) 根据控制系统对幅、相裕度的要求设计数字控制器 $D(w')$(开环)，使系统幅、相特性满足要求。

(5) 将 $D(w')\to D(z)$，即

$$D(z)=D(w')\Big|_{w'=\frac{2}{T}\cdot\frac{z-1}{z+1}} \tag{11-2-5}$$

(6) 用算法实现闭环脉冲传递函数，检验系统的性能指标。

2. 设计举例

【例 11.1】 如图 11-1 所示控制系统：

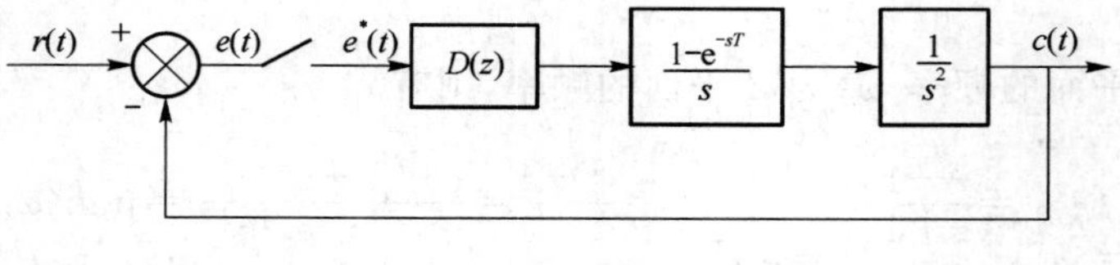

图 11-1 控制系统框图

用 W'平面上的频域设计方法设计控制器 $D(z)$，其中采样周期为 $T=0.1\text{s}$，被控对象 $G_p(s)=\frac{1}{s^2}$，在 W'平面设计数字控制器，要求相位裕量大于等于 50°，增益大于 10dB，并求出闭环系统的阶跃响应。

解：

(1) 求广义对象脉冲传递函数：

$$G(z)=Z[G_0(s)G_p(s)]=G_0G_p(z)=Z\left[\frac{1-e^{-ST}}{s}\cdot\frac{1}{s^2}\right]$$

$$=(1-z^{-1})\frac{T^2}{2}\frac{(1+z^{-1})z^{-1}}{(1-z^{-1})^3}=\frac{0.005(z+1)}{(z-1)^2}$$

（2）Z 平面转换到 W' 平面：

即：$$z=\frac{1+\frac{T}{2}w'}{1-\frac{T}{2}w'}=\frac{1+0.05w'}{1-0.05w'},$$

有：$$G(w')=G_0G_p(z)\Big|_{z=\frac{1+0.05w'}{1-0.05w'}}=\frac{1-0.05w'}{w'^2}$$

令 $w=\mathrm{j}v$（转换到频率域）

则：

$$G(\mathrm{j}v)=\frac{\mathrm{j}0.05v-1}{v^2}$$

（3）$T=0.1\mathrm{s}$

先作 $G(z)=\frac{0.005(z+1)}{(z-1)^2}$ 的伯德图，检验是否满足设计要求（用 MATLAB 编程实现）。

MATLAB 程序如下：

```
num = [0.005  0.005];
den = [1  -2  1];
dbode(num,den,0.1)
title('离散伯德图')
grid on
```

仿真结果如图 11-2 所示。（也可以直接用 $G(w')$ 式编程实现）

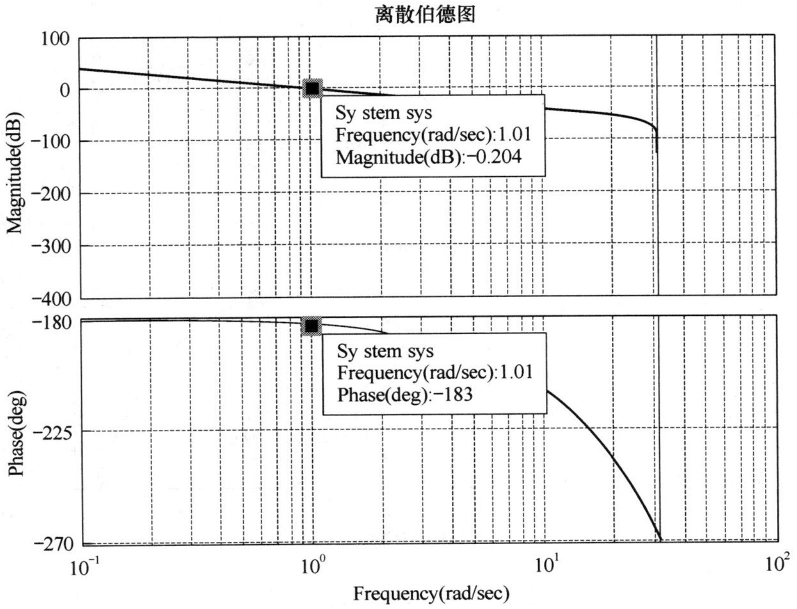

图 11-2　$G(z)$ 的伯德图

由图 11-2 可见该系统是不稳定的。其交叉频率为 1，相位裕量为 $-3°$。必须附加一个超前环节，提供所需的相位裕量。通过常规的伯德图设计技术可以获得需要的超前网络，下面的超前网络将满足设计指标要求：

$$D(w')=64\ \frac{w'+1}{w'+16}$$

为验证这一结果，将 $D(w')=\frac{64(w'+1)}{(w'+16)}$ 变换到 Z 平面，则有：

$$D(w')\Big|_{w'=\frac{2}{T}\frac{z-1}{z+1}}=D(z)=37.333\ \frac{z-0.9048}{z-0.1111}$$

补偿后的系统的开环脉冲传递函数为

$$G(z)D(z)=\frac{0.005(z+1)}{(z-1)^2}\frac{37.333(z-0.9048)}{(z-0.1111)}=\frac{0.1867z^2+0.0178-0.1689}{z^3-2.1111z^2+1.2222z-0.1111}$$

对 $G(z)D(z)$ 作离散伯德图。

MATLAB 编程如下：

```
num = [0.1867  0.0178 - 0.1689];
den = [1 - 2.1111  1.2222 - 0.1111];
dbode(num,den,0.1)
title('离散伯德图')
grid
```

仿真结果如图 11-3 所示。(也可以直接用 $D(w')\cdot G(w')$ 式编程实现)

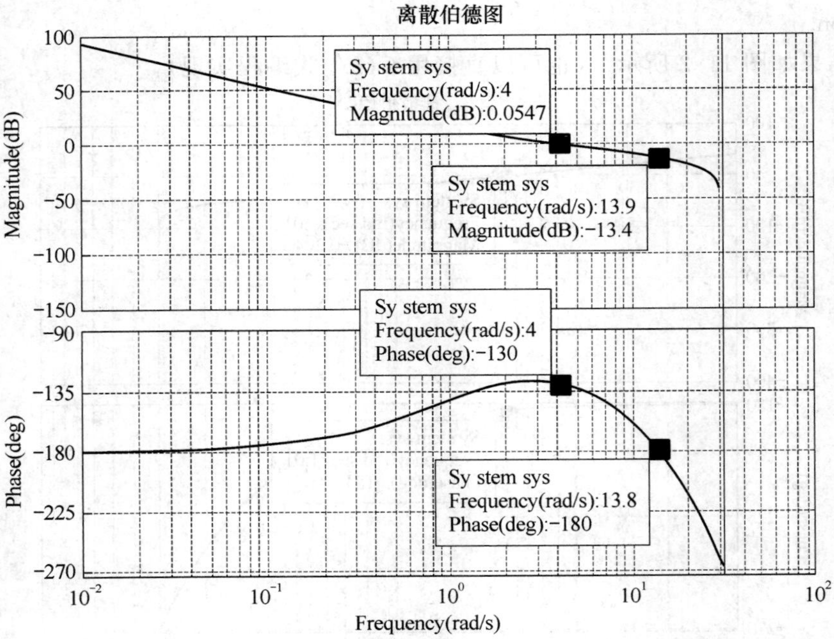

图 11-3　$G(z)D(z)$的伯德图

可见附加超前网络改变了原伯德图，其交叉频率由 1 移到 4，附加超前网络后的相位裕量不小于 50°，增益裕度大于 13dB，满足设计指标要求。

(4) 将 $D(w')$转换到 Z 平面

将 $w'=\frac{2}{T}\cdot\frac{z-1}{z+1}$代入 $D(w')$，则有

$$D(z)=64\frac{20\left(\frac{z-1}{z+1}\right)+1}{20\left(\frac{z-1}{z+1}\right)+16}=37.333\frac{z-0.9048}{z-0.1111}$$

系统的开环脉冲传递函数：

$$D(z)G(z)=37.333\frac{z-0.9048}{z-0.1111}\cdot\frac{0.005(z+1)}{(z-1)^2}$$
$$=\frac{0.1867(1-0.9048z^{-1})(z^{-1}+1)z^{-1}}{(1-0.111z^{-1})(1-z^{-1})^2}$$

(5) 用算法实现

求阶跃响应：

$$\frac{C(z)}{R(z)}=\frac{D(z)G(z)}{1+D(z)G(z)}=\frac{0.1867z^{-1}+0.0178z^{-2}-0.1689z^{-3}}{1-1.9244z^{-1}+1.2400z^{-2}-0.2800z^{-3}}=\frac{A}{1+B}$$

$C(z)(1+B)=R(z)\cdot A$

$C(z)=R(z)A-C(z)B$

求反变换：

$C(k)=1.9244C(k-1)-1.2400C(k-2)+0.2800C(k-3)+$

$0.1867r(k-1)+0.0178r(k-2)-0.1689r(k-3)$

已知输出的初始值和输入信号，可以求出k时刻的输出 $C(kT)$。

对于系统的 $C(kT)$与kT 的关系曲线，通过 MATLAB 编程给出，其程序和仿真的结果如下：

```
num = [0.1867  0.0178 - 0.1689];
den = [1 - 1.9244 1.2400 - 0.2800];
r = ones(1,81);
k = 0:80;
c = filter(num,den,r);
plot(k,c,'o')
v = [0 80  0 1.6];
axis(v);
grid
title('unit - step response')
xlabel('k')
ylabel('c')
```

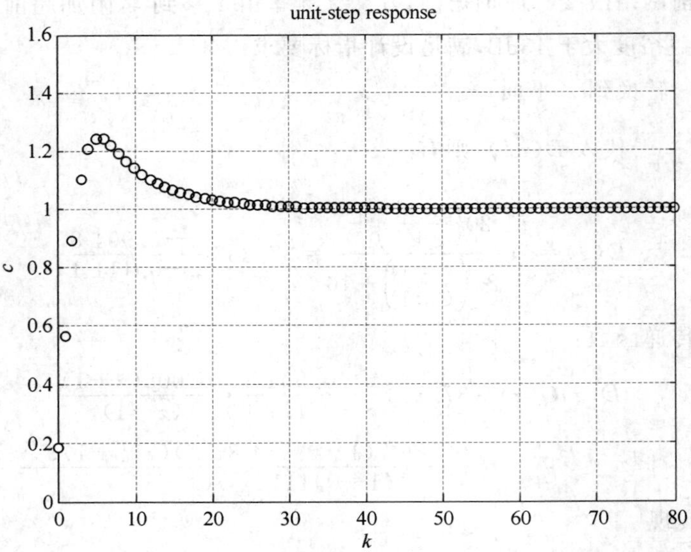

图 11-4 系统的阶跃响应

11.3 根轨迹设计

11.3.1 控制系统设计的根轨迹指标

连续控制系统的主导极点在 S 平面的位置和单位阶跃响应特性有密切关系，如果给出性能指标可以确定二阶系统的闭环主导极点。S 平面的主导极点和 Z 平面的极点具有下列关系：

$$e^{-\xi\omega_n T}=r=|z| \tag{11-3-1}$$

$$\omega_n T\sqrt{1-\xi^2}=\beta=\angle z \tag{11-3-2}$$

式中，r、β 为 Z 平面坐标的幅值和幅角。

在 Z 平面中可以做出等 ξ 线、等 ω_n 线和等 r 线，如图 11-5 所示。

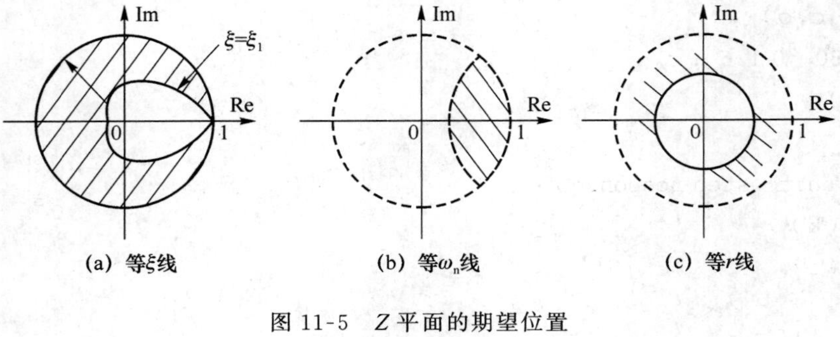

图 11-5 Z 平面的期望位置

上述三条曲线所共同具有的区域是 Z 域主导极点的期望位置。即在等 ξ 线的包围范围内部，在等 ω_n 线的左侧，在等 r 线的圆内。

11.3.2　根轨迹的绘制

系统的闭环脉冲传递函数为

$$\frac{Y(z)}{R(z)}=\frac{D(z)G(z)}{1+D(z)G(z)} \tag{11-3-3}$$

闭环特征方程为

$$1+D(z)G(z)=0 \tag{11-3-4}$$

系统开环脉冲传递函数为

$$D(z)G(z)=-1$$

$$D(z)G(z)=\frac{k(z-z_1)(z-z_2)\cdots(z-z_m)}{(z-p_1)(z-p_2)\cdots(z-p_n)}=\frac{k\prod_{i=1}^{m}(z-z_i)}{\prod_{j=1}^{n}(z-p_j)}=-1$$

$$k=\frac{\prod_{j=1}^{n}|(z-p_j)|}{\prod_{i=1}^{m}|(z-z_i)|} \tag{11-3-5}$$

$$\sum_{i=1}^{m}\angle z-z_i-\sum_{j=1}^{n}\angle z-p_j=(2l+1)\pi\text{（其中 } l=0,0\pm1,\pm2,\cdots\text{）} \tag{11-3-6}$$

Z 平面的根轨迹绘制法则和 S 平面的根轨迹绘制法则完全相同（唯一不同的是，一个是关于 Z 变量的方程，一个是关于 S 变量的方程）

【例 11.2】　已知某离散控制系统如图 11-6 所示，脉冲传递函数为 $G(z)=\dfrac{k_0 z}{(z-1)(z-0.368)}$，试绘制增益k从零到无穷大变化时，闭环系统的 Z 域根轨迹。

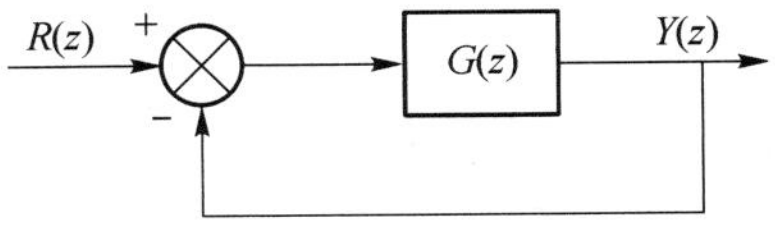

图 11-6　闭环系统框图

解：　开环传递函数 $G(z)$有两个极点：$p_1=1$，$p_2=0.368$ 和一个零点：$z_1=0$，所以根轨迹有两个分支，分别从 p_1 和 p_2 出发，一个趋向零点 z_1，另一个趋向无穷远，实轴上分离点坐标按下式计算：

$$\sum_{j=1}^{m}\frac{1}{d-p_j}=\sum_{i=1}^{n}\frac{1}{d-z_i}$$

$$\frac{1}{d-1}+\frac{1}{d-0.368}=\frac{1}{d}$$

解得 $d=\pm0.607$，其根轨迹如图 11-7 所示。

由 S 平面与 Z 平面的对应关系，S 域的系统稳定性以虚轴为分界，在 Z 域稳定性以单位圆为分界。因此 Z 域的根轨迹必须根据单位圆来分析。

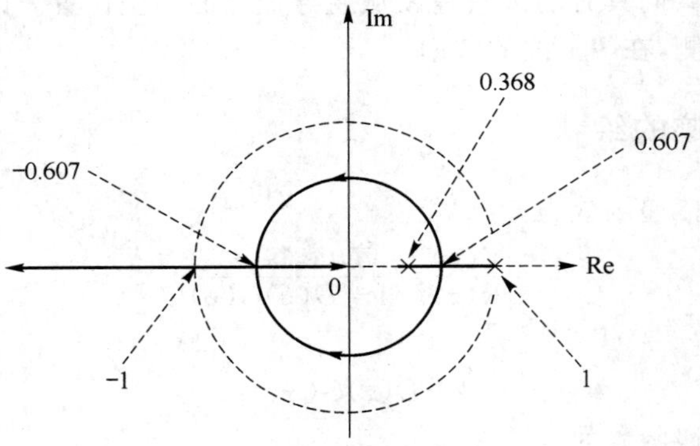

图 11-7　z 域根轨迹

由图 11-7 可知，根轨迹与单位圆交在（$-1,0$）点，该点是系统稳定性的临界点，由式(11-3-5)可确定该轨迹点的k值。

$$k=\frac{\prod_{j=1}^{n}|(z-p_j)|}{\prod_{i=1}^{m}|(z-z_i)|}=\frac{|z-p_1|\cdot|z-p_2|}{|z-z_1|}=\frac{|-1-1|\cdot|-1-0.368|}{|-1-0|}=2.736$$

11.3.3　离散控制系统的根轨迹法设计

与 S 平面根轨迹法设计相同，它是通过试探的方法去增加额外的极点和零点，使闭环脉冲传递函数的主导极点位于 Z 平面的期望的位置上。

【例 11.3】　数字控制系统如图 11-8 所示，其中 $D(z)$为数字控制器，$G_0(s)$ 为零阶保持器；$G_p(s)=\frac{1}{s(s+2)}$，在 Z 平面采用根轨迹法设计控制器，使闭环传递函数的主导极点的阻尼比为 $\xi=0.5$，调整时间 $t_s<2.25\text{s}$。

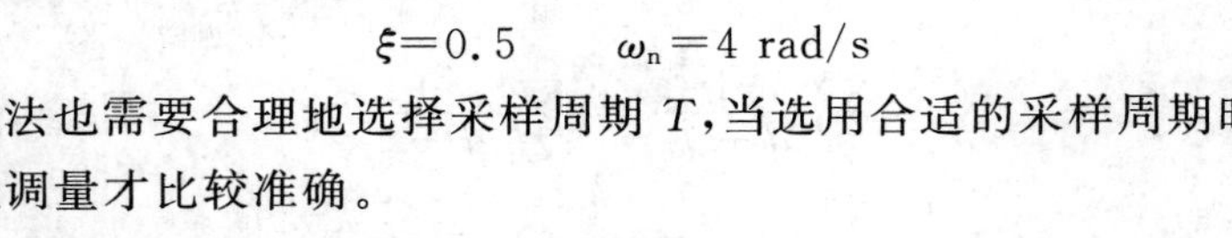

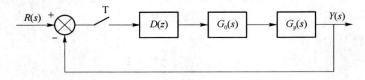

图 11-8　闭环控制系统

解：　由给定的指标可知主导极点为

$$\xi=0.5\qquad \omega_n=4\ \text{rad/s}$$

采用根轨迹法也需要合理地选择采样周期 T，当选用合适的采样周期时，用 ξ 估算的单位阶跃响应的超调量才比较准确。

本处取 $T=0.2$ s，则有如下结果：

$$r=e^{-\xi\omega_n T}=0.670\,3\qquad \beta=\omega_n T\sqrt{1-\xi^2}=0.692\,7\ \text{rad/s}=39.69°$$

在 Z 平面上半平面绘制主导极点 P

$$z=0.670\,3\angle 39.69°=0.515\,8+\text{j}0.428\,1$$

包含零阶保持器在内的广义被控对象的脉冲传递函数为

$$G(z)=[1-z^{-1}]Z\left[\frac{1}{s^2(s+2)}\right]=\frac{0.017\ 58(z+0.876\ 0)}{(z-1)(z-0.670\ 3)}$$

在 Z 平面上标出开环极点 $p_1=1, p_2=0.670\ 3$ 及开环零点 $z_1=-0.876\ 0$（图 11-9）

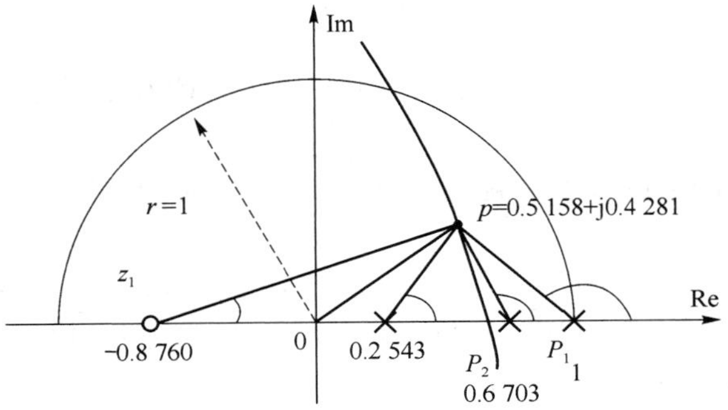

图 11-9　根轨轨迹图

检查点 P 是否是根轨迹上的点：

$$\theta_p=\angle(p-z_1)-\angle(p-p_1)-\angle(p-p_2)=17.10°-138.52°-109.84°$$

$$=-231.26°=-51.26°-180°$$

可见 P 点不是根轨迹上的点，但若增加 $+51.26°$ 的补偿，通过增加超前环节补偿，则可变为该系统的闭环极点。

设补偿器的脉冲传递函数为

$$D(z)=k\frac{z-\alpha}{z-\beta} \tag{11-3-7}$$

要求补偿器的零点消去被控对象 $p_2=0.670\ 3$ 的极点，即

$$z-\alpha=z-0.670\ 3$$

$$\alpha=0.670\ 3$$

根据角条件，应有

$$\angle(p-z_1)-\angle(p-p_1)-\angle(p-\beta)=-180°$$

得：

$$\angle(p-\beta)=58.58°$$

则　$\beta=0.254\ 3\quad\left(\tan 58.58°=\dfrac{0.428\ 1}{0.515\ 8-\beta}\right)$（图 11-9）

超前补偿器的脉冲传递函数为

$$D(z)=k\frac{z-0.670\ 3}{z-0.254\ 3}$$

开环脉冲传递函数为：

$$D(z)G(z)=\frac{0.017\ 58\,k(z+0.876\ 0)}{(z-0.254\ 3)(z-1)}$$

根据幅值条件确定k值，由 $|D(z)G(z)|_{z=p}=1$，有$k=12.67$，闭环系统的脉冲传递函数为

$$\frac{Y(z)}{R(z)}=\frac{D(z)G(z)}{1+D(z)G(z)}=\frac{0.222\ 7z^{-1}+0.195\ 1z^{-2}}{1-1.031\ 6z^{-1}+0.449\ 4z^{-2}}$$

根据速度误差系数

$$K_v=\lim_{z\to 1}\left[\frac{1-z^{-1}}{T}D(z)G(z)\right]=2.801$$

如果需要提高 K_v 值，可以串接一个相位滞后补偿器来实现。例如要提高 3 倍，则相位滞后补偿器的脉冲传递函数为

$$\left.\frac{(z-0.94)}{(z-0.98)}\right|_{z=1}=3$$

由于相位补偿器的零、极点很接近，0.94 与 0.98，此补偿器对系统的动态性能影响极小。

现在检验所设计的系统是否满足设计要求，通过 MATLAB 仿真研究。闭环系统的脉冲传递函数重写如下：

$$\frac{Y(z)}{R(z)}=\frac{D(z)G(z)}{1+D(z)G(z)}=\frac{0.2227z^{-1}+0.1951z^{-2}}{1-1.0316z^{-1}+0.4494z^{-2}}$$

MATLAB 编程如下：

```
num = [0.2227  0.1951];
den = [1 - 1.0316 0.4494];
r = ones(1,161);
k = 0:160;
y = filter(num,den,r);
plot(k,y,'*')
v = [0 40  0  1.4];  % 时间坐标范围为 0~8s;
axis(v)
grid
title('unit step response of desinged system')
xlabel('k  (simpling period T = 0.2 sec)')
ylabel('output y(k)')
```

由图 11-10 可见单位阶跃响应曲线表明：$\sigma\%\approx 17\%$；$t_s=2$ s，满足系统设计要求。

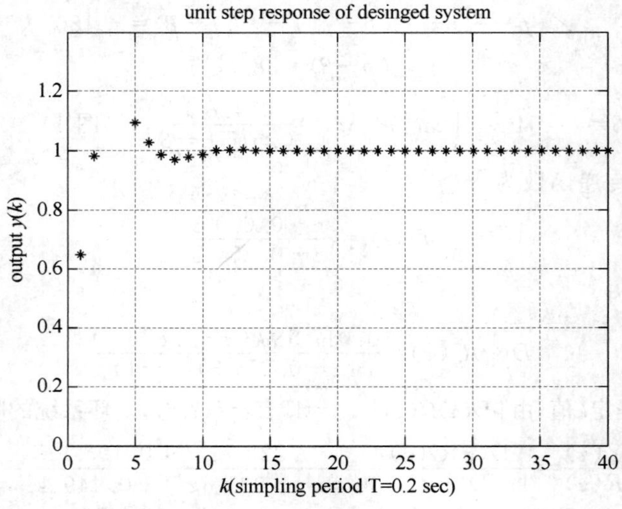

图 11-10

11.4　MATLAB 在根轨迹中的应用

1. 广义对象 $G'_p(z)=[0.001\,229(z+0.983\,5)]/[(z-1)(z-0.951\,2)]$，$T=0.05$ s，求未作补偿的根轨迹。

MATLAB 程序：

```
num = 0.001229 * [1,0.9835];
den = conv([1, - 1],[1, - 0.9512])
T = 0.05;
('G1')
G1 = tf(num,den,T)
('G')
G = feedback(G1,1, - 1)
rlocus(G)
[k,poles] = rlocfind(G)
```

仿真结果如图 11-11 所示。

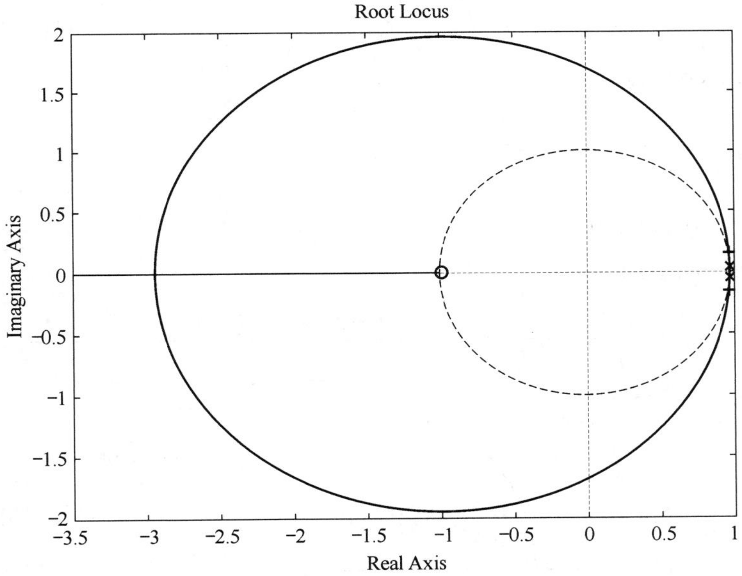

图 11-11　补偿前的根轨迹

补偿前的数据：

```
G1
0.001229 z + 0.001209
------------------------
z^2 - 1.951 z + 0.9512
Sampling time: 0.05
```

```
G
0.001229 z + 0.001209
----------------------
z^2 - 1.95 z + 0.9524
Sampling time: 0.05
Select a point in the graphics window
selected_point =
   0.9733 + 0.1553i
k = 9.2446
poles =
   0.9693 + 0.1550i
   0.9693 - 0.1550i
```

2. 广义对象 $G_p'(z)=[0.001\,229(z+0.983\,5)]/[(z-1)(z-0.951\,2)$，系统采样周期为 $T=0.05$ s，补偿器的脉冲传递函数为 $G_c=70.8(z-0.951\,2)/(z-0.410\,9)$

MATLAB 程序：

```
num = 0.08701 * [1,0.9835];
den = conv([1 - 1],[1 - 0.4109])
T = 0.05
('G1')
G1 = tf(num,den,T)
('G')
G = feedback(G1,1, - 1)
rlocus(G)
[k,poles] = rlocfind(G)
```

仿真结果如图 11-12 所示。

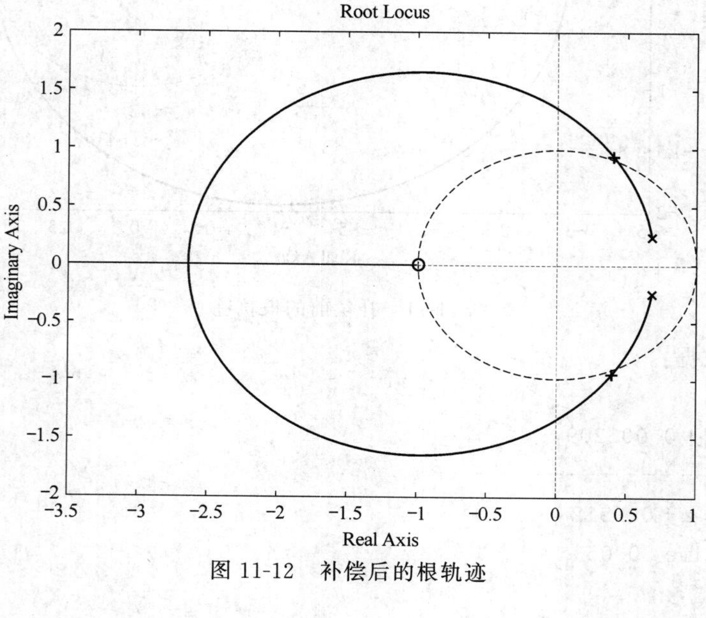

图 11-12　补偿后的根轨迹

补偿后的数据：

```
T = 0.0500
G1
0.08701 z + 0.08557
-----------------------
z^2 - 1.411 z + 0.4109
Sampling time: 0.05
G
0.08701 z + 0.08557
-----------------------
z^2 - 1.324 z + 0.4965
Sampling time: 0.05
Select a point in the graphics window
selected_point = 0.3791 + 0.9255i
k = 6.2008
poles =
   0.3922 + 0.9345i
   0.3922 - 0.9345i
```

习　题

11.1　试用 W' 平面的频域法设计相位校正器 $D(z)$，周期 $T=1\text{s}$，被控对象的传递函数为 $G_p(s)=\dfrac{1}{s^2}$，要求幅度裕量≥12dB，相位裕量≥50°。

11.2　计算机控制系统如题图 11-1 所示，试用根轨迹法设计控制器，使闭环系统的主导极点 $\xi=0.5$，计算速度误差函数 K_v，并求出单位阶跃响应，取样周期 $T=0.2\text{s}$。

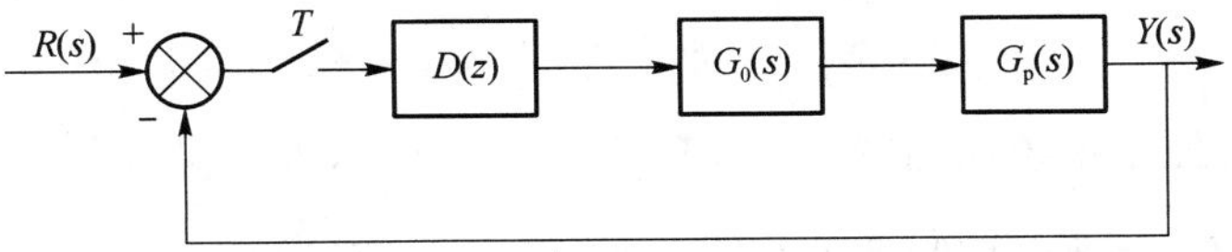

题图 11-1

11.3　如题图 11-2 所示，某单位负反馈的被控对象的传递函数为 $G_p(s)=\dfrac{1}{s(s+1)}$，在 W' 平面上设计相位超前或相位滞后补偿器，速度误差系数 $K_v\geq 2$，相位裕量50°，幅度裕量大于 10dB，周期 $T=0.2\text{s}$。

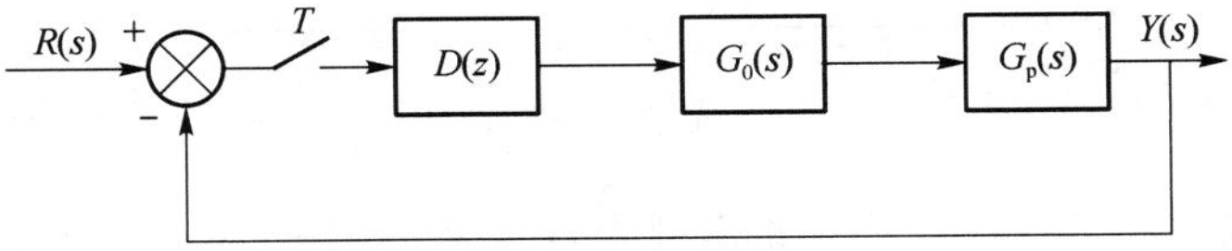

题图 11-2

11.4　讨论题图 11-3 所示的控制系统。在 W' 域内画伯德图。确定增益 k，相位裕量等于50°，在这个增益 k 值的条件下，求增益裕量和静态速度误差系数 K_v，设周期 $T=0.1\text{s}$，$G_p(s)=\dfrac{1}{s(s+5)}$，$G_0(s)=\dfrac{1-e^{-sT}}{s}$。

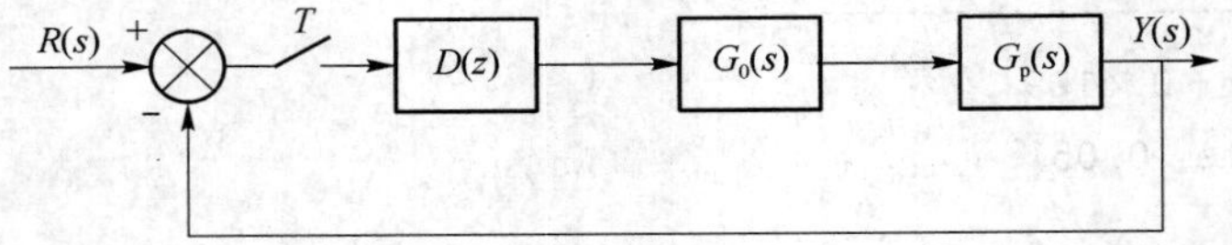

题图 11-3

11.5　讨论图题 11-4 中所示的计算机控制系统。应用 W' 域内的伯德图设计一个数字控制器使相位裕量为60°，增益裕量大于 12dB，以及静态速度误差系数 $K_v=5$。设采样周期 $T=0.1\text{s}$，$G_p(s)=\dfrac{1}{s(s+0.6)}$，$G_0(s)=\dfrac{1-e^{-sT}}{s}$。

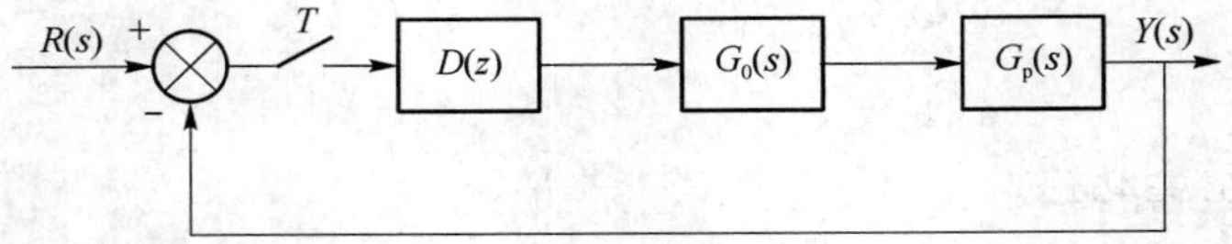

题图 11-4

11.6　如题图 11-5 所示，应用 W' 域内的伯德图法设计一个数字控制器 $D(z)$，使相位裕量为 50°。以及增益裕量为 10dB，要求静态速度误差系数为 $K_v=10$。

已知 $T=0.1\text{s}$，$G_p(s)=\dfrac{k(2s+1)}{s(s+1)(0.1s+1)}$，$G_0(s)=\dfrac{1-e^{-sT}}{s}$。

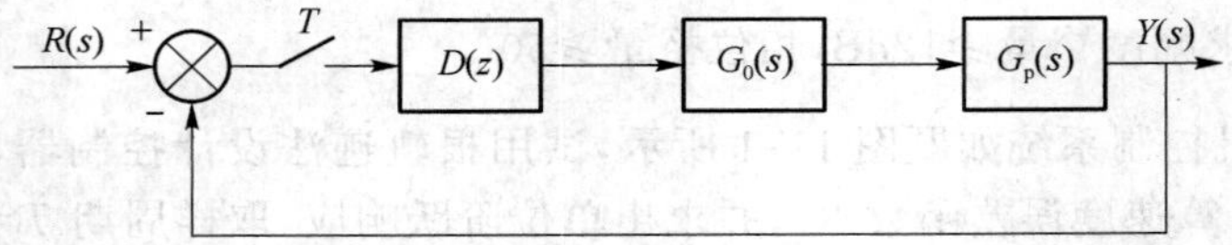

题图 11-5

11.7　计算机控制系统如题图 11-6，其中 $G_p(s)=\dfrac{1}{s^2}$，零阶保持器为：$G_0(s)=\dfrac{1-e^{-Ts}}{s}$，$T=1\text{s}$。试在 Z 平面上画出控制器 $D(z)=k$ 时，系统的闭环根轨迹草图。改善系统的特性时 $D(z)$ 如何选择，并绘出根轨迹草图说明。

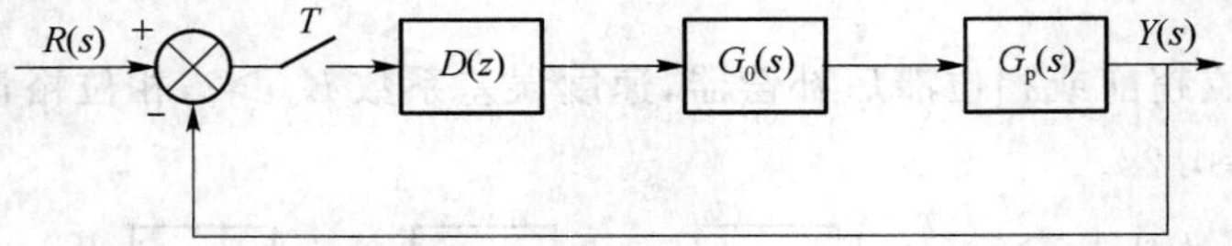

题图 11-6

11.8　已知跟踪系统的被跟踪对象模型为 $G(s)=\dfrac{1}{s(10s+1)}$（$T=1\text{s}$）

(1) 令控制器 $D(z)=K_c\dfrac{z-0.905}{z+0.4}$，试在 Z 平面上画出 $D(z)$，$G(z)$ 的闭环根轨迹图，并取稳态速度误差系数 $K_v=1$ 处为系统工作点检验闭环响应。

(2) $D(z)=K_c\dfrac{z-0.8}{z+0.6}$，重复(1)的要求。

11.9　计算机控制系统如题图 11-7 所示，在 Z 平面采用根轨迹图法设计数字控制器，使闭环系统的主导极点的阻尼 $\xi=0.5$，调节时间 $t_s<2.25$s，选定 $T=0.2$s，$G_p(s)=\dfrac{1}{s(s+2)}$，$G_0(s)=\dfrac{1-e^{-Ts}}{s}$。

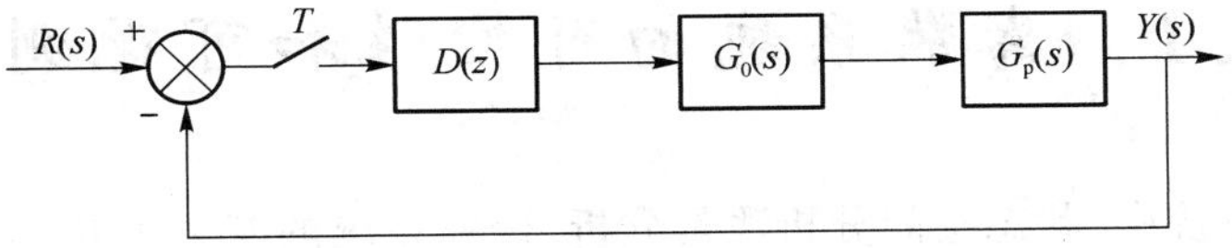

题图 11-7

11.10　试在 Z 平面上绘制下列离散系统的根轨迹。

(1) $G(z)=\dfrac{k}{(z-b)(z-1)}$，其中 $0<b<1$

(2) $G(z)=\dfrac{k}{z^2+p_2}$

(3) $G(z)=\dfrac{k}{z^3}$

11.11　在 Z 平面上分别画出 $T=1,2,4$s 时，题图 11-8 所示系统的根轨迹图。

$G_p(s)=\dfrac{k}{s(s+1)}$，$G_0(s)=\dfrac{1-e^{-Ts}}{s}$。

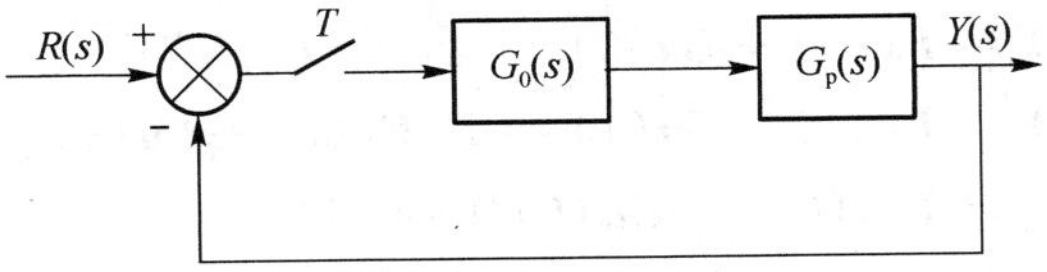

题图 11-8

第12章 状态空间分析和设计

12.1 离散系统的可控性和可观测性

在连续控制系统中，状态空间分析法是分析、研究系统的有力工具，它解决了频率特性解决不了的问题，如多变量问题、时变问题等。对于离散系统同样可以用离散状态空间分析法来研究和分析。

12.1.1 可控性

如果能够在有限个采样周期把系统从任意一个初始状态转移到所期望的状态，那么这个系统就是状态完全可控的，这就是可控性的定义。

离散系统的状态方程和输出方程分别为

$$\boldsymbol{x}(k+1)=\boldsymbol{F}\boldsymbol{x}(k)+\boldsymbol{G}\boldsymbol{u}(k) \tag{12-1-1}$$

$$\boldsymbol{y}(k)=\boldsymbol{C}\boldsymbol{x}(k)+\boldsymbol{D}\boldsymbol{u}(k) \tag{12-1-2}$$

写出第k步的状态

$$\begin{aligned}
\boldsymbol{x}(1) &= \boldsymbol{F}\boldsymbol{x}(0)+\boldsymbol{G}\boldsymbol{u}(0) \\
\boldsymbol{x}(2) &= \boldsymbol{F}\boldsymbol{x}(1)+\boldsymbol{G}\boldsymbol{u}(1) = \boldsymbol{F}[\boldsymbol{F}\boldsymbol{x}(0)+\boldsymbol{G}\boldsymbol{u}(0)]+\boldsymbol{G}\boldsymbol{u}(1) \\
&= \boldsymbol{F}^2\boldsymbol{x}(0)+\boldsymbol{F}\boldsymbol{G}\boldsymbol{u}(0)+\boldsymbol{G}\boldsymbol{u}(1) \\
&\vdots \\
\boldsymbol{x}(k) &= \boldsymbol{F}^k\boldsymbol{x}(0)+\sum_{i=0}^{k-1}\boldsymbol{F}^{k-1-i}\boldsymbol{G}\boldsymbol{u}(i)
\end{aligned} \tag{12-1-3}$$

写出第 n 步的状态，将 $\boldsymbol{F}^n\boldsymbol{x}(0)$移到等号左侧有

$$\boldsymbol{x}(n)-\boldsymbol{F}^n\boldsymbol{x}(0)=\sum_{i=0}^{n-1}\boldsymbol{F}^{n-1-i}\boldsymbol{G}\boldsymbol{u}(i) \tag{12-1-4}$$

$$\boldsymbol{x}(n)-\boldsymbol{F}^n x(0)=\boldsymbol{F}^{n-1}\boldsymbol{G}\boldsymbol{u}(0)+\boldsymbol{F}^{n-2}\boldsymbol{G}\boldsymbol{u}(1)+\cdots+\boldsymbol{F}\boldsymbol{G}\boldsymbol{u}(n-2)+\boldsymbol{G}\boldsymbol{u}(n-1) \tag{12-1-5}$$

用矩阵表示式(12-1-5)有

$$\boldsymbol{x}(n)-\boldsymbol{F}^n\boldsymbol{x}(0)=[\boldsymbol{F}^{n-1}\boldsymbol{G}\quad \boldsymbol{F}^{n-2}\boldsymbol{G}\cdots\boldsymbol{F}\boldsymbol{G}\quad \boldsymbol{G}]\begin{pmatrix}\boldsymbol{u}(0)\\ \boldsymbol{u}(1)\\ \vdots\\ \boldsymbol{u}(n-1)\end{pmatrix} \tag{12-1-6}$$

式(12-1-6)表示由 n 个线性方程组成的线性方程组，方程的未知量为 n 个($\boldsymbol{u}(0)$，$\boldsymbol{u}(1)$，

$\cdots, \boldsymbol{u}(n-2), \boldsymbol{u}(n-1))$，方程的等号左侧的量为已知量，$x(0)$为初始状态，$x(n)$为指定的最终状态，则由式(12-1-6)矩阵方程确定$[\boldsymbol{u}(0)\ \boldsymbol{u}(1)\ \ \boldsymbol{u}(n-2)\ \cdots \boldsymbol{u}(n-1)]$的唯一解，要求系数矩阵$[\boldsymbol{F}^{n-1}\boldsymbol{G}\quad \boldsymbol{F}^{n-2}\boldsymbol{G}\quad \boldsymbol{FG}\quad \boldsymbol{G}]$必须是线性无关的，即 $\text{rank}\,[\boldsymbol{F}^{n-1}\boldsymbol{G}\quad \boldsymbol{F}^{n-2}\boldsymbol{G}\quad \boldsymbol{FG}\quad \boldsymbol{G}]=n$，只要满足这个条件，就能找到一组控制序列$[\boldsymbol{u}(0)\quad \boldsymbol{u}(1)\quad \boldsymbol{u}(n-2)\ \cdots \boldsymbol{u}(n-1)]$，经过 n 个采样周期，使系统从初始状态 $x(0)$转移到最终状态 $x(n)$。因此对于 n 阶系统，系统可控的充分必要条件为

$$\text{rank}[\boldsymbol{F}^{n-1}\boldsymbol{G}\quad \boldsymbol{F}^{n-2}\boldsymbol{G}\quad \cdots\quad \boldsymbol{FG}\quad \boldsymbol{G}]=n \tag{12-1-7}$$

其中 $\text{rank}\,[\boldsymbol{F}^{n-1}\boldsymbol{G}\quad \cdots\quad \boldsymbol{FG}\quad \boldsymbol{G}]=\text{rank}[\boldsymbol{G}\quad \boldsymbol{FG}\quad \cdots\quad \boldsymbol{F}^{n-1}\boldsymbol{G}]$，矩阵的列序的改变不影响秩数的大小。

【例 12.1】 离散系统的状态方程为

$$\boldsymbol{x}[(k+1)T]=\begin{pmatrix}1 & 2 & -2\\ 0 & 1 & 0\\ 1 & -4 & 3\end{pmatrix}\boldsymbol{x}(kT)+\begin{pmatrix}0\\0\\1\end{pmatrix}\boldsymbol{u}(kT)$$，试判定系统的可控性。

解： 可控性判别矩阵为 $\text{rank}[\boldsymbol{G}\quad \boldsymbol{FG}\quad \cdots\quad \boldsymbol{F}^{n-1}\boldsymbol{G}]$，系统的阶数为 $n=3$，因此可控性判别矩阵为 $\text{rank}[\boldsymbol{G}\quad \boldsymbol{FG}\quad \boldsymbol{F}^2\boldsymbol{G}]$。

$$\boldsymbol{G}=\begin{pmatrix}0\\0\\1\end{pmatrix}\qquad \boldsymbol{FG}=\begin{pmatrix}1 & 2 & -2\\ 0 & 1 & 0\\ 1 & -4 & 3\end{pmatrix}\begin{pmatrix}0\\0\\1\end{pmatrix}=\begin{pmatrix}-2\\0\\3\end{pmatrix}$$

$$\boldsymbol{F}^2\boldsymbol{G}=\boldsymbol{F}(\boldsymbol{FG})=\begin{pmatrix}1 & 2 & -2\\ 0 & 1 & 0\\ 1 & -4 & 3\end{pmatrix}\begin{pmatrix}-2\\0\\3\end{pmatrix}=\begin{pmatrix}-8\\0\\7\end{pmatrix}$$

$$\text{rank}[\boldsymbol{G}\quad \boldsymbol{FG}\quad \boldsymbol{F}^2\boldsymbol{G}]=\text{rank}\begin{pmatrix}0 & -2 & -8\\ 0 & 0 & 0\\ 1 & 3 & 7\end{pmatrix}=2<3$$

可见系数矩阵不满秩，因此可以判定该系统是不可控的。

状态可控的条件也可以用脉冲传递函数表示，判定状态完全可控的充分必要条件是在脉冲传递函数中不出现零点和极点相消，如果出现零极点相消，则系统状态不是完全可控的。

【例 12.2】 已知系统的脉冲传递函数为：$\dfrac{Y(z)}{R(z)}=\dfrac{(z+0.1)}{(z+0.5)(z+0.1)}$

可见脉冲传递函数的分子和分母公因子$(z+0.1)$被消掉，即出现了零极点相消，因此该系统不是状态可控的。

12.1.2　可观测性

如果在有限次采样时间内，由系统的输出值 $\boldsymbol{y}(kT)$和控制序列能够确定初始状态向量 $\boldsymbol{x}(0)$，那么这个系统就是可观测的，这就是可观测性定义。

离散系统的状态方程和输出方程分别为

$$\boldsymbol{x}(k+1)=\boldsymbol{Fx}(k)+\boldsymbol{Gu}(k) \tag{12-1-8}$$

$$\boldsymbol{y}(k)=\boldsymbol{Cx}(k)+\boldsymbol{Du}(k) \tag{12-1-9}$$

写出 n 步输出 $\boldsymbol{y}(n)$与 $\boldsymbol{x}(0)$的关系

$$\boldsymbol{y}(n)=\boldsymbol{C}\boldsymbol{x}(n)=\boldsymbol{C}\left[\boldsymbol{F}^{n}\boldsymbol{x}(0)+\sum_{i=0}^{n-1}\boldsymbol{F}^{n-1-i}\boldsymbol{G}\boldsymbol{u}(i)\right]$$
$$=\boldsymbol{C}\boldsymbol{F}^{n}x(0)+\left[\sum_{i=0}^{n-1}\boldsymbol{C}\boldsymbol{F}^{n-1-i}\boldsymbol{G}\boldsymbol{u}(i)\right] \tag{12-1-10}$$

将式(12-1-10)改写如下：

$\left[\boldsymbol{y}(n)-\sum_{i=0}^{n-1}\boldsymbol{C}\boldsymbol{F}^{n-1-i}\boldsymbol{G}\boldsymbol{u}(i)\right]=\boldsymbol{C}\boldsymbol{F}^{n}\boldsymbol{x}(0)$，从 $n=0$ 开始展开 n 项(即到 $n-1$)

$$\begin{aligned}
&\boldsymbol{y}(0)=\boldsymbol{C}\boldsymbol{x}(0)\\
&\boldsymbol{y}(1)-\boldsymbol{C}\boldsymbol{G}\boldsymbol{u}(0)=\boldsymbol{C}\boldsymbol{F}\boldsymbol{x}(0)\\
&\quad\vdots\\
&\boldsymbol{y}(n-1)-\boldsymbol{C}\sum_{i=0}^{n-2-i}\boldsymbol{F}^{n-2-i}\boldsymbol{G}\boldsymbol{u}(i)=\boldsymbol{C}\boldsymbol{F}^{n-1}x(0)
\end{aligned} \tag{12-1-11}$$

进一步简化表达为

$$\begin{pmatrix}\boldsymbol{y}(0)\\ \bar{\boldsymbol{y}}(1)\\ \vdots\\ \bar{\boldsymbol{y}}(n-1)\end{pmatrix}=\begin{pmatrix}\boldsymbol{C}\\ \boldsymbol{C}\boldsymbol{F}\\ \vdots\\ \boldsymbol{C}\boldsymbol{F}^{n-1}\end{pmatrix}x(0) \tag{12-1-12}$$

式(12-1-12)表示由 n 个线性方程的线性方程组，方程的左侧为已知量，因为它们都可以由控制序 $\boldsymbol{u}(k)$ 和输出测量 $\boldsymbol{y}(k)$ 确定，因此只要系数矩阵的秩满秩，就可以唯一确定 $x(0)$。因此系统完全可观测的充要条件为

$$\operatorname{rank}[\boldsymbol{C}\quad \boldsymbol{C}\boldsymbol{F}\quad \boldsymbol{C}\boldsymbol{F}^{2}\cdots\boldsymbol{C}\boldsymbol{F}^{n-1}]^{\mathrm{T}}=n \tag{12-1-13}$$

【例 12.3】 离散系统的状态方程和输出方程分别为

$\boldsymbol{x}[(k+1)T]=\begin{pmatrix}1&2&-2\\0&1&0\\1&-4&3\end{pmatrix}\boldsymbol{x}(kT)+\begin{pmatrix}0\\0\\1\end{pmatrix}\boldsymbol{u}(kT)$，$\boldsymbol{y}(k)=[0\ 0\ 1]\boldsymbol{x}(k)$，试判定离散系统的可观测性。

解： 该系统为三阶系统，可观测性判别矩阵为：$\operatorname{rank}[\boldsymbol{C}\quad \boldsymbol{C}\boldsymbol{F}\quad \boldsymbol{C}\boldsymbol{F}^{2}]^{\mathrm{T}}$

$$\boldsymbol{C}=[0\quad 0\quad 1],\boldsymbol{C}\boldsymbol{F}=[0\quad 0\quad 1]\begin{pmatrix}1&2&-2\\0&1&0\\1&-4&3\end{pmatrix}=[1\quad -4\quad 3]$$

$$\boldsymbol{C}\boldsymbol{F}^{2}=(\boldsymbol{C}\boldsymbol{F})\boldsymbol{F}=[1\quad -4\quad 3]\begin{pmatrix}1&2&-2\\0&1&0\\1&-4&3\end{pmatrix}=[4\quad -14\quad 7],$$

$\operatorname{rank}[\boldsymbol{C}\quad \boldsymbol{C}\boldsymbol{F}\quad \boldsymbol{C}\boldsymbol{F}^{2}]^{\mathrm{T}}=\operatorname{rank}\begin{pmatrix}0&0&1\\1&-4&3\\4&-14&7\end{pmatrix}=3$，所以该系统的状态是完全可观的。

【例 12.4】 已知离散系统的状态方程和输出方程分别为

$$\boldsymbol{x}[(k+1)T]=\begin{pmatrix}m&0\\1&n\end{pmatrix}\boldsymbol{x}(kT)+\begin{pmatrix}1\\1\end{pmatrix}\boldsymbol{u}(kT)$$

$\boldsymbol{y}(k)=[-1\quad 1]\boldsymbol{x}(k)$，试判定该系统的可观测性。

解： 本例 $n=2$，故判别式变为 $\text{rank}[\boldsymbol{C}\quad \boldsymbol{CF}]^{\text{T}}$

$$\boldsymbol{C}=[-1\quad 1],\quad \boldsymbol{CF}=[-1\quad 1]\begin{pmatrix} m & 0 \\ 1 & n \end{pmatrix}=[-m+1\quad n]$$

$$\text{rank}[\boldsymbol{C}\quad \boldsymbol{CF}]^{\text{T}}=\begin{pmatrix} -1 & 1 \\ -m+1 & n \end{pmatrix}\Rightarrow\begin{cases} -n-(1-m)=0\Rightarrow \text{该系统不是可观测的(rank=1)} \\ -n-(1-m)\neq 0\Rightarrow \text{该系统是可观测的(rank=2)} \end{cases}$$

Z 平面上完全可观测充分必要条件是在脉冲传递函数中不出现零极点相消，如果出现零极点相消，系统就是不可观测的。

12.2 离散控制系统状态反馈的极点配置设计

状态反馈设计的核心就是通过改变极点的位置，使极点分布在期望的位置，从而改善系统的动态特性，满足控制的要求。

1. 通过状态反馈达到极点配置

带有状态反馈的离散控制系统的框图如图 12-1 所示。

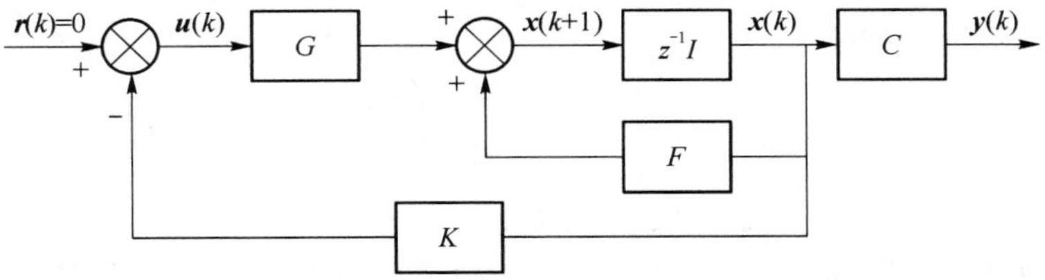

图 12-1　带有状态反馈的控制系统框图

其对应的状态方程和输出方程如下：

$$\boldsymbol{x}(k+1)=\boldsymbol{F}\boldsymbol{x}(k)+\boldsymbol{G}\boldsymbol{u}(k) \tag{12-2-1}$$

$$\boldsymbol{y}(k)=\boldsymbol{C}\boldsymbol{x}(k) \tag{12-2-2}$$

控制序列 $\boldsymbol{u}(k)$ 可表示为

$$\boldsymbol{u}(k)=-\begin{pmatrix} k_{11} & k_{12} & \cdots & k_{1n} \\ k_{21} & k_{22} & \cdots & k_{2n} \\ \vdots & \vdots & \vdots & \vdots \\ k_{m1} & k_{m2} & \cdots & k_{mn} \end{pmatrix}_{m\times n}\cdot \boldsymbol{x}(k)=-\boldsymbol{K}\boldsymbol{x}(k) \tag{12-2-3}$$

式中：$\boldsymbol{K}$ 称为状态反馈增益矩阵，将 $\boldsymbol{u}(k)=-\boldsymbol{K}\boldsymbol{x}(k)$ 代入状态方程则有

$$\boldsymbol{x}(k+1)=\boldsymbol{F}\boldsymbol{x}(k)-\boldsymbol{G}\boldsymbol{K}\boldsymbol{x}(k)=(\boldsymbol{F}-\boldsymbol{G}\boldsymbol{K})\boldsymbol{x}(k) \tag{12-2-4}$$

$$\boldsymbol{y}(k)=\boldsymbol{C}\boldsymbol{x}(k)$$

对式 (12-2-4) 求 Z 变换有

$$z\boldsymbol{X}(z)=(\boldsymbol{F}-\boldsymbol{G}\boldsymbol{K})\boldsymbol{X}(z)\Rightarrow(z\boldsymbol{I}-\boldsymbol{F}+\boldsymbol{G}\boldsymbol{K})\boldsymbol{X}(z)\quad\Rightarrow|z\boldsymbol{I}-\boldsymbol{F}+\boldsymbol{G}\boldsymbol{K}|=0$$

该方程是闭环系统的特征方程为

$$|z\boldsymbol{I}-\boldsymbol{F}+\boldsymbol{G}\boldsymbol{K}|=0 \tag{12-2-5}$$

求解方程(12-2-5),就得到闭环系统的特征值,此特征值就是闭环系统的极点,该极点决定了闭环系统的特性和性能指标。通常通过调整状态反馈增益矩阵,改变极点的分布位置,使闭环系统的极点分布在期望的位置上,达到理想的控制效果,但选择 $\boldsymbol{K}$ 矩阵时,若控制量 $\boldsymbol{u}(k)$ 是 p 维,系统是 n 维的则 $\boldsymbol{K}$ 矩阵是 $p\times n$ 维的,由 n 阶系统确定 $p\times n$ 个 k 值,k 值的选择不是唯一的,因此 k 通常是取为行向量,这样可以由 n 个关于 k 的线性方程,唯一的确定 k 值。

2. 状态反馈控制设计举例

【例 12.5】 已知被控对象的状态方程为

$\boldsymbol{x}(k+1)=\begin{pmatrix}1 & 0\\ 1 & 1\end{pmatrix}\boldsymbol{x}(k)+\begin{pmatrix}1\\ 0\end{pmatrix}\boldsymbol{u}(k)$,试用状态反馈控制使闭环极点分布在 $z_{1,2}=0.5\pm 0.5\mathrm{j}$ 处,取采样周期 $T=1\mathrm{s}$。

解:

(1) 判定系统的可控性

$$\boldsymbol{G}=\begin{pmatrix}1\\ 0\end{pmatrix},\quad \boldsymbol{FG}=\begin{pmatrix}1 & 0\\ 1 & 1\end{pmatrix}\begin{pmatrix}1\\ 0\end{pmatrix}=\begin{pmatrix}1\\ 1\end{pmatrix},\mathrm{rank}\begin{pmatrix}1 & 1\\ 0 & 1\end{pmatrix}=2$$

可见系统是可控的。

(2) 由期望的极点求出期望的特征方程

$$(z-0.5-\mathrm{j}0.5)(z-0.5+\mathrm{j}0.5)=z^2-z+0.5=0$$

(3) 求出系统特征方程

$$|z\boldsymbol{I}-\boldsymbol{F}+\boldsymbol{GK}|=0 \quad \Rightarrow \quad \left|\begin{pmatrix}z & 0\\ 0 & z\end{pmatrix}-\begin{pmatrix}1 & 0\\ 1 & 1\end{pmatrix}+\begin{pmatrix}1\\ 0\end{pmatrix}[k_1 \quad k_2]\right|=0$$

$$z^2-2z+1+k_1z-k_1+k_2=0$$

(4) 期望的特征方程和系统的特征方程比较系数,建立关于状态反馈增益矩阵 $\boldsymbol{K}$ 的线性方程组。

$\begin{cases}k_1-2=-1\\ k_2-k_1+1=0.5\end{cases}$ 解得状态反馈增益矩阵为:$\boldsymbol{K}=[k_1 \quad k_2]=[1 \quad 0.5]$

具有状态反馈的数字控制系统框图如图 12-2 所示,设 $x_1(0)=1,x_2(0)=2$,绘制状态转移曲线如图 12-3 所示。

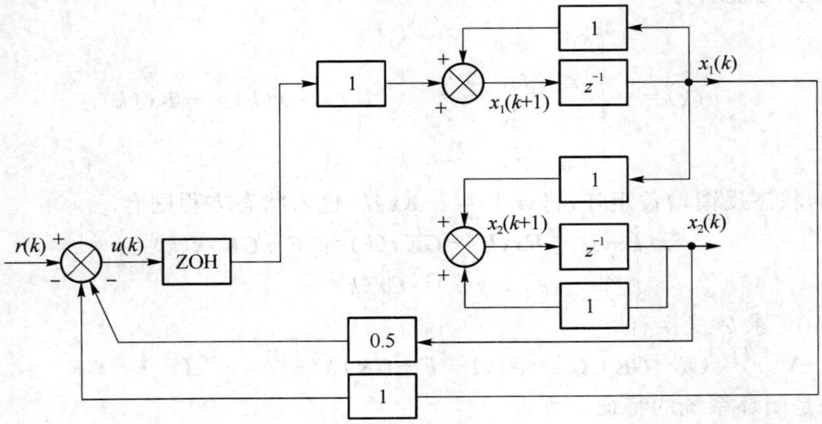

图 12-2 具有状态反馈的数字控制系统框图($r(k)=0$)

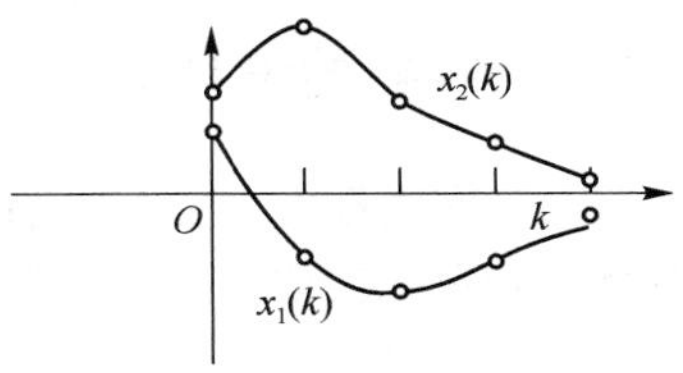

图 12-3　$x_1(k)$，$x_2(k)$状态转移曲线

12.3　观测器的设计

12.3.1　状态观测器的原理与结构

状态反馈设计有时会遇到不是所有状态都是可直接测量的，这样需要用估计状态代替实际状态进行反馈，并且使估计状态尽可能接近实际状态，通过状态观测器完成状态估计。以输入序列和输出序列完成状态变量估计的系统称为状态观测器。状态观测器的结构图如图 12-4 所示。

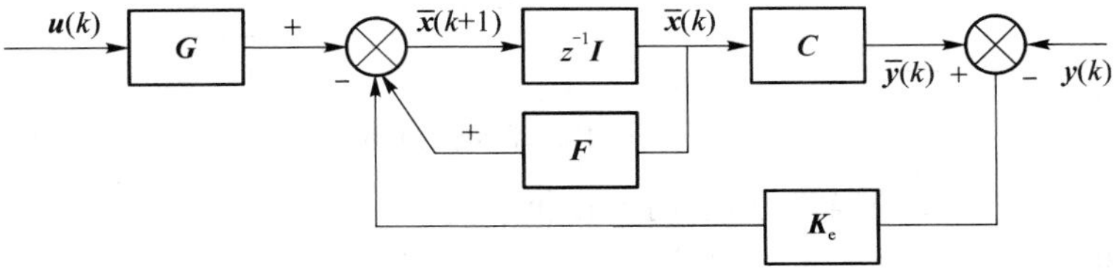

图 12-4　状态观测器结构图

(1) 控制序列 $\boldsymbol{u}(k)$和输出序列 $\boldsymbol{y}(k)$是状态观测器的输入。

(2) $\boldsymbol{K}_e$ 是观测器的状态反馈增益矩阵，引入该反馈使状态观测器的性能达到最佳，方法是选择观测器的状态反馈增益矩阵 $\boldsymbol{K}_e$ 使状态观测器的极点分布在期望的位置上，从而改善状态观测器的性能。

(3) 直接通过估值状态和实际状态的比较减少误差是不可能的，因为 $\boldsymbol{x}(k)$通常是不能直接准确测量，而将计算的输出 $\bar{\boldsymbol{y}}(k)$和测量的输出 $\boldsymbol{y}(k)$的差值作用于观测器的状态反馈增益矩阵上作为反馈量，来自动减少输出 $\bar{\boldsymbol{y}}(k)$和测量的输出 $\boldsymbol{y}(k)$之间的差值，间接使估值状态和实际状态之间的误差自动减少，自动改善估值误差，使状态观测器的性能达到最佳。

根据图 12-4 状态观测器结构图，写出闭环状态观测器的状态方程。

$$\begin{aligned}\bar{\boldsymbol{x}}(k+1)&=\boldsymbol{F}\bar{\boldsymbol{x}}(k)+\boldsymbol{G}\boldsymbol{u}(k)+\boldsymbol{K}_e[\boldsymbol{y}(k)-\bar{\boldsymbol{y}}(k)]\\&=(\boldsymbol{F}-\boldsymbol{K}_eC)\bar{\boldsymbol{x}}(k)+\boldsymbol{G}\boldsymbol{u}(k)+\boldsymbol{K}_e\boldsymbol{y}(k)\end{aligned}\tag{12-3-1}$$

当实现无误差估值时，闭环状态观测器的状态方程为

$\bar{\boldsymbol{x}}(k+1)=\boldsymbol{F}\bar{\boldsymbol{x}}(k)+\boldsymbol{G}\boldsymbol{u}(k)$，$\boldsymbol{y}(k)-\bar{\boldsymbol{y}}(k)=0$，它与系统的状态方程相同，因此状态观测器系统的响应与原系统的响应完全相同。

12.3.2 带有状态观测器的控制器的设计

(1) 图 12-5 分上下两部分,上边部分虚线框内为控制器,下边部分虚线框内为状态观测器。

(2) $\boldsymbol{K}_e$ 为观测器的状态反馈增益矩阵,是观测器的局部反馈,$\boldsymbol{K}$ 为状态反馈增益矩阵,是系统的总的反馈。

(3) 控制器的系统矩阵 $\boldsymbol{F}$、输入矩阵 $\boldsymbol{G}$ 和输出矩阵 $\boldsymbol{C}$ 与观测器系统矩阵 $\boldsymbol{F}$、输入矩阵 $\boldsymbol{G}$ 和输出矩阵 $\boldsymbol{C}$ 均相同。

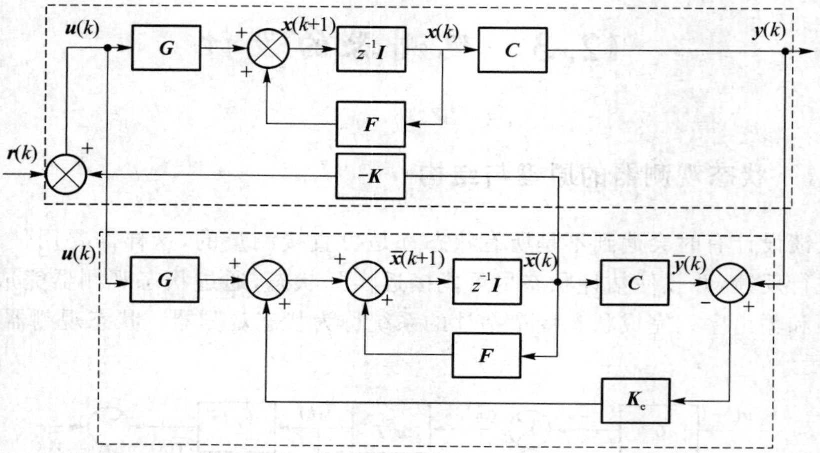

图 12-5 状态观测器反馈控制系统

下面导出状态观测器的误差方程,为方便推导,分别写出系统的状态方程和观测器的状态方程。系统的状态方程和输出方程分别为

$$\boldsymbol{x}(k+1)=\boldsymbol{F}\boldsymbol{x}(k)+\boldsymbol{G}\boldsymbol{u}(k)=\boldsymbol{F}\boldsymbol{x}(k)-\boldsymbol{G}\boldsymbol{K}\overline{\boldsymbol{x}}(k) \tag{12-3-2}$$

$$\boldsymbol{y}(k)=\boldsymbol{C}\boldsymbol{x}(k) \tag{12-3-3}$$

观测器的状态方程和状态观测器的输出方程分别为

$$\begin{cases}\overline{\boldsymbol{x}}(k+1)=\boldsymbol{F}\,\overline{\boldsymbol{x}}(k)+\boldsymbol{G}\boldsymbol{u}(k)+\boldsymbol{K}_e[\boldsymbol{y}(k)-\overline{\boldsymbol{y}}(k)]\\ \overline{\boldsymbol{y}}(k)=\boldsymbol{C}\,\overline{\boldsymbol{x}}(k)\end{cases} \tag{12-3-4}$$

定义误差 $\tilde{\boldsymbol{x}}(k)$:$\tilde{\boldsymbol{x}}(k)=\boldsymbol{x}(k)-\overline{\boldsymbol{x}}(k)$。 (12-3-5)

推导观测器的误差方程

$$\begin{aligned}\tilde{\boldsymbol{x}}(k+1)&=\boldsymbol{x}(k+1)-\overline{\boldsymbol{x}}(k+1)=\boldsymbol{F}\boldsymbol{x}(k)+\boldsymbol{G}\boldsymbol{u}(k)-\boldsymbol{F}\,\overline{\boldsymbol{x}}(k)-\boldsymbol{G}\boldsymbol{u}(k)-\boldsymbol{K}_e[\boldsymbol{y}(k)-\overline{\boldsymbol{y}}(k)]\\&=(\boldsymbol{F}-\boldsymbol{K}_e\boldsymbol{C})(\boldsymbol{x}(k)-\overline{\boldsymbol{x}}(k))=(\boldsymbol{F}-\boldsymbol{K}_e\boldsymbol{C})\,\tilde{\boldsymbol{x}}(k)\end{aligned} \tag{12-3-6}$$

由观测器的误差方程可知,误差信号的动态特性由误差特征方程式(12-3-7)的特征值确定

$$|z\boldsymbol{I}-(\boldsymbol{F}-\boldsymbol{K}_e\boldsymbol{C})|=0 \tag{12-3-7}$$

如果由 $|z\boldsymbol{I}-(\boldsymbol{F}-\boldsymbol{K}_e\boldsymbol{C})|=0$ 的特征值确定对应系统是稳定的,则误差向量将从任一初始误差向量缩小到零,换言之不管 $\boldsymbol{x}(0)$ 和 $\overline{\boldsymbol{x}}(0)$ 的值是多少,$\overline{\boldsymbol{x}}(k)$ 都要趋于 $\boldsymbol{x}(k)$,同时只要 $|z\boldsymbol{I}-(\boldsymbol{F}-\boldsymbol{K}_e\boldsymbol{C})|=0$ 的特征值配置使得误差向量的动态进行得相当快,那么任何误差都将以相当快的速度趋于零,但要注意系统一定是可观测的。

12.3.3　分离特性

系统的状态方程

$$\begin{aligned}\boldsymbol{x}(k+1)&=\boldsymbol{F}\boldsymbol{x}(k)+\boldsymbol{G}\boldsymbol{u}(k)=\boldsymbol{F}\boldsymbol{x}(k)-\boldsymbol{G}\boldsymbol{K}\bar{\boldsymbol{x}}(k)=\boldsymbol{F}\boldsymbol{x}(k)-\boldsymbol{G}\boldsymbol{K}\bar{\boldsymbol{x}}(k)=\boldsymbol{F}\boldsymbol{x}(k)-\boldsymbol{G}\boldsymbol{K}[\boldsymbol{x}(k)-\tilde{\boldsymbol{x}}(k)]\\&=\boldsymbol{G}\boldsymbol{K}\tilde{\boldsymbol{x}}(k)+[\boldsymbol{F}-\boldsymbol{G}\boldsymbol{K}]\boldsymbol{x}(k)\end{aligned}\tag{12-3-8}$$

观测器的误差方程

$$\tilde{\boldsymbol{x}}(k+1)=(\boldsymbol{F}-\boldsymbol{K}_e\boldsymbol{C})\tilde{\boldsymbol{x}}(k)\tag{12-3-9}$$

将系统的状态方程和状态观测器的误差方程写成矩阵形式

$$\begin{pmatrix}\tilde{\boldsymbol{x}}(k+1)\\\boldsymbol{x}(k+1)\end{pmatrix}=\begin{pmatrix}\boldsymbol{F}-\boldsymbol{K}_e\boldsymbol{C} & 0\\\boldsymbol{G}\boldsymbol{K} & \boldsymbol{F}-\boldsymbol{G}\boldsymbol{K}\end{pmatrix}\begin{pmatrix}\tilde{\boldsymbol{x}}(k)\\\boldsymbol{x}(k)\end{pmatrix}\tag{12-3-10}$$

取 Z 变换的表达形式：

$$\begin{pmatrix}z\tilde{\boldsymbol{X}}(z)\\z\boldsymbol{X}(z)\end{pmatrix}=\begin{pmatrix}\boldsymbol{F}-\boldsymbol{K}_e\boldsymbol{C} & 0\\\boldsymbol{G}\boldsymbol{K} & \boldsymbol{F}-\boldsymbol{G}\boldsymbol{K}\end{pmatrix}\begin{pmatrix}\tilde{\boldsymbol{X}}(z)\\\boldsymbol{X}(z)\end{pmatrix}$$

$$\begin{vmatrix}z\boldsymbol{I}-(\boldsymbol{F}-\boldsymbol{K}_e\boldsymbol{C}) & 0\\-\boldsymbol{G}\boldsymbol{K} & z\boldsymbol{I}-(\boldsymbol{F}-\boldsymbol{G}\boldsymbol{K})\end{vmatrix}=0\tag{12-3-11}$$

写成主对角线两个行列式之积的形式：

$$|z\boldsymbol{I}-(\boldsymbol{F}-\boldsymbol{K}_e\boldsymbol{C})|\,|z\boldsymbol{I}-(\boldsymbol{F}-\boldsymbol{G}\boldsymbol{K})|=0\tag{12-3-12}$$

选择观测器状态反馈增益矩阵 $\boldsymbol{K}_e$，可以使观测器的极点位于期望的位置上，进而使观测器的观测误差尽可能快的趋于零。

(1) 选择控制器的状态反馈增益矩阵可使系统的极点位于期望的位置上，改善系统的性能指标。

(2) 系统的控制器和观测器，可分别单独设计，这就是分离特性。

(3) 全部的极点对系统的闭环特性都有影响，应先选择 $\boldsymbol{K}$ 矩阵的元素以确保闭环系统有最佳的极点位置，然后再选择 $\boldsymbol{K}_e$ 矩阵的元素，使观测器的极点比闭环系统的极点对应的响应快 1/5～1/2 时间常数，或选择 $\boldsymbol{K}_e$ 使观测器的频宽是状态反馈回路频宽的 2～5 倍，就是说状态估值的速度要快些。

12.3.4　全阶观测器设计举例

【例 12.6】 已知某被控系统状态方程为

$$\boldsymbol{x}(k+1)=\boldsymbol{F}\boldsymbol{x}(k)+\boldsymbol{G}\boldsymbol{u}(k)$$
$$\boldsymbol{y}(k)=\boldsymbol{C}\boldsymbol{x}(k)$$

其中：$\boldsymbol{F}=\begin{pmatrix}0 & 0.16\\1 & 1\end{pmatrix}$，$\boldsymbol{G}=\begin{pmatrix}1\\0\end{pmatrix}$，$\boldsymbol{C}=[1\quad 1]$，试设计一个全阶观测器，使所要求的观测器的极点位于 $z_1=0.5+0.5\mathrm{j}$，$z_2=0.5-0.5\mathrm{j}$ 处。

解：

(1) 求期望的观测器的特征方程

$$(z-0.5+0.5\mathrm{j})(z-0.5-0.5\mathrm{j})=0$$
$$z^2-z+0.5=0$$

(2) 判定系统的可观测性

系统的可观测性判别矩阵为：rank$[\boldsymbol{C}\ \boldsymbol{CF}]^{\mathrm{T}}$

$$\boldsymbol{C}=[1\quad 1],\boldsymbol{CF}=[1\quad 1]\begin{pmatrix}0 & 0.16\\1 & 1\end{pmatrix}=[1\quad 1.16],\mathrm{rank}\begin{pmatrix}1 & 1\\1 & 1.16\end{pmatrix}=2,$$

该系统是可观测的。

(3) 求观测器的特征方程

$$|z\boldsymbol{I}-(\boldsymbol{F}-\boldsymbol{K}_e\boldsymbol{C})|=\left|\begin{pmatrix}z & 0\\0 & z\end{pmatrix}-\begin{pmatrix}0 & 0.16\\1 & 1\end{pmatrix}+\begin{pmatrix}k_1\\k_2\end{pmatrix}[1\quad 1]\right|,\left|\begin{pmatrix}z & -0.16\\-1 & z-1\end{pmatrix}+\begin{pmatrix}k_1 & k_1\\k_2 & k_2\end{pmatrix}\right|=0$$

$$\begin{vmatrix}z+k_1 & -0.16+k_1\\k_2-1 & z-1+k_2\end{vmatrix}=0\Rightarrow(z+k_1)[(z-1)+k_2]+(0.16-k_1)(k_2-1)=0$$

因此观测器的特征方程为

$$z^2+(k_1+k_2-1)z+0.16k_2-0.16=0$$

根据观测器的特征方程和期望的观测器的特征方程同类项比较系数得到关于k_1,k_2的两元一次方程组。$(k_1+k_2-1)=-1,0.16k_2-0.16=0.5$

解得 $k_1=-4.125,k_2=4.125$ 即$\boldsymbol{k}=[k_1 k_2]^{\mathrm{T}}$。

具有状态观测器的数字控制系统框图如图 12-6 所示。

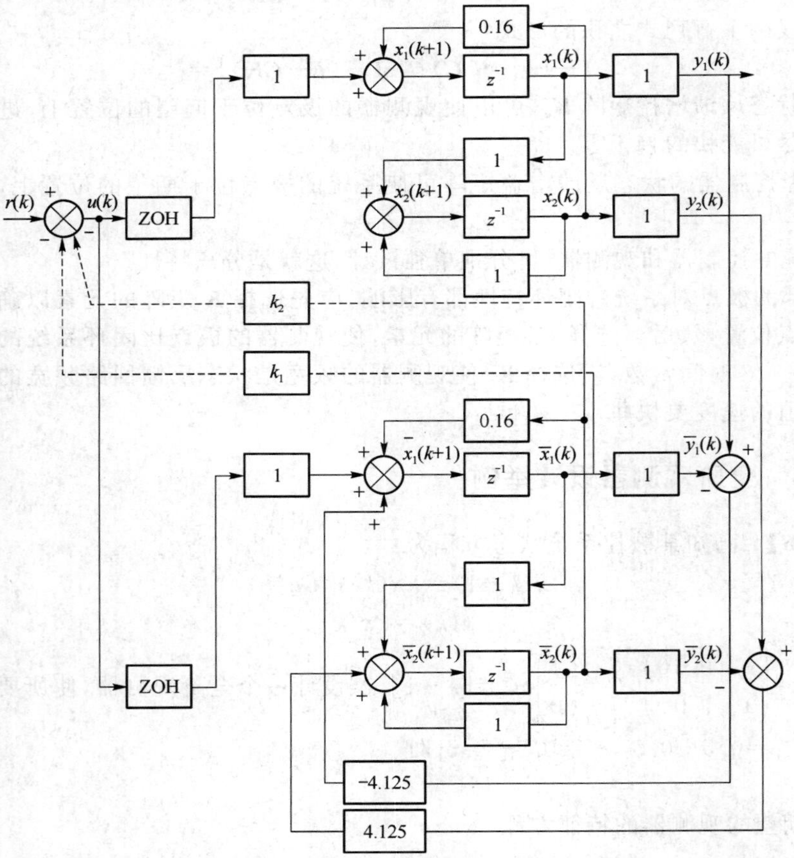

图 12-6 带有状态观测器的控制系统框图

12.4　MATLAB 在现代控制理论中的应用

1. 判断可控性

已知系统的状态方程为

$\boldsymbol{x}[(k+1)T]=\begin{pmatrix}1 & 2 & -2\\0 & 1 & 0\\1 & -4 & 3\end{pmatrix}\boldsymbol{x}(kT)+\begin{pmatrix}0\\0\\1\end{pmatrix}\boldsymbol{u}(kT)$，试判定系统的可控性。

用 MATLAB 程序判断：

```
F = [1  2 - 2;0  1  0;1 - 4  3];
G = [0;0;1];
n = 3;
Qk = ctrb(F,G)
Qkrank = rank(Qk)
if Qkrank = = n
disp('system is controlled')
elseif Qkrank<n
disp('system is not controlled')
end
```

仿真结果如下：

```
Qk =
     0      - 2      - 8
     0      0        0
     1      3        7
Qkrank = 2
system is not controlled
```

2. 判断可观性

已知系统的状态方程为

$$\boldsymbol{x}[(k+1)T]=\begin{pmatrix}1 & 2 & -2\\0 & 1 & 0\\1 & -4 & 3\end{pmatrix}\boldsymbol{x}(kT)+\begin{pmatrix}0\\0\\1\end{pmatrix}\boldsymbol{u}(kT),$$

输出方程为 $\boldsymbol{y}(kT)=[0\ 0\ 1]\boldsymbol{x}(kT)$；试判定系统的可观测性。

用 MATLAB 程序判断：

```
F = [1  2 - 2;0  1  0;1 - 4  3];
C = [0  0  1];
n = 3;
```

```
Qc = obsv(F,C)
Qcrank = rank(Qc)
 if Qcrank = = n
disp('system is observable')
elseif Qcrank<n
disp('system is not observable ')
end
```

结果：

```
Qc =
     0        0     1
     1      - 4     3
     4     - 14     7
Qcrank =
        3
     system is observable
```

3. 状态反馈的设计

已知被控对象的状态方程为

$$x[(k+1)T]=\begin{pmatrix}1&0\\1&1\end{pmatrix}x(kT)+\begin{pmatrix}1\\0\end{pmatrix}u(kT)$$

试用状态反馈控制设计使闭环极点位于 $z_{1,2}=0.5\pm j0.5$ 处，采样周期 $T=1\text{s}$。（只求状态反馈增益矩阵）

用 MATLAB 程序实现：

```
T = 1;
F = [1  0;1  1];
G = [1;0];
P = [0.5 + j * 0.5;0.5 - j * 0.5];
Ka = acker (F,G,P)   (适用于 SISO 系统)
Kp = place (F,G,P)   (适用于 MIMO 系统)
Ka =
     1.0000     0.5000
Kp =
     1.0000     0.5000
```

4. 状态观测器的设计

已知被控对象的状态方程为

$$x[(k+1)T]=\begin{pmatrix}0&0.16\\1&1\end{pmatrix}x(kT)+\begin{pmatrix}1\\0\end{pmatrix}u(kT)$$

输出方程为 $\boldsymbol{y}(kT)=[1\ 1]\boldsymbol{x}(kT)$；

试设计全阶状态观测器使观测器的极点位于 $z_{1,2}=0.5\pm j0.5$ 处，采样周期 $T=1s$。

（只设计状态观测器的状态反馈增益矩阵）

用 MATLAB 程序实现：

```
F = [0  0.16;1  1]
r = F'
C = [1  1];
P = [0.5 + j * 0.5;0.5 - j * 0.5];
Kcc = acker(F',C',P)'          (F'和 C'分别是 F 和 C 矩阵的转置)
Kca = place(F',C',P)'
```

结果：

```
F =
          0    0.1600
     1.0000    1.0000
Kcc =
    - 4.1250
      4.1250
Kca =
    - 4.1250
      4.1250  (Kca = Kcc,只是用不同方法求得,即都表示状态观测器的状态反馈增益矩阵)
```

习　题

12.1　已知线性离散系统的状态方程为

$$\boldsymbol{x}(k+1)=\boldsymbol{F}\boldsymbol{x}(k)+\boldsymbol{G}u(k)$$

试判定由下列 $\boldsymbol{F}$ 和 $\boldsymbol{G}$ 给定的系统可控性。

① $\boldsymbol{F}=\begin{pmatrix}1 & 0 & 1\\ 0 & 2 & 1\\ -1 & 1 & 0\end{pmatrix},\boldsymbol{G}=\begin{pmatrix}1\\ 0\\ 1\end{pmatrix}$

② $\boldsymbol{F}=\begin{pmatrix}1 & 0 & 1\\ 0 & 2 & 1\\ -1 & 1 & 0\end{pmatrix},\boldsymbol{G}=\begin{pmatrix}1\\ 2\\ 1\end{pmatrix}$

③ $\boldsymbol{F}=\begin{pmatrix}1 & 1 & 0\\ 0 & 1 & 1\\ 1 & 0 & 1\end{pmatrix},\boldsymbol{G}=\begin{pmatrix}0\\ 0\\ 1\end{pmatrix}$

④ $\boldsymbol{F}=\begin{pmatrix}0 & 1 & 1\\ 1 & 0 & 1\\ 1 & 1 & 0\end{pmatrix},\boldsymbol{G}=\begin{pmatrix}0\\ 0\\ 1\end{pmatrix}$

⑤ $\boldsymbol{F}=\begin{pmatrix}1 & 0 & 0\\ 0 & 1 & -1\\ -1 & 1 & 0\end{pmatrix},\boldsymbol{G}=\begin{pmatrix}0 & 1\\ 1 & 0\\ 0 & 0\end{pmatrix}$

12.2　已知线性系统的状态方程和输出方程分别为

$$\boldsymbol{x}(k+1)=\boldsymbol{F}\boldsymbol{x}(k)+\boldsymbol{G}\boldsymbol{u}(k)$$
$$\boldsymbol{y}(k)=\boldsymbol{C}\boldsymbol{x}(k)$$

试判定由下列 $\boldsymbol{F}$ 和 $\boldsymbol{C}$ 给定系统的可观测性。

① $\boldsymbol{F}=\begin{pmatrix}1 & 0 & 1\\ 0 & 2 & 1\\ -1 & 1 & 0\end{pmatrix},\boldsymbol{C}=[1\quad 2\quad 1]$

② $\boldsymbol{F}=\begin{pmatrix}1 & 0 & 1\\ 0 & 2 & 1\\ -1 & 1 & 0\end{pmatrix},\boldsymbol{C}=[0\quad 0\quad 1]$

③ $\boldsymbol{F}=\begin{pmatrix}1 & 1 & 0\\ 0 & 1 & 1\\ 1 & 0 & 1\end{pmatrix},\boldsymbol{C}=[1\quad 0\quad 1]$

④ $\boldsymbol{F}=\begin{pmatrix}0 & 1 & 1\\ 1 & 0 & 1\\ 1 & 1 & 0\end{pmatrix},\boldsymbol{C}=[1\quad 1\quad 0]$

⑤ $\boldsymbol{F}=\begin{pmatrix}1 & 0 & 0\\ 0 & 1 & -1\\ -1 & 1 & 0\end{pmatrix},\boldsymbol{C}=\begin{pmatrix}1 & 0 & 1\\ 1 & 1 & 0\end{pmatrix}$

12.3　已知线性离散系统的状态方程为

$$\boldsymbol{x}(k+1)=\begin{pmatrix}e & f\\ g & h\end{pmatrix}\boldsymbol{x}(k)+\begin{pmatrix}1\\ 1\end{pmatrix}\boldsymbol{u}(k)$$
$$\boldsymbol{y}(k)=[1\quad 0]\boldsymbol{x}(k)$$

试确定在什么条件下，系统是完全可控和完全可观测的。

12.4　什么是分离特性？分离特性的重要意义是什么？

12.5　已知线性离散系统的状态方程为

$$\boldsymbol{x}(k+1)=\boldsymbol{F}\boldsymbol{x}(k)+\boldsymbol{G}\boldsymbol{u}(k)$$

其中 $\boldsymbol{F}=\begin{pmatrix}1 & 1\\ 0 & 1\end{pmatrix},\boldsymbol{G}=\begin{pmatrix}0\\ 1\end{pmatrix},\boldsymbol{T}=1\mathrm{s}$，系统期望的极点为 $z_{1,2}=0.5\pm \mathrm{j}0.5$

试用极点配置的方法设计系统，求出状态反馈增益矩阵 $\boldsymbol{K}$ 和控制量 $\boldsymbol{u}(k)$。

12.6　已知线性离散系统的状态方程和输出方程分别为

$$x(k+1)=Fx(k)+Gu(k)$$
$$y(k)=[1\ 0]$$

其中 $F=\begin{pmatrix}1 & 1\\0 & 1\end{pmatrix}$，$G=\begin{pmatrix}0\\1\end{pmatrix}$，$T=1\text{s}$，观测器的期望的极点为 $z_{1,2}=0.2\pm \text{j}0.5$

试设计全阶状态观测器，求出状态观测器状态反馈增益矩阵 K_e。

12.7　一伺服系统的离散状态方程为

$$x(k+1)=\begin{pmatrix}1 & 0.0952\\0 & 0.905\end{pmatrix}x(k)+\begin{pmatrix}0.00484\\0.0952\end{pmatrix}u(k)$$

试用极点配置方法设计全状态反馈控制系统，使期望的闭环极点在 S 平面上位于 $\xi=0.46$，$\omega_n=4.2$ rad/s(设采样周期 $T=0.1\text{s}$)。

12.8　已知线性离散系统的状态方程为

$$x(k+1)=Fx(k)+Gu(k)$$

其中 $F=\begin{pmatrix}1 & 1\\-1 & 1\end{pmatrix}$，$G=\begin{pmatrix}0\\1\end{pmatrix}$，$T=1$ s，系统希望的闭环极点为 $z_1=0.1$，$z_2=0.3$

试用极点配置的方法设计系统，求出全状态反馈增益矩阵 K 和控制量 $u(k)$。

12.9　已知被控对象的离散系统的状态方程为

$$x(k+1)=Fx(k)+Gu(k)$$

其中 $F=\begin{pmatrix}1 & 1 & 0\\0 & 1 & 0\\0 & 0 & 2\end{pmatrix}$，$G=\begin{pmatrix}0 & 1\\1 & 0\\0 & -2\end{pmatrix}$，$T=1\text{s}$，系统期望的闭环极点为

$$z_{2,3}=0.1\pm \text{j}0.3,z_1=0.2$$

试用极点配置的方法设计系统，求出全状态反馈增益矩阵 K。

12.10　已知被控对象的离散系统的状态方程为

$$x(k+1)=Fx(k)+Gu(k)$$
$$y(k)=[1\quad 1]x(k)$$
$$F=\begin{pmatrix}1 & 1\\0 & 1\end{pmatrix},G=\begin{pmatrix}0\\1\end{pmatrix}$$

观测器的期望极点为 $z_{1,2}=0.1\pm \text{j}0.3$，试设计全阶状态观测器，求出状态观测器状态反馈增益矩阵 K_e。

12.11　已知被控对象的离散系统的状态方程为

$$x(k+1)=Fx(k)+Gu(k)$$
$$y(k)=[1\quad 1]x(k)$$
$$F=\begin{pmatrix}1 & 1\\0 & 1\end{pmatrix},G=\begin{pmatrix}0\\1\end{pmatrix}$$

观测器的期望极点为：$z_{1,2}=0.1\pm \text{j}0.3$，系统期望的闭环极点为：$z_{1,2}=0.5\pm \text{j}0.5$ 试设计一个具有观测器的极点配置控制器。

第13章　离散控制系统设计与实现

13.1　概　述

计算机控制系统的设计是较为复杂的工作，这不仅仅是控制系统工程实践问题，也涉及控制理论和其它学科交叉结合的问题。首先通过系统辨识理论建立尽可能准确描述被控对象的数学模型；根据控制系统对性能指标的要求和被控对象的特点，有针对性地选择控制系统的算法和硬件、软件系统的设计。实际上计算机控制系统设计涉及多种学科和技术交叉结合，包括硬件、软件、传感器、检测、自动控制、计算机控制、通信和显示等多方面的技术。本章主要介绍三个方面的问题：

(1) 计算机控制系统设计的基本原则和主要步骤；

(2) 控制系统的设计与实现；

(3) 控制系统的设计举例。

13.2　离散控制系统设计的基本原则和主要步骤

控制系统的被控对象种类繁多，例如：温度、压力、流量、液位、成分、伺服系统控制等，其控制对象特点各不相同，控制系统对指标的要求也不尽相同，构成控制系统的设计方案也是千差万别的，但是在计算机控制系统的设计和实现中，基本的设计原则和主要的设计步骤是必须遵循的。

13.2.1　控制系统设计的基本原则

1. 安全和可靠性

一般而言，控制系统对计算机的要求相对要高，因为控制系统的计算机运行环境比较复杂，有时甚至比较恶劣，总会存在不同程度的电磁干扰，有时会严重威胁计算机控制系统的正常运行，使系统跳出正常循环，出现问题，常常会给生产和经济上带来负面影响，严重的会造成极其恶劣的影响，甚至波及人的生命安全，造成人员伤亡和财产的巨大损失。因此在进行控制系统设计时，必须把安全和可靠放在最重要的位置，这是控制系统最重要的也是最基本的要求，系统应具备高质量、高抗干扰能力和较长的平均无故障时间。因此在控制系统设计中，必须选择性能优良、抗干扰能力强的计算机和可靠的硬件及软件系统，以确保控制系统在各种环境下都能正常运行。

2. 操作简单维修方便

控制系统操作简单、易于掌握，应是控制系统必备的功能。控制系统应提供屏幕显示和输入设备等实现一个友好的人机对话环境，通过屏幕显示工艺流程和系统的工作情况，监控系统的运行情况。

系统硬件应采用积木式结构，按功能组织硬件结构，形成标准化设计，构成标准化功能板，功能板具有互换性，便于系统快速排除故障，迅速恢复系统正常运行。在功能板上应具有工作状态指示和必要的测试点，便于对故障的快速判断和查找，同时配置系统软件的查错程序和故障诊断程序用来方便和迅速确定故障。

3. 实时在线性强

控制系统应是一个在线系统，同时还有非常强的实时性要求，所谓实时性，不同的系统对实时性的要求是不同的，不是所有的系统都是越快越好。例如：利用自动控制火炮打击空中飞行的飞机，火炮控制系统必须及时跟踪不断改变飞行参数的飞机，并且发射火力时还必须留有一定的提前量，这就要求火炮控制系统在进行数据输入、数据处理和输出控制信号必须迅速完成，因此这种控制系统对控制的及时性有严格要求。再例如：温度控制系统在进行数据输入、数据处理和输出控制信号时，滞后几秒，一般不会使控制系统失去控制时机，这种系统还是实时的。因此不同的控制系统对处理快速性的要求是不同的，不能一概而论。尽管不同的控制系统对实时性的要求不同，但有一个共同的特点，系统必须及时处理事件和实施控制，不能失去控制机会。这就是说计算机控制系统对数据的输入、控制算法的处理和输出控制等按照系统定时时钟的节奏在规定的时间内及时处理完。还有诸如越限报警、突发事故等一系列随机事件，控制系统应设置中断优先级，可根据事故的严重程度和轻重缓急设置优先级，一旦事故发生，系统就会按照优先级的顺序及时处理紧急事故。在系统设计时，应选择合适的计算机、A/D 转换器、D/A 转换器和检测仪表等，还要考虑被控对象和执行机构的响应速度，同时软件设计还要给予适当的配合。

4. 通用性好

计算机控制系统的研发需要一定的周期，控制设备等需要更新，控制对象需要调整和增减。设计系统时应该考虑能适应不同设备和各种不同的被控对象，采用模块化结构，按照控制要求灵活构建控制系统。对系统略加改动，就能满足新的要求，降低系统研发和改造的成本，缩短研发和改造的周期，要求控制系统具有较好的通用性和可扩充性。要达到上述要求，应该采用标准化的软件和硬件设计方法。

在设计系统时，对输入/输出的电流信号和电压信号应采用统一的工业标准，使系统具有通用性、灵活性和互换性。

在硬件系统设计方面要体现通用性、灵活性和互换性。

(1) 硬件功能板设计采用标准总线，增强硬件配置的装配性和可扩充性；

(2) 按照通用功能配置模板，便于维修、互换和功能扩展。

在软件方面，根据软件功能，采用标准模块结构，进行软件功能模块化设计，软件编制、调试和升级都非常方便，可以通过选择不同的功能模块，进行各种不同的灵活组态，来满足和提高控制系统的功能。

还要考虑设计时留有余地，例如电源功率、存储器容量、输入/输出通道的数目等，以便系统扩充时使用。

13.2.2 控制系统设计的主要步骤

控制系统的设计随着被控对象、生产过程、所需设备、控制方式、系统规模和设计人员等方面的不同而有所差异，但是控制系统设计的基本内容和主要步骤大体上还是相同的，可按如下步骤进行：

1. 调研和分析论证问题

首先对要解决的问题进行调研，调研是整个开发过程中的关键一环，包括市场调查、技术调研、可行性分析和确定实施方案。

市场调查的主要目的是判断产品在经济上是否存在开发的必要性，市场的现状和前景如何等，通过一系列调研确定系统开发的必要性，并提出具体的设计指标要求。

设计任务明确后，设计人员可以通过各种途径和借鉴各种资源等，做到对设计的系统有一个基本的了解。

在进行可行性分析时，要涉及经济效益、社会效益、技术上的先进性、具备的条件、存在的问题以及工程实践诸方面的问题，要充分深入论证项目研发的必要性和可实现性。必要时进行一系列仿真实验，进一步验证控制系统方案的可实现性。经过专业人员的较为充分的论证，如果具有可行性，就可以着手进行研发工作。

在上述工作的基础上，就可以制定初步的研发方案，根据自己各方面实际情况，写出计划报告。其中包括开发项目研究的内容、目的、背景和必要性；国内外的现状和前景；要求的功能和性能指标；初步的实施方案；技术力量及其分工协作；工作进程表和预期的开发效果等方面。

2. 工程设计和实现阶段

工程设计及实现是控制系统研制和开发的非常重要的阶段，它与设计质量的优劣关系密切，该阶段主要包括组建研发队伍、进行软件和硬件的分工协调、论证各部分的设计方案、收集查阅软件和硬件资料并进一步细化设计工作、购置硬件系统所需的装置和元器件、进行系统设计、系统调试、系统试运行和总结等工作。

计算机控制系统中的某些功能，可以用硬件实现，也可以用软件实现，究竟采用硬件还是采用软件实现，需要考虑如下几个方面：占据的体积、系统成本、运行速度。如果要求体积尽可能小，成本尽可能低，对运行速度快慢要求不高，则可考虑用软件实现其功能。反之如果对速度要求尽可能快，体积和成本放在次要位置，则可考虑硬件实现。具体根据系统的技术要求和特点，合理地进行系统软件和硬件资源的配置。按照具体分工，分别查阅资料，细化设计方案，深入详细论证、讨论各部分的设计过程，确定最后的实施方案，列出装置和元件清单，给出软件设计流程图。

硬件系统设计的关键环节之一是选择和购置装置和元器件，相关硬件设计人员要熟知这方面的情况，考虑到设计指标、控制系统的具体情况和元件的性能价格比，并进行综合比较，选定购置的装置和器件，为确保项目的顺利地进行做好准备工作，在研发时，要重视器件的购置工作，否则很可能会出现问题，造成一定程度的损失，并且使进度滞后，不能按时执行合同。甚至在今后会给系统带来隐患，造成影响更大，损失更严重。

系统设计是由两部分组成，即硬件系统设计和软件系统设计。硬件系统设计应画出硬件系统原理图和对应的电路版图，硬件应按照功能模块组织起来，实验时按照功能模块进行，直至整个硬件系统都正常为止，确保硬件系统的设计正确无误。在软件设计时，首先绘制软件程序流程图，并注意选择合适的软件开发环境和编程语言，按照软件功能模块编制程序和检查编制软件的正确与否，检查和纠正语法及逻辑上的错误等。

软件和硬件分别设计完成之后，进行软件和硬件系统的联调，检查要求的功能是否达到了，指标是否满足要求。如果不满足要求，就要进行硬件和软件检查及软件诊断和调试，直到满足性能指标要求为止。

3. 控制系统试运行

完成实验室内的调试之后，还要把控制系统与实际过程环节连接在一起，进行现场在线调节和运行。在运行中可能还会出现各种问题，因此必须进行一系列必要的实际测试，并进行认真分析，逐一解决存在的问题。

4. 总结和验收

系统经过一段时间试运行后，确实证明系统稳定可靠并能满足技术要求，就可以进行项目的后期工作，其内容包括软件程序流程、软件清单和必要的解释及说明、硬件原理图、电路版图和必要的说明、系统的操作过程、系统的使用说明、系统功能和技术指标、系统试验数据。

13.3　控制系统的设计及其实现过程

1. 微处理器的选择

选择适合本系统要求的微处理器是计算机控制系统设计时必须首先考虑的问题，微处理器是控制系统最核心的部分，它选择的合适与否与控制系统的性能要求至关重要。就目前而言，有多种微处理器可供选择，应结合具体控制任务要求，各方面的具体情况和现场的具体条件进行选定。

可供控制系统选定的微处理器有多种类型，例如工控机类、单片机类、PLC 类和 DSP 类芯片等，具体选择哪种微处理器，由设计任务的大小、现场对控制过程的监控的要求、对控制系统体积大小的要求、对项目完成时间和可靠性等方面决定。

另外需考虑 I/O 点数、中断处理能力、指令系统的功能强弱等因素，这些对系统设计十分重要。

2. I/O 口的扩展

I/O 口的扩展是控制系统设计必须考虑的问题，控制系统被控对象和被控参数的数量决定 I/O 的多少，确定 I/O 通道，还要考虑数据流向和个数、数据的格式及传输率、数据的分辨率、多通道的选择控制、模拟信号输入范围、被采样信号的分辨率、多通道切换率、预期的采样/保持器的采集时间、各通道模拟信号的采样是否要求同步、数据通道是串行的，还是并行、以及数据通道是随机选择的，还是按照某种预先设定的规律顺序工作等。

按照通道的分类,可分为:模拟量输入输出通道、开关量输入和输出通道。模拟量输入的核心器件为模数转换器 A/D,A/D 有三种类型,可以根据分辨率、转换时间、通道数目、转换精度等指标确定 A/D。

模拟量输出通道是通过 D/A 将数字量转换成模拟量,通过执行机构作用到被控对象上,实施某种控制。D/A 转换器是模拟量输出通道的核心器件,与模拟量输入通道类似,同样根据分辨率、精度、转换速度、输出方式等进行选择。

输入/输出通道功能以模块出现,即为输入和输出通道模板。计算机控制系统,不仅配置主机还要配置各种输入、输出通道的模板,其中包括数字量 I/O、模拟量 I/O 等模板。

(1) 模拟量输入模板,该模板包括 A/D 和信号调理电路等。模拟量输入板的标准输入为 0～5 V、1～5 V、0～10 mA、4～20 mA 以及热电偶、热电阻和各种变送器的信号。

(2) 模拟量输出板,该模板包括 D/A,其输出可为 0～5 V、1～5 V、0～10 mA、4～20 mA等信号。选择模拟量输入输出模板时注意分辨率、转换速度、量程范围等技术指标。输入参数和输出控制通道的种类和数量,决定模板的选择与组合。

还有开关量 I/O 通道,这种 I/O 通道通常用光电隔离器件把处理器和外部设备隔离开,既保护了系统又提高了系统的抗干扰能力。通常以模板形式出现,即开关量输入输出模板。PC 总线的并行 I/O 接口模板有多种多样,通常可分为 TTL 电平的 DI/DO 和带光电隔离的 DI/DO。通常和工业控制机共地装置的接口可采用 TTL 电平,而其它装置与工控机之间则采用光电隔离。光电隔离及其驱动功能安排在工控机总线之外的非总线模板上,如继电器板等。

3. 传感器

传感器有温度传感器、压力传感器、液位传感器、流量传感器、位置传感器、成分传感器、霍尔元件传感器、测速发电机和光电码盘等,它们可以把被测的模拟量转换成电信号,其输出可以是电压,也可以是电流,但是一般都按规格化输出,电压为 0～5 V 或 1～5 V,电流为 0～10 mA 或 4～20 mA。传感器的输出与被测模拟量之间应有一定的对应关系,最好成线性关系,通过数据采集后,将数据送到处理器处理。

设计人员可以根据被控对象的特点、被控参数的类型、量程范围和环境因素等考虑传感器的类型。

4. 执行机构的选择

计算机输出的控制量,通过执行机构作用到被控对象上,使被控对象按照预先安排的运行方式运行。因此执行机构是计算机控制系统的重要组成部分,选择执行机构要注意与控制算法对应,控制算法不同时,采用的执行机构也会不同,同时也与被控对象的具体情况有关。

执行机构大体上可分四大类:

(1) 气动式执行机构;

(2) 液压式执行机构;

(3) 电动式执行机构;

(4) 步进电动机式执行机构。

电动执行机构的特点是体积小、响应速度快、种类多、容易与计算机接口、方便使用等特点,在计算机控制系统中应用广泛;气动执行机构具有结构简单、可靠性好、操作方便,维护容易、防火防爆、价格低廉等,在石油、冶金、电力系统应用广泛;液压执行机构的特点是推力大、精度高、控制简单，广泛用于传动系统的无级变速、液压机床、起重机、吊车和挖掘机等大型机械设备；步进电动机式执行机构速度快，控制精度高、定位精确，广泛用于伺服控制系统。

5. 硬件设计涉及的有关问题

进行系统硬件设计时，应该考虑硬件和系统软件的功能配置。例如：数据采集系统是由硬件和软件互相配合共同完成的。对于某些部分既可以用软件实现，也可以用硬件完成，在系统设计时，根据系统的特点和技术上的具体要求，酌情考虑。

从简化软件设计和改善系统的速度特性上考虑，通常尽可能多采用硬件，但也带来了一定的问题，其中之一是控制系统的成本加大，同时增加硬件也就增加了潜在的不可靠性。反之用软件代替硬件功能，可以增加系统的灵活性，降低系统的开销，同时系统的速度特性变差。综上所述，确定系统的总体方案，要依据系统的技术要求，综合考虑，合理配置功能。

控制系统的硬件设计采用工业总线进行控制系统设计，可解决工业控制中的许多问题。这种高度模块化和插板式结构，可以采用组合方式来大大简化计算机控制系统的硬件设计。

(1) 系统总线和机型的选择

控制系统采用总线结构，优点很多，使硬件设计简化，用户可以根据实际需要采用符合总线标准的功能板，不存在模板插件之间的匹配问题，使系统的硬件设计大大简化，系统可扩充性好，只需将按照总线研制的新的功能模板插在总线槽中即可；系统的可更新性好，如有新的 CPU、存储器芯片和各种新的接口电路，可按总线标准研制成各类插件，取代原来的模板而升级更新系统。

① 内总线和外总线的选择

工控机有两种内总线，就是 STD 总线(为 56 条总线每条总线都有明确的定义，即总线是透明的)和 PC 总线。可根据需要选择其中之一，通常选用 PC 总线进行控制系统的设计，被称为 PC 总线工控机。外部总线是计算机与计算机之间、计算机与智能仪器或智能外设之间进行通信的总线，如 IEEE-488 并行通信总线，RS232C 串行通信总线，另外还有进行远距离通信、多站点互联的通信总线 RS-422HERS-485。具体选择哪一种外部总线、通信速率、通信距离、系统拓扑结构和通信协议等，要根据计算机控制系统的类型进行综合分析后确定。例如分布式控制系统，必有通信的要求，外部总线可选 RS-422 和 RS-485。必要时应另外增加通信接口板。

② 主要机型的选择

在总线式工控机中，可采用各种 CPU 的多种机型。以 PC 总线控制机为例，其中 CPU 有 8088、80286、80386、80486 和 Pentium 586 等多种型号，内存、硬盘、主频、显示卡、CRT 显示器也有多种规格。可根据要求合理的选型。选择合适的微处理器、传感器、A/D、D/A、I/O 扩展芯片、功率驱动器件、光电隔离器件、执行机构，就可着手硬件电路的设计。硬件电路的设计主要包括接口电路和驱动电路及其装置的设计。接口电路包括译码电路(决定片选和芯片的口地址)、可编程接口芯片、控制方式的选择等；驱动电路及其装置包括功率放大器、光电隔离器件、固态继电器(SSR)等。硬件设计时要注意接口电路的地址分配问题、CPU 与外部设备的速度匹配问题和总线负载能力及其负载匹配问题。

(2) 地址分配问题

接口电路通过地址译码器(通常用 3-8 译码器 74LS138) 给可编程接口芯片分配地址，

特别注意避免出现和其他接口板上的地址冲突，必要时可以通过地址比较器实现地址跳线来解决冲突问题。

(3) CPU与外部设备的速度匹配问题

CPU的速度很快，而有一些外部设备速度相对很慢，为了保证CPU的工作效率并能与各种外部设备的工作速度相匹配，必须在CPU和外部设备之间加以协调，解决的办法是利用接口电路中的数据锁存器、缓冲器、状态寄存器以及中断控制电路等，CPU通过查询方式或中断方式为外设服务，这样就保证了CPU与外设之间以异步方式协调工作。

(4) 总线负载和负载匹配问题

一般总线的负载是限定在一定的范围内，直接挂到总线的负载太多，会造成CPU的总线负载过重，系统的逻辑混乱，CPU工作不可靠，抗干扰能力下降，甚至造成元器件的损坏，因此必须引起注意。解决的办法是通过接口电路分担CPU总线的负载。通过加总线驱动器防止总线过载，保证系统工作可靠。

6. 控制系统操作界面的设计

控制系统一般要设计一个供操作人员进行人机对话的操作界面，方便进行人机对话、参数的修改和某些操作。

7. 系统的抗干扰设计

(1) 空间电磁干扰

空间电磁干扰主要来源于空间电磁波的传播，例如，各种电气设备、电力传输线等发出的电磁波辐射；通信、广播和电视发射的电磁波；太阳、宇宙其它天体发出的电磁波；空中的雷电等。

(2) 过程通道的干扰

过程通道的干扰通常沿着过程通道进入计算机，主要原因是过程通道与主机之间存在公共地线。按照干扰作用的方式，可以分成串模干扰和共模干扰两种。

① 串模干扰

串模干扰又叫横向干扰或正态干扰，它是一种叠加在被测信号上的干扰信号。产生串模干扰的主要原因有分布电容的静电耦合，长线传输的互感，空间电磁场产生的磁场耦合，以及50 Hz的工频干扰等。串模干扰分为内部串扰和外部干扰。内部串扰为干扰信号来自于内部，如图13-1(a)所示，外部干扰来源于外部引线，如图13-1(b)所示。

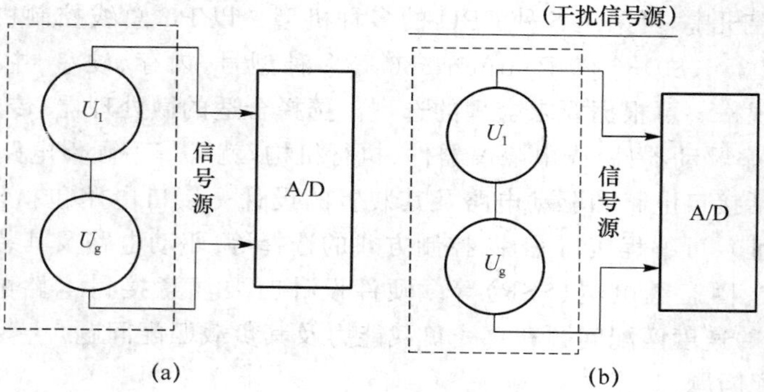

图13-1　串模干扰示意图

② 共模干扰

共模干扰是指同时加到计算机控制系统两个输入端的共有的干扰电压。通常,被控对象与计算机之间有较长的距离,它们之间的信息交换是通过过程通道来完成的,这样在被控对象的模拟地与计算机的数字地线之间存在一定电位差,该电位差就是引入共模干扰的重要原因。如图 13-2 所示。在被控对象模拟地与计算机的数字地之间存在一个电位差 U_c,这个电位差在转换器的两个输入端上形成共模干扰。

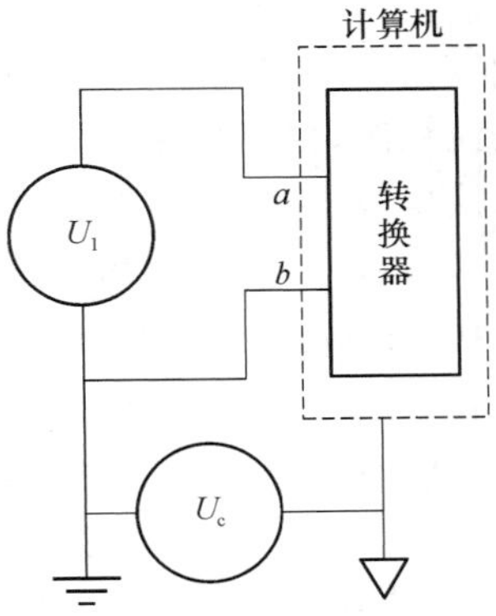

图 13-2　共模干扰示意图

(3) 电源系统的干扰

计算机控制系统的供电是由交流电网提供的,由于各种原因,都可能引起电网的波动等,导致计算机控制系统的直流电源供电不稳定,从而导致计算机控制系统可靠性和稳定性受到影响。

(4) 长线传输的问题

计算机控制系统的被控对象与计算机之间一般要用长线连接,当高速变化的信号在长线中传输时,因为长线传输的分布电容与分布电感的影响,信号会在传输线内产生正向传输的电压和电流波。另外如传输线的终端阻抗与其波阻抗不匹配,那么当入射波达到终端时,便会引起反射;反射波达到传输线的终端时,如果终端阻抗也不匹配,也会引起新的反射。这种信号的多次反射现象,会使信号的波形会发生严重的畸变,还引起干扰脉冲,同时长线传输的信号会很容易受外界的干扰。

(5) 地电位波动的干扰

一个计算机控制系统可能分布在比较大的范围内,地线与地线之间存在一定的电位差。如控制系统计算机的交流电源的地点为不稳定,则在交流地上任意两点间,很可能存在几伏甚至几十伏的电位差,造成控制系统不能正常工作。

8. 软件控制算法的确定

计算机控制系统依据控制算法,通过软件编程实现控制,控制算法选择的合适与否决定了控制效果。对于同样硬件、不同特点的被控对象和同样的控制指标要求,采用不同的控制算法得到的控制效果是不同的。例如 PID 控制算法,在一般的控制中通常效果较好,但是对大滞后对象和非大滞后对象,效果截然不同,单纯的 PID 对于前者控制效果必然不好,必须用 PID 加滞后补偿(Smith 预估器和大林算法)进行控制。即使同样的硬件、同样的被控对象和同样的控制指标要求,采用不同的控制算法,其结果也会不同。因此可选择一种或几种控制算法,经过实验确定下来,通过这种方法完成控制任务。根据对象和控制指标等方面的要求,有多种可供选择的控制算法,例如 PID 算法、Smith 补偿算法、大林算法、模糊控制算法、最优控制算法、自适应控制算法和神经网络控制算法等。

9. 应用程序的编写

用工控机构建计算机控制系统时,通过系统采用总线结构、标准的输入和输出模板减少硬件系统设计工作量,同样在控制系统软件设计中,采用组态软件可以减少软件系统的设计工作量。组态软件把工控所需的各种功能以模块形式提供。组态软件包括:控制算法模块,运算模块、计数/计时模块,逻辑运算模块,输入/输出模块,数据处理模块,数字滤波模块,打印模块,显示模块,键值处理模块,通信程序模块、监控程序和报警程序模块等。设计者根据控制系统的要求，选择需要的模块生成系统控制软件，因此软件设计工作量大为减少。有时在大批量的计算机控制系统产品中，为了提高系统的性能，降低软件使用成本，需要自行开发控制系统应用软件。自行开发应用软件的功能确定后，根据硬件资源地址和端口信息，着手编写用户应用程序。确定和熟悉编程环境和编程工具，先画出程序总体框图和各功能模块的流程图，根据程序流程图，按照软件功能模块编写用户应用程序，选择程序设计语言，编制功能模块程序，最后形成控制系统的整体软件。软件编写完成后，应进行编译，发现和改正语法错误。为系统的总体联调做好准备工作。

10. 系统总体调试

硬件和软件设计完成之后，进入总体调试阶段。调试分为两个阶段，分别为离线仿真与调试阶段及在线调试运行阶段。通常离线仿真与调试阶段在实验室进行，如果没有实际的被控对象（实际上仿真可以用实际的真实对象进行，这称作半实物仿真。但是需要第三方环境，仿真成功完成后，可以生成相应的软件，经过处理就能使用，可以自行设置一套模拟装置，与实际被控对象尽可能接近，来模拟现场的各种情况。进行离线仿真与调试。在线调试和运行阶段在现场进行，对系统进行实际考察和检验。整个调试过程非常复杂，可能会遇到各种意想不到的情况和问题，应该理论联系实际逐步加以解决，必要时向有相关的人员学习和请教，使设计和调试工作顺畅进行。

13.4 温度控制系统的设计举例

1. 硬件系统设计

本例为一个简单的温度控制系统，以 51 系列单片机 89c51 为核心，扩展一片 8279 来管理键盘（3×4 小键盘）和显示器件（4 位显示器共阴方式），温度传感器 DS18B20（本身包括输入信号放大调理电路和模拟/数字转换电路（A/D），DS18B20 可以将模拟信号直接转换成数字量送入计算机处理）、执行机构（包括光电隔离器件、固态继电器）和被控对象等构成温度控制系统，其结构如图 13-3 所示。

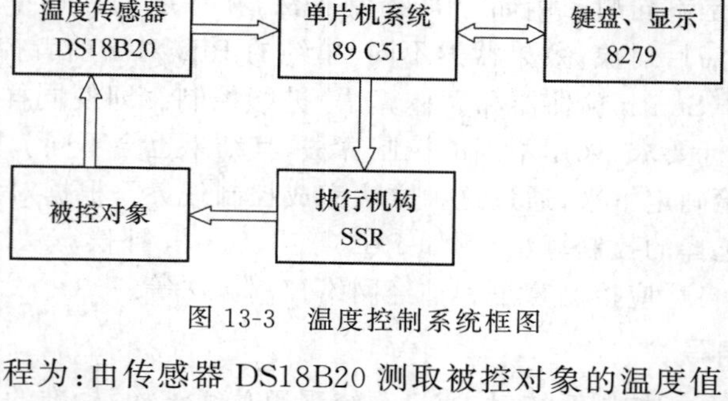

图 13-3　温度控制系统框图

该系统的工作过程为：由传感器 DS18B20 测取被控对象的温度值，并在 DS18B20 的内部通过一系列处理，转换成数字量送入单片机，再与由键盘输入单片机的设定值进行比较，产生一个差值（是设定温度值和实际测得的被控对象的温度值之差），根据这个差值（即误差），单片机按照 PID 和模糊控制算法，分段对这个误差值进行处理，产生控制量，通过执行机构作用到被控对象上，实施对被控对象的调整，使之逐步达到设定的温度上。这里通过键盘实现简单的人机对话功能，并设有简单的显示装置，能显示系统的温度，并且指示系统的状态。介绍硬件系统的几个主要部分。

（1）总体硬件电原理图

该系统的硬件原理图如图 13-4 所示，包括单片机最小系统、输入通道（DS18B20）、键盘和显示部分（8279 管理键盘和显示部分）以及执行机构和被控对象。

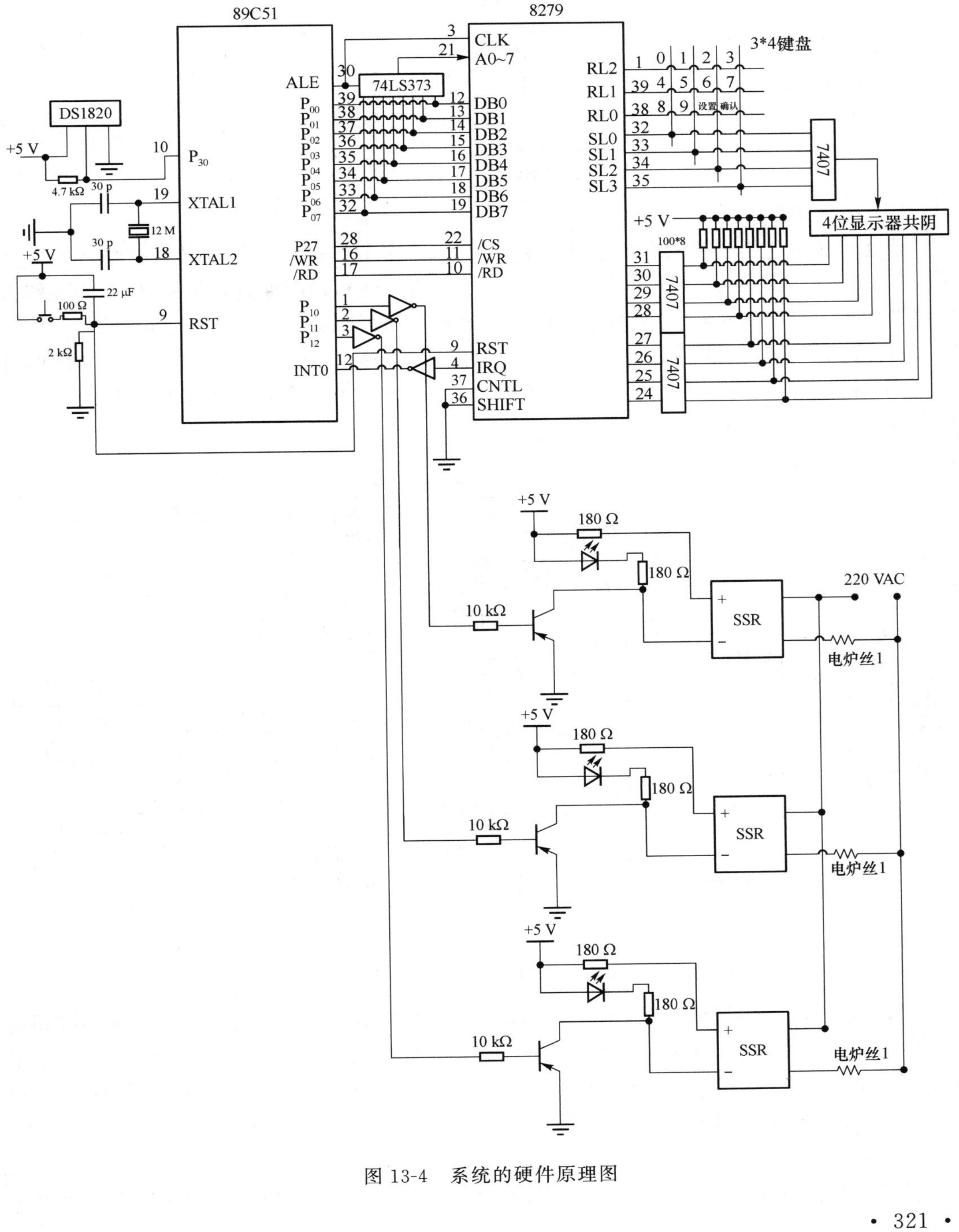

图 13-4 系统的硬件原理图

(2) 输入通道(传感器和数据采集)

DS18B20是个单线接口式器件,它与单片机的硬件接口如图13-5所示。在本设计中DS18B20集温度传感、放大和数据采集功能于一体,完成的功能是将测取的被控量转换成数字量送入计算机处理。

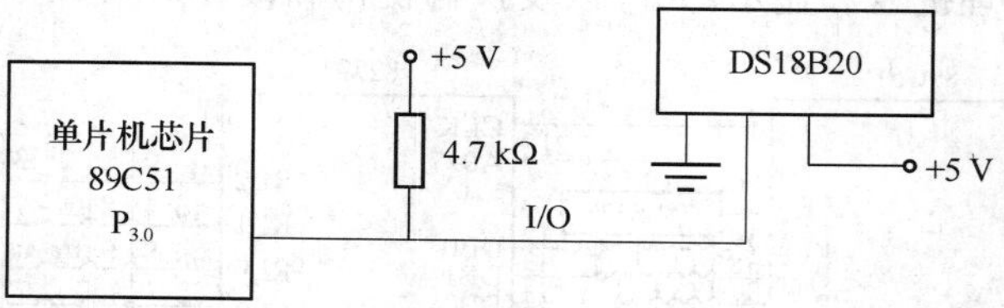

图13-5　DS18B20单片机接口电路

(3) 键盘和显示部分

键盘和显示电路是控制系统重要的组成部分,必要的数据信息要通过键盘输入到计算机,进行简单的人机对话。单片机处理的结果或系统的运行情况通过显示器显示,为操作人员提供系统的当前的状态,因此控制系统的键盘和显示器部分,一般是必不可少的。

本设计利用键盘/显示器接口芯片8279实现对键盘/显示器自动扫描,使键盘操作可靠,显示器工作稳定,程序设计简单。下面介绍以8279作为键盘显示器接口芯片的键盘和显示器电路,如图13-6所示。

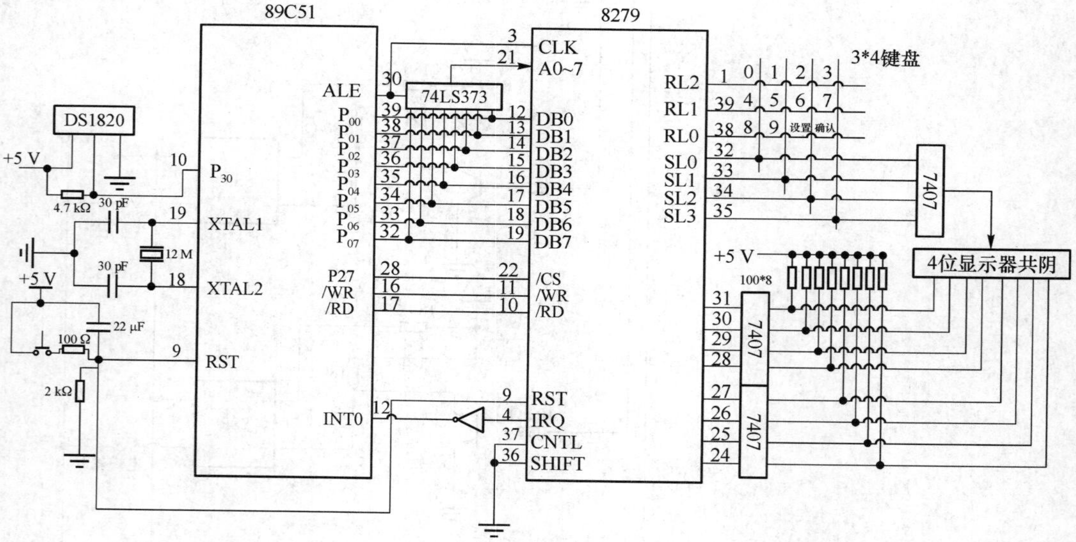

图13-6　键盘和显示器电路

设计中采用四个共阴极数码管作为显示器。前两位显示预置设定温度,后两位显示控制过程中的水温。中间用小数点隔开。以便直观的观察两种温度值的变化情况。在键盘的设计中采用8279的内译码方式。共用了12个按键,10个数字键,表示十进制数0～9,另外两个键为设置键和确定键。通过设置键可随时改变设置的设定值,按下确定键后则单片机开始控制。

(4) 执行机构

在设计中被控对象的加热部分为三段电炉丝的组合,用固态继电器(SSR)作为功率开关，通过 SSR 的接通和断开，决定对被控制对象进行加热或停止加热，来实现温度的自动控制。执行机构的电原理图如图 13-7 所示。

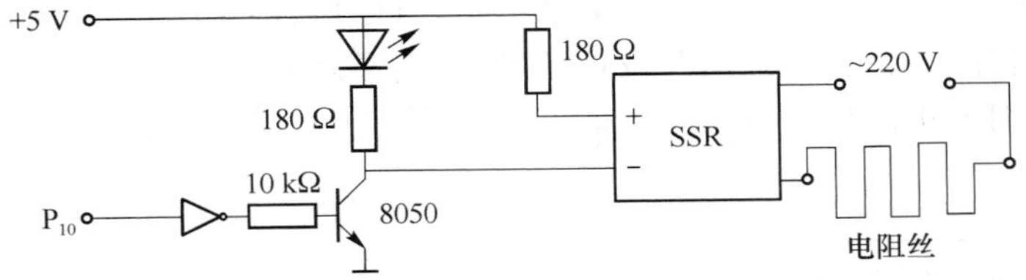

图 13-7　执行机构原理图

在设计中用 P_{10}，P_{11}，P_{12} 三个口低电平通过 8050 实现对 SSR（内部自带光电隔离器件）的触发，三个 SSR 的驱动均是相同的，本设计中只画出一个触发驱动电路。

以上简单介绍了温度控制系统的硬件设计和主要的硬件原理图。下面介绍温度控制系统的软件设计。

2. 温度控制系统的软件设计

(1) 软件总体及其总体流程图

该控制系统的工作过程为：单片机系统检测到 DS18B20 温度值后，与通过键盘所预置的设定温度比较，然后调用 PID 程序，对两者的偏差进行运算处理得出控制量，通过执行机构作用到被控对象上，实现温度的自动控制。为了提高控制效果，控制进行了分段处理，根据采样温度值 T_i 与设定值 T_r 之间的偏差 ΔT 进行处理如图 13-8 所示，主要的控制方法概述如下：

① $T_i < T_r$ 阶段，当 $\Delta T \geqslant 22$℃时，输出最大控制量，打开 P_{10}，P_{11}，P_{12} 使三段炉丝同时工作，迅速加热；

② 当 12℃$\leqslant \Delta T <$22℃ 时，输出较大控制量，打开 P_{10}，P_{11} 使两段电炉丝同时工作，适当降低加热速度，减少过冲；

③ 当 1 ℃$< \Delta T <$12 ℃时，用 P_{12} 控制一段电炉丝工作，减慢加热速度，减少过冲；

④ 当 ΔT 很小时停止加热。

其控制结果表明，水温在设定值附近微小波动，同时在分段控制中还运用模糊控制思想去处理控制问题。

(2) DS18B20 与单片机 89C51 的接口协议

DS18B20 与单片机 89C51 接口协议是通过严格的时序来实现的。软件采用汇编程序编写，分别由复位子程序、读子程序（略）、写子程序组成。

① 复位子程序和写 DS1820 子程序如图 13-9 和 13-10 所示。

② 8279 初始化、显示器更新和键输入中断服务子程序框图。

在本设计中，采用四个共阴数码管做显示器。前两位显示预置的设定温度，后两位显示控制过程中的水温，中间用小数点隔开，以便直观的观测两种温度值的变化情况。在键盘设计中，采用 8279 的内部译码方式，共用到了 12 个按键。其中 10 个数字键表示十进制数 0～9，另外两个功能键为设置键和确定建。通过设置键可随时改变设置值，按下确定键后，则单片机开始实施控制。否则，虽然显示温度值，但不进行控制。其中 8279 初始化、显示器更新和键输入中断服务子程序框图分别如图 13-11，图 13-12，图 13-13 所示。

(3) 控制算法及其程序流程图

本设计采用 PID 控制算法，并且对采集的温度值与设定温度值的差值（即误差）进行分段，根据不同的误差值段，采用不同的电炉丝的组合进行加热控制；当温差值很大时，用三段炉丝同时加热；当温差较大时，采用两段炉丝加热；当温差较小时，只用一根炉丝加热。当温差小到一定程度则停止加热控制。这样可以加快动态响应，减少超调量，进一步提高了控制系统的控制效果。

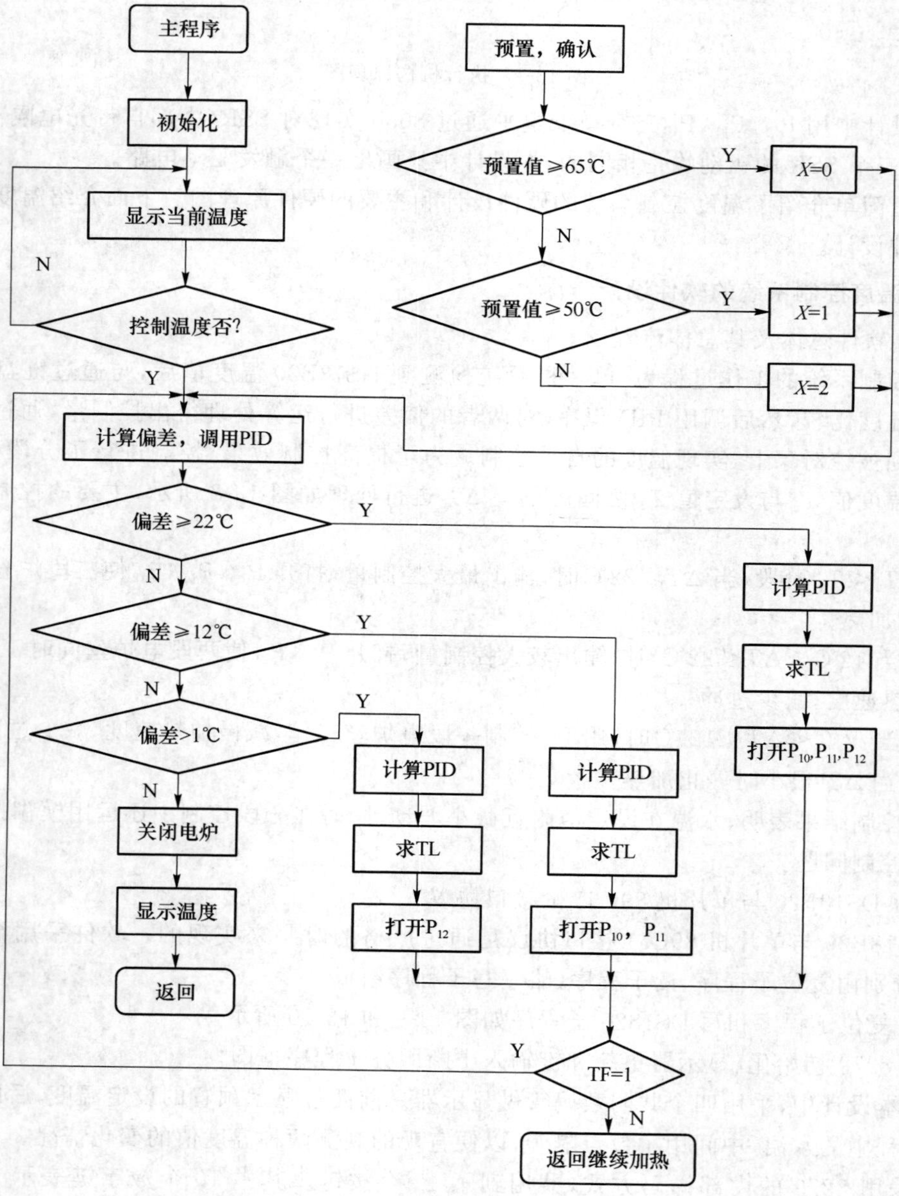

图 13-8 主程序框图

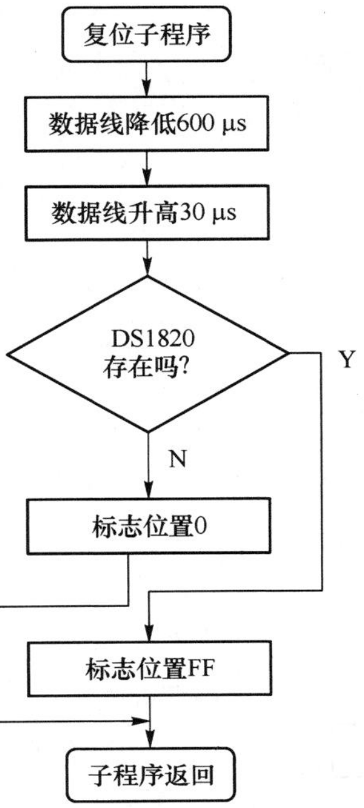

图 13-9 复位子程序

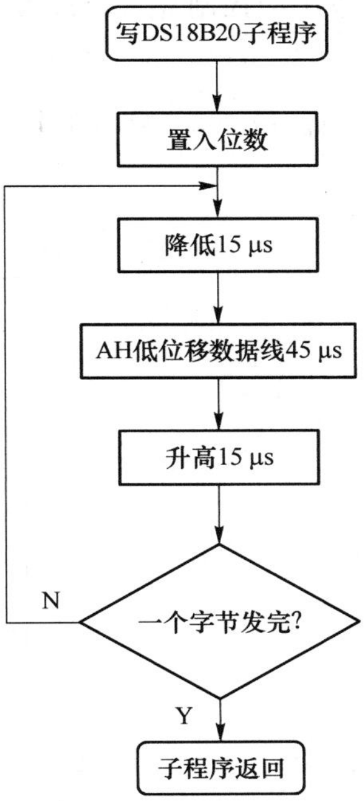

图 13-10 写 DS1820 子程序

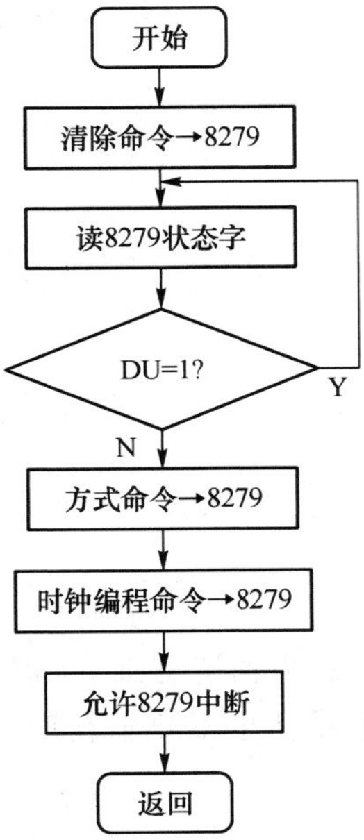

图 13-11 8279 初始化子程序框图

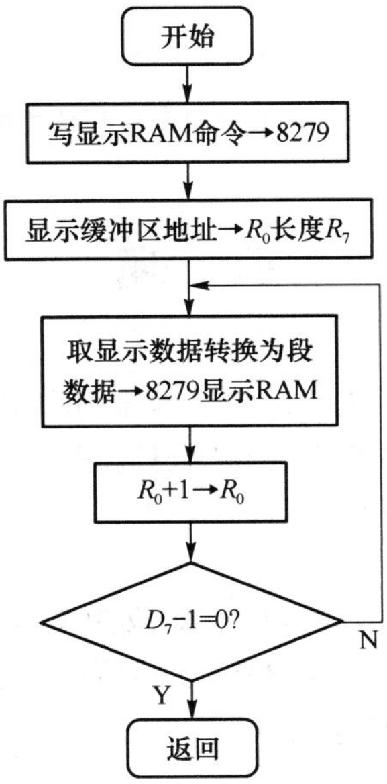

图 13-12 显示器更新子程序框图

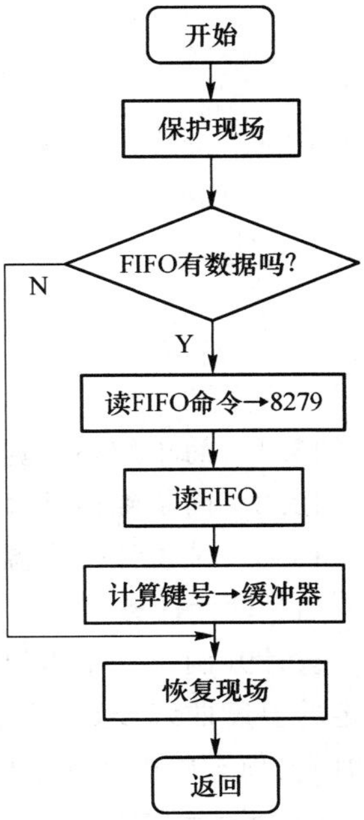

图 13-13 键输入中断服务子程序框图

在设计中采用的控制算法公式为

$$u_i = u_{i-1} + k_p(e_i - e_{i-1}) + k_i e_i + k_d(e_i - 2e_{i-1} + e_{i-2}) \tag{13-4-1}$$

其中：$k_i = k_p \dfrac{T}{T_i}$，$k_d = k_p \dfrac{T_d}{T}$。软件流程图如图 13-14 所示。

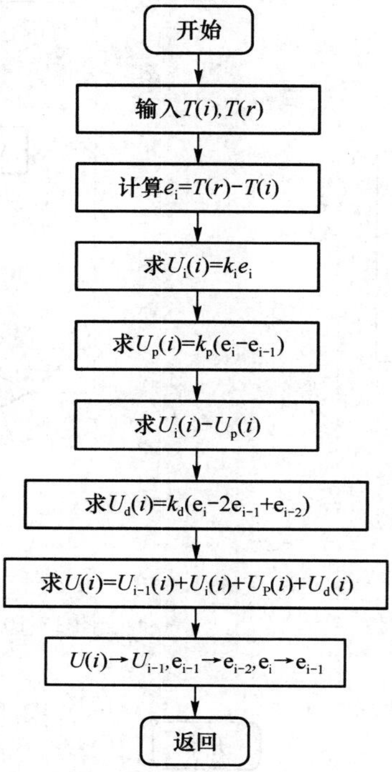

图 13-14　控制算法程序流程图

习　题

13.1　简单叙述计算机控制系统设计的基本原则和主要步骤。

13.2　简单叙述计算机控制系统设计与实现过程。

13.3　试设计一个温度控制系统(指标和要求)。

(1) 设计任务

设计并制作一个水温自动控制系统，控制对象为 1.0L 净水，容器为搪瓷器皿，水温按规定的温度曲线设定，控制系统能自动跟踪温度曲线(但上升不要求线性也不要求精度，上升时间、稳态精度和调节时间均有要求)。

(2) 设计要求

控制曲线如题图 13-1 所示。基本要求如下：

① 由室温至 75℃±1.5℃，t_r<4 min(上升时间)，保温时间 8 min；t_s<7 min (调节时间)。

② 由室温至 95℃±1.5℃，t_r<3 min，保温时间 8 min；t_s<7 min。

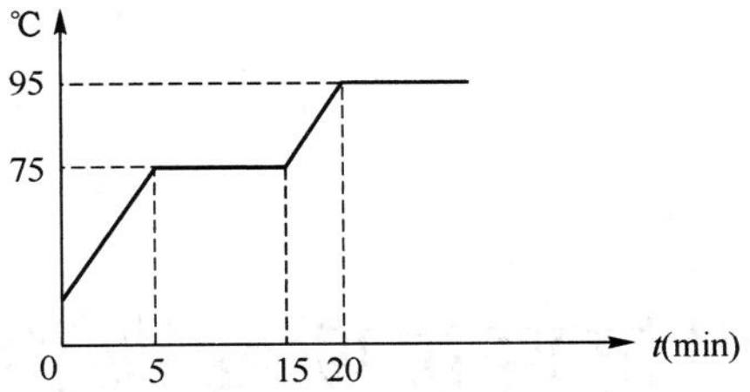

题图 13-1　控制曲线

③ 要求实时显示实际温度。

④ 打印实时控制的温度曲线。

附录　常用拉普拉斯变换和 Z 变换表

$G(s)$	$g(t)$	$G(z)$	$G(z,m)$
e^{-kTs}	$\delta(t-kT)$	z^{-k}	z^{m-1-k}
1	$\delta(t)$	1	0
$\frac{1}{s}$	$1(t)$	$\frac{z}{z-1}$	$\frac{1}{z-1}$
$\frac{1}{s^2}$	t	$\frac{Tz}{(z-1)^2}$	$\frac{mT}{z-1}+\frac{T}{(z-1)^2}$
$\frac{1}{s^3}$	$\frac{1}{2!}t^2$	$\frac{T^2z(z+1)}{2(z-1)^3}$	$\frac{T^2}{2}\left[\frac{m^2}{z-1}+\frac{2m+1}{(z-1)^2}+\frac{2}{(z-1)^3}\right]$
$\frac{1}{s+a}$	e^{-at}	$\frac{z}{(z-e^{-aT})}$	$\frac{e^{-amT}}{(z-e^{-aT})}$
$\frac{1}{(s+a)^2}$	te^{-at}	$\frac{Tze^{-aT}}{(z-e^{-aT})^2}$	$\frac{Te^{-amT}[e^{-aT}+m(z-e^{-aT})]}{(z-e^{-aT})^2}$
$\frac{1}{(s+a)^{k+1}}$	$\frac{t^k}{k!}e^{-at}$	$\frac{(-1)^k}{k!}\frac{\partial k}{\partial a^k}\left(\frac{z}{z-e^{-aT}}\right)$	$\frac{(-1)^k}{k!}\frac{\partial k}{\partial a^k}\left(\frac{e^{-amT}}{z-e^{-aT}}\right)$
$\frac{a}{s(s+a)}$	$1-e^{-at}$	$\frac{z(1-e^{-aT})}{(z-1)(z-e^{-aT})}$	$\frac{1}{z-1}-\frac{e^{-amT}}{(z-e^{-aT})}$
$\frac{a}{s^2(s+a)}$	$t-\frac{1-e^{-at}}{a}$	$\frac{Tz}{(z-1)^2}-\frac{(1-e^{-aT})z}{a(z-1)(z-e^{-aT})}$	$\frac{T}{(z-1)^2}+\frac{mT-\frac{1}{a}}{(z-1)}-\frac{e^{-amT}}{a(z-e^{-aT})}$
$\frac{a^2}{s(s+a)^2}$	$1-(1+at)e^{-at}$	$\frac{z}{z-1}-\frac{z}{z-e^{-aT}}-\frac{aTe^{-aT}z}{(z-e^{-aT})^2}$	$\frac{1}{z-1}+\left[\frac{1+amT}{z-e^{-aT}}+\frac{aTe^{-amT}}{(z-e^{-aT})^2}\right]e^{-amT}$
$\frac{a^3}{s^2(s+a)^2}$	$at-2+(2+at)e^{-at}$	$\frac{(aT+2)z-2z^2}{(z-1)^2}+\frac{2z}{z-e^{-aT}}+$ $\frac{aTe^{-aT}}{(z-e^{-aT})^2}$	$\frac{aT}{(z-1)^2}+\frac{amT-2}{(z-1)}-$ $\left[\frac{amT-2}{z-e^{-aT}}-\frac{aTe^{-aT}}{(z-e^{-aT})^2}\right]e^{-amT}$
$\frac{ab}{s(s+a)(s+a)}$	$1+\frac{b}{a-b}e^{-at}-\frac{a}{a-b}e^{-bt}$	$\frac{z}{z-1}+\frac{bz}{(a-b)(z-e^{-aT})}-$ $\frac{az}{(a-b)(z-e^{-bT})}$	$\frac{1}{z-1}+\frac{be^{-amT}}{(a-b)(z-e^{-aT})}-$ $\frac{ae^{-bmT}}{(a-b)(z-e^{-bT})}$

续 表

$G(s)$	$g(t)$	$G(z)$	$G(z,m)$
$\dfrac{a^2b^2}{s^2(s+a)(s+a)}$	$abt-(a+b)-\dfrac{b^2}{a-b}e^{-at}+\dfrac{a^2}{a-b}e^{-bt}$	$\dfrac{abTz}{(z-1)^2}-\dfrac{(a+b)z}{(z-1)}-\dfrac{b^2z}{(a-b)(z-e^{-aT})}+\dfrac{a^2z}{(a-b)(z-e^{-bT})}$	$\dfrac{abT}{(z-1)^2}+\dfrac{abmT-(a+b)}{(z-1)}-\dfrac{b^2e^{-amT}}{(a-b)(z-e^{-aT})}+\dfrac{a^2e^{-bmT}}{(a-b)(z-e^{-bT})}$
$\dfrac{1}{(s+a)(s+b)}\cdot\dfrac{1}{(s+c)}$	$\dfrac{e^{-at}}{(b-a)(c-a)}+\dfrac{e^{-bt}}{(a-b)(c-b)}+\dfrac{e^{-ct}}{(a-c)(b-c)}$	$\dfrac{z}{(b-a)(c-a)(z-e^{-aT})}+\dfrac{z}{(a-b)(c-b)(z-e^{-bT})}+\dfrac{z}{(a-c)(b-c)(z-e^{-cT})}$	$\dfrac{e^{-amT}}{(b-a)(c-a)(z-e^{-aT})}+\dfrac{e^{-bmT}}{(a-b)(c-b)(z-e^{-bT})}+\dfrac{e^{-cmT}}{(a-c)(b-c)(z-e^{-cT})}$
$\dfrac{(a-b)^2}{(s+a)^2(s+b)}$	$e^{-bt}-e^{-at}-(a-b)te^{-at}$	$\dfrac{z}{z-e^{-bT}}-\dfrac{z}{z-e^{-aT}}+\dfrac{(a-b)Te^{-aT}z}{(z-e^{-aT})^2}$	$\dfrac{e^{-bmT}}{z-e^{-bT}}+\left[\dfrac{mT(a-b)-1}{z-e^{-aT}}+\dfrac{(a-b)Te^{-aT}}{(z-e^{-aT})^2}\right]e^{-amT}$
$\dfrac{ab}{s(s+a)(s+b)}\cdot\dfrac{c}{(s+c)}$	$1-\dfrac{bce^{-at}}{(b-a)(c-a)}-\dfrac{cae^{-bt}}{(a-b)(c-b)}-\dfrac{abe^{-ct}}{(a-c)(b-c)}$	$\dfrac{z}{z-1}-\dfrac{bcz}{(b-a)(c-a)(z-e^{-aT})}-\dfrac{acz}{(a-b)(c-b)(z-e^{-bT})}-\dfrac{abz}{(a-c)(b-c)(z-e^{-cT})}$	$\dfrac{1}{z-1}-\dfrac{bce^{-amT}}{(b-a)(c-a)(z-e^{-aT})}-\dfrac{ace^{-bmT}}{(a-b)(c-b)(z-e^{-bT})}-\dfrac{abe^{-cmT}}{(a-c)(b-c)(z-e^{-cT})}$
$\dfrac{a^2b}{s(s+a)^2(s+b)}$	$1-\dfrac{a^2e^{-bt}}{(a-b)^2}+\dfrac{ab+b(a-b)e^{-at}}{(a-b)^2}-\dfrac{abte^{-at}}{(a-b)}$	$\dfrac{z}{z-1}-\dfrac{a^2z}{(a-b)^2(z-e^{-bT})}+\dfrac{[ab+b(a-b)]z}{(a-b)^2(z-e^{-aT})}+\dfrac{abTze^{-aT}}{(a-b)(z-e^{-aT})^2}$	$\dfrac{1}{z-1}-\dfrac{a^2e^{-bmT}}{(a-b)^2(z-e^{-bT})}+\left[\dfrac{ab+b(a-b)(1+amT)}{(a-b)^2(z-e^{-aT})}+\dfrac{abTe^{-aT}}{(a-b)(z-e^{-aT})^2}\right]e^{-amT}$
$\dfrac{\omega_0}{s^2+\omega_0^2}$	$\sin\omega_0t$	$\dfrac{z\sin\omega_0T}{z^2-2z\cos\omega_0T+1}$	$\dfrac{z\sin m\omega_0T+\sin(1-m)\omega_0T}{z^2-2z\cos\omega_0T+1}$
$\dfrac{s}{s^2+\omega_0^2}$	$\cos\omega_0t$	$\dfrac{z(z-\cos\omega_0T)}{z^2-2z\cos\omega_0T+1}$	$\dfrac{z\cos m\omega_0T-\cos(1-m)\omega_0T}{z^2-2z\cos\omega_0T+1}$
$\dfrac{\omega_0}{s^2-\omega_0^2}$	$\sinh\omega_0t$	$\dfrac{z\sinh\omega_0T}{z^2-2z\cosh\omega_0T+1}$	$\dfrac{z\sinh m\omega_0T+\sinh(1-m)\omega_0T}{z^2-2z\cosh\omega_0T+1}$
$\dfrac{s}{s^2-\omega_0^2}$	$\cosh\omega_0t$	$\dfrac{z(z-\cosh\omega_0T)}{z^2-2z\cosh\omega_0T+1}$	$\dfrac{z\cosh m\omega_0T-\cosh(1-m)\omega_0T}{z^2-2z\cosh\omega_0T+1}$
$\dfrac{s+a}{(s+a)^2+\omega_0^2}$	$e^{-at}\cos\omega_0t$	$\dfrac{z^2-ze^{-aT}\cos\omega_0T}{z^2-2ze^{-aT}\cos\omega_0T+e^{-2aT}}$	$\dfrac{[z\cos m\omega_0T-e^{-aT}\cos(1-m)\omega_0T]e^{-amT}}{z^2-2ze^{-aT}\cos\omega_0T+e^{-2aT}}$
$\dfrac{\omega_0^2}{s(s^2+\omega_0^2)}$	$1-\cos\omega_0t$	$\dfrac{z}{z-1}-\dfrac{z(z-\cos\omega_0T)}{z^2-2z\cos\omega_0T+1}$	$\dfrac{1}{z-1}-\dfrac{z\cos m\omega_0T-\cos(1-m)\omega_0T}{z^2-2z\cos\omega_0T+1}$
$\dfrac{\omega_0}{(s+a)^2+\omega_0^2}$	$e^{-at}\sin\omega_0t$	$\dfrac{ze^{-aT}\sin\omega_0T}{z^2-2ze^{-aT}\cos\omega_0T+e^{-2aT}}$	$\dfrac{[z\cos m\omega_0T+e^{-aT}\sin(1-m)\omega_0T]e^{-aT}}{z^2-2ze^{-aT}\cos\omega_0T+e^{-2aT}}$

参 考 文 献

[1] 梅晓榕.自动控制原理[M].北京:科学出版社,2002.

[2] 蒋大明,戴胜华.自动控制原理[M].北京:清华大学出版社,北方交通大学出版社,2003.

[3] 邵世煌.计算机控制技术[M].北京:纺织工业出版社,1991.

[4] 绪方胜彦,刘华君,等译.离散时间控制系统[M].西安:西安交通大学出版社,1990.

[5] 刘明俊,杨壮志,张拥军,郭鸿武.计算机控制原理与技术[M].北京:国防科技大学出版社,1999.

[6] John Dorsey. Continuous and Discrete Control Systems[M][美].北京:电子工业出版社,2002.

[7] Katsuhiko Ogata. Modern Control Engineering[M](Fourth Edition)[美].北京:清华大学出版社,2006.

[8] 郑君里,杨为理,应启珩.信号与系统[M].北京:高等教育出版社,1986.

[9] 王正林,王胜开,陈国顺. MATLAB/Simulink 与控制系统仿真[M].北京:电子工业出版社,2005.

[10] 王春民,刘兴明,嵇艳鞠.连续与离散控制系统[M].北京:科学出版社,2009.